特色冶金资源非焦冶炼技术

储满生　柳政根　唐珏　著

北　京

冶　金　工　业　出　版　社

2014

内 容 提 要

钒钛磁铁矿、硼铁矿、高铁铝土矿等典型多金属共生特色冶金资源的高效利用，对国民经济的可持续发展具有重要战略意义，而以直接还原为典型代表的现代非焦冶炼技术在冶金资源综合利用方面具有显著优势。本书在系统论述非焦冶炼技术发展现状和介绍煤制气 – 气基竖炉直接还原新工艺基础研究成果的基础上，详细介绍了煤基金属化还原 – 高效选分、气基直接还原 – 电热熔分等非焦冶炼技术应用于钒钛磁铁矿、硼铁矿、高铁铝土矿资源高效清洁综合利用新工艺开发的最新成果，同时对新工艺所涉及的热力学、反应动力学、有价组元迁移规律及其强化机制等核心理论进行了初步研究。本书对于非焦冶炼以及特色冶金资源综合利用的技术进步具有积极推动作用，同时可为其他复合矿冶金资源的生态化利用提供借鉴和参考。

本书可用作高等院校冶金工程、资源循环科学与工程、矿物加工等相关专业本科高年级学生和研究生的教学参考书，还可供冶金企业、科研、设计机构从事冶金资源综合利用工作的科技人员和管理人员阅读参考。

图书在版编目（CIP）数据

特色冶金资源非焦冶炼技术/储满生，柳政根，唐珏著．—北京：冶金工业出版社，2014.3

ISBN 978-7-5024-6479-0

Ⅰ.①特…　Ⅱ.①储…　②柳…　③唐…　Ⅲ.①熔炼
Ⅳ.①TF111

中国版本图书馆 CIP 数据核字（2014）第 024021 号

出 版 人　谭学余
地　　址　北京北河沿大街嵩祝院北巷 39 号，邮编 100009
电　　话　（010）64027926　电子信箱　yjcbs@cnmip.com.cn
责任编辑　王　优　美术编辑　吕欣童　版式设计　孙跃红
责任校对　石　静　责任印制　李玉山
ISBN 978-7-5024-6479-0
冶金工业出版社出版发行；各地新华书店经销；北京百善印刷厂印刷
2014 年 3 月第 1 版，2014 年 3 月第 1 次印刷
787mm×1092mm　1/16；23 印张；560 千字；356 页
70.00 元

冶金工业出版社投稿电话：（010）64027932　投稿信箱：tougao@cnmip.com.cn
冶金工业出版社发行部　电话：（010）64044283　传真：（010）64027893
冶金书店　地址：北京东四西大街 46 号（100010）　电话：（010）65289081（兼传真）
（本书如有印装质量问题，本社发行部负责退换）

前　言

以直接还原和熔融还原为主体的非焦冶炼技术是我国钢铁工业发展的重要方向之一，对钢铁产业的良性发展和低碳冶炼具有重要意义，长期以来一直是科学研究和生产应用的热点。特别是煤制气－气基竖炉直接还原新工艺为我国发展非高炉炼铁的主导方向，多家企业均有建设气基竖炉生产线的规划，但我国发展该工艺相关的原料基础、竖炉内部机理、物质－能量转换机制、技术经济可行性等关键问题尚待阐明。另外，钒钛磁铁矿、硼铁矿、高铁铝土矿等属于典型多金属共生、难处理的特色冶金资源，其高效利用对国民经济的可持续发展具有重要战略意义，而以煤基和气基直接还原为主要代表的现代非焦冶炼技术在冶金资源综合利用方面具有显著的技术优势。

本书在系统论述非焦炼铁技术发展现状和我国发展煤制气－气基竖炉直接还原技术可行性研究的基础上，全面介绍了非焦冶炼技术应用于钒钛磁铁矿、硼铁矿、高铁铝土矿资源高效清洁利用的实验室研究成果。本书为目前国内关于气基竖炉直接还原以及钒钛磁铁矿、硼铁矿、高铁铝土矿高效清洁利用新技术开发方面的较新著作之一，对我国发展非焦冶炼技术以及特色冶金资源高效利用具有积极推动作用，同时可为其他复杂难处理冶金资源的综合利用提供有益思路和借鉴。

本书共5篇16章，其中第1篇主要介绍现代炼铁工艺、直接还原炼铁和熔融还原炼铁新工艺以及非焦炼铁技术处理特色冶金资源等；第2篇主要介绍煤制气－气基竖炉直接还原技术、气基竖炉直接还原用氧化球团的制备及综合性能、还原膨胀机理研究及其性能改善以及气基竖炉直接还原热力学、动力学机理和能量利用分析等研究成果；第3篇主要介绍钒钛磁铁矿资源综合利用现状、钒钛磁铁矿煤基金属化还原－高效选分和气基竖炉直接还原－电炉熔分新工艺试验研究成果；第4篇主要介绍硼铁矿资源综合利用现状、硼铁矿直接还原－电炉熔分和金属化还原－高效选分新工艺；第5篇主要介绍高铁铝土矿资源综合利用现状、高铁铝土矿散装料和热压块金属化还原－高效选分冶炼新工艺以及高铁铝土矿碳热还原所对应的相变历程及热力学研究成果。

东北大学储满生教授和柳政根、唐珏博士共同完成了本书的撰写、统稿和修改工作，全书由储满生审核和定稿。其中，储满生负责第1、2篇的撰写，储满生、唐珏共同负责第3篇的撰写，储满生、柳政根、唐珏共同负责第4篇的撰写，储满生、柳政根共同负责第5篇的撰写。另外，东北大学钢铁冶金研究所博士研究生王兆才参与了第2篇、博士研究生付小佼和硕士研究生于洪翔参与了第4篇的研究工作，郭同来、陈双印、陈立杰、冯聪、王宏涛、赵伟、尹庚羊和汤雅婷等参加了本书的数据整理、编排以及修改工作。

本书所涉及的研究成果得到了国家自然科学基金重大项目（51090384）、国家自然科学基金（51374058）、国家高技术研究发展计划（2008AA03Z102、2012AA062302）、中央高校基本科研业务费专项资金（N110202001）和教育部博士点基金（20100042110004）等项目的资助。在本书的编辑出版过程中，还得到了冶金工业出版社的全力支持。另外，书中还引用了国内外同行的部分科研成果。作者在此一并表示最诚挚的谢意。

由于作者水平所限，书中不妥之处诚请各位读者批评指正。

作　者

2013 年 10 月

于东北大学

目　　录

第1篇　非焦炼铁技术及特色冶金资源综合利用概述

第2篇　我国发展煤制气－气基竖炉直接还原工艺的基础研究

第3篇　钒钛磁铁矿非焦冶炼技术

第4篇　硼铁矿非焦冶炼技术

第5篇　高铁铝土矿非焦冶炼技术

第 1 篇

非焦炼铁技术及
特色冶金资源综合利用概述

1　非焦炼铁技术及特色冶金资源综合利用概述

1.1　现代炼铁工艺

炼铁是将铁从自然形态的含铁矿石中还原出来的过程。现代炼铁方法包括高炉炼铁和非高炉炼铁。

高炉炼铁工艺，即以焦炭为基础能源的传统炼铁法，与转炉炼钢相配合，是现阶段钢铁生产的主要流程（BF - BOF）。高炉在生铁生产中处于统治性地位，全世界 95% 左右的铁水由高炉生产。随着科学技术的发展，传统钢铁生产已经达到了一个较完善的阶段，实现了大型化和高效化。然而对于传统钢铁生产流程，高炉炼铁必须依赖强度高、质量合格的焦炭和经过整粒的烧结矿或球团矿作为原料。目前，焦煤资源世界性短缺，焦炭供应紧张。改善钢铁工业能源结构，摆脱焦煤资源短缺对钢铁工业发展的羁绊，是当前钢铁产业发展的重要课题和方向。更为突出的是，BF - BOF 流程环境负荷高，是最重要的污染源之一。随着环保要求的日益提高，钢铁工业面临的环境压力越来越大，减少 CO_2 及其他气相污染物排放已成为钢铁工业发展的迫切任务。

世界主要产钢国经过长期研究和实践，逐步形成多种不同形式的非高炉炼铁新工艺。非高炉炼铁工艺泛指有别于基于焦炭的传统高炉炼铁方法，而以煤、燃油、天然气和电能为基础能源的其他一切炼铁方法，故又称非焦炼铁。按工艺特征、产品类型以及产品用途，可将其划分为直接还原法和熔融还原法两大类。发展非焦炼铁新技术的主要原因是：

（1）钢铁工业发展摆脱焦煤资源羁绊的需要；

（2）环境保护的需要；

（3）降低钢铁生产总能耗的需要；

（4）提高钢铁产品质量和改善产品结构的需要；

（5）解决废钢资源短缺及其质量不断劣化的需要；

（6）冶金资源综合利用的需要。

非焦炼铁的发展有利于简化传统钢铁生产流程、节能降耗、实现无焦或少焦钢铁生产、降低环境负荷，是现代钢铁生产的重要前沿技术和发展方向。特别是在我国，现有钢铁生产流程的资源、能源消耗大，生产效率偏低；钢铁产业集中度低，自主创新能力不强；新工艺开发滞后；焦煤资源非理性过度使用等，这些问题制约着我国钢铁工业的可持续发展。为此，根据国家钢铁工业大力发展循环经济、降低钢铁能耗和物耗、提高资源和能源综合利用水平的产业政策，着力开发以资源与能源高效利用为前提、具有自主知识产权和辐射作用的新一代非焦炼铁技术，不仅可使我国引领国际钢铁生产技术潮流，占领未来技术制高点，而且也是解决钢铁工业可持续发展问题的重要途径之一。

1.2　直接还原炼铁

直接还原炼铁是在软化温度以下、铁矿石或含铁团块仍呈固态的条件下，进行还原而获得金属铁的方法。由于还原温度低，产品呈多孔低密度海绵状结构，含碳低，未排除脉石杂质，故称之为直接还原铁（DRI）或海绵铁。当以氧化球团为原料生产时，产品仍呈球团状，但主要成分是金属铁，为了便于区分将之称为"金属化球团"。为了提高产品的抗氧化能力和便于运输，在生产过程中将直接还原铁在热态下进行挤压成型的产品称为热压块铁（HBI）。直接还原铁的用途包括：

（1）作为废钢替代品，用作电炉炼钢的优质原料；

（2）用作转炉炼钢的冷却剂；

（3）质地纯净的直接还原铁用于铸铁和铸钢；

（4）品质稍差的直接还原铁用作高炉炼铁原料，改善高炉技术经济指标。

直接还原的发展已有近百年历史，所涉及的工艺和方法达数百种，其中已实现工业化生产的也有数十种。直接还原炼铁工艺的分类概况示于图1-1。按使用还原剂类型，其可分为固体还原剂法（简称煤基法）、气体还原剂法（简称气基法）和电热法（以电为热源、以煤为还原剂的方法）；而按反应器类型，可分为竖炉法、流化床法、回转窑法、转底炉法以及罐式法等。

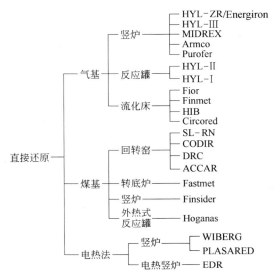

图1-1　直接还原炼铁工艺的分类

一般说来，煤基直接还原工艺主要有回转窑法（典型的有SL-RN）、隧道窑法（Hoganas）以及转底炉法（Fastmet）；气基直接还原工艺可进一步细分为使用球团矿或者块矿的工艺、使用铁矿粉的工艺，前者主要有竖炉法（MIDREX、HYL-Ⅲ、Arex）和罐式法（HYL-Ⅰ），而后者一般都采用流化床法（Finmet）[1]。

1.2.1　典型直接还原炼铁工艺

1.2.1.1　隧道窑煤基直接还原

隧道窑法生产直接还原铁是最古老的炼铁方法之一，它是将精矿粉、煤粉、石灰石粉按照一定比例和装料方法分别装入还原罐中，然后把罐放在窑车上推入条形隧道窑中，或把罐直接放到环形轮窑中，料罐经预热、加热焙烧和冷却之后使精矿粉还原，得到直接还原铁的方法。隧道窑窑车的结构示意图见图1-2。

隧道窑工艺投资少、操作简单、技术含量低，可以大量吸收劳动力。因此，我国隧道窑的建设热潮有增无减。据调查，我国已建成或正在建设的隧道窑有100多座，设计年产能超过400万吨，约70多个单位规划建设产能5万~30万吨/年的隧道窑直接还原铁厂。近年来，隧道窑工艺已有较大的改进，经改进后采用燃气加热，使用碳化硅/耐热钢反应罐的隧道窑，在控制污染、降低能耗方面有明显进步，但从总能耗、生产能力、产品质量、占地面积等方面考虑，其不能成为我国直接还原的主导方法。这主要是由于隧道窑工艺存在较多技术难题，必须对隧道窑窑体进行技术改造，工艺设备要逐步完善，要强化质量管理意识，重视原料和还原剂的选择，重视采用新技术，严格控制窑断面上下部温差（小于50℃），保证产品质量稳定及成分均匀化，提高产量，降低能耗，降低成本，以提高市场竞争力。

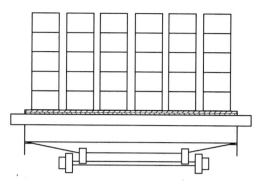

图 1-2　隧道窑窑车的结构示意图

　　目前，有些经济不发达地区因地制宜，利用当地小型分散的铁矿及煤矿资源，发展隧道窑工艺作为冶金资源综合利用的手段，这是迫不得已的做法。

1.2.1.2　回转窑煤基直接还原

　　回转窑法是煤基直接还原最主要的工艺方法，其中主要是 SL-RN 流程（见图 1-3）。其工艺原理为：将铁矿石、脱硫剂和还原煤（包括返煤）自窑尾加入回转窑，窑头装有空气燃料烧嘴进行供热，沿窑身长度方向安装有不同形式的喷嘴，喷入空气和补充燃料，以调整 $\varphi(CO)/\varphi(CO_2)$ 和温度。以窑体的转动为动力，炉料缓慢向窑头运动，温度逐渐升高。当炉料温度达到一定水平时，矿石中铁氧化物的还原反应开始发生，并随着温度的提高越来越剧烈。其目的是将 Fe_2O_3 在较低温度下还原成浮氏体，在较高温度和较高 $\varphi(CO)/\varphi(CO_2)$ 条件下完成终还原，这一过程需要 10~20h。还原后产品排入密封的水冷式冷却筒，冷却后转运储存。

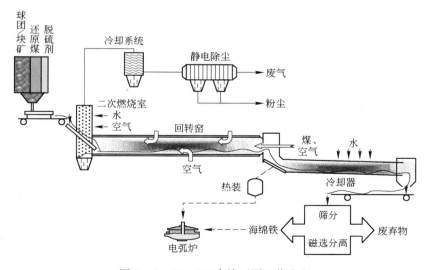

图 1-3　SL-RN 直接还原工艺流程

　　回转窑直接还原的加热方式是炉料与炉气直接接触，炉料会受到炉气的氧化，但炉料不断滚动，使其在表面的时间短而在料层内的时间长，在料层内矿粉被碳包围而处于还原气氛中，还原效果较好。回转窑废气中的剩余化学热和物理热通过余热锅炉进行回收。废气首先通过一个沉降室进行除尘，然后通入空气烧掉残余可燃性气体，高温燃气通入一个余热锅炉回收物理热生产蒸汽，最后经过进一步净化排入大气。

回转窑和隧道窑工艺同属煤基直接还原，但两者之间存在较大区别，主要有：

（1）回转窑工艺需造球；隧道窑工艺不用造球，工艺流程短，但需要反应罐，而且反应罐消耗严重。

（2）回转窑炉容填充率低（30%），容易"结圈"，对原燃料要求苛刻，设备作业率较低；若还原温度太低则还原速度较慢，若还原温度过高则脉石熔化，使矿石黏结在窑壁上，形成结圈；同时，精确控制炉温较为困难，从而导致生产稳定性差，作业率不高。而隧道窑工艺对原燃料要求较低，反应性较弱的无烟煤也可以用于生产，操作简单，在适宜的还原条件下作业率较高，并且 DRI 受还原剂、脱硫剂的污染影响较小。

（3）回转窑工艺机械化、自动化水平较高，但动力消耗大；隧道窑工艺技术含量低，设备简单，但劳动强度和占地面积大。

（4）与回转窑工艺相比，隧道窑工艺投资低，但由于热效率低、能耗高（还原煤 500~650kg/t，加热用煤 450~550kg/t）、生产周期长（48~76h），生产成本较高，而且环境负荷高。

（5）回转窑工艺单机产能较大，适合中等规模生产（年处理铁矿 10~20 万吨/台）；隧道窑工艺单机生产能力难以扩大，只适合小规模生产（年处理铁矿 3~5 万吨/台）。

我国天津钢管公司在引进 DRC 技术的基础上进行了大量改造，技术上有了重大进步，最好年份产量超过设计产量的 20%，设备作业率超过 95%，连续作业时间超过 180 天，煤耗仅为 900~950kg/t，尾气预热发电进一步降低了能耗，在使用 SAMARCO 球团时产品 $w[TFe] > 94.0\%$、$w[S] < 0.015\%$、$w[P] < 0.015\%$、$w[SiO_2] \approx 1.0\%$，金属化率大于 93.0%，生产指标在世界同类装置中最好。鲁中冶金矿山公司球团厂利用回转窑废气发电，平均每吨 DRI 可发电 220kW·h，单位产品能耗及成本大幅度下降。我国自行开发的链箅机－回转窑技术（一步法）在喀左、密云实现工业化后，2007 年在富蕴金山矿冶公司建成直接还原回转窑（15 万吨/年），设备作业率超过 95%，连续作业时间超过 150 天，煤耗约 950kg/t，产量已超过设计产能的 30%。

目前，我国回转窑直接还原工业生产直接还原铁总体限于停顿状态，诸多生产厂的经济效益普遍不甚理想，多倒闭或停产，其主要原因有：首先，回转窑直接还原工艺为避免结圈，对炉料要求苛刻；其次，对还原剂和燃料的煤种也有限制，只有反应性良好的烟煤和褐煤才适用；另外，能耗高（实物煤的消耗约为 1000kg/t），单位生产能力投资高，运行费用高，生产运行稳定性差，生产规模难以扩大。

不过，对于资源条件适宜、适合中小规模生产直接还原铁的地区，回转窑煤基直接还原仍将是发展直接还原铁和冶金资源综合利用的备选工艺方法之一。

1.2.1.3 转底炉煤基直接还原

转底炉煤基直接还原工艺采用含碳球团作为原料，具有还原速度快、原燃料来源广泛、对原料要求低等特点，一直为人们所重视。

转底炉工艺的原理和主体设备见图 1-4，其由轧钢使用的环形加热炉演变而来，是一个平坦、内衬耐火材料、可以转动的环形高温窑炉，烧嘴位于炉膛上部，所用燃料主要有天然气、燃油、煤粉等。图 1-5 为环形转底炉从炉料装入到产品排出的结构展开图，图 1-6 是转底炉还原过程示意图[2]。

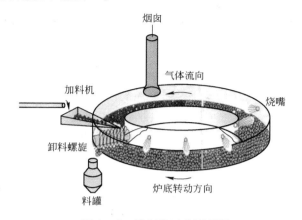

图 1-4 转底炉工艺原理图

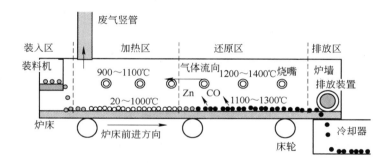

图 1-5 环形转底炉的结构展开图

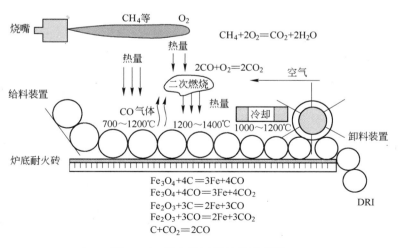

图 1-6 转底炉还原过程示意图

转底炉内的工艺过程是：含碳球团等炉料从装入区装入炉内后随着炉床前进，首先在加热区被加热到 1000℃以上，然后进入温度更高的还原区，氧化锌和氧化铁与含碳球团等铁料中所含的碳进行还原反应。在还原区，锌以气态形式分离出来而被脱除。燃烧及反应所生成的气体沿着与炉床前进方向相反的方向流入废气系统中。被还原的球团等在炉内稍微冷却后，通过排放装置排到炉外。

对于转底炉工艺，含碳球团等炉料中的碳是主要燃料，其加热后产生的挥发分和还原铁氧化物等产生的 CO 是主要还原剂，外部烧嘴加热用燃料只是辅助部分，仅占所需能量的约 15%。因此，含碳球团等炉料中的碳利用较充分，有利于节能和减少污染物排放。一般含铁料还原时间在 0.5h 以内，所以转底炉的生产效率较高。

相比隧道窑和回转窑工艺，转底炉工艺的优点主要是：

（1）还原原料在预热和还原过程中始终处于静止状态下随炉底一起进行，故对生球强度的要求不高。

（2）较高的还原温度（1350℃或更高）、反应快、效率高。反应时间可在 10 ~ 50min 范围，可与矿热电炉熔炼容易实现同步热装。

（3）可调整喷入炉内燃料（可以是煤粉、煤气或油）和风量，能准确控制炉膛温度和炉内气氛。

（4）从工艺角度来看，转底炉技术流程简单，投资成本低，产品价格低，铁矿石原料及还原剂选择灵活。

目前，转底炉工艺有多种，主要包括 Fastmet/Fastmelt、ITmk3、Inmetco/RedSmelt、DRyIron、Comet/Sidcomet、HI – QIP 等。Fastmet/Fastmelt 工艺是由美国和日本神户制钢公司合作开发的，其工艺流程见图 1 – 7[2]。铁料可以使用铁精矿，也可以使用钢铁厂含铁粉尘等废料，还原剂采用含铁废料中所含的碳或者添加一些煤粉，把这些料混合在一起，添加黏结剂造球，成为含碳球团或者自还原球团，粒度为 8 ~ 12mm，在 160 ~ 180℃ 干燥后送至转底炉。在转底炉上铺 20 ~ 30mm 厚的球团，快速加热至 1250 ~ 1350℃，使其迅速还原成直接还原铁，还原过程需 10 ~ 20min。

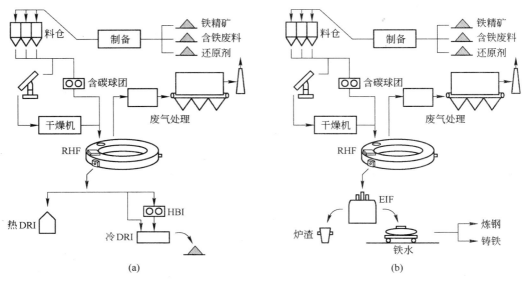

(a)   (b)

图 1 – 7 Fastmet/Fastmelt 工艺流程

（a）Fastmet；（b）Fastmelt

日本新日铁在广畑厂共有两座年产能为 19 万吨的 Fastmet 转底炉（分别于 2000 年和 2005 年投产）来处理含铁废料。神户加古川厂有一座年产能为 1.6 万吨的转底炉（2001 年投产）来处理富锌含铁废料，尘泥含锌率为 0.7% ~ 0.9%，还原铁金属化率为 70% ~ 85%。

总体而言，Fastmet 工艺的脱硫能力较差，DRI 硫含量为 0.15% ~ 0.4%，所产 DRI 金属化率较低。表 1 - 1 列出了日本 Fastmet 工艺典型的直接还原铁化学成分。若把这种产品用于炼钢，会使渣量增加，造成炼钢能耗上升和产量下降。所以，Fastmet 产品一般用于高炉。

表 1 - 1　日本 Fastmet 工艺典型的直接还原铁化学成分 (w)　　　　（%）

成　分	TFe（全铁）	MFe（金属铁）	FeO	C	S	Zn
含　量	82.20	74.20	7.40	3.30	0.23	0.05

为了分离渣和铁，使铁水可用于热装炼钢，在 Fastmet 工艺基础上进一步开发了 Fastmelt 新工艺。其采用转底炉与埋弧电炉（EIF）双联，形成二步法熔融还原，其中转底炉进行"预还原"，电炉实现"终还原"。

1.2.1.4　MIDREX 气基直接还原

MIDREX 竖炉法是当今世界上气基直接还原铁生产技术的主导工艺之一，2012 年其产量约占世界直接还原铁总产量的 60.5%，其工艺流程如图 1 - 8 所示。

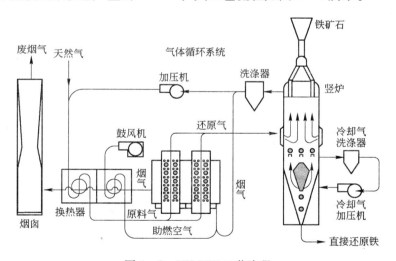

图 1 - 8　MIDREX 工艺流程

MIDREX 工艺所使用的还原气是用天然气经催化裂化制取的，裂化剂采用炉顶煤气。炉顶煤气中 CO 与 H_2 的总含量约为 70%，经洗涤后，有 60% ~ 70% 经加压后送入混合室，与当量天然气混合均匀。混合气首先进入一个换热器进行预热，换热器的热源是转化炉尾气。将预热后的混合气送入转化炉中的镍质催化反应管组，进行催化裂化反应，转化成还原气。还原气共含 CO 和 H_2 95% 左右，温度为 850 ~ 900℃。裂解反应为：$CH_4 + H_2O = CO + 3H_2$，$CH_4 + CO_2 = 2CO + 2H_2$。

剩余的炉顶煤气作为燃料，与适量的天然气在混合室混合后，送入转化炉反应管外的燃烧空间。助燃用的空气也要在换热器中预热，以提高燃烧温度。高温尾气首先排入一个换热器，依次对助燃空气和混合原料气进行预热，烟气排出换热器后，一部分经洗涤、加压作为密封气送入炉顶和炉底的气封装置，另一部分通过一个排烟机排入大气。

还原过程在一个竖炉中完成。MIDREX 竖炉属于对流移动床反应器，分为预热段、还原段和冷却段，预热段和还原段之间没有明确的界限，一般统称为还原段。矿石装入竖炉后，在下降运动中首先进入还原段。还原段大部分区域的温度在 800℃ 以上，接近炉顶的小段区域（预热段）床层温度迅速降低。在还原段内，矿石被上升的还原气加热，迅速升温，完成预热过程。随着温度的升高，矿石的还原反应逐渐加速，铁矿球团在还原带的停留时间一般为 6h，形成海绵铁后进入冷却段。冷却段内，由煤气洗涤器（完成煤气的清洗和冷却过程）和煤气加压机（提供循环动力）造成一股自下而上的冷却气流。海绵铁进入冷却段后，在冷却气流中冷却至接近环境温度，排出炉外。

MIDREX 工艺多使用球团和块矿混合炉料。一般要求为：球团 9~16mm 粒级占 95%，冷态抗压强度高于 2450N/个；块矿 10~35mm 粒级占 85%，具有较高的软化温度和中等还原性；混合料含铁品位高，酸性脉石含量低（不高于 3%~5%），CaO、MgO、TiO_2 以及 S 含量分别低于 2.5%、1.0%、0.15% 和 0.008%。为放宽对铁矿石硫含量的要求，MIDREX 法改用净化炉顶气作冷却气，在冷却海绵铁的同时使被热海绵铁脱硫，从冷却段排出后再作为裂化剂，可容许使用硫含量为 0.02% 的铁矿石。

经过多年发展，MIDREX 工艺开发者依据原燃料条件以及产品质量要求，对工艺做出适当调整，形成了冷却气大循环、附加热能回收系统、不同热压块系统等一系列革新技术，但 MIDREX 还原竖炉的形式基本不变。目前，MIDREX 直接还原工艺已形成单机产能分别为 30 万吨/年、50 万吨/年、75 万吨/年、100 万吨/年和 150 万吨/年的系列，相应的竖炉还原带直径分别为 4.25m、5.0m、5.5m、6.5m 和 7.5m。

MIDREX 工艺的生产指标见表 1-2，其产品的典型成分示于表 1-3。MIDREX 直接还原工艺虽然具有工艺成熟、操作简单、生产率高、热耗低、产品质量高等优点，在直接还原工艺中占统治地位，但也存在一定的局限性，主要体现为：

（1）要求具有丰富的天然气资源作保障。

（2）MIDREX 竖炉还原温度低，反应速度较慢，炉料在还原带大约停留 6h，在整个炉内的停留时间约为 10h。

（3）MIDREX 工艺要求铁矿石粒度适宜且均匀，粒度过大会影响 CO 和 H_2 的扩散，使反应速度降低；而粒度过小则导致透气性差，还原气分布不均匀，一般小于 5mm 粉末的含量不能大于 5%。同时，对于铁矿石的品位要求高，对于铁矿石中 S 和 Ti 的含量要求也很严格。

（4）相比 HYL-Ⅲ 工艺而言，MIDREX 工艺重整炉处理气体体积为每吨海绵铁 1810m^3，体积大，造价相对高。

（5）MIDREX 竖炉对铁矿石的硫含量有一定限制，否则含硫炉顶气进入重整炉将造成裂解催化剂失效。

（6）MIDREX 竖炉结构复杂，炉内设有冷却气体分配器和海绵铁破碎器。

表 1-2 MIDREX 工艺的生产指标

生 产 指 标	数 值
铁矿石与球团矿用量之比	1.5
能耗/$GJ \cdot t^{-1}$	10.5
竖炉有效容积利用系数/$t \cdot (m^3 \cdot d)^{-1}$	10.0
电耗/$kW \cdot h \cdot t^{-1}$	130
新水消耗/$m^3 \cdot t^{-1}$	1.5
人力（包括管理）/$h \cdot t^{-1}$	0.2
维修及备件费用/美元 $\cdot t^{-1}$	6.0

表 1-3 MIDREX 直接还原产品的典型成分（w）　　　　（%）

化 学 成 分	工厂 1	工厂 2	工厂 3
TFe	94.32	92.78	90.90
MFe	88.36	87.14	85.48
FeO	7.77	7.25	7.08
C	1.01	0.55	1.87
SiO_2	1.10	1.20	4.32
Al_2O_3	0.62	0.90	0.47
CaO	0.65	1.60	0.38
P	0.03	0.07	0.01
S	0.010	0.010	0.003
金属化率	93.7	93.9	94.0

1.2.1.5 HYL 气基直接还原

1979 年，Hylsa 公司在间歇式固定床反应罐式法（HYL - Ⅰ 和 HYL - Ⅱ）的基础上开发了连续性气基竖炉直接还原工艺流程，并定名为 HYL - Ⅲ。而后，墨西哥 HYL 公司又基于 HYL - Ⅲ 法提出了天然气"零重整"的 HYL - ZR 工艺，其进一步发展为现在的 HYL/Energiron 工艺，其工艺流程如图 1 - 9 所示。HYL/Energiron 工艺可以直接使用焦炉煤气、煤制气等合成气，这为天然气资源不足的地区采用天然气以外的能源发展气基竖炉直接还原工艺开辟了新途径。

HYL 工艺的主要设备包括：HYL 反应竖炉 1 座，还原气体加热系统 1 套，CO_2 脱除系统 1 套，还原气体回路 1 套，冷却气体回路 1 套，以及 8000m^3/h 制氧机组、原料场、天然气调压站、给排水设施、供配电设施等相应的公用辅助设施。HYL 竖炉选择配套的还原气发生设备有很大的灵活性，除天然气外，焦炉煤气、煤发生气、CORER 尾气等都可成为还原气的原料气。

HYL 工艺流程可以分成两个部分，即制气界区和还原界区。制气界区包括还原气的产生和净化。还原气处理系统以水蒸气为裂化剂，制取以 H_2 和 CO 为主的合成气。合成气经脱水后，与来自竖炉的经过脱水和脱二氧化碳的炉顶煤气混合形成还原气，共同送入还原界区。合成气的自重整反应为：$CH_4 + H_2O = CO + 3H_2$，$CO + H_2O = CO_2 + H_2$。

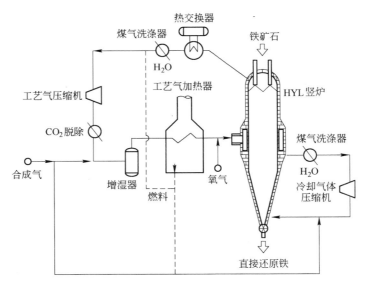

图 1-9　HYL 工艺流程

　　还原界区包括还原气的加热和铁矿石的还原。高温还原气经加热炉加热后，从竖炉还原段底部进入炉内，自下而上流动；铁矿石从竖炉炉顶加入，自上而下运动。还原气和铁矿石在逆向运动中发生化学反应，产生海绵铁。该工艺加料和卸料都有密封装置，料速通过卸料装置中的蜂窝轮排料机进行控制。在还原段完成还原过程的海绵铁继续下降进入冷却段，冷却段的工作原理与 MIDREX 法类似。可将冷还原气或天然气等作为冷却气补充进入循环系统。海绵铁在冷却段中的温度降低到 50℃ 左右，然后排出竖炉。产品海绵铁的金属化率约为 91% 。若产品为热压块或直接送入电炉，则不需要冷却。

　　拥有 HYL 技术的工厂总是希望通过提高还原气温度来增加产量，通过部分氧化法可达到提高还原气温度的目的。在还原气加热炉和竖炉间的管道中喷入氧气，还原气部分氧化并放出热，从而使还原气温度提高。墨西哥蒙特雷 2M5/3M5 厂采用部分氧化法，使还原气温度从 935℃ 提高到 957℃ 。发生的氧化反应为：$2H_2 + O_2 = 2H_2O + Q$，$2CO + O_2 = 2CO_2 + Q$，$CH_4 + O_2 = CO + H_2 + H_2O + Q$。

　　HYL 与 MIDREX 工艺在世界范围内已得到广泛使用，工业实践证明，它们都是比较成熟的直接还原技术，但两种工艺之间又存在着差异。两者的工艺特点比较如下：

　　（1）HYL 工艺可以直接使用焦炉煤气、煤制气等合成气，无天然气自重整，不需要重整炉，造价低；而 MIDREX 工艺一般采用天然气为还原气，需要重整炉。

　　（2）HYL 工艺还原气中氢含量高，$\varphi(H_2)/\varphi(CO) > 2.5$，使 HYL 竖炉中还原气与铁矿石的反应为吸热反应，入炉还原气温度较高，温度一般高于 930℃；而 MIDREX 工艺主要是由天然气和竖炉炉顶气经裂解制取还原气，还原气中氢含量相对较低，$\varphi(H_2)/\varphi(CO) = 1.0 \sim 1.8$，使 MIDREX 竖炉中还原气与铁矿石的反应是放热反应，还原气温度不能太高，一般为 $850 \sim 900℃$ 。

　　（3）HYL 竖炉操作压力为 0.55MPa，而 MIDREX 竖炉操作压力为 0.23MPa。

　　（4）HYL 竖炉可以处理硫含量较高的铁矿；而 MIDREX 竖炉对铁矿的硫含量有一定

限制，否则含硫炉顶气进入重整炉将造成裂解催化剂失效。

（5）由于高温、高压、高氢的特点，使得 HYL 竖炉中铁矿石的还原速度加快，竖炉生产效率提高。同 MIDREX 竖炉相比，在炉容相同的条件下，HYL 竖炉产量更大。

1.2.2　世界范围内直接还原技术的发展现状

近几十年来，随着世界范围内优质废钢资源的匮乏，直接还原铁生产受到钢铁界的重视。各国都在积极完善或开发直接还原技术，直接还原铁的生产能力得到了较大发展。图 1-10 示出了近几十年世界直接还原铁产量的变化。从图中可以看出，1975 年全世界 DRI 产量仅为 281 万吨，1985 年为 1117 万吨，1995 年达 3067 万吨，2005 年为 5687 万吨，而 2012 年增至 7402 万吨。

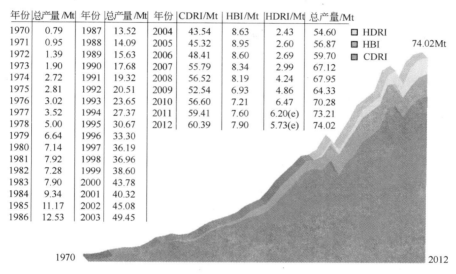

年份	总产量/Mt	年份	总产量/Mt	年份	CDRI/Mt	HBI/Mt	HDRI/Mt	总产量/Mt
1970	0.79	1987	13.52	2004	43.54	8.63	2.43	54.60
1971	0.95	1988	14.09	2005	45.32	8.95	2.60	56.87
1972	1.39	1989	15.63	2006	48.41	8.60	2.69	59.70
1973	1.90	1990	17.68	2007	55.79	8.34	2.99	67.12
1974	2.72	1991	19.32	2008	56.52	8.19	4.24	67.95
1975	2.81	1992	20.51	2009	52.54	6.93	4.86	64.33
1976	3.02	1993	23.65	2010	56.60	7.21	6.47	70.28
1977	3.52	1994	27.37	2011	59.41	7.60	6.20(e)	73.21
1978	5.00	1995	30.67	2012	60.39	7.90	5.73(e)	74.02
1979	6.64	1996	33.30					
1980	7.14	1997	36.19					
1981	7.92	1998	36.96					
1982	7.28	1999	38.60					
1983	7.90	2000	43.78					
1984	9.34	2001	40.32					
1985	11.17	2002	45.08					
1986	12.53	2003	49.45					

图 1-10　世界直接还原铁产量的变化

（数据来源：MIDREX 公司网站）

近十几年来，世界各地区直接还原铁产量的变化见表 1-4。由统计数据可知，直接还原铁生产仍然集中于北美洲、拉丁美洲和中东等天然气资源丰富的地区。值得注意的是，印度已成为世界直接还原铁产能和产量最大的国家，2012 年 DRI/HBI 产量为 2005 万吨。

表 1-4　世界各地区直接还原铁产量的变化　（Mt）

年　份		1997	1999	2000	2001	2002	2003	2004	2005	2007	2009	2011	2012
拉丁美洲	阿根廷	0.99	1.42	1.28	1.46	1.74	1.74	1.83	1.33	1.81	0.81	1.68	1.61
	巴　西	0.40	0.42	0.43	0.36	0.41	0.44	0.43	0.30	0.36	0.01	—	—
	墨西哥	6.24	5.83	3.67	4.90	5.62	6.54	5.98	3.70	6.26	4.15	5.85	5.59
	秘　鲁	0.05	0.08	0.07	0.03	0.08	0.08	0.09	0.003	0.09	0.10	0.09	0.10
	特立尼达与多巴哥	1.30	1.53	2.31	2.32	2.28	2.36	2.25	1.05	3.47	1.99	3.03	3.25
	委内瑞拉	5.05	6.69	6.38	6.89	6.90	7.83	8.95	4.72	7.71	5.61	4.47	4.61

续表 1 - 4

年　份		1997	1999	2000	2001	2002	2003	2004	2005	2007	2009	2011	2012
中东及北非	埃　及	1.67	2.11	2.37	2.53	2.87	3.02	2.90	0.85	2.79	2.91	2.97	2.84
	伊　朗	4.12	4.74	5.00	5.28	5.62	6.54	5.98	3.23	7.44	8.20	10.37	11.58
	利比亚	1.33	1.50	1.09	1.17	1.34	1.58	1.65	0.97	1.64	1.11	0.30	0.51
	卡塔尔	0.67	0.62	0.73	0.75	0.78	0.83	0.82	0.63	1.30	2.10	2.23	2.42
	沙　特	2.36	3.09	2.88	3.29	3.29	3.41	3.63	2.13	4.34	5.03	5.81	5.66
亚洲及大洋洲	澳大利亚	0.32	0.56	1.37	1.02	1.95	0.69	—	—	—	—	—	—
	缅　甸	0.03	0.04	0.04	0.04	0.04	0.04	—	0.02	—	—	—	—
	中　国	0.11	0.05	0.11	0.02	0.31	0.43	0.41	—	0.60	0.08	—	—
	印　度	5.22	5.44	5.59	6.59	7.67	9.37	11.10	4.28	19.06	22.03	21.97	20.05
	印度尼西亚	1.74	1.82	1.48	1.50	1.23	1.47	1.39	1.86	1.42	1.23	1.32	1.23
	马来西亚	0.96	1.26	1.12	1.08	1.60	1.68	1.38	1.09	1.84	2.30	2.16	2.18
	新西兰	0.89	0.89	0.93	0.88	1.02	1.03	0.99	0.90	—	—	—	—
北美洲	加拿大	0.92	1.13	—	0.18	0.50	1.09	0.59	1.01	0.91	0.34	0.70	0.84
	美　国	1.67	1.56	0.12	0.47	0.21	0.18	0.22	0.46	0.25	—	—	—
欧洲	俄罗斯	1.88	1.92	2.51	2.91	2.91	3.14	3.34	1.68	3.41	4.67	5.20	5.24
	德　国	0.40	0.46	0.21	0.54	0.59	0.61	0.44	0.41	0.59	0.38	0.38	0.56
非洲	尼日利亚	—	—	—	—	—	—	—	0.02	0.20	—	—	—
	南　非	1.16	1.53	1.56	1.55	1.54	1.63	1.78	0.95	1.74	1.39	1.41	1.57
全世界合计		36.19	38.59	43.78	40.32	45.08	49.45	54.60	56.05	67.12	64.44	73.21	74.02

数据来源：MIDREX 公司网站。

目前，世界各国主要使用 MIDREX、HYL、Finmet、SL - RN 等工艺来生产 DRI。图 1-11 示出了 2012 年世界 DRI 生产工艺的数据。该年气基直接还原的 DRI 产量约占 76.4%（其中 MIDREX、HYL 工艺产量分别占 60.5%、15.2%），而煤基直接还原（回转窑和转底炉工艺等）的 DRI 产量占 23.0%。可见，气基直接还原占主导地位，其中气基竖炉法（MIDREX 和 HYL 法）是最成功、生产规模最大的直接还原工艺。煤基直接还原主要是回转窑法，目前主要集中在印度、南非等少数国家。MIDREX 和 HYL 法都可生产高质量的 DRI，而且比高炉更能满足环保的要求，但均需采用天然气作为还原剂。由于天

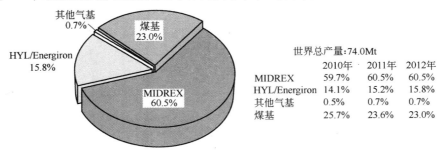

图 1 - 11　2012 年世界各工艺直接还原铁产量所占比例

（数据来源：MIDREX 公司）

然气资源有限、分布比较集中、价格昂贵，近年来 MIDREX 和 HYL 法的发展速度趋缓，而煤基直接还原法的产量相对有所增加。

电热直接还原法需消耗大量的电力，目前都已停产。下文分别介绍气基直接还原和煤基直接还原工艺在世界范围内的发展现状。

1.2.2.1 气基直接还原

气基直接还原工艺 MIDREX 和 HYL – Ⅲ 均是成熟的工艺，在委内瑞拉、印度、加拿大、美国、伊朗、沙特阿拉伯等国已获得了工业化应用。MIDREX 生产厂有 33 家，1994 年以来投产的生产厂逐步大型化，每套产能大都在 100 万吨/年左右。HYL – Ⅲ 是墨西哥 Hylsa 公司基于 HYL – Ⅰ 工艺开发的高压逆流式移动床工艺，20 世纪 80 年代开始工业应用，全世界生产厂共 12 家，近年新投产的设备产能也约为 100 万吨/年。

流化床法由于采用粉状原料，铁矿粉单体颗粒在高温还原气流中进行还原，粉矿不必造块，还原速度快。故从还原机理角度来看，流化床在气基法中是最为合理的。与使用块矿和球团矿相比，在原料成本方面流化床法也具有明显优势，因而该工艺一直备受关注。但生产实践表明，流化床法因物料流化所需气流量远大于还原所需气流量，造成还原气一次通过的利用率极低（约 10%），气体循环所消耗的能量高；由于流化床是全混床，物料的还原程度极不均匀；此外，"失流"及黏结问题一直是困扰流化床生产稳定的主要原因，至今未得到有效解决。因此，目前基于流化床法在世界上建成的生产厂中，只有 Finmet 法（委内瑞拉 Matazas 的 Orinoco Iron 厂）和 Circored 法（特里尼达与多巴哥 Point Lisas 的 Cliffs & Associates 厂）在生产，产量仅为生产能力的 50% 左右。

概括来说，气基直接还原法中已获得广泛应用或影响较大的工艺主要有 MIDREX、HYL – Ⅲ 和 Finmet，这三种工艺均依赖天然气。Finmet 工艺的天然气单耗比 MIDREX 和 HYL – Ⅲ 工艺高，但由于该工艺使用更便宜的粉矿，在一定程度上补偿了较高的天然气消耗。目前，这三种工艺逐步向扩大生产规模和降低成本方向发展。奥钢联正在研发新一代 Finmet 工艺，产能达 110 万吨/年。传统的 MIDREX 工艺已出现了产能超过 200 万吨/年的生产线。Arex 法属于 MIDREX 工艺的改进型，由委内瑞拉 Sidor 公司开发，不需要分离气体的重整炉，可使用天然气或燃油。另一个值得注意的技术进展是，MIDREX 公司将 MIDREX 直接还原工艺与 COREX 熔融还原工艺有机结合，把 COREX 产生的过剩煤气作为 MIDREX 还原气进行 DRI 生产，该工艺已在南非实现了工业化应用。另外，HYL 公司在 HYL – Ⅲ 的基础上新开发了 HYL – ZR 工艺，这是一项可直接使用焦炉煤气、合成气、煤制气为还原气的竖炉直接还原技术，为天然气资源不足的地区以天然气以外的能源发展气基直接还原炼铁开辟了新途径。

主要气基直接还原工艺的发展状况示于表 1 – 5[3]。

表 1–5 主要气基直接还原工艺的发展状况

工 艺	装 备	工艺特点	所用原料	目前状况	研究发展
Fior（委内瑞拉）	4 个流化床反应器	生产能耗高于竖炉 MIDREX 和 HYL – Ⅲ 工艺	铁矿粉	Sidetur 厂于 1976 年投产，自 1985 年开始年产量达到 35 万～41 万吨，后来由于市场原因于 2000 年停产	由委内瑞拉和奥钢联进一步发展成 Finmet 工艺

工 艺	装 备	工艺特点	所用原料	目前状况	研究发展
Finmet（奥钢联和委内瑞拉）	4 个流化床反应器	铁矿靠重力从较高反应器流向较低反应器；直接使用矿粉，是 Fior 工艺的进一步改进，比 Fior 工艺能耗低、人员需求少；与 Fior 工艺相比，其还原气体中 H_2 含量少，CO 没被氧化去除；在 Finmet 工艺中，矿粉在流化床第一段被还原过程产生的热气体预热，其较高的 CO 含量可以提高热平衡，并使 HBI 的 $w[C]=3\%$	铁矿粉（<12mm）	现已有两个厂投产，即澳大利亚的 Boodarie Iron 厂和委内瑞拉的 Orinoco Iron 厂，目前已生产 650 万吨 HBI	目前，VAI 正在开发新一代 Finmet 工艺，称为 Finmet Megatrain，生产能力为 110 万吨/年，是当前反应装置的 2 倍
MIDREX（美国米德兰公司）	竖炉、天然气重整炉、热压块机	竖炉炉顶气与天然气混合，共同进入重整炉制取还原气，还原竖炉和制气设备相互联系、相互影响；对铁矿硫含量有一定限制，否则含硫炉顶气进入重整炉将造成裂解催化剂失效	含碳球团、块矿	在世界各地获得了非常广泛的应用，直接还原铁产量在各种工艺中占第一位，2003 年所占比例为 66.6%	
HYL - Ⅲ（墨西哥希尔萨公司）	竖炉、天然气重整炉、热压块机	分为两部分，即制气部分和还原部分，这两部分可以相互独立，这一点与 MIDREX 工艺不同；另外，其温度和压力比 MIDREX 工艺高，可处理硫含量较高的铁矿，这也与 MIDREX 工艺不同	含碳球团或者块矿	已获得广泛的工业应用，在墨西哥、印度尼西亚、委内瑞拉、巴西、印度有多家生产厂，2003 年在各种直接还原法产量中占第二位，产量所占比例为 18.4%	
HYL - ZR		是 HYL - Ⅲ 工艺的进一步改进，没有重整装置		该工艺目前只在墨西哥 Monterrey 厂得以实施	
Arex（委内瑞拉奥里诺科黑色冶金公司）	竖炉	是 MIDREX 工艺的改进型，无重整装置，竖炉集气体重整与矿石还原于一体	球团矿或块矿		
Megamod - MIDREX	直径为 7.5m 的竖炉、较大的重整炉	年产量超过 200 万吨的 MIDREX 工艺			

1.2.2.2 煤基直接还原

煤基直接还原工艺中,只有回转窑法拥有可观的生产能力,其中最具代表性的是 SL-RN 法。回转窑法是煤基直接还原技术中最成熟、工业化生产规模最大、最主要的工艺方法,在印度、南非、中国等国家和地区得到发展。近几年来,回转窑直接还原法在印度持续高速发展,据印度直接还原铁协会介绍,到 2009 年底印度约有 350 条回转窑在运行,总产能约达 1800 万吨,使回转窑直接还原的产能、产量迅速提高,约占世界总量的 25%。其中主要是 SL-RN 工艺流程,DRC 窑仅有 5 条,产量约为 63 万吨/年。但煤基回转窑法存在以下缺点:原料要求高,易结圈,单机生产能力小(小于 15 万吨/(年·窑)),占地面积大,运行成本和能耗高。故回转窑法仅是适合于中小规模直接还原铁生产的方法,依靠回转窑法发展直接还原铁生产,产能和产量均难以迅速扩大。

转底炉煤基直接还原工艺的发展概况见表 1-6[3],其中具有代表性的有日本神户制钢公司和 MIDREX 公司合作开发的 Fastmet 工艺、新日铁光厂建设的 DRyIron 设备、在美国 Ellwood-City 厂建成的 Inmetco 和 RedSmelt 工艺、在卢森堡 Differdange 厂建设的 Primus 装置等。目前,已投产的转底炉煤基直接还原厂的生产规模都不大,而且大部分用于处理含铁废料。迄今为止,还没有一个生产炼钢用 DRI 的工业化转底炉装置投入正常生产。总体来讲,转底炉工艺存在以下缺点:

(1)产品含铁品位低($w[\text{TFe}] < 85\%$),硫含量高(0.1% ~ 0.2%),难以直接用于炼钢生产。另外,若用于高炉炼铁,其给生铁成本带来的影响及经济合理性还有待生产的验证。

(2)铁精矿粉在加入大量疏水性的煤粉(煤粉体积为 40% ~ 50%)后,铁精矿与还原剂混合造球困难,含碳球团的强度难以满足工艺的需要。

(3)转底炉的加热完全依靠辐射传热,燃烧火焰及燃烧废气完全不能接触含碳团块的料层,传热效率低。

(4)尾气显热及化学热的回收设备复杂,总的热效率难以提高。

(5)装备类似于环形加热炉,结构复杂,设备运转部件庞大,运行维护难度大,投资和运行成本高。

(6)生产的控制要求较高,生产的稳定性(包括产品质量以及设备运行)目前尚未达到预期水平。

表 1-6 转底炉煤基直接还原工艺的发展概况

工 艺	装 备	工艺特点	所用原料	目前状况	研究发展
Primus (卢森堡 Paul Wurth 公司)	多层转底炉、熔融炉	为两段式工艺,除转底炉外还有熔融炉,能直接产出铁水,煤粉与矿粉在炉内混合;该工艺能把 Zn、Pb、碱金属等与铁分开	铁矿粉、煤粉、铁屑、钢铁厂粉尘	已完成工业试验,目前卢森堡 Differdange 厂已投产 8.2 万吨/年的装置处理含铁废料,直径为 8.3m,共 8 层	

工 艺	装 备	工艺特点	所用原料	目前状况	研究发展
RedSmelt（德国和意大利）	造球装置、转底炉装置、埋弧炉熔融还原装置	这是三段工艺的直接还原，造球和转底炉装置相当于转底炉技术，埋弧炉可把热态 DRI 熔融成铁水和渣，产能大于 30 万吨/年	铁精矿粉或由含铁废料制成的球团（专门为处理金属废料开发）	Ellwood City 厂于 1978 年投产年处理废料 2.5 万吨的工厂	SMS Demag 公司目前正在开发 RedSmelt NST 工艺，即用氧/煤基熔融装置代替埋弧炉，以降低成本
DRyIron	转底炉、干压块机、DRI 冷却机	采用无黏结剂的矿煤干压块、转底炉内单层装料、温度控制在 1288℃ 的高温辐射加热技术	常规铁矿粉或含铁废料、焦粉	第一个 DRyIron 设备由新日铁在光厂建设，用以处理残渣	
Fastmet（美国和日本神户制钢公司）	转底炉、球团装置	使用冷固结球团，取消了高氧化球团环节；反应速度快，生产效率高；产品质量差，全铁含量低，脉石含量高，由于脱硫能力较差，产品硫含量过高	粒度为 8 ~ 12mm 的自还原球团	2000 年，新日铁在光厂投产了一条年产能达 19 万吨的 Fastmet 工艺生产线，用以处理残渣；2000 年以来，又在君津厂投产了两座转底炉，一座处理低锌灰尘，另一座处理高炉瓦斯灰和转炉尘，其年处理循环料的能力均为 18 万吨；2001 年，又在神户的和歌山厂投产了一个年产能为 14 万吨的转底炉设备，用以处理富锌冶金炉尘	
Inmetco（美国）	转底炉、造球系统、燃料系统、废气显热回收系统和除尘系统、埋弧电炉	最终产品是铁水；该工艺脱硫能力较差，自还原球团不用焙烧硬化，在整个加热还原过程中不产生黏结	自还原球团	1978 年，美国 Ellwood City 厂投产了一条 Inmetco 工艺生产线，年处理 4.7 万吨循环料；1999 年，泰国 Naconthai 厂建设了一座使用生球团、年产 50 万吨的较大的工业直接还原生产厂，但由于经济条件不好，一直没有投入生产	由德国和意大利发展成 RedSmelt 工艺

工　艺	装　备	工艺特点	所用原料	目前状况	研究发展
Comet（比利时冶金研究院（CRM）和希德马钢铁公司）	转底炉	转底炉内矿粉和煤粉分层布料，加料系统独特，矿层与煤层厚度可调；产品中硫和脉石含量较低；适于含铁废料的回收生产，但效率稍低	铁精矿（0.15mm粒级占80%）、煤（为了脱硫，煤中预先配入了少量石灰石）		
Sidcomet	转底炉、埋弧电炉	为两段式工艺，转底炉为直接还原段，埋弧电炉为熔融炉，产品为铁水	铁矿粉、煤粉		由 Comet 工艺发展形成，计划在希德马公司建一座年产 75 万吨的工厂，但尚未实施
Fastmet	转底炉、熔融炉	类似于 Sidcomet 和 RedSmelt 工艺			

1.2.3　直接还原在我国的发展

发展直接还原对我国钢铁产业乃至国民经济的发展具有重要意义，主要体现在：

（1）废钢短缺是影响我国钢铁工业发展、降低吨钢能耗、调整钢铁产品结构的重要因素。我国自产废钢在短时期内无法满足钢铁生产的需要，进口废钢不仅价格昂贵，而且其数量和质量均难以满足生产的需要。发展直接还原铁，以直接还原铁替代废钢是解决我国废钢供应不足问题的最佳途径。

（2）我国钢铁生产主要采用传统的高炉—转炉流程，电炉钢产量仅占粗钢总产量的15%。为了改善钢铁生产的能源结构，摆脱焦煤资源对钢铁生产发展的羁绊，发展直接还原铁是重要途径之一。

（3）钢铁产品的升级换代和产品结构的调整需要纯净的铁源材料，直接还原铁是生产优质钢、纯净钢的重要原料。

（4）装备制造业急需优质纯净钢的铸锻件坯料，优质纯净钢的铸锻件坯料生产和供应不足是影响我国装备制造业快速发展的重要因素。发展直接还原铁，以直接还原铁为原料生产优质纯净钢的铸锻件坯料，将有效促进我国装备制造业的发展。

（5）发展直接还原铁是实现钢铁工业节能减排的重要途径。

1.2.3.1　直接还原在我国的发展现状

长期以来，我国在直接还原炼铁领域进行了大量研发工作和生产实践。但我国的直接还原在很长时间内仅以利用当地资源、建设地方小型钢铁生产线为目的，未能实现大规模和全局性的发展。同时，由于我国电炉钢产量和吨钢生产消耗的废钢量均远低于世界平均水平，过去废钢短缺对我国钢铁生产和钢铁工业发展的压力及影响尚未明显显现。但随着我国钢铁工业的快速发展，废钢的短缺逐渐成为影响我国钢铁产业良性发展的重要因素之一。据预测，到 2015~2020 年，我国废钢自产量仍不能满足钢铁生产的需求，仍需进口废钢。作为优质废钢的替代品，直接还原铁的生产日益凸现其重要性。

2002 年我国直接还原铁产量为 35 万吨，2003 年约为 42 万吨，2004 年约为 55 万吨，2005 年和 2006 年均约为 60 万吨，2007 年由于受铁矿石价格的影响下降到 50 万吨以下，随后的产量几乎可忽略不计。近年来，我国粗钢产量占全世界粗钢总产量的 35% 以上，而我国直接还原铁产量不足世界直接还原铁总产量的 1.0%。可见，我国直接还原铁的自产量不仅远不能满足国内钢铁生产的需要，而且还将对我国钢铁工业的发展产生深远的不良影响。

由于资源条件等多种因素的限制，我国直接还原的发展主要集中在煤基直接还原方面。我国直接还原生产企业的不完全统计情况见表 1-7。目前，我国已建成的煤基直接还原厂，生产能力大于 5.0 万吨/年的仅有 5 个且全部为煤基回转窑直接还原铁厂，其余的 100 多个厂均采用隧道窑罐式法，总生产能力约为 120 万吨/年。这些厂在生产能力、装备水平、能耗水平及环境保护等方面都远不能满足钢铁工业发展的需要。

表 1-7　我国主要直接还原生产企业的情况

企　业	生　产　工　艺	生产能力 /万吨·年⁻¹	生产情况
新疆富蕴金山矿冶公司	链箅机-回转窑	15.0	2007 年开始生产
天津钢管公司还原铁厂	DRC 回转窑	15.0	停产
北京密云冶金矿山公司威克直接还原铁厂	链箅机-回转窑	6.2	停产
山东鲁中冶金矿山公司	冷固结球团-回转窑改为 链箅机-回转窑	5.0	停产
辽宁喀左海绵铁冶炼厂	链箅机-回转窑	2.5	停产
吉林复森海绵铁公司	钢反应罐-斜坡炉	2.5	2002 年生产
福建大田海绵铁公司	SiC 反应罐-隧道窑	5.0	连续生产
河北东瀛海绵铁厂	黏土反应罐-隧道窑	1.0	生产
吉林桦甸海绵铁厂	氧化球团-回转窑二步法	2.5	已停建
山西翼城明亮钢铁厂	转底炉	10.0	停产整顿中
山东莱芜粉末冶金厂	黏土反应罐-隧道窑	0.7	以粉末冶金为主

国内的煤基回转窑直接还原企业主要有新疆富蕴金山矿冶公司（15.0 万吨/年，1 座链箅机-回转窑）、天津钢管公司还原铁厂（15.0 万吨/年，2 座 DRC 回转窑）、山东鲁中冶金矿山公司（5.0 万吨/年，1 座，先为冷固结球团-回转窑，后改为链箅机-回转窑）、北京密云冶金矿山公司威克直接还原铁厂（6.2 万吨/年，1 座链箅机-回转窑）、辽宁喀左海绵铁冶炼厂（2.5 万吨/年，1 座链箅机-回转窑）。天津钢管公司还原铁厂通过对进口设备和工艺进行大规模改造、优化原料、加强生产管理等措施，回转窑生产达到

了同类设备的世界先进水平，设备作业率已超过 95%，连续作业时间超过 180 天，煤耗约 900kg/t，金属化率月平均值达 93.1%，月产 DRI 量超过 1.5 万吨，产量超过设计能力的 20%；废气用于发电，使生产能耗大幅下降，满足了参与国内外直接还原产品市场竞争的基本条件。山东鲁中冶金矿山公司球团厂利用回转窑废气发电，平均每吨直接还原铁可发电 220kW·h，单位产品能耗及成本明显下降。北京密云冶金矿山公司威克直接还原厂的链箅机 - 回转窑曾实现连续稳定生产，设备作业率超过 95%，连续作业时间超过 150 天，煤耗约 850kg/t，产量已超过设计产能的 30%，2004 年 DRI 产量达到 9.2 万吨。但是，由于受多重因素影响，除了新疆富蕴金山矿冶公司外，我国的煤基回转窑直接还原基本处于停顿阶段。

我国的隧道窑罐式法获得了一定的进步，通过改变还原罐的材质（碳化硅、耐热钢）、以煤气替代手烧煤等技术措施，使燃料消耗大幅下降，单机产量显著提高，污染情况得以明显改善。目前，单窑产能达到 2.5 万吨/年，总煤耗降至 950 ~ 1200kg/t，有些产品质量达到了国际市场 DRI 的水平（$w[TFe] > 92\%$，金属化率大于 92%，$w[S] < 0.03\%$）。但大多数隧道窑直接还原厂没有自己的矿山，原料来源不稳定，产品质量得不到保证，生产规模过小，产品销售渠道不畅，维持常年连续生产比较困难。

我国较早就对含碳球团快速还原工艺（转底炉及相似的连续炉）进行了开发研究，先后在河南舞阳钢铁公司、鞍山汤岗子、河北遵化石人沟铁矿、山西翼城钢铁厂、河南巩义、四川等地建成了数座 3 万 ~ 10 万吨/年的试验装置，但试验结果均未达到预期效果，试验装置未能投入和维持正常生产。2006 年，四川龙蟒集团在盐边建成年产 15 万吨含碳团块的预还原转底炉，采用蓄热式燃烧技术，以发生炉煤气为燃料，处理钒钛磁铁矿，进行铁、钒以及钛的综合回收。通过试生产，转底炉运转良好，为转底炉的发展带来了新的曙光。含碳团块快速还原的优势，给人们留下了诸多期盼。目前，国内攀钢、龙蟒、马钢、沙钢、莱钢、太钢等企业已经建设多座转底炉生产装置，用于处理复合矿或含锌粉尘。

在气基直接还原方面，国内早在 20 世纪 70 年代，就先后在成都钢铁厂建成用天然气镍基催化剂催化裂解气为还原气的试验竖炉和在广东韶关钢铁厂建成用发生炉煤气为还原气的试验竖炉，并成功进行了试生产。随后，在广东佛山建成日产 100t DRI 的生产工厂，但因四川天然气资源供应不足和发生炉煤气制气成本高等问题，均未投入正式生产，设备先后被拆除。

我国多个单位对流化床直接还原生产 DRI 进行了研究。原中科院化工冶金研究所在山东枣庄进行了日产 1t 级的工业试验；东北大学进行了流化床直接还原的试验研究，并在此基础上进行了利用钢铁生产的回收煤气生产碳化铁的开发研究，提出了使用流化床生产碳化铁的新工艺；原马鞍山钢铁学院等单位也进行过大量的实验室试验研究。

20 世纪末前后，我国广泛开展了气基直接还原技术的开发研究，如陕西恒迪公司进行了煤制气 - 竖炉还原生产海绵铁的半工业化试验，并进行了产能为 10 万吨/年的海绵铁生产厂的筹建；宝钢进行了煤制气 - 竖炉直接还原的 BL 法工业性试验；山西开展了含碳球团 - 不裂解焦炉煤气竖炉生产海绵铁的试验研究，并将以焦炉煤气为原料生产直接还原铁列入该省的工业发展规划。我国焦炭的产量约占世界焦炭总产量的 50%，出口量约占世界焦炭总贸易量的 60%，经过焦炭工业的改造和整合，实现了焦炭生产的机械化和大型化。仅山西省 2004 年未合理利用的焦炉煤气就有 200 亿 ~ 300 亿立方米/年，是中国特有的气体还原剂资源。利用这一资源来生产直接还原铁可望成为我国发展直接还原的新契机。首钢等公司于 2004 年进行了以焦炉煤气为能源、采用焦炉煤气－竖炉还原生产 DRI 的开发研究或建厂规划，与墨西哥合作进行了以焦炉煤气为气源、采用竖炉生产 DRI 的试验研究，并计划进行联合设计，筹建生产性工厂。近年来，煤制气技术的发展和成熟，为我国煤制气－竖炉直接还原生产 DRI 工艺的发展和工业化提供了新的机遇，已有多家企业对此产生浓厚兴趣，提出了建厂意向或规划。但截至 2012 年底，仍未有一座气基竖炉生产装置建成。

1.2.3.2　我国发展直接还原的问题和对策

当前，我国发展直接还原的主要问题和相应对策是：

（1）生产规模过小。目前我国直接还原铁企业的数量已累计超过 60 家，基本上都是煤基直接还原厂，大多数直接还原铁厂的生产能力小于 5 万吨/年，总产能仅约 80 万吨/年。由于生产规模过小，使得工厂的原燃料组织、产品销售以及环境保护等环节出现诸多问题，成为我国直接还原铁生产发展的重大障碍。

对于煤基直接还原法而言，单机生产能力通常都比较小。回转窑法单机生产能力小于 15.0 万吨/年；隧道窑反应罐法单机生产能力难以超过 3.0 万吨/年；转底炉法单机生产能力预计可达 50.0 万吨/年，但至今尚未实现正常工业化生产。因此，单纯依靠现有的煤基直接还原工艺来发展 DRI 生产和扩大生产规模具有较大难度。

由于资源条件的局限，在今后一段时期内，煤仍将是我国直接还原铁生产的主要能源，但必须积极开发新的直接还原技术。因此，近年提出的煤制气－竖炉直接还原工艺可以借鉴化工生产的煤制气技术及气基竖炉直接还原的成熟技术，实现 DRI 生产的大型化，故备受关注，有望成为我国发展直接还原铁生产的主攻方向。

（2）缺乏稳定的原料供应渠道。直接还原铁生产必须使用高品质的原料，通常直接还原铁生产用含铁原料要求 $w(\mathrm{TFe}) > 68\%$，$w(\mathrm{SiO_2}) < 3.5\%$。然而，我国缺乏适合生产直接还原铁用的高品位铁矿石资源，以进口块矿或球团为原料的企业需直接面对国际市场矿石价格不断上涨的挑战，这使得原料问题显得更加突出和严峻。原料供应渠道不畅、来源不稳，是严重影响我国直接还原企业生产的又一重要原因。

因此，利用国内资源和铁矿精选技术，建立依靠国内资源、稳定畅通的原料供应渠道，是我国发展直接还原铁工业的当务之急。

（3）气基直接还原受资源条件限制而发展缓慢。国外（印度、南非）的发展经验表明，利用气基竖炉法是迅速扩大 DRI 生产的有效途径。竖炉还原具有还原速度快、产品质量稳定、自动化程度高、单机产能大等优势。由于受到天然气资源的限制，我国气基直接还原的发展偏于缓慢，至今尚无生产性工厂。

随着我国天然气资源的开发、焦炭工业的改造整合、焦炉煤气的集中回收和再利用，我国一些地区具备了发展气基直接还原的适宜条件。同时，煤制气技术（包括以工业氧和水蒸气为氧化剂的煤制合成气、地下煤气化等）在国内化工行业的应用和发展日益成熟。因此，气基竖炉直接还原将成为我国今后发展直接还原铁生产的重要方向之一[4,5]。

（4）缺乏统一规划，资金投入不足。我国钢铁工业的发展受到废钢和直接还原铁供应不足的困扰，但全国对直接还原的发展缺乏统一规划，而且资金投入不足，造成低水平、小规模的重复建设多，难以形成大型骨干型生产企业是我国直接还原发展的另一重要缺陷。科学确立我国发展直接还原的整体规划、合理制订我国直接还原铁的质量标准和直接还原铁生产企业的准入标准、大力扶持大型骨干型 DRI 生产企业的建设，是我国发展直接还原生产的重要途径。

1.3　熔融还原炼铁新工艺

熔融还原是指以非焦煤为主要能源进行铁氧化物还原，在高温熔融状态下实现渣铁完全分离，得到类似于高炉铁水的含碳铁水的工艺过程。其技术思想是：希望发展一种既不需要铁矿石造块，又不使用昂贵冶金焦炭；既能生产高质量铁水，又对环境污染小的理想冶炼工艺。因此一般认为，不以焦炭为主要能源来生产铁水的炼铁方法均为熔融还原。发展熔融还原的目的主要有以下几点：

（1）熔融还原生产时环境友好，对环境的不良影响远小于高炉冶炼；

（2）改变钢铁生产的能源结构，有助于摆脱焦煤资源对钢铁生产发展的羁绊；

（3）使高炉摆脱软熔带的限制及其透气性的束缚；

（4）解决直接还原时脉石与还原铁分离的问题；

（5）利用全氧操作以及终还原过程能量密度高等有利因素，进一步提高生产率。

根据含铁原料预还原的程度不同，熔融还原炼铁工艺可分为一步法（如 HIsmelt 工艺）和二步法（如 COREX、FINEX 工艺）两大类。一步法是将含铁原料先熔化后还原，其流程短，投资少，可以处理高磷铁矿。但一步法存在两个问题：一是熔融氧化铁的腐蚀性极强，可将任何耐材迅速腐蚀成炉渣，炉衬寿命很短；二是熔融氧化铁碳热还原产生大量 CO 含量很高的煤气，但却无法有效回用于炼铁，导致吨铁煤耗高。由于煤气在炉内的二次燃烧氧化反应与熔融氧化铁的碳热还原反应在一个反应器内同时进行，渣中（FeO）含量高，使反应器炉衬侵蚀加快，同时也大大降低了铁的回收率，使炼铁成本上升。二步法利用熔融氧化铁碳热还原产生的含大量 CO 的高温煤气，将含铁原料预还原成金属化率较高的 DRI（海绵铁），然后 DRI 在熔融还原炉中完成终还原和渣铁分离，有效解决了一步法所面临的两个致命难题[6]。

新一代熔融还原工艺是当代冶金的重大前沿技术之一，也是解决钢铁工业可持续发展的重要途径之一，主要体现在：

（1）以煤代焦直接生产铁水，有效利用能源，减轻钢铁工业对焦煤资源的致命依赖；

（2）可实现钢铁生产和能源转换的双重职能；

（3）减少污染，有利于环境保护；

（4）将焦化、烧结和高炉冶炼三个工序缩短为熔融还原工序，简化生产流程，提高生产效率。

在我国，随着焦煤供应的日趋紧张和对环保要求的日益严格，熔融还原技术的优势变得更加突出。因此，开发和产业化应用适合于我国资源条件、有利于环境保护的新一代熔融还原炼铁技术越发迫切[7]。

1.3.1　典型熔融还原炼铁工艺

1.3.1.1　HIsmelt 一步法熔融还原

HIsmelt 工艺是澳大利亚开发的直接使用粉矿、粉煤、热风（1200℃）及少量天然气

（22m³/t），铁矿物不进行预还原的熔融还原炼铁法。该方法从 1991 年开始进行试验，在 1997~1999 年间以炉缸直径为 2.7m 的竖式熔融气化炉取代了卧式炉，经历近百次各种各样的试验，其中最长连续时间为 38 天，先后共生产铁水 2 万多吨，这为 HIsmelt 技术的发展奠定了基础。2002 年，由澳大利亚力拓公司、美国纽柯钢铁公司、日本三菱公司和中国首钢共同参股（股份依次为 60%、25%、10%、5%），在西澳奎纳纳（Kwinana）建设了炉缸直径为 6m、年产 80 万吨的商业化示范工厂，工厂照片如图 1-12 所示，其建设的 HIsmelt 工艺的系统组成见图 1-13[8]。

图 1-12 奎纳纳 HIsmelt 厂

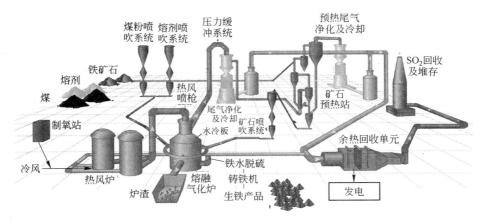

图 1-13 奎纳纳 HIsmelt 工艺的系统组成

HIsmelt 工艺的 SRV 熔融气化炉示于图 1-14，其工艺原理是：用喷枪向铁浴熔融气化炉的熔渣层内喷吹小于 6mm 的铁矿粉、熔剂和煤粉；富氧的高温热风从炉顶喷入，与熔池里逸出的 CO 和 H₂ 进行二次燃烧，释放出热能，在强烈的渣铁搅动中进行热传递，熔化喷入的固体原料。HIsmelt 熔融气化炉在 100kPa 的压力下工作，铁水经虹吸排出至加盖保温的前炉，定期从出铁口放出。

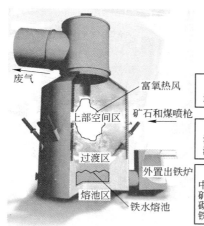

废气

富氧热风

矿石和煤喷枪

外置出铁炉

铁水熔池

上部空间区

过渡区

熔池区

3 个区域

反应产生的CO气体和煤的挥发分与富氧进行燃烧，产生热能

将上部空间燃烧CO产生的热能传递到熔池区，以使还原反应能够继续进行；形成溅渣护炉，对炉内水冷管进行保护

矿石与金属碳接触被还原（CO气体），煤中碳溶解于铁水中替代金属碳，煤中灰分和矿石中脉石形成炉渣，反应在一个很小的内砌耐材的容器中进行，铁水通过一个外置出铁炉连续流出

图 1-14　HIsmelt 工艺的 SRV 熔融气化炉

HIsmelt 熔融气化炉内有很强的氧化性气氛，因而炉渣有较高的氧化度，有利于脱磷反应的进行，所以其适合冶炼高磷铁矿，这是该工艺区别于高炉及其他非高炉炼铁工艺的最重要特点。由于 HIsmelt 熔融气化炉内的氧化性气氛决定了其炉渣中（FeO）含量较高，SiO_2 难以进行还原，即使有 SiO_2 被还原，最终也会被 FeO 氧化成 SiO_2，所以铁水里几乎不含 Si；同时，由于渣中的 FeO 含量高，影响炉渣的脱硫能力，铁水硫含量高；但由于强烈的氧化性气氛，磷被氧化进入炉渣和煤气，使铁水磷含量降低到极低的水平。HIsmelt 工艺生产的铁水及炉渣典型成分分别见表 1-8 和表 1-9。HIsmelt 熔融还原生产的铁水磷含量低、硫含量高、几乎不含硅，不能直接供传统的炼钢流程使用。若将 HIsmelt 工艺生产的铁水用于传统的 BOF 转炉，需要预先添加硅铁或锰铁，并进行炉外脱硫[6]。

表 1-8　HIsmelt 工艺的典型铁水成分（w）

项　　目	典型值	允许范围	说　　明
C/%	4.3 ±0.2	3.3 ~4.5	——
Si/%	0	0	本工艺 Si 不能还原
Mn/%	0.1	0 ~0.2	
S/%	0.08 ±0.2	0.02 ~0.05	需脱硫
P/%	0.03 ±0.1	0.02 ~0.05	矿石含 P 0.12
t/℃	1480 ±15	1450 ~1550	——

表 1-9　HIsmelt 工艺的典型炉渣成分（w）

组　　成	FeO	Al_2O_3	MgO	S	P_2O_5	CaO/SiO_2
含　　量	<5%	16%	8%	0.11%	1.7%	1.25

原计划在 2004 年 4 季度投产的年产 80 万吨的 HIsmelt 示范装置（直径为 6m），自 2005 年 4 月开始进行调试，9 月进入试验阶段，解决了设备设计、装备运行、运行稳定、炉衬耐火材料寿命等问题，到 2005 年 11 月底试验取得进展，铁水产量及消耗达到设计能力的 50%（设计煤耗为 650 ~700kg/t，氧耗为 270m^3/t，生产能力为 2500t/天）。在随后

两年多的时间里，经过相应的改进和生产操作的变化，还原炉实现了设计能力的 75% ~ 80%。受全球经济危机的影响，HIsmelt 示范厂的产品不具有成本优势，2008 年 12 月该示范厂已停产，计划待全球经济回暖后再恢复生产。因此总体来讲，HIsmelt 厂目前只能算是半工业性生产，作业率不高，新技术有许多难题需要解决，生产操作、设备维护经验需要积累。因此，其要满足炼铁工业化生产的要求还需要一段时间。

HIsmelt 法属于熔融还原中的一步法，铁矿物不经过预还原，直接进入反应器进行熔化和还原。因此，与其他一步法（如 DIOS、ROMELT 工艺）一样，要求其有较高的二次燃烧率（55% ~65%），且能快速向熔池传热。

HIsmelt 工艺的炉顶煤气的氧化度达 55% ~65%，压力为 84Pa，温度为 1450℃，粉尘含量（标态）为 10g/m³，热值为 3MJ/m³（SRV 出口）和 2MJ/m³（预热炉除尘器出口）。此煤气热值低于高炉煤气，主要用来烧热风炉和预热原料。

HIsmelt 工艺的开发者认为，该工艺直接把煤粉和矿粉喷入铁水熔池中，煤粉中的碳快速溶于铁水，铁水中的溶解碳［C］可直接与液态的（FeO）快速反应，同时将粉煤、粉矿喷入熔池深部，还原反应产生的大量气体上浮使熔池剧烈沸腾，因而传热、传质条件极佳，液相中的温度梯度极小，可近似看作等温反应。此外，熔池的剧烈沸腾大大改善了熔池上部空间二次燃烧产生的热与熔池熔体间的传递效率。这是 HIsmelt 工艺区别于 DIOS、AISI 和 ROMELT 等工艺的主要特点，其克服了 DIOS、AISI 和 ROMELT 工艺存在的如下问题：从炉顶加煤、加矿，通过渣层的煤焦与溶入渣中的（FeO）反应速度难以达到期望水平，以及熔池上部空间二次燃烧产生的热与熔池熔体间的传递效率有限等。

HIsmelt 工艺的优点主要有：

（1）装备结构简单，熔融气化炉的体积和高度均较小。

（2）可以大量借鉴成熟的现代冶金技术，除熔融气化炉本体为新设计外，其他主体设备，如热风炉、喷煤系统等都可借鉴高炉炼铁技术。

（3）由于 HIsmelt 工艺无需烧结和炼焦，投资成本和维修成本低。

（4）可以利用通常不受欢迎的、价格低廉的高磷铁矿资源和非结焦粉煤。如澳大利亚拥有大量（100 多亿吨）高炉难以使用的、市场价值极低的高、中磷富矿资源（如波特曼高磷铁矿的售价仅为 8 ~8.5 美元/t）及非焦煤（40 美元/t），利用 HIsmelt 熔融还原法可以使用当地廉价的非焦煤及天然气能源，将高、中磷铁矿冶炼成合格铁水。因此，如果在技术上可行，HIsmelt 工艺在澳洲将有很大的发展前景。

（5）由于 HIsmelt 工艺无需烧结和炼焦，与高炉流程相比，其环保水平可大幅度提高。

另外，HIsmelt 工艺存在的问题有：

（1）示范工厂的试生产尚未结束，示范装置的设备运行结果、设备利用率、生产稳定性以及消耗指标等还不明确；铁水成分达不到炼钢生铁的标准。

（2）由于渣中的 FeO 含量高，炉衬耐材寿命问题还有待解决。

因此，可以认为 HIsmelt 是一种正在开发中的、尚未证明是成熟的熔融还原新炼铁技术，还不能作为独立钢厂的主要热铁水供应技术和方法[9]。

特别值得指出的是，几十年以来，直接使用铁矿粉和氧气的一步法熔融还原炼铁工艺都以失败而告终（如 Dored、Vibeg、EV、Johnson 法等），失败的主要原因都是渣中 FeO

含量高、耐火材料侵蚀过快、铁的回收率低、铁损高、能耗高、经济上不合算。HIsmelt 工艺的原理与这些工艺完全类似，但并未提出有重大技术突破的、克服这些问题的解决方案。尽管 HIsmelt 工艺已经过多年的开发研究和中间试验，但是因为至今还没有建成一座有一定规模（30 万～50 万吨/年）的、进行连续生产的工业示范装置，所以纵然 HIsmelt 熔融还原工艺在理论上有众多诱人的优点，但仍然不能作为独立钢厂的主要热铁水供应技术和方法。

1.3.1.2 COREX 二步法熔融还原

COREX 工艺是由奥钢联开发的，以非焦煤为能源，以块矿或球团为原料，采用竖炉作预还原反应器，采用半焦填充床或半焦浮动床作为终还原和熔融气化装置的一种铁水生产工艺方法，所得铁水的成分与高炉铁水相似。COREX 工艺流程示于图 1–15，其主要设备示于图 1–16。COREX 熔融还原炼铁过程分别在两个反应器中完成，即在上部的预还原竖炉内，将铁矿石还原成金属化率为 92%～93% 的海绵铁；而在下部的熔融气化炉内，将海绵铁熔炼成铁水，同时产生高温、高热值的还原煤气[10]。

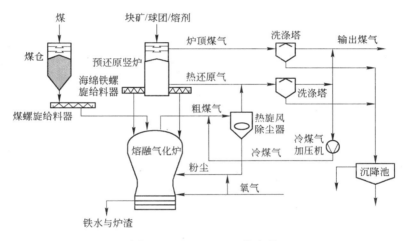

图 1–15　COREX 工艺流程

COREX 预还原竖炉采用高架式结构，使用天然块矿和球团矿为含铁料，燃料为块状非焦煤。矿石按预定料批装入还原竖炉，在下降运动中被逆向流动的还原气体预热和还原，降至竖炉底部的矿石已被还原成金属化率大于 90% 的海绵铁，料温为 800～900℃。海绵铁和熔剂（石灰石、白云石）通过海绵铁螺旋给料器加入下部的熔融气化炉。

COREX 熔融气化炉有两个作用：一是熔化预还原矿石；二是产生预还原竖炉所需的还原气。块煤借助螺旋给料器加到熔融气化炉上部，挥发分在 1100～1150℃ 高温下干馏脱气，然后成为半焦，在熔融气化炉底部形成风口带固定床。氧气自炉缸上部鼓入，使半焦/焦炭燃烧产生高温煤气，再与煤干馏裂解气体汇合成含 CO + H₂ 95% 左右的高温、优质还原气体。海绵铁在熔融气化炉内进一步完成还原、熔化、渗碳，渗入炉缸。随铁矿石一起加入的熔剂在熔融气化炉中进行分解、造渣、脱硫。形成的渣铁性质类似于高炉，积存于炉缸底部，定期从铁口和渣口放出。

还原气体自熔融气化炉出来后，冷却至 850℃ 左右进行除尘，大部分粉尘在热旋风除

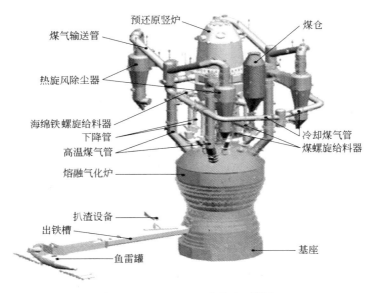

图 1 - 16 COREX 工艺的主要设备

尘器内同气体分离，然后返吹入熔融气化炉，加以循环使用。从热旋风除尘器出来的还原煤气通过环形围管被送入预还原竖炉，逆流穿过下降的矿石层，自预还原竖炉炉顶排出，经清洗后与未进入预还原竖炉的富余煤气汇合成干净的中等热值煤气，以供利用。

为使铁水成分满足炼钢要求，需按造渣成分和碱度要求在预还原竖炉中加入石灰石、白云石和硅砂等熔剂，以使碳酸盐的预热和部分分解在还原竖炉内完成，然后随海绵铁一起加入熔融气化炉。

总体来讲，COREX 熔融还原工艺还是遵循了古老的炼铁法则，即先还原后熔化。它借鉴了已有的气基竖炉海绵铁生产技术、氧煤加压气化技术、高炉炉缸技术以及自行开发的高温煤气处理技术、固定床技术、粉尘返吹技术和海绵铁热态输送技术，并将这些技术有机地融合在一起。也可以说，COREX 熔融还原炼铁工艺采用了成熟的气基竖炉法海绵铁生产技术和高炉炼铁技术，COREX 工艺的预还原竖炉部分相当于高炉的炉身中部和上部，熔融气化炉部分相当于高炉的炉缸与炉腹部分并向上延伸，截去了高炉的炉身下部和炉腰部分，避免了高炉内影响料柱透液性、透气性和气流分布的软熔带的产生，为 COREX 工艺直接使用非焦煤炼铁创造了条件。

COREX 工艺的特点主要包括[11]：

（1）炉缸形成死料柱。COREX 熔融气化炉中部以下有煤、半焦和海绵铁组成的料柱，下部有半焦和焦炭组成的死料柱。死料柱的存在使熔化后的渣铁在高温区与焦炭的接触时间增加，铁水温度升高，铁、硅还原以及渗碳、脱硫等反应有条件充分进行。分析料柱结构表明，炉缸的焦炭量随固定床深度的增加而增加。和高炉死料柱的作用一样，COREX 熔融气化炉的料柱在炉缸也起到碳源作用，提供铁水渗碳及降低渣中残余 FeO 含量所需的碳。

（2）炉尘回收，返吹入熔融气化炉。煤在熔融气化炉内受热脱除挥发分的气化过程中，产生含碳粉尘，并被煤气带离气化炉。煤气经除尘将还原气含尘量控制在一定范围内，回收的炉尘在炉体适当位置返吹入熔融气化炉。这样可防止炉尘堆积，且可通过调节吹氧量，使炉尘燃烧产生的热量将炉顶温度控制在 1100℃ 左右，使气相中的焦油、苯等高分子碳氢化合物分解为 H_2 和 CO。所以，炉尘回收处理也是 COREX 工艺的无污染操作技术之一。

（3）粒度分布与煤气流控制。在以炉料与煤气相向运动为基础的预还原竖炉内，保持料柱具有一定空隙率，降低煤气流的压力损失，可防止悬料，增加煤气流通量，使矿石得到充分还原。为此，除严格控制矿石粒度和还原气的含尘量外，还要尽量减少矿石在加热还原过程中产生的碎裂和粉化现象。

（4）环境污染小。由于 COREX 工艺用非焦煤直接炼铁，基本不需要焦炭，避免了冶金工厂的主要污染部分（焦炉），工艺过程紧凑，使 COREX 熔融还原工艺对环境的污染大幅减少，这是 COREX 工艺最重要和最受关注的特征。与高炉炼铁系统相比，COREX 法向大气排放的 SO_2、SO_3 等硫化物减少 80%～90%，NO_x 减少 95%～98%。

（5）生产技术指标好。COREX 熔融气化炉和还原竖炉都采用高压操作，压力为 400kPa 左右，铁水成分比较稳定且易控制。C－2000 型 COREX 设备的作业率大于 94%，铁水硫含量低于 0.03%，硅含量为 0.4%～0.6%。

（6）流程短，投资省，生产成本低。与焦炉－烧结－高炉工艺流程相比，COREX 熔融还原炼铁工序少，流程短，从矿石到炼出铁水仅需 10h，而高炉工艺需要 25h。

以年产 150 万吨铁水为例，高炉工艺的投资为 2643 元/t，而 COREX 工艺为 2156 元/t，投资降低 18.4%。另外，所需人员减少 56.5%。在印度金达尔公司，COREX 工艺生产成本比常规高炉低 15%～25%，而铁水质量完全相同。

（7）煤气可以多级利用。COREX 工艺生产铁水的同时产生大量副产煤气（1750m³/t）。COREX 煤气主要含有 CO 和 H_2，杂质含量很低，纯净，热值高（约 7000kJ/m³）。COREX 输出煤气可以实现多级利用，可供发电、竖炉直接还原或企业煤气平衡使用。

综上所述，COREX 工艺的优点可概括为：使用非焦煤，不用建设炼焦厂；不用建烧结厂，直接使用块矿；生产的铁水可用于氧气转炉炼钢；COREX 熔融还原的基建投资、生产成本、能源消耗等都低于传统的高炉炼铁系统；环境污染轻；可生产优质高热值煤气，以解决钢铁企业的煤气平衡问题。

但是 COREX 工艺也存在一些不足，主要有：

（1）对矿石的质量要求较为严格，必须使用球团矿和天然块矿等中等均匀粒度的块状原料，不能使用磷含量高的矿石，还是离不开造块工艺。

（2）煤耗高，约为 950kg/t，且对煤的质量有较高要求。只适用挥发分在一定范围内（小于 35%）的块煤，而且要求使用的块煤热稳定性高，这也是一个潜在问题。另外，COREX 工艺需要解决块煤在储运过程中产生的粉煤的利用问题。

（3）还原尾气的综合利用决定着整个工艺能耗及操作成本。只有实现煤气的充分利用，COREX 工艺才有较好的经济效益。

（4）氧耗量大，约为 580m³/t。COREX 设备需配套大型制氧机，C－2000 型设备需要制氧设备的产能为 $7.6 \times 10^4 m^3/h$，投资较大。

COREX 熔融还原炼铁工艺的研发始于 1977 年。在 20 世纪 80 年代完成半工业化试验后，于 1989 年在南非伊斯科公司普雷陀利亚厂首次实现了工业化应用。目前，世界范围内正在运行的 COREX 炉共有 7 座，其中南非 1 座、印度 4 座、中国 2 座，韩国浦项另有 2 座改型 FINEX 炉。宝钢的 2 座 C – 3000 型炉是世界上最大的 COREX 熔融还原炼铁炉，设计年产量为 150 万吨；其余的 5 座均为 C – 2000 型，设计年产量为 75 万吨，分别于 2007 年 11 月和 2011 年 3 月投产。

宝钢 1 号炉自 2007 年投产以来，出现了竖炉黏结、竖炉 DRI 金属化率难以控制等问题，经过不断研究改进，2010 年生产趋于稳定。2 号炉与 1 号炉相比，在煤气分布系统、还原竖炉热风围管耐火材料和铁口设计等方面做了改进，开炉 10 天就达到了 1 号炉的操作水平，竖炉 DRI 金属化率和煤气利用率达到预期值。印度金达尔公司和南非撒尔达那公司的 C – 2000 型炉，在正常生产时都高出设计产能运行。印度金达尔公司 C – 2000 型炉的作业率在 89.5% ~95% 范围内波动。南非撒尔达那公司 C – 2000 型炉的最高作业率为 95%，平均为 91% 左右。这两个公司 C – 2000 型炉的作业率低主要由竖炉黏结等所致。2012 年以来，由于技术经济指标和金融危机等诸多因素，此两座 C – 3000 型炉相继停止生产[12,13]。

1.3.1.3　FINEX 二步法熔融还原

FINEX 是由浦项钢铁公司与奥钢联在 COREX 工艺基础上开发的、直接使用粉矿和煤粉炼出铁水的工艺，工艺流程见图 1 – 17。在 FINEX 工艺中，铁矿粉在三级或者四级流化床反应装置中预热和还原。流化床上部反应器主要用作预热段，后几级反应器是铁矿粉的逐级还原装置，可以把铁矿粉逐级还原为 DRI 粉。之后，DRI 粉或者直接装入熔融气化炉，或者经热态压实后以热压块铁的形式装入熔融气化炉中。在熔融气化炉中，装入的 DRI 和 HBI 被还原成金属铁并熔融。FINEX 过程产生的煤气是高热值煤气，可以进一步用作 DRI 或者 HBI 的生产以及发电等。所产生的铁水和渣的质量与高炉和 COREX 工艺相当。因为流化床装置需要大量还原气体，为了降低燃耗，安装了炉顶煤气再循环和 CO_2 脱除系统，可以把流化床和熔融气化炉排出的煤气再循环。在 FINEX 操作过程中引入了煤粉喷吹技术，在喷煤比为 250kg/t 时，总煤耗降低约 100kg/t，单位煤耗达到 820kg/t；

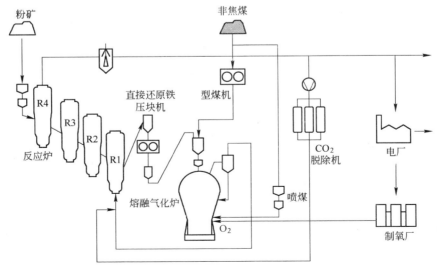

图 1 – 17　FINEX 工艺流程

煤在炭床区的停留时间延长20%，碳在炭床区的利用率提高10%；并且发现，喷煤对冶炼过程几乎不造成任何影响[14]。

A FINEX 工艺的创新点

总体来讲，FINEX 工艺属于在已有技术基础上的集成创新，主要创新点如下：

（1）铁矿石流态化床还原工艺早已存在，但有问题，主要是铁矿粉还原率不高，达不到生产 DRI 的要求；反应器容易黏结，连续作业时间不长。浦项钢铁公司对反应器结构和气流分布进行改进，将多级还原反应器的温度降低，将铁矿粉还原率降至60%～70%，解决了反应器不能连续作业的问题，使流态化床还原工艺替代还原竖炉取得了成功。

（2）从流态化床出来的部分还原的铁矿粉要压成块，然后才能装入熔融气化炉。将 DRI 制成 HBI 早已是成熟工艺，但缺点是能耗高、成本高。浦项钢铁公司将压球改为压成密实度较低的矿饼后破碎，降低了成本并提高了压辊寿命。

（3）煤的加入方法由全部装入熔融气化炉改为一部分磨成煤粉后喷入熔融气化炉，喷煤量最高时可达300kg/t。其余的煤破碎后加黏结剂压成煤球，装入熔融气化炉中。

（4）上述（2）、（3）两项技术改进使熔融气化炉中装入料的形态为块状 HBI 及煤球，并喷入煤粉。现在示范的 FINEX 装置已不使用小块焦，而150万吨的 FINEX 装置目前尚使用小块焦，用量大约在50kg/t。HBI 金属化率比 DRI 低，使熔融气化炉的温度降低以避免黏结。与加入煤粉相比，加入煤球更有利于改善熔融气化炉内熔池的渗透性。与高炉相比，熔融气化炉中没有软熔带，消除了初成渣对反应过程的影响。

（5）在 FINEX 工艺的煤气处理系统中增加了 CO_2 脱除装置，用成熟的变压吸附法脱除煤气中的 CO_2。脱除 CO_2 以后的煤气作为还原剂用于流态化床反应器，提高了铁矿粉的还原效率，使 FINEX 工艺的燃料消耗下降。

B FINEX 工艺的运行状况

如前所述，FINEX 工艺是在 COREX 工艺装置上改进形成的。开始 COREX 与 FINEX 示范工厂的装置是结合在一起的，由于并未拆除 COREX 还原竖炉，仍可按 COREX 工艺照常运行，以减少在改造和试运行过程中的产量损失。在 FINEX 工艺的流态化反应器系统、HBI 系统、煤造球系统、喷煤系统分步陆续投入以后，2003年5月，示范装置全部转入按 FINEX 工艺运行。FINEX 示范厂投产后，遇到的最主要问题是流态化床反应器的黏结和阻塞，2007年以后情况大为好转。后来，FINEX 示范装置成功达到以下目标：直接使用压块煤和热压实的 DRI；日产铁达2150kg/t（相当于72万吨/年）；连续生产超过13星期；单位煤耗降为820kg/t；铁水质量满足炼钢要求[14]。

FINEX 示范工厂取得成功后，2004年8月浦项钢铁公司开工建设一套年产150万吨的 FINEX 工艺炼铁装置，工厂外景见图1-18，设计目标为年产铁水150万吨，年均日产4200t 铁水。这套150万吨装置于2007年4月投产，到2007年4季度产量达到设计目标。该装置投产后，2008年4～9月的运行指标见表1-10[14]。

表1-10 150万吨 FINEX 装置的运行指标

指　标	单　位	目　标	实际（2008年4～9月）
产　量	万吨/年	≥150	～150
	t/d	≥4200	4240

指　标	单　位	目　标	实际（2008 年 4 ~ 9 月）
作业率	%	≥97	97.8
煤　比	kg/t	≤730	720
铁水 $w[S]$	%	≤0.030	0.027
铁水 $w[Si]$	%	≤0.80	0.75

图 1 - 18　浦项 150 万吨 FINEX 厂外景

2008 年 5 ~ 9 月，150 万吨 FINEX 装置与浦项钢铁公司正在运行中的 4 号高炉（3795m³）的操作指标比较见表 1 - 11，两者在渣铁质量指标方面比较接近[14]。

表 1 - 11　150 万吨 FINEX 装置与浦项 4 号高炉的操作指标比较（2008 年 5 ~ 9 月）

指　标		150 万吨 FINEX 装置	浦项 4 号高炉
产量/t·d⁻¹		4320	8920
生　铁	温度/℃	1527	1508
	$w[C]/\%$	4.5	4.5
	$w[Si]/\%$	0.77	0.48
	$w[S]/\%$	0.027	0.027
炉　渣	碱　度	1.22	1.26
	$w(Al_2O_3)/\%$	18	15
	渣量/kg·t⁻¹	300	299

高炉与 FINEX 装置污染物排放量的比较见图 1 - 19[14]。由于不需要炼焦及烧结工序，FINEX 工艺对环境的污染小于高炉工艺，SO_x、NO_x 及粉尘的排放量远远低于高炉。

浦项钢铁公司以韩国浦项的价格为基础，以建设年产生铁 300 万吨的炼铁系统为目标，将高炉流程与 FINEX 流程（150 万吨 FINEX 装置 2 套，包括各流程本身的全系统以及制氧机、发电站等）进行投资对比，认为 FINEX 流程的建设投资比高炉流程节省 20%。同时，还根据浦项的实际情况对两种流程的生产成本进行了对比计算，认为 FINEX 流程的生产成本低 15%。因为各地域和企业的价格基础不同，需要根据具体情况进行分析比较。

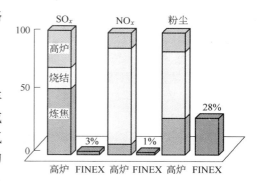

图 1-19 高炉与 FINEX 装置污染物
排放量的比较

1.3.2 熔融还原技术的发展现状

从 20 世纪 80 年代初开始，在短短十多年的时间内，数十种熔融还原工艺通过了工业或半工业性试验，如以煤为主要能源、以工业氧或富氧空气为原始反应介质进行还原和熔化的氧煤工艺，包括 COREX、DIOS、HIsmelt、ROMELT、川崎法等工艺；以煤为还原剂、以电为主要热源的电煤工艺，包括 INRED、EL-RED、PLASMASMELT 等工艺。国内外众多钢铁企业和研究机构纷纷投入大量人力和物力，进行熔融还原的研究开发，在学术论坛上形成强大的"熔融还原风暴"，许多专业人士甚至兴奋地预言"熔融还原将给钢铁工业带来革命性的改变"，"钢铁工业技术的革命"开始了。人们对熔融还原改变钢铁生产面貌、促进钢铁工业的良性发展报以极大的期待。

然而，经过 20 多年的实践和发展，在数十种通过工业试验验证的熔融还原工艺中，只有奥钢联开发的 COREX 工艺实现了工业化生产。而且自 1989 年 11 月第一台 COREX 装置投入生产到现在，仅有 5 台 COREX 装置在运行，年产铁水 400 余万吨，不足全世界生铁总产量的 1.0%。其他熔融还原工艺均未进入工业化生产阶段，许多研究进入"休眠状态"。例如，由日本通产省组织和资助、日本铁钢联盟执行的 DIOS 熔融还原工艺的研发工作已陷于停顿，美国、北欧等国家开发的熔融还原工艺也终止了研究。FINEX 是 COREX 的改进工艺，采用流化床预还原，直接使用粉矿，目前 FINEX 试验正在进行中，距离商业化还有一段距离。另外，HIsmelt 是具有预还原功能的类似于转炉的熔融还原装置，试验正在进行中，尚未取得明确结果。Ausmelt 等一步法直接使用矿石、氧气和煤，存在以下致命问题：熔融还原的高 FeO 渣对炉衬侵蚀严重，耐材成本高；熔融还原产生的大量高温还原煤气不能高效再使用于还原本身，热能利用率低，能耗高；成本居高不下。因此，目前一步法基本上被弃用。

减轻钢铁生产对环境的压力、改善钢铁生产的能源结构、节约能源，是我国发展熔融还原的主要动力。自 20 世纪 50 年代我国就开展了熔融还原工艺、转炉铁浴熔融还原（当时称为转炉煤粉直接炼钢）工艺的开发研究，并进行了工业性试验。80 年代，我国与世界同步进行了熔融还原技术的开发研究，具有代表性的有以煤为能源的流化床-竖炉（东北大学，实验室研究）工艺、铁浴法熔融还原（首钢，半工业性试验）工艺、铁浴法生产含铬铁水（东北大学和唐钢，工业性试验）工艺、含碳球团竖炉预还原-竖炉（北京钢铁研究总院、东北大学和承德钢铁公司等，半工业性试验）。近年来，由于焦炭供应紧张、价格上涨以及环保意识的提高，熔融还原再次成为新世纪钢铁工业发展的热门话题。宝钢已经引进和建设 COREX C-3000 型装置，沙钢、莱钢、首钢等钢铁企业曾计划或筹建熔融还原装置。同时，国内其他中小型钢铁企业和电炉钢厂急待寻求摆脱焦炭条件对生产的羁绊、不建精矿粉造块车间、投资省的钢铁生产工艺，熔融还原技术成为首选。

因此，可预测熔融还原将在我国获得一定的发展。

目前，国内对熔融还原炼铁技术及其发展达成了比较统一的认识，包括：

（1）熔融还原是钢铁生产的前沿技术，也是钢铁工业的发展方向，具有广阔的发展前景。当前，熔融还原技术的成熟程度、可靠性、经济性等方面还未达到预期水平，有待开发和研究，在实践中积累经验。

（2）COREX 工艺是当前熔融还原技术中最成熟的，已实现工业化生产多年，但该工艺对原燃料要求苛刻、投资高等问题限制了其快速发展。开发低成本的型煤、冷固结球团等技术将大大地提高其竞争力。

（3）FINEX 是 COREX 技术的进一步发展方向，目前仍处于研发时期，还没有生产经验可以借鉴，采用该技术建设生产性装置还有一定的技术风险。如果 FINEX 技术进一步成熟，将来可能取代 COREX 技术。因此在选择熔融还原工艺时，应为采用该技术留有改造发展的空间。

（4）与传统的高炉炼铁相比，熔融还原的最大优势是环境友好。若要使高炉冶炼达到与熔融还原相同的环保水平，巨大的投入和消耗将使高炉流程的优势丧失殆尽。因此，发展熔融还原的主要魅力仍是可以大幅减轻钢铁生产的环保压力。

（5）目前，熔融还原在能耗、投资、运行稳定性、作业率等方面还不能与传统的高炉冶炼相比，选择熔融还原的着眼点应当是保护环境和改善钢铁生产结构。

1.4 非焦炼铁技术处理特色冶金资源

我国金属矿产资源多以多金属共伴生矿为主。这类资源总体储量大，占我国矿产资源的 1/5 左右，其中具有优势特色的含铁多金属共生矿资源包括攀西和承德地区的钒钛磁铁矿、包头白云鄂博稀土铁矿、辽东地区硼铁矿、广西贵港高铁铝土矿、云南惠民高磷铁矿等。攀西和承德地区的钒钛磁铁矿（Fe、V、Ti 等共生）总储量达 180 多亿吨，其中，攀西地区已探明的钒钛磁铁矿储量近 100 亿吨，含铁 31 亿吨、TiO_2 8.73 亿吨、V_2O_5 1579 万吨，另含 Cr、Co、Ni、Ga、Sc、Cu 等重要的有色金属资源；承德地区共探明的钒钛磁铁矿储量达 81.82 亿吨，含铁 13 亿吨、V_2O_5 747.66 万吨、TiO_2 1.43 亿吨。白云鄂博稀土铁矿（Fe、RE、Nb 等共生）的工业总储量达 16 亿吨，其中，含铁 5 亿多吨；氧化物稀土的远景储量为 1 亿吨，工业储量为 4300 万吨，占世界 50%，居世界第一；铌的远景储量为 660 万吨，占全国 77.3%，居世界第二；钍的总储量为 22 万吨；此外，还含有氧化镧、氧化铈、氧化镨、氧化钕等轻稀土氧化物。辽东地区硼铁矿（Fe、B、Mg 等共生）储量达 2.8 亿吨，含铁约 9000 万吨、B_2O_3 2184 万吨，占全国硼资源的 57.88%。广西高铁铝土矿主要分布于南宁、贵港、玉林一带，远景储量在 2 亿吨以上，是我国目前最大的高铁三水铝土矿矿床。云南惠民铁矿位于云南省普洱市澜沧县惠民乡，已探明储量达 19.94 亿吨，为高磷赤铁矿贫矿。这些含铁特色共生矿资源的综合利用价值高，技术需求多，对推动行业技术进步和带动地区经济发展作用显著，因此在我国的战略地位十分重要。

我国多金属共生矿在资源结构、化学组成、复合性等方面具有显著的特殊性。与普通金属矿产资源相比，这些多金属复合矿资源的共同特点是贫、细、散、杂。以铁基共生矿为例，这类复合铁矿含铁多在 25% ~40% 之间，属于贫矿，给采、选、冶工艺带来困难。

由于多金属共生矿资源的特殊性，导致其加工、利用、二次资源高效回收再利用以及与之相关的生态环境问题十分复杂，相应的理论、方法及工艺选择十分困难，基础研究积累匮乏、基础薄弱。长期以来，我国在开采和加工这类多金属共生矿资源时，在得到其中部分金属铁的同时，也付出了资源利用率低、能耗高、环境负荷大的代价。迄今为止，尚有大量尾矿、废渣等二次资源无法得到高效生态化利用。

为此，必须大力开展多金属共生矿高效提取及清洁生产技术，以及多金属共生矿资源综合利用共性关键技术和理论方法的研究，主要解决如下问题：物质分离过程相关物质的矿相结构、界面化学、强化反应和提高效率的反应工程学、一次资源高效分离提取新工艺的物理化学、二次资源生态化利用的理论与方法，形成我国多金属共生矿资源综合利用技术的集成创新体系，真正实现资源与环境的可持续发展。

由于其技术优势，非焦炼铁技术将在我国特色冶金资源综合利用、特殊矿冶炼领域拥有广阔的应用前景。非焦炼铁是资源综合利用以及含铁复合矿、难选矿、特殊矿冶炼的重要手段，已完成的大量研究和工业实践表明其是可行的。例如，转底炉预还原-电炉分离工艺处理钒钛磁铁矿，已实现了工业化生产；转底炉预还原-熔化分离工艺用镍红土矿生产镍铁，已完成半工业化试验；金属化还原-高效分选新工艺，已成功应用于吉林羚羊铁矿石、宁乡式铁矿石、包钢难选氧化矿、红土镍矿等复杂难处理资源的综合利用，研究表明，资源有价组元的利用率超过常规选分工艺，技术效果显著；转底炉处理钢铁厂含锌粉尘技术，已经在马钢、日钢、沙钢等多家钢铁公司成功实施；以钛铁矿为原料，将回转窑-电炉熔分工艺与湿法、火法冶金有机结合，成功制取了高钛渣，生产出高档钛白或人造金红石；另外，虽然 HIsmelt 工艺目前陷入停顿，但许多学者均认为其在处理钒钛磁铁矿、高磷铁矿方面具有诸多技术优势。

鉴于我国炼铁资源、能源条件和国民经济发展的需要，非焦炼铁在特色冶金资源综合利用以及含铁复合矿、难选矿、特殊矿冶炼领域有望得到长足的发展。

参 考 文 献

[1] 方觉. 非高炉炼铁工艺及理论 [M]. 北京：冶金工业出版社，2010.

[2] 胡俊鸽，周文涛，郭艳玲，等. 先进非高炉炼铁工艺技术经济分析 [J]. 鞍钢技术，2012，(3)：7~13.

[3] 胡俊鸽，吴美庆，毛艳丽. 直接还原炼铁技术的最新发展 [J]. 钢铁研究，2006，34 (2)：53~57.

[4] Chriwtian Bohm, Hado Heckmann, Wolfgang Grill, et al. SIMETAL COREX—New Development [C] // 2011 年中国直接还原铁研讨会文集. 北京：中国金属学会非高炉炼铁学术委员会，2011：80~88.

[5] 余琨. 原矿与原煤冶炼——21 世纪与高炉竞争的炼铁方式 [J]. 东北大学学报 (自然科学版)，1998，19 (4)：398~401.

[6] Neil Goodman, Rod Dry. HIsmelt 炼铁工艺 [J]. 世界钢铁，2010，(2)：1~5.

[7] 周渝生. 煤基熔融还原炼铁新工艺发展现状评述 [C] //2006 年中国非高炉炼铁会议论文集. 沈阳：中国金属学会非高炉炼铁学术委员会，2006：42~57.

[8]　Neil Goodman. HIsmelt 工厂的达产 [C] //2010 年全国炼铁年会论文集. 北京：中国金属学会，2010：1032 ~ 1037.

[9]　唐恩，臧中海，喻道明. HIsmelt 熔融还原炼铁技术的新进展 [J]. 炼铁，2010，29（2）：60 ~ 62.

[10]　陈炳庆，张瑞祥，周渝生. COREX 熔融还原炼铁技术 [J]. 钢铁，1998，33（2）：10 ~ 13.

[11]　张汉泉，朱德庆. 熔融还原的现状及今后研究的方向 [J]. 烧结球团，2001，26（4）：11 ~ 14.

[12]　朱仁良，朱锦明，宋文刚. 宝钢 COREX – 3000 运行现状及发展前景 [J]. 宝钢技术，2011，（6）：12 ~ 17.

[13]　李维国. COREX – 3000 生产现状和存在问题的分析 [J]. 宝钢技术，2008，（6）：11 ~ 18.

[14]　冶金工业信息标准研究院. 韩国浦项钢铁公司 Finex 工艺 [R]. 钢铁技术内参，2010，（2）.

第 2 篇

我国发展煤制气－气基竖炉直接还原工艺的基础研究

2 煤制气－气基竖炉直接还原技术

2.1 煤制气－气基竖炉直接还原概述

2.1.1 研究背景

目前钢铁工业居主导地位的生产流程是：高炉炼铁→转炉炼钢→连铸→连轧，其中炼铁流程是由焦化、造块、高炉炼铁三大工序组成的。尽管经过长期的发展，其技术成熟、生产效率较高，但存在周期长、投资大、能耗高、污染严重、过于依赖焦煤资源等不足[1]。

直接还原炼铁是钢铁生产短流程的基础，是以非焦煤为主要能源，在铁矿石的软化温度以下进行还原，获得固态金属铁的方法。由于其产品直接还原铁的结构呈海绵状，体积密度远小于一般生铁，因此也称其为"海绵铁"。直接还原铁在生产过程中可以避免有害成分的污染，化学成分较为纯净，是钢铁生产中重要的废钢替代品，是解决废钢资源不足的重要途径，是电炉冶炼高品质纯净钢、优质钢不可或缺的稀释残留元素的原料，是装备制造业生产石油、合成化工、核设施等必需的原材料，是转炉炼钢优良的冷却剂[2,3]。

因此，发挥国内非焦煤资源丰富的优势，充分利用国内铁矿资源，发展直接还原铁生产，是我国摆脱焦煤资源羁绊、改变钢铁生产能源结构、适应环保要求、降低生产能耗、改善产品结构、提高钢材质量和品质、解决废钢资源短缺问题、实现资源综合利用、坚持钢铁产业可持续发展的重要途径。

据世界钢铁协会发布的全球钢铁生产统计数据[4]，中国大陆 2012 年粗钢产量为 7.16 亿吨，占全球钢产量的 46.3%，其中电炉钢产量占钢铁总产量的 10%，废钢短缺是影响我国电炉钢发展的重要因素。若电炉钢原料中直接还原铁占 20%，按电炉钢占粗钢总产量的世界平均水平 35% 计算，我国对直接还原铁的年需求量为 5000 万吨。目前我国直接还原铁的年产量不足 60 万吨[5]，因此直接还原在我国具有广阔的发展前景。

按还原剂的使用类型，直接还原炼铁工艺分为煤基（隧道窑、回转窑、转底炉）和气基（流化床、竖炉）两大类，各自的特点介绍如下。

隧道窑法存在单窑产能小、产品质量稳定性差、能耗高和环境污染严重等问题。回转窑法是煤基直接还原的主要方法，但存在易结圈、产品易再氧化、操作控制难度大、生产稳定性差、对原料要求苛刻、能耗高、作业率低、单机产能低等问题。目前国内所有的回转窑均处于停产状态。因此，隧道窑法和回转窑法不可能成为发展直接还原的主流工艺。另外，煤基转底炉工艺造块困难，产品含铁品位低、硫含量高、质量稳定性差，而且设备运转部件庞大，生产控制和运行维护难度大，至今还没有一个炼钢用直接还原铁的工业化装置投入正常生产。

流化床法属于气基直接还原工艺，但存在还原气一次通过的利用率极低（约 10%）、气体循环消耗的能量高、产品的还原程度不均匀、黏结失流导致生产稳定性差等问题，至今鲜有成功工业化应用的实例。

相比以上工艺，竖炉法具有生产率高、产品质量稳定、自动化程度高、单机产能大、技术成熟、单位产能投资低、工序能耗低、环境负荷低、工艺成熟等优势，是世界上最成功、生产规模最大的直接还原工艺。

从能源结构上来看，我国天然气储量不大且资源分布不均，国民经济其他行业的需求量较大。随着我国可持续发展战略和加强环保政策的实施，天然气供应更为紧张，其价格连续上涨，这严重限制了我国竖炉直接还原的发展，导致至今仍无工业化生产。可喜的是，随着竖炉直接还原工艺日趋成熟和完善，COREX 还原尾气作为 MIDREX 竖炉还原气的工艺的产业化，以及直接使用焦炉煤气、合成气、煤制气为还原气的 HYL/Energiron 新工艺方案的提出，为天然气资源不足而非焦煤资源丰富的中国发展气基直接还原工艺提供了有力条件[6,7]。

另外，大型煤制气工艺装备已成为化工行业的常规成熟技术，其生产经济性和稳定性已得到较充分验证，它将煤与气化剂（氧气/水蒸气）反应，生产出含 CO、H_2 和 CH_4 等产品，合成气再经净化处理完全可作为气基竖炉还原剂的可靠来源[8]。而且我国适用于煤制气工艺的煤资源丰富，原料适应性强。

从煤资源能量利用角度来看，由于煤气化工艺主要以分子结构为直链烃类的低变质煤种为原料，通过煤的深度转化，完全打破了煤原有的分子结构，全部转化为 CO 和 H_2 等，与煤制其他能源产品相比，单位热值投资成本和水耗较低，废热利用率较高，总能量转化率最高，竞争优势十分明显。而且，煤制气工艺更为环保，废水不含高污染物，易于利用，不需处理就可作锅炉给水或循环水补充水，而煤制甲醇和煤制油需对废水做深度处理[9]。

从炼铁工序能耗来看（见表 2 - 1），天然气/煤制气－气基竖炉直接还原炼铁的工序能耗明显低于其他工艺，若电炉炼钢时采用直接还原铁热装法，将进一步降低其工序能耗。能耗比较进一步表明，隧道窑、回转窑、转底炉、流化床等工艺不符合钢铁工业节能减排的长远利益，不适于成为直接还原铁生产的主要发展方向[10]。

表 2 - 1　主要炼铁工艺的设计能力和能耗比较

工　艺	还原剂	能耗/GJ·t^{-1}	单炉产能/万吨·年$^{-1}$	产　品
MIDREX	天然气	10	180	$w[TFe] \geqslant 90\%$ DRI
HYL/Energiron	天然气	10	190	$w[TFe] \geqslant 90\%$ DRI
煤制气－气基竖炉直接还原	煤制气	12	190	$w[TFe] \geqslant 90\%$ DRI
转底炉处理尘泥	煤/天然气	12	14 ~ 40	$w[TFe] \geqslant 65\%$ DRI
转底炉生产粒铁	煤/天然气	15	14 ~ 30	$w[TFe] \geqslant 93\%$ 粒铁
流化床 Finmet	天然气	13	150	$w[TFe] \geqslant 91\%$ HBI
高炉炼铁	焦炭/煤粉	16	400	$w[TFe] \geqslant 93\%$ 铁水
COREX 熔融还原	焦炭/块煤	16.5	120	$w[TFe] \geqslant 93\%$ 铁水
SL - RN 回转窑	煤	20	15	$w[TFe] \geqslant 90\%$ DRI
隧道窑	煤	25 ~ 30	1 ~ 4	$w[TFe] \geqslant 80\%$ DRI

从铁精矿资源来看，缺乏高品位铁矿资源是制约我国直接还原工业发展的另一个重要因素。近年来，我国选矿工作者对国内铁矿资源进行了大量研究。结果表明，我国 50% 以上的单一磁铁矿通过国内自有知识产权的选矿技术，可以获得 $w(TFe) > 69.5\% \sim 70.5\%$、$w(SiO_2) < 2.0\%$、满足直接还原铁生产需要的专用精矿[11]。

因此，依托国内煤资源和铁资源条件，将煤气化工艺与竖炉工艺有机结合，形成煤制气 – 气基竖炉直接还原炼铁新工艺流程（见图 2 – 1），优化了煤炭深加工产业结构，丰富了煤化工产品链，开辟了大规模生产直接还原铁的新途径，具有能源高效清洁利用的特点，符合节能减排的政策，对于我国煤资源和钢铁产业可持续发展具有十分重要的意义。

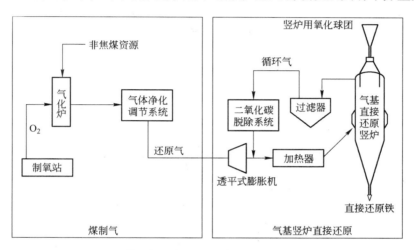

图 2 – 1　煤制气 – 气基竖炉直接还原炼铁工艺流程

2.1.2　研究目的

鉴于国内炼铁资源条件及钢铁产业发展现状，煤制气 – 气基竖炉工艺是我国发展直接还原铁生产的前沿技术和主要方向。但是，若全盘引进国外技术，势必存在高额的专利和技术转让费用，同时在诸多方面受制于人，最终将严重影响我国直接还原铁的良性发展。因此，必须针对我国原燃料条件和炼铁生产实际，研发适合我国国情的拥有自主知识产权的煤制气 – 气基竖炉直接还原工艺。近年来，中冶赛迪、中冶京城、中冶长天、海城东四、唐钢不锈钢、内蒙古众兴、延吉东方创新、吉林天池、安徽霍邱、内蒙古乌海等公司都在筹划、规划、设计建设气基竖炉直接还原铁项目，这些项目的建成将彻底改变我国直接还原铁生产的面貌。但目前大多数研究都处于初步探索阶段，尚未有系统的可直接利用的成熟技术出现。

尽管煤制气 – 气基竖炉直接还原炼铁工艺是煤气化工艺和气基竖炉直接还原工艺两个成熟技术的组合，在理论上是可靠的，但实际实施过程中还存在诸多关键技术问题，有待进一步深入研究和探讨，主要包括：

（1）基于国内煤资源选择适宜的煤制气工艺。现有成熟的几种煤气化工艺，在煤种要求、产品还原气品质、投资、成本、环境负荷等方面区别很大。必须针对竖炉还原工艺的需求以及我国煤资源条件，选择适宜我国发展煤制气 – 气基竖炉直接还原的煤气化工艺。

（2）基于国内铁矿资源制备气基竖炉直接还原用优质氧化球团。竖炉直接还原对铁矿原料和氧化球团的技术要求较为苛刻。受国际市场直接还原用原料供应紧张的影响，基于国内铁矿资源，探求合理的生产工艺，制备优质氧化球团原料，是我国发展煤制气－气基竖炉直接还原的前提条件。

（3）气基竖炉球团还原膨胀机理研究及性能改善。还原膨胀性能是球团冶金性能的重要指标之一，直接决定着竖炉内气流能否合理分布、生产是否顺行。研究球团还原膨胀的影响因素和改善措施，有助于生产优质的氧化球团和选择合理的煤制气工艺。

（4）气基竖炉直接还原热力学及动力学机理研究。合理的还原温度和气氛是保证竖炉连续稳定生产的主要因素。升高温度有利于提高生产效率，然而过高的还原温度又使炉内原料易于黏结，炉衬易于损坏，严重影响炉内的透气性；还原气氛也对炉内温度场、还原进程以及气体利用率有着重要影响。因此，探明竖炉内不同还原温度和还原气氛下气－固反应热力学及动力学机制，对确定合理的竖炉工艺条件尤为重要。

（5）气基竖炉直接还原工艺及能量利用分析。准确掌握气基竖炉直接还原过程中的物质流及能量流，有助于探讨降低燃料消耗和提高能量利用的措施。

鉴于上述情况，本篇围绕煤制气－气基竖炉直接还原工艺存在的若干关键技术问题进行系统研究。从而为我国发展煤制气－气基竖炉直接还原、选择适宜煤气化工艺、生产优质氧化球团原料、改善球团还原膨胀性能、强化竖炉直接还原冶炼、实现节能降耗、扩大应用前景提供理论依据和技术参数，积极促进国内直接还原乃至钢铁产业的良性发展。

2.1.3　研究内容

本篇的主要研究内容包括以下几个方面：

（1）在全面把握现有煤气化工艺特征的基础上，结合竖炉还原工艺的需求，通过单指标横向对比和多指标综合加权评分法，综合投资成本、氧耗、煤耗、冷煤气效率、煤气中 $\varphi(CO)/\varphi(H_2)$、煤气氧化度、煤气中有效还原气含量、净热效率、碳转化率、单炉产能等指标，对 Lurgi、Ende、Texaco 和 Shell 四种主要煤气化技术进行定量化评价。

（2）研究膨润土种类和添加量对球团强度的影响，确定合理的球团生产工艺，基于国内铁精矿资源，进行气基竖炉直接还原用氧化球团制备及冶金性能研究。

（3）鉴于球团的还原膨胀性能是决定竖炉内气流能否合理分布、生产是否顺行的最关键指标，在实施球团气基直接还原实验的同时，探索还原温度、还原气氛以及脉石组分对球团还原膨胀的影响，并在此基础上研究硼镁复合添加剂改善球团还原膨胀性能的可行性。

（4）基于热力学分析，建立还原煤气利用率与还原气氛、还原温度、直接还原铁渗碳量、金属化率等影响因素之间的关系式，计算煤气利用率理论最大值。应用未反应核模型，系统分析球团气－固还原反应动力学机理，确定相关动力学参数，阐明反应限制性环节，获取反应速率解析式，探索强化竖炉直接还原的技术措施。

（5）通过物料平衡和能量平衡计算，分析气基竖炉直接还原过程的物质流和能量流，并创建竖炉㶲评价模型，解析气基竖炉直接还原过程的能量转换机制。在探讨入炉煤气成分、入炉煤气量、入炉煤气温度、出铁温度、直接还原铁渗碳量等因素对炉顶温度和炉内能量利用率影响的基础上，提出降低燃料消耗和能量高效利用的优化措施。

总体来讲，本篇关于煤制气－气基竖炉直接还原技术的基础研究体现了如下创新点：

（1）在国内首次围绕煤制气－气基竖炉直接还原工艺的关键科学问题进行系统研究，完善了直接还原炼铁技术体系，为新工艺的工业化实施奠定理论基础。

（2）基于最优化理论，构建煤气化技术多指标综合权重评价模型，定量评价不同的煤气化工艺，为合理选择煤气化工艺提供参考依据。

（3）基于国内炼铁资源，探求气基竖炉直接还原用优质氧化球团的合理制备工艺和冶金性能优化措施，系统研究气基竖炉直接还原热力学及动力学，为我国发展气基竖炉直接还原奠定物质基础和理论基础。

（4）创建基于煤制气工艺的气基竖炉㶲评价模型，系统解析气基竖炉直接还原过程的能量转换机制，提出能量高效利用的优化措施。

2.2 我国煤炭资源概况

本节分别就我国煤炭资源的储量、分布、煤类、煤质特征以及开采条件和供需关系进行评述。

2.2.1 我国煤炭资源的储量及分布

根据第三次全国煤田预测资料，除台湾外，我国垂深 2000m 以内的煤炭资源总量为 55697.49 亿吨，其中探明保有资源量为 10176.45 亿吨，预测资源量为 45521.04 亿吨。在探明保有资源量中，生产、在建井占用资源量为 1916.04 亿吨，尚未利用资源量为 8260.41 亿吨。

从地域分布来看，我国煤炭资源呈现北多南少、西多东少的特点。大致情况是：昆仑－秦岭－大别山一线以北的我国北方省区煤炭资源量之和为 51842.82 亿吨，占全国煤炭资源总量的 93%；其余各省煤炭资源量之和为 3854.67 亿吨，仅占全国煤炭资源总量的 7%。这一线以北地区，探明保有资源量占全国探明保有资源总量的 90% 以上；而这一线以南地区，探明保有资源量不足全国探明保有资源总量的 10%。大兴安岭－太行山－雪峰山一线以西的内蒙古、山西、四川、贵州等 11 个省区，煤炭资源量为 51145.71 亿吨，占全国煤炭资源总量的 92%；其余各省煤炭资源量之和为 4551.78 亿吨，仅占全国煤炭资源总量的 8%。这一线以西地区，探明保有资源量占全国探明保有资源总量的 89%；而这一线以东地区，探明保有资源量不足全国探明保有资源总量的 11%。以上我国煤炭资源地域分布上的特点，也决定了我国西煤东运、北煤南运的基本生产格局。

从省区分布来看，我国煤炭资源丰富，除上海以外其他各省区均有分布，但分布极不均衡。煤炭资源量最多的新疆维吾尔自治区，其煤炭资源量多达 19193.53 亿吨，而最少的浙江省仅为 0.50 亿吨。储量大于 10000 亿吨的省区有新疆、内蒙古两个自治区，其煤炭资源量之和为 33650.09 亿吨，占全国煤炭资源总量的 60.42%；探明保有资源量之和为 3362.35 亿吨，占全国探明保有资源总量的 33.04%。储量在 1000 亿～10000 亿吨的省区有山西、陕西、河南、宁夏、甘肃、贵州 6 个省区，其煤炭资源量之和为 17100.74 亿吨，占全国煤炭资源总量的 30.7%；这 6 个省区的探明保有资源量之和为 5203.89 亿吨，占全国探明保有资源总量的 51.14%。储量在 500 亿～1000 亿吨的省区有安徽、云南、河北、山东 4 省区，其煤炭资源量之和为 3022.95 亿吨，占全国煤炭资源总量的 5.43%；这 4 个省区的探明保有资源量之和为 966.98 亿吨，占全国探明保有资源总量的 9.5%。除台湾地区外，煤炭资源量小于 500 亿吨的 17 个省区的煤炭资源量之和仅为 1929.71 亿吨，仅占全国煤炭资源总量的 3.45%；其探明保有资源量仅为 643.23 亿吨，仅占全国探明保有资源总量的 6.32%[9]。

综上，从资源分布特点出发，煤制气 - 气基竖炉直接还原炼铁产业宜在煤炭资源和炼铁资源均较为丰富的内蒙古、山西、甘肃、贵州、四川和云南等地区发展，可充分发挥煤气化产品成本和铁精矿成本均较低的优势，受现有煤炭市场和铁矿资源短缺的影响也较小。

2.2.2 我国煤炭资源的种类

我国煤种分布比较齐全。在煤炭资源品种中，褐煤资源量为 3194.38 亿吨，占煤炭资源总量的 5.74%；褐煤探明保有资源量为 1291.32 亿吨，占探明保有资源总量的 12.69%；其主要分布于内蒙古东部、黑龙江东部和云南东部。低变质烟煤（长焰煤、不黏煤、弱黏煤）资源量为 28535.85 亿吨，占煤炭资源总量的 51.23%；低变质烟煤探明保有资源量为 4320.75 亿吨，占探明保有资源总量的 42.46%；其主要分布于新疆、陕西、内蒙古、宁夏等省区，甘肃、辽宁、河北、黑龙江、河南等省区的低变质烟煤资源也比较丰富。中变质烟煤（气煤、肥煤、焦煤和瘦煤）资源量为 15993.22 亿吨，占煤炭资源总量的 28.71%；中变质烟煤探明保有资源量为 2807.69 亿吨，占探明保有资源总量的 27.59%；其主要分布于华北一带。在中变质烟煤中，气煤资源量为 10709.69 亿吨，占煤炭资源总量的 19.23%；气煤探明保有资源量为 1317.31 亿吨，占探明保有资源总量的 12.94%。焦煤资源量为 2640.21 亿吨，占煤炭资源总量的 4.74%，焦煤探明保有资源量为 682.92 亿吨，占探明保有资源总量的 6.71%。高变质煤资源量为 7967.73 亿吨，占煤炭资源总量的 14.31%；高变质煤探明保有资源量为 1756.43 亿吨，占探明保有资源总量的 17.26%；其主要分布于山西、贵州和四川南部。

我国探明尚未利用煤炭资源量为 8260.41 亿吨，其中特低灰（灰分含量小于 5%）、低灰（灰分含量小于 10%）的煤量为 1786.76 亿吨，占尚未利用资源量的 21.63%；低中灰（灰分含量大于 10% ~20%）的煤量为 3626.67 亿吨，占尚未利用资源量的 43.90%；中高灰（灰分含量大于 20% ~30%）的煤量为 2698.85 亿吨，占尚未利用资源量的 32.67%。内蒙古、陕西、新疆和山西 4 省区集中了低灰、低中灰煤炭资源量的 52.70%。

特低硫、低硫煤量为 4160.01 亿吨，占尚未利用资源量的 50.37%；低中硫、中硫煤量为 2823.30 亿吨，占尚未利用资源量的 34.18%；硫含量大于 2.00% 的煤占 15.45%。就地域而言，内蒙古、陕西、新疆 3 省区的特低硫、低硫煤量总和为 3225.77 亿吨，占全国的 39.05%；山西、陕西、内蒙古 3 省区的低中硫、中硫煤量总和为 2243.77 亿吨，占全国的 27.16%。

据统计，全国尚未利用煤炭储量中，煤的空气干燥基高位发热量 $Q_{gr,ad} > 20MJ/kg$ 的中高热值煤占 91.80%；低热值煤很少，主要是分布于云南和内蒙古东部的褐煤[9]。

2.2.3 我国煤类的煤质特征

褐煤的最大特点是水分含量高，灰分含量高，发热量低。根据 176 个井田或勘探区统计资料，褐煤全水分含量高达20%～50%，灰分含量一般为20%～30%，收到基低位发热量一般为11.71～16.73MJ/kg。

低变质烟煤不仅资源量丰富，而且灰分含量低，硫含量低，发热量高，可选性好，煤质优良。各主要矿区原煤灰分含量均在15%以内，硫含量小于1%。其中不黏煤的平均灰分含量为10.85%，平均硫含量为0.75%；弱黏煤的平均灰分含量为10.11%，平均硫含量为0.87%。根据71个矿区统计资料，长焰煤收到基低位发热量为16.73～20.91MJ/kg；弱黏煤、不黏煤收到基低位发热量为20.91～25.09MJ/kg。低变质烟煤的化学反应性优良。

中变质烟煤的原煤灰分含量一般在20%以上，基本无特低灰煤和低灰煤；其硫含量也较高，在已发现保有资源量中20%以上的硫含量高于2%，而低硫高灰者，其可选性也较差。华北是中变质煤的主要分布地区，其中，山西组煤的灰分含量、硫含量相对较低，可选性较好，是我国炼焦用煤的主要煤源。

高变质煤中，贫煤的灰分含量和硫含量都较高，如山西西山贫煤的灰分含量为15%～30%，硫含量为1%～3%；贵州六枝贫煤的灰分含量为17%～36%，硫含量高达3%～6%。贫煤属于中高热值煤，其收到基中发热量$Q_{net,ar}$一般可达23.00～27.18MJ/kg。无烟煤的特点是：低中灰、中灰，低硫、中硫，其$Q_{net,ar}$一般为22.70～33.70MJ/kg，煤灰熔融温度高，块煤机械强度和热稳定性好，化学反应性差。

综上，我国煤炭资源的煤类齐全，包括从褐煤到无烟煤各种不同煤化阶段的煤，但是其数量和分布极不均衡。高变质煤煤质的主要不足是硫含量高。中变质煤即传统意义的"炼焦用煤"，数量较少，由于灰分含量、硫含量、可选性的原因，优质炼焦用煤更显缺乏。褐煤和低变质烟煤的资源量占全国煤炭资源总量的50%以上，而且煤质优良，是作为动力燃料和生产煤气的优质原料[9]。

2.2.4 我国煤炭资源的供应现状

煤炭资源在我国一次能源生产与消费构成中占据主导地位，是国民经济持续同步增长的保障支撑。2000年我国煤炭产量为9.9亿吨，2007年达到25.36亿吨，年均增长率达到14%，同时我国GDP年均增长也达到14%，煤炭产销量保持了与GDP同步的增长速度。我国煤炭消费结构中，电力、钢铁、建材、化工为四大煤炭消费大户，分别占国内消费总量的53%、13%、15%、5%。化工行业在煤炭消费中所占比例并不高，但是煤化工产业是煤消费量中增长最快的。预计到2020年，化工用煤将由2005年的1.04亿吨增长到4亿吨左右，占到煤炭总消费量的11.5%。因为煤化工产业主要依托后备煤炭资源和其他产业不能采用的高硫煤、低质煤为原料，所以发展以褐煤和低变质烟煤为主要原料的煤气化工艺，为竖炉直接还原提供还原煤气，在煤炭资源供应方面是可行的。我国煤炭产量、出口量和表观消费量见图2-2。我国煤炭需求预测见表2-2[9]。

表2-2 我国煤炭需求预测

项 目	2005年 /万吨	2006年 /万吨	2006年增长率 /%	2010年 /万吨	2020年 /万吨	2005～2010年 增长率/%	2010～2020年 增长率/%
消费总量	204015	244332	19.7	256235	346062	4.66	3.05

续表 2 – 2

项　　目	2005 年/万吨	2006 年/万吨	2006 年增长率/%	2010 年/万吨	2020 年/万吨	2005 ~ 2010 年增长率/%	2010 ~ 2020 年增长率/%
国内消费总量	195515	235505	20. 5	248235	338062	4. 89	3. 14
四行业合计	175570	202461	15. 3	233090	323062	5. 83	3. 32
电　　力	107793	124818	15. 8	152288	214817	7. 16	3. 50
钢　　铁	26368	30616	16. 1	27951	29380	1. 17	0. 50
建　　材	31009	35327	13. 9	33468	38841	1. 54	1. 50
化　　工	10400	11700	12. 5	20500	40023	13. 26	7. 52
国内其他	19945	33044	65. 7	15145	15000	– 5. 36	– 0. 10
出口量	8500	6332	– 25. 5	8000	8000	– 1. 21	0. 00

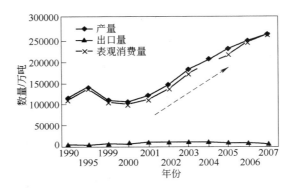

图 2 – 2　我国煤炭产量、出口量和表观消费量

2.3　煤气化技术及要求

为了保证竖炉产品直接还原铁的金属化率和硫含量符合电炉炼钢生产要求，要求竖炉煤气中还原性气体成分（$H_2 + CO + C_nH_m$）含量高，通常 $\varphi(H_2 + CO)/\varphi(H_2O + CO_2)$ 应大于 10，惰性成分 $\varphi(N_2) < 5\%$，还原气硫含量低[5]。

竖炉工艺不同，要求的还原气压力也不同，MIDREX 工艺入炉压力为 0. 2 ~ 0. 3MPa，HYL 工艺入炉压力为 0. 5 ~ 0. 8MPa[3]。直接还原竖炉每吨产品的一次能源消耗为 18 ~ 20GJ，折算煤气的消耗量为 1350 ~ 1600m³。对应于产能为 50 万 ~ 200 万吨/年的竖炉，单位时间煤气的需求量为 (8 ~ 36) × 10⁴ m³/h[4]。

2.3.1　现有煤气化工艺特征

以煤为原料制备还原性气体在技术上是成熟的，煤制气技术在化肥、化工、发电等多种行业中得到了广泛应用。目前，世界上技术成熟的煤气化工艺主要有固定床法（UGI、Lurgi）、流化床法（灰熔聚、Ende）、气流床法（Texaco、Shell）等[12 ~ 20]。

2.3.1.1　固定床气化技术

A　UGI 固定床间歇性气化法

固定床间歇性气化技术采用无烟块煤或焦炭为原料，煤种要求严格，而且碳转化率低，环境污染较大。但该法工程投资是其他气化技术无可比拟的，目前多应用于合成氨及甲醇生产，不宜作为生产竖炉用还原气技术。

B Lurgi 加压气化法

Lurgi 炉采用碎煤入炉，炉内煤层高度在 4m 左右，操作压力为 3MPa，气化温度为 900～1100℃，工艺流程见图 2-3。入炉煤的处理费用较低，可以使用高水分含量、高灰熔点和高灰分含量的非强黏结性煤，尤其是对劣质的贫煤能够稳定可靠和高效地气化，但要求原料煤热稳定性高、化学活性好、机械强度高。净煤气中 $\varphi(H_2)/\varphi(CO) =$ 1.6～1.7，不用改质即可合成各种液体燃料，并含有 10% 以上的甲烷。煤气化的耗氧量（标态）也相应较低，仅为 160～270m³/1000m³。加上气化副产物，冷煤气效率可达 80%。由于国产化的实现和投资费用的大幅度下降，使其多联产系统的经济性大大提高。该工艺的缺点是：气化温度、蒸汽分解率、热效率及气化强度低，能耗高；而且污水排放中含有较多的焦油、酚类和氨，需配备较复杂的污水处理装置，环保处理费用高。

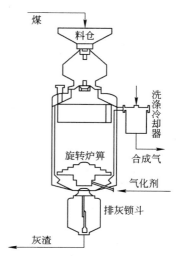

图 2-3 Lurgi 气化炉工艺流程

2.3.1.2 流化床气化技术

A 灰熔聚流化床气化法

灰熔聚流化床气化技术是中科院山西煤炭化学研究所于 20 世纪 80 年代初开发的。它的特点是：煤种适应性宽，可气化褐煤、低化学活性的烟煤、无烟煤和石油焦；床层温度为 1100℃，中心射流形成床内局部高温区温度达 1200～1300℃；煤灰不发生熔融，灰渣熔聚成球状或块状排除；投资成本较低。其缺点是：气化压力为常压，单炉气化能力低，环境污染严重。此技术适用于中小型氮肥厂生产，目前尚缺乏长期运转的经验，加压气化和大型化的炉型更有待进一步开发。

B Ende 粉煤气化法

Ende 炉将 10mm 以下粉煤送入气化炉底部，根据流化床气化原理，按照煤气组分要求，将浓度不同的富氧空气或氧气和过热蒸汽混合气作为气化剂，工艺流程见图 2-4。

Ende 炉可以使用灰分含量低于 30% 的劣质褐煤、不黏煤、弱黏煤和长焰煤，使煤源得到很大的拓展；同时由于褐煤价格比较低，使煤气制造成本显著下降。由于流化床的气、固相接触好，加强了热传导和热交换，强化了传热过程，使气化强度变大，一台直径为 5m 的炉子其煤气产量可达 $4 \times 10^4 m^3/h$ 以上。煤气产品中不含焦油及油渣，净化系统简单，污染少。

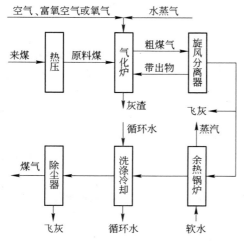

图 2-4 Ende 气化工艺流程

Ende 炉操作弹性大、运转稳定可靠、连续运转率高、开停炉方便，设备已完全实现了国产化，投资仅为引进气化炉的 30% ~ 50%，而且国内已有大型化生产经验可以借鉴。但 Ende 炉气化工艺要求用煤具有较好的活性，活性越大，则气化反应越能尽快地向反应生成方向进行，对操作有利；而且要求煤的水分含量必须低于 8%，否则会导致通道堵塞，煤气中 CO_2 含量增加。原料的灰熔点是流化床操作温度受限的主要因素，若操作温度过高，则会引起严重结渣，故 Ende 炉用煤的灰熔点要求高于 1250℃。此外，煤的粒度也应尽可能均匀，若粒度过细，将增加气体带走物，造成原料损失。由于 Ende 炉是常压操作，气化温度、碳转化率和冷煤气效率均较低，且飞灰量大，环境污染问题有待解决。

2.3.1.3　气流床气化技术

A　Texaco 水煤浆气化法

Texaco 炉属于气流床气化技术，是将粗煤磨碎，加入水、添加剂、助熔剂制成水煤浆，煤浆浓度一般为 65% ~ 70%，经煤浆加压泵喷入气化炉，与纯氧进行燃烧和部分氧化反应生成水煤气，气化压力为 2 ~ 8MPa，气化温度为 1400℃，有效还原气体积分数高于 80%，其工艺流程见图 2 – 5。

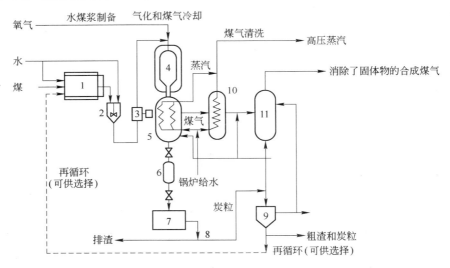

图 2 – 5　Texaco 气化工艺流程

1—湿式磨煤机；2—水煤浆储箱；3—水煤浆泵；4—气化炉；5—辐射冷却器；6—锁气式排渣斗；
7—炉渣储槽；8—炉渣分离器；9—沉降分离器；10—对流冷却器；11—洗涤器

Texaco 法可气化褐煤、烟煤、次烟煤、无烟煤、高硫煤以及低灰熔点的劣质煤、石油焦等，但要求煤灰分含量低于 20%，灰熔点低于 1400℃，且具有较好的黏结性和流动性。气化系统无需外供蒸汽、高压 N_2。煤气除尘比较简单，无需昂贵的高温高压飞灰过滤器。国内关于该气化工艺积累了大量的经验，因此设备制造、安装和工程实施周期短，开车运行经验丰富，达标达产时间相对较短。主要问题是：由于该技术是水煤浆进料，大量水分要汽化，因而煤耗和氧耗均较高，冷煤气效率较低，碳的转化率为 95% ~ 97%；气化炉耐火砖及烧嘴使用寿命较短，需定期检查、维修或更换。

B　多喷嘴水煤浆加压气化法

在"九五"期间，华东理工大学、兖矿鲁南化肥厂、中国天辰化学工程公司承担了国家重点科技攻关课题"新型多喷嘴对置水煤浆气化炉的开发"。该技术属于气流床多烧嘴下行制气，与单烧嘴气化炉相比，比煤耗可降低 2.2%，比氧耗可降低 8%，调节负荷更为灵活，适宜于气化低灰熔点的煤。目前多喷嘴水煤浆加压气化法存在的主要问题为：控制过程较为复杂，气化炉顶部耐火砖磨蚀较快且炉顶超温；投煤量为 1000t/d 的气化炉的投资比单烧嘴气化炉系统增加了 2000 万元，且每年还要增加维护检修费用，单位产品的固定成本大幅提高。该技术有待进一步在生产实践中改进。

C Shell 干粉煤加压气化法

Shell 气化炉工艺流程见图 2-6，采用干煤粉作为气化原料，煤种适应性广，烟煤、褐煤和石油焦均可气化。该法对煤的灰熔性适应范围宽，即使是高灰分、高硫含量的煤种也能适应。Shell 煤气化技术已投入运行的单台炉气化压力为 3MPa，日处理煤量达 2000t；气化温度约为 1500℃，碳转化率可达 99% 左右，产品气体洁净、不含重烃、甲烷含量低，煤气中有效气体 $CO + H_2$ 含量可达 90%；氧耗量（标态）为 $330 \sim 360m^3/1000m^3$，冷煤气效率约为 83%，总的热效率约为 98%，煤耗（标态）为 $600kg/1000m^3$，环境负荷较小。但 Shell 煤气化技术的投资成本明显高于其他气化技术，系统较为复杂，

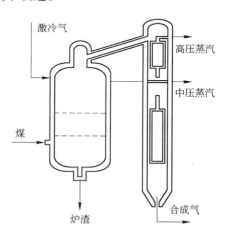

图 2-6 Shell 气化炉工艺流程

对原料、操作控制的要求较高，而且单台炉无备用的特点也极大限制了气源的连续供应。

D 其他干煤粉加压气化法

其他国内正在工业化生产的气流床气化法包括 GSP 法、两段式法、多喷嘴对置法等。这些技术都是在 Shell 气化炉基础上改进的，均采用干粉煤加压气化技术、水冷壁结构以及激冷或废锅进行热回收。这些技术在单炉能力和生产长期运行考验方面还存在不足，仍需进一步改进和完善。

综上，Lurgi、Ende、Texaco 和 Shell 四种主要煤气化工艺的各项技术指标如表 2-3 所示[12~20]。

表 2-3 四种主要煤气化工艺的各项技术指标

指 标	Lurgi	Ende	Texaco	Shell
气化工艺	固定床	流化床	气流床	气流床
煤 种	从褐煤到无烟煤各种弱黏结性煤	从褐煤到无烟煤各种弱黏结性煤	黏结性和流动性好的可制浆煤	全部煤种均可
进煤系统	锁斗间断加入	螺旋加入	煤浆进料	氮气输送
入炉粒度	5 ~ 50mm	< 10mm	< 75μm（75%）	< 150μm（90%）
灰分含量/%	无限制	< 30	< 20	无限制
水分含量/%	< 20	< 8	> 60	< 2
灰熔点/℃	> 1500	> 1250	< 1400	< 1500

指　　标		Lurgi	Ende	Texaco	Shell
气化压力/MPa		2 ~ 3	常压	2.6 ~ 8.4	2 ~ 4
排渣方式		固态	固态	熔渣	液态
气化剂		氧气 + 水蒸气	氧气 + 水蒸气	氧气	氧气
氧耗（标态）/$m^3 \cdot (1000m^3)^{-1}$		160 ~ 270	270	400	330 ~ 360
煤耗/$kg \cdot (1000m^3)^{-1}$		720	678	640	580
气化温度/℃		900 ~ 1100	950	1300 ~ 1400	1400 ~ 1600
碳转化率/%		90	92	97	99
冷煤气转化效率/%		≥80	≥75	≥73	≥83
净热效率/%		65	62	69	95
单炉产能/$t \cdot d^{-1}$		500	400	2000	2000
与 50 万吨/年竖炉配套的制气系统投资估算/亿元		3.3	2.2	9.0	11.0
干煤气成分/%	CO	20 ~ 28	30 ~ 34	42 ~ 47	60 ~ 65
	H_2	38 ~ 40	32 ~ 37	30 ~ 35	22 ~ 25
	CO_2	21	17 ~ 20	18	3
	CH_4	7 ~ 12	1.2 ~ 1.5	< 0.1	< 0.1
	$N_2 + Ar$	1.2	8.5	0.8	7.5
	$H_2S + COS$	0.7	0.9	1.1	1.3

2.3.2　主要煤气化工艺评价

2.3.2.1　单指标横向比较

从煤炭资源限制出发，Lurgi 炉和 Ende 炉主要用于气化具有良好热稳定性和化学活性的高灰熔点、高灰分含量的劣质褐煤、不黏煤、弱黏煤和长焰煤；Texaco 炉以煤灰量低于 20%、灰熔点低于 1300℃、具有较好黏结性和流动性的水煤浆为原料；而 Shell 炉对煤种无硬性限制，只需水分含量低于 2% 即可。

从煤气品质角度出发，Ende 流化床粉煤气化技术和 Lurgi 固定床加压气化技术的净煤气中 $\varphi(H_2)/\varphi(CO) > 1.0$，只要对煤气进行脱碳处理后，就可满足两大气基竖炉直接还原技术 MIDREX 法和 HYL 法对煤气成分的要求，是最适合直接还原气源选择的方案。而 Texaco 气流床水煤浆气化技术与 Shell 气流床干粉煤气化技术除了要对煤气进行脱碳处理外，还需对煤气中的 CO 进行变换以增加还原气中的 H_2 含量。

从生产能力、能耗及成本等方面来看，Lurgi 炉的气化温度、热效率、气化强度均较低，能耗较高，且焦油的分离以及含酚污水处理程序较为复杂。Ende 炉是常压操作，运转稳定可靠，气化温度、碳转化率和冷煤气转化效率均较低，能耗较高，且飞灰量对环境污染的困扰仍有待解决。但 Lurgi 和 Ende 气化技术设备已基本实现国产化，投资费用大幅下降，若就地取材，依赖当地煤炭资源，牺牲部分气化效率，仍可取得较好的综合经济效益。Texaco 炉的气化温度和碳转化率高，无需外供蒸汽，煤气除尘系统简单，但冷煤气效率较低，氧耗和投资成本较高。Shell 煤气化技术相对先进，但系统较为复杂，过高的投资成本极大限制了它的广泛应用。

2.3.2.2 综合加权评价

不同行业对煤气化技术的要求有巨大差异，不同煤气化工艺的各项指标也各不相同，通过简单的单指标分析法很难评价某个工艺的好坏。在多指标综合加权评分法中，确定各项工艺指标的权重是关键环节，也直接决定分析结论的可靠性。目前，确定指标权重的方法主要有主观赋权法（专家调查法、循环打分法、二项系数法、层次分析法）和客观赋权法（变异值法、熵值法）。不管是采取其中的哪一种，都很难兼顾分析者对指标重要性的主观认知（经验）和研究结果所反映的指标重要性的客观信息。为此，本节以优化理论为依据，建立指标综合权重评价模型，使对指标的赋权达到主观与客观的统一，进而对不同的煤气化工艺进行综合定量评价[20~23]。

A 确定标准化评价矩阵

下面针对 Lurgi、Ende、Texaco 和 Shell 四种主要的煤气化工艺进行评价，记为 $I = \{I_1, I_2, I_3, I_4\}$。评价的主要指标又包括投资成本、氧耗、煤耗、冷煤气转化效率、煤气中 $\varphi(CO)/\varphi(H_2)$、煤气氧化度、净热效率、煤气中有效还原气含量、碳转化率、单炉产能等，记为 $J = \{J_1, J_2, \cdots, J_{10}\}$。研究对象 i 在指标 j 下所对应的值记为 $x_{ij}(i = 1, 2, 3, 4; j = 1, 2, \cdots, 10)$，称矩阵 $X = (x_{ij})_{4 \times 10}$ 为研究对象集对指标集的评价矩阵。由表 2-3 中所列结果可得：

$$X = (x_{ij})_{4 \times 10} = \begin{bmatrix} 3.3 & 230 & 720 & 0.80 & 0.625 & 0.323 & 65 & 0.65 & 0.90 & 5 \\ 2.2 & 270 & 678 & 0.75 & 0.917 & 0.290 & 67 & 0.62 & 0.92 & 4 \\ 9.0 & 400 & 640 & 0.73 & 1.353 & 0.225 & 78 & 0.69 & 0.97 & 20 \\ 11.0 & 345 & 580 & 0.83 & 2.667 & 0.040 & 85 & 0.95 & 0.99 & 20 \end{bmatrix}$$

$$(2-1)$$

由于在多指标试验中，有的指标要求越小越好，有的指标要求越大越好，还有的指标则要求稳定在某一理想值。另外，还存在数量级和量纲不同的问题。为了统一各指标的趋势要求，消除各指标间的不可公度性，需将评价矩阵 X 进行标准化处理。

当综合加权评分法以评分值越小越好为准则时，令：

$$y_{ij} = \begin{cases} x_{ij} & (j \in I_1) \\ x_{j,\max} - x_{ij} & (j \in I_2) \\ |x_{ij} - x_j^*| & (j \in I_3) \end{cases}$$

$$(2-2)$$

其中，$I_1 = \{$要求越小越好的指标$\}$；$I_2 = \{$要求越大越好的指标$\}$；$I_3 = \{$要求稳定在某一理想值的指标$\}$。

本节所涉及的众多指标中，要求投资成本、氧耗、能耗、煤气中 $\varphi(CO)/\varphi(H_2)$、煤气氧化度越小越好，故 $y_{ij} = x_{ij}$；要求冷煤气转化效率、煤气中有效还原气含量、净热效率、碳转化率、单炉产能越大越好，故 $y_{ij} = x_{j,\max} - x_{ij}$，即：

$$\boldsymbol{Y} = (y_{ij})_{4 \times 10} = \begin{bmatrix} 3.3 & 230 & 720 & 0.03 & 0.625 & 0.323 & 20 & 0.30 & 0.09 & 15 \\ 2.2 & 270 & 678 & 0.08 & 0.917 & 0.290 & 18 & 0.33 & 0.07 & 16 \\ 9.0 & 400 & 640 & 0.10 & 1.353 & 0.225 & 7 & 0.26 & 0.02 & 0 \\ 11.0 & 345 & 580 & 0 & 2.667 & 0.040 & 0 & 0 & 0 & 0 \end{bmatrix}$$

$$(2-3)$$

然后统一指标的数量级并消除量纲，令：

$$z_{ij} = 100 \times (y_{ij} - y_{j,\min})/(y_{j,\max} - y_{j,\min}) \qquad (i = 1,2,3,4; j = 1,2,\cdots,10) \qquad (2-4)$$

其中，$y_{j,\min} = \min\{y_{ij} \mid i = 1, 2, 3, 4\}$，$y_{j,\max} = \max\{y_{ij} \mid i = 1, 2, 3, 4\}$，记标准化后的评价矩阵为 $\boldsymbol{Z} = (z_{ij})_{4 \times 10}$，即：

$$\boldsymbol{Z} = (z_{ij})_{4 \times 10} =$$

$$\begin{bmatrix} 12.50 & 0 & 100.00 & 30.00 & 0 & 100.00 & 100.00 & 90.91 & 100.00 & 93.75 \\ 0 & 23.53 & 70.00 & 80.00 & 14.30 & 88.34 & 90.00 & 100.00 & 77.78 & 100.00 \\ 77.27 & 100.00 & 42.86 & 100.00 & 35.65 & 65.37 & 35.00 & 78.79 & 22.22 & 0 \\ 100.00 & 67.65 & 0 & 0 & 100.00 & 0 & 0 & 0.00 & 0 & 0 \end{bmatrix}$$

$$(2-5)$$

B 确定各项指标的综合权重

a 主观权重

设各项指标的主观权重为：

$$\boldsymbol{\alpha} = (\alpha_1, \alpha_2, \cdots, \alpha_{10})^{\mathrm{T}} \qquad (2-6)$$

其中，$\sum_{j=1}^{10} \alpha_j = 1$，$\alpha_j \geqslant 0$ $(j = 1, 2, \cdots, 10)$。

综合考虑煤气化技术的各影响因素，采用层次分析法（AHP），构建了由投资成本、能源消耗、煤气品质、转化效率 4 个一级指标和 10 个二级指标组成的煤气化技术多指标综合评价体系。其中：

（1）投资成本。煤气化工序数十亿的高额投资成本是企业进行风险投资的首要考虑因素，也是国内至今未有煤制气 – 竖炉直接还原工艺实质性运作的主要障碍，其在所有指标中占有绝对的权重。经行业内专家咨询后，初步给定权重系数为 0.4。

（2）煤气品质。煤气化工艺的目的是为了满足气基竖炉直接还原工艺用气的需要，良好的煤气品质是确保竖炉稳定生产、获得高质量直接还原铁产品的先决条件，初步给定权重系数为 0.3。前期研究表明，若还原煤气中有效还原气 $H_2 + CO$ 的含量低于 85%、氧化性气体 $H_2O + CO_2$ 的含量高于 10%，便难以获得金属化率达 92% 的直接还原铁。而且，还原煤气中 $\varphi(CO)/\varphi(H_2)$ 越低，越有助于加速铁氧化物还原反应的进行，降低配氢副线的负荷，减少碳排放量。煤气中有效还原气含量、煤气氧化度和煤气中 $\varphi(CO)/\varphi(H_2)$ 3 个二级指标并重，初步给定权重系数均为 0.1。

（3）能源消耗。能源消耗是决定煤制气 – 气基竖炉直接还原工艺能否可持续发展的重要因素，主要包括煤耗和氧耗两部分。煤气化工艺氧耗的高低取决于气化方式，其中 Texaco 和 Shell 工艺单纯以氧气为气化剂，氧耗比 Lurgi 和 Ende 工艺要高。煤是气化工艺的主要消耗原料，煤耗高低对工艺能耗的影响比氧耗大，前者占 60%，后者占 40%，初步给定权重系数分别为 0.09 和 0.06。

（4）转化效率。煤气化工艺转化效率由冷煤气转化效率、净热效率、碳转化率和单炉产能决定。煤气化是为了获得更多的合成气，而煤炭燃烧时将碳转化为热量，可见气化过程主要追求的是冷煤气转化效率，而非净热效率和碳转化率。冷煤气转化效率、净热效率、碳转化率和单炉产能分别占一级指标转化效率权重的 50%、10%、10% 和 30%，初步给定权重系数分别为 0.075、0.015、0.015 和 0.045。

综上，初步给定的煤气化技术评价体系指标主观权重如表 2-4 所示，即：

$$\boldsymbol{\alpha} = (0.400, 0.060, 0.090, 0.075, 0.100, 0.100, 0.100, 0.015, 0.015, 0.045)^{\mathrm{T}}$$

$$(2-7)$$

表 2-4 煤气化技术评价体系指标主观权重

一级指标	一级指标权重	二级指标	二级指标比例/%	二级指标权重
投资成本	0.40	投资成本	100	0.400
煤气品质	0.30	煤气中有效还原气含量	33.4	0.100
		煤气氧化度	33.3	0.100
		煤气中 $\varphi(CO)/\varphi(H_2)$	33.3	0.100
能源消耗	0.15	氧耗	40	0.060
		煤耗	60	0.090
转化效率	0.15	冷煤气转化效率	50	0.075
		碳转化率	10	0.015
		净热效率	10	0.015
		单炉产能	30	0.045

b 客观权重

设所得各项试验指标的客观权重为：

$$\boldsymbol{\beta} = (\beta_1, \beta_2, \cdots, \beta_{10})^{\mathrm{T}} \qquad (2-8)$$

其中，$\sum_{j=1}^{10} \beta_j = 1$，$\beta_j \geq 0$（$j = 1, 2, \cdots, 10$）。

由式（3-9）、式（3-10）所示的熵值法得到各项指标的客观权重：

$$h_j = -(\ln 4)^{-1} \sum_{i=1}^{4} p_{ij} \ln p_{ij} \qquad (2-9)$$

$$\beta_j = (1 - h_j) \Big/ \sum_{j=1}^{10} (1 - h_j) \qquad (j = 1, 2, \cdots, 10) \qquad (2-10)$$

其中，$p_{ij} = z_{ij} \big/ \sum_{i=1}^{4} z_{ij}$，且当 $p_{ij} = 0$ 时规定 $p_{ij} \ln p_{ij} = 0$（$i = 1, 2, 3, 4$；$j = 1, 2, \cdots, 10$），则：

$$\boldsymbol{P} = (p_{ij})_{4 \times 10} = \begin{bmatrix} 0.07 & 0.00 & 0.47 & 0.14 & 0 & 0.39 & 0.44 & 0.34 & 0.50 & 0.48 \\ 0.00 & 0.12 & 0.33 & 0.38 & 0.10 & 0.35 & 0.40 & 0.37 & 0.39 & 0.52 \\ 0.41 & 0.52 & 0.20 & 0.48 & 0.24 & 0.26 & 0.16 & 0.29 & 0.11 & 0 \\ 0.53 & 0.35 & 0 & 0 & 0.67 & 0 & 0 & 0 & 0 & 0 \end{bmatrix}$$

$$(2-11)$$

$$\boldsymbol{h} = (0.637, 0.695, 0.753, 0.721, 0.603, 0.782, 0.733, 0.789, 0.691, 0.500)^{\mathrm{T}}$$

$$(2-12)$$

$$\boldsymbol{\beta} = (0.117, 0.098, 0.080, 0.090, 0.128, 0.070, 0.086, 0.068, 0.100, 0.162)^{\mathrm{T}}$$

$$(2-13)$$

c　综合权重

设所得各项指标的综合权重为：

$$\boldsymbol{W} = (w_1, w_2, \cdots, w_{10})^{\mathrm{T}} \qquad (2-14)$$

其中，$\sum\limits_{j=1}^{10} w_j = 1$，$w_j \geq 0$ $(j=1, 2, \cdots, 10)$。

为了既兼顾主观偏好（对主观赋权法和客观赋权法的偏好），又充分利用主观赋权法和客观赋权法各自带来的信息，达到主客观的统一，建立如下评价决策模型：

$$\min F(w) = \sum_{i=1}^{4} \sum_{j=1}^{10} \left\{ \mu [(w_j - \alpha_j) z_{ij}]^2 + (1-\mu)[(w_j - \beta_j) z_{ij}]^2 \right\} \qquad (2-15)$$

其中，μ 为偏好系数，$0 < \mu < 1$，它反映分析者对主观权重和客观权重的偏好程度。

若 $\sum\limits_{i=1}^{4} z_{ij}^2 > 0 (j=1,2,\cdots,10)$，则优化模型式（3 – 15）有唯一解为：

$$\boldsymbol{W} = (\mu\alpha_1 + (1-\mu)\beta_1, \mu\alpha_2 + (1-\mu)\beta_2, \mu\alpha_3 + (1-\mu)\beta_3, \mu\alpha_4 + (1-\mu)\beta_4)^{\mathrm{T}}$$

$$(2-16)$$

取偏好系数 $\mu = 0.5$，由式（2 – 16）最终得到各项指标的综合权重：

$$\boldsymbol{W} = (0.259, 0.079, 0.085, 0.083, 0.114, 0.085, 0.093, 0.042, 0.057, 0.103)^{\mathrm{T}}$$

$$(2-17)$$

可见，对煤气化工艺选择贡献度最大的仍是投资成本，其次为煤气中 $\varphi(CO)/\varphi(H_2)$ 和煤气中有效还原气含量，这与实际情况是相符合的。

C　计算综合加权评分值

设各项指标的综合加权评分值为：

$$\boldsymbol{F} = (f_1, f_2, f_3, f_4)^{\mathrm{T}} \qquad (2-18)$$

其中，$f_i \geq 0$ $(i=1, 2, 3, 4)$。

由综合加权评分式：

$$f_i = \sum_{j=1}^{10} w_j z_{ij} \qquad (i=1,2,3,4; j=1,2,\cdots,10) \qquad (2-19)$$

$$\boldsymbol{F} = \boldsymbol{ZW} \qquad (2-20)$$

得：

$$\boldsymbol{F} = (51.24, 50.90, 57.25, 42.63)^{\mathrm{T}} \qquad (2-21)$$

由于本综合加权评分法以评分值越小越好为准则，综合考虑投资成本、氧耗、煤耗、冷煤气转化效率、煤气中 $\varphi(CO)/\varphi(H_2)$、煤气氧化度、煤气中有效还原气含量、净热效率、碳转化率、单炉产能指标，Shell 气流床干粉煤加压气化法更适于作为气基竖炉直接还原用煤气的生产技术，Ende 流化床粉煤常压气化法次之。

若在主观权重不变的前提下改变偏好系数 μ 值，即改变主观权重和客观权重的比例，所获得的综合加权评分值如表 2 – 5 所示。可见，在偏好系数不大于 0.5 时，客观上 Shell

气流床干粉煤加压气化法最优；在偏好系数大于 0.5 时，主观上 Ende 流化床粉煤常压气化法最优。

表 2-5 不同偏好系数所对应的综合加权评分值

μ	Lurgi	Ende	Texaco	Shell
0	59.14	61.66	51.12	31.20
0.3	54.40	55.21	54.80	38.06
0.5	51.24	50.90	57.25	42.36
0.7	48.07	46.60	59.70	47.20
1.0	43.33	40.14	63.38	54.06

若偏好系数 μ 保持 0.5 不变，分别改变各项指标所对应的主观权重，所获得的综合加权评分值如表 2-6 所示。可见，在投资成本权重系数低于 0.4 时，Shell 气流床干粉煤加压气化法最优；而在着重考虑投资成本的情况下，Ende 流化床粉煤常压气化法最优。

表 2-6 不同主观权重所对应的综合加权评分值

投资成本	煤气品质	能源消耗	转化效率	Lurgi	Ende	Texaco	Shell
0.2	0.4	0.2	0.2	53.64	53.55	58.74	38.71
0.25	0.25	0.25	0.25	50.38	50.88	62.10	40.06
0.3	0.3	0.2	0.2	48.19	47.10	61.95	45.41
0.4	0.15	0.15	—	51.24	50.90	57.25	42.36
0.4	0.2	0.2	0.2	42.77	40.68	65.14	52.08
0.5	0.2	0.15	0.15	38.47	33.18	64.82	62.71
0.5	0.3	0.1	0.1	37.91	33.72	66.57	60.73

2.3.3 选择适宜煤气化技术的相关建议

2.3.3.1 煤种适应性

就地取材和就近取材是煤气化技术选择煤种首要考虑的问题，选煤过程应充分了解煤炭的储量、产量、出厂价格、运输方式、运输能力，并对煤质特征进行全面的分析评价。一般来讲，气流床气化炉适合于大型化，由于都是熔融排渣，选择煤种时应以含灰量低、灰熔点低的煤为主；而采用固态排渣的固定床法和流化床法，则要求煤的灰熔点要高（高于 1350℃）。

2.3.3.2 衔接性和可靠性

高压气化是造成 Texaco、Shell、Lurgi 工艺投资高的主要原因。高压气化在化工合成中有明显的优势，但对于进口最高压力仅需 0.6MPa 的直接还原竖炉，高压制气不仅不是优势，而且是重大缺陷，为了降压和回收压差的能量需要增添设备，进一步增大了投资，造成制气系统的投资远高于直接还原竖炉的投资，严重影响了煤制气-竖炉直接还原工艺的经济合理性和投资的回报率。此外，不同竖炉工艺所需的煤气量和煤气成分也存在较大差异，匹配适宜的煤气化工艺，尽可能减免冗余的煤气改质工艺，可大幅缩减炼铁全流程的成本。因此，结合预期配套的竖炉工艺需求，经过大量试验、工业性示范和工业生产实践，选用衔接性良好的煤气化技术，对竖炉还原炼铁工艺的稳定顺行至关重要。

2.3.3.3　先进性和成熟性

现有的煤气化技术很多，但真正投运的很少，即使是投运的技术多数也尚处于试运行阶段，还无法进行全面、系统的评价。我国在发展煤制气－竖炉直接还原过程中，应采用已充分验证并具有成功工业化运行业绩的煤气化技术，从而保证稳定的还原气来源，使更多的工作精力转移至竖炉生产环节。

2.3.3.4　经济性和环保性

各种煤气化工艺对应的投资相差甚大，企业在评价煤气化工艺合理与否时，要从整个煤制气－竖炉直接还原炼铁总流程的观点上做技术经济分析，而非单一从某煤气化工艺的角度做局部和不客观的评价。此外，所选的煤气化工艺应确保节能、安全并实现清洁生产。

2.4　小结

本章首先对国内煤炭资源的储量、分布、煤类、煤质特征，以及开采条件和供需关系进行了评述；其次，在全面把握现有煤气化工艺特征的基础上，结合竖炉还原工艺的需求，通过单指标横向对比和多指标综合加权评分法，综合投资成本、氧耗、煤耗、冷煤气转化效率、煤气中 $\varphi(CO)/\varphi(H_2)$、煤气氧化度、煤气中有效还原气含量、净热效率、碳转化率、单炉产能等指标，对 Lurgi、Ende、Texaco 和 Shell 四种主要煤气化技术进行定量化评价。结果表明，Shell 气流床干粉煤加压气化法和 Ende 流化床粉煤常压气化法较适于作为气基竖炉直接还原用煤气的生产技术。

参 考 文 献

[1] 方觉. 非高炉炼铁工艺与理论 [M]. 北京：冶金工业出版社，2007：1 ~ 43.

[2] Kopfle J，Hunter R. Direct reduction's role in the world steel industry [J]. Ironmaking and Steel making，2002，30 (10)：35.

[3] Slean M，Lehrhofer J，Friedrich K，et al. Spong iron：economic，ecological，technical and process—specific aspects [J]. Journal of Power Source，1996，61 (1/2)：247.

[4] Crude steel production [EB/OL]. http：//www. worldsteel. org/statistics.

[5] 王维兴. 高炉炼铁与非高炉炼铁技术比较 [C] //非高炉炼铁年会文集. 沈阳：中国金属学会非高炉炼铁分会，2012：8 ~ 12.

[6] 周渝生，钱晖，张友平，等. 非高炉炼铁技术的发展方向和策略 [J]. 世界钢铁，2009，(1)：1 ~ 8.

[7] 达涅利集团. ENERGIRON 直接还原技术 [C] //达涅利直接还原技术创新研讨会文集. 北京：中国金属学会及达涅利集团，2011：1 ~ 20.

[8] 杨若仪. 用煤气化生产海绵铁的流程探讨 [J]. 钢铁技术，2007，(5)：1 ~ 6.

[9] 李志坚. 煤资源与煤气化技术的选择 [J]. 泸天化科技，2008，(2)：114 ~ 119.

[10] 齐渊洪，钱晖，周渝生，等. 中国直接还原铁技术发展的现状及方向 [J]. 中国冶金，2013，23 (1)：9 ~ 14.

[11] 李艳军，张兆元，袁致涛，等. 高品位铁精矿的应用现状及前景展望 [J]. 金属矿山，2006，365（11）：5 ~ 7.

[12] 周渝生，钱晖，齐渊洪. 煤制气生产直接还原铁联合工艺方案的研究 [C] //非高炉炼铁年会文集. 沈阳：中国金属学会非高炉炼铁分会，2012：49 ~ 53.

[13] 赵庆杰. 我国发展煤制气 – 竖炉直接还原浅析 [N]. 中国冶金报，2009 – 8 – 6（C02）.

[14] 钱晖，周渝生. 基于直接还原工艺需求的煤气化工艺比较 [C] //非高炉炼铁年会文集. 延吉：中国金属学会非高炉炼铁分会，2008：37 ~ 39.

[15] 雷利军. 国内外几种主要煤制气技术的发展现状及利弊简评 [J]. 安徽化工，2003，（1）：10 ~ 11.

[16] 韩梅. 德士古与壳牌两种煤气化技术的比较 [J]. 煤炭加工与综合利用，1999，（1）：15 ~ 17.

[17] 肖吉斌. 煤制气方法的选择 [J]. 小氮肥设计技术，2002，23（2）：26 ~ 31.

[18] 任榜杰. Texaco 与 Lurgi 煤气化工艺的比较 [J]. 大氮肥，1996，19（1）：68 ~ 72.

[19] 方月兰，林阿彪，王彬. Texaco 与 Shell 煤气化工艺比较分析 [J]. 化学工业与工程技术，2007，28（6）：57 ~ 60.

[20] 周永顺. 恩德粉煤气化技术在我国的应用 [J]. 煤化工，2003，105（2）：26 ~ 30.

[21] 白雪梅，赵松山. 由指标重要性确定权重的方法探讨 [J]. 应用研究，1998，（3）：22 ~ 24.

[22] 宋之杰，高晓红. 一种多指标综合评价中确定指标权重的方法 [J]. 燕山大学学报，2002，26（1）：20 ~ 26.

[23] 任之华，姚飞，俞珠峰. 洁净煤技术评价指标体系权重确定 [J]. 洁净煤技术，2005，11（1）：9 ~ 12.

3　气基竖炉直接还原用氧化球团的制备及综合性能

　　直接还原工艺是在原燃料熔化温度以下，将铁矿物还原成金属铁的方法。直接还原产品中几乎包含着含铁原料中全部的脉石和杂质。为了保证直接还原铁产品的品质，减少炼钢过程的渣量，控制炼钢的电能以及造渣材料的消耗，MIDREX 和 HYL 工艺均对所用铁矿原料的性能提出了严格的要求，要求其不仅具有足够高的含铁品位、尽可能低的有害杂质含量，还必须具有良好的冶金性能。鉴于竖炉直接还原对原料要求苛刻，国际市场直接还原用原料供应紧张，我国发展气基竖炉直接还原生产必须依靠自有铁矿资源，探求合理的生产工艺和冶金性能改进措施，生产满足竖炉工艺要求的优质氧化球团。

　　本章首先以国内某铁精矿为原料制备氧化球团，研究膨润土种类和添加量对球团强度的影响，在合理确定球团生产工艺的基础上，又选择国内另外两种铁精矿继续进行氧化球团制备和综合性能检测的实验研究。

3.1　气基竖炉用氧化球团试样的制备

3.1.1　实验原料

3.1.1.1　铁精矿粉

　　本实验用含铁原料有三种，分别为山西铁精矿粉、吉林铁精矿粉、辽宁铁精矿粉。三种铁精矿都是由东北大学选矿工程研究所采用细磨、精选工序所获得的生产优质氧化球团的专用铁精矿，化学成分见表 3 – 1。三种铁精矿粉品位较高，TFe 含量均高达 70%，SiO_2 含量少，脉石总量较低；其中山西铁精矿粉 SiO_2 含量最低，仅为 0.94%。

表 3 – 1　三种铁精矿粉的化学成分（w）　　（%）

精矿产地	TFe	FeO	SiO_2	CaO	MgO	P	S
山　西	70.449	24.635	0.940	0.123	1.012	0.003	0.057
吉　林	70.600	30.540	2.570	0.090	0.150	0.002	0.020
辽　宁	70.310	29.010	1.960	0.170	0.050	0.002	0.035

　　球团制备要求铁矿粉小于 0.045mm 粒级的比例在 60% ~ 85% 之间。因此，合理的原料粒度组成是一项必须掌握的重要参数。实验采用 MASTERSIZER – 2000 型激光粒度分析仪对铁精矿粉进行了粒度分析，结果见表 3 – 2。三种铁精矿粉粒度均较细，小于 0.074mm 的粒级达 75% 以上，小于 0.045mm 的粒级达 60%，满足球团制备的要求。

表 3 – 2　三种铁精矿粉的粒度组成　　（%）

精矿产地	< 0.15mm	< 0.074mm	< 0.045mm
山　西	97.50	77.26	60.83

精矿产地	<0.15mm	<0.074mm	<0.045mm
吉 林	98.11	80.79	70.08
辽 宁	96.36	77.47	59.54

3.1.1.2 膨润土

本实验选用鞍山建平生产的两种膨润土为球团黏结剂，两种膨润土的粒度均较细，小于0.074mm的粒级占98%以上，物理性能见表3-3。

表 3-3 实验用膨润土的主要物理性能

膨润土种类	吸蓝量 /g·(100g)⁻¹	膨胀容 /mL·g⁻¹	胶质价 /mL·(15g)⁻¹	吸水率（2h） /%	粒度（<0.074mm） /%
1号	33	50	600	354	98
2号	34	15	75	170	98

3.1.2 球团制备工艺

3.1.2.1 生球制备

利用 ϕ1000mm 圆盘造球机（见图3-1）进行生球制备，设定转速为20r/min，线速度为1.05m/s。为了保证铁精矿粉粒度均匀，首先用0.2mm方孔筛除去精矿粉中的大颗粒矿石。每次配料5~10kg精矿粉，并配加适量的膨润土，经过人工混匀、加水、再混匀等工序后，取少量混合料装入球盘内，加水造母球。历经母球形核、母球长大和生球压实三个阶段，最终制得直径为10~16mm的生球。

3.1.2.2 生球干燥及预热

生球干燥及预热是在 ϕ350mm 多功能焙烧杯上进行的，模拟链算机-回转窑氧化球团工艺的链算机部分，其实验装置系统见图3-2。焙烧杯设有主燃烧室和副燃烧室，采用天然气为燃料，由叶式风机提供助燃空气（包括一次风和二次风），另设一台叶式风机抽风，通过主烟道和副烟道排除废气。在多功能焙烧杯上设有四支测温热电偶（$T_3 \sim T_6$），分别测定焙烧杯料层上部温度、球团表面层温度、球团底层温度及算条下烟气温度。多功能焙烧杯有8个碳

图 3-1 圆盘造球机

化硅阀门，通过这些阀门的开闭可以实现鼓风或抽风操作。在焙烧杯上下设有取压管，用于观察焙烧过程料层压差的变化。焙烧杯内径为 ϕ250mm，料层高度为120~180mm，装料量15~18kg。

本实验采用四段式干燥及预热制度，即干燥采用鼓风干燥段、抽风干燥段；预热采用中温抽风预热段、高温抽风预热段。干燥及预热总时间为30min左右，干燥和预热的时间各占50%。

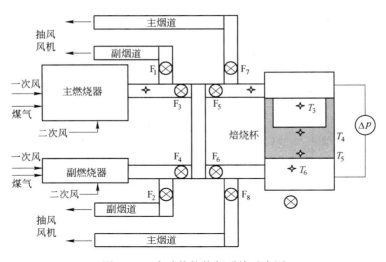

图 3 - 2　多功能焙烧杯系统示意图

$F_1 \sim F_8$—碳化硅阀门；$T_3 \sim T_6$—测温点温度；Δp—焙烧杯压差

首先预热焙烧杯至 500 ~ 600℃，将造好的生球加入焙烧杯并密封。然后依次改变烟道阀门，调整燃烧室出口烟气温度，开始球团鼓风干燥和抽风干燥。干燥过程未发现生球有爆裂现象，但会产生一些微裂缝，特别是料层中部压裂严重。在到达抽风干燥时间后，迅速提高燃烧室烟气温度至中温预热温度（约 650℃）。经过预定的中温预热时间后，继续提高燃烧室出口烟气温度，使球团处于 820℃ 的高温抽风预热阶段，最后将其推出焙烧杯。

球团预热完成后，选择直径为 10 ~ 12mm 的球团进行抗压强度测定，要求预热后球团的平均抗压强度达 300N 以上。然后对预热球进行转鼓强度测定，将直径为 10 ~ 12mm、质量为 500g 的试样装入转鼓内，转动 50r 后进行筛分，要求直径在 6.3mm 以下的试样所占比例（质量分数）低于 6%，防止预热球在下一步回转窑氧化焙烧过程中破碎、结圈或磨损。

3.1.2.3　球团焙烧

预热球团的氧化焙烧采用回转窑火力模型进行。回转窑火力模型装置结构见图 3 - 3。回转窑直径为 $\phi800mm$，宽 450mm，主要模拟工业回转窑的一段。根据工业回转窑内温度分布控制回转窑的升温速度和气氛，模拟炉料在工业回转窑内的焙烧过程。回转窑使用天然气为燃料，助燃风经过废气预热后鼓入回转窑内，为了保持回转窑内的氧化气氛，防止预热球中 Fe_2O_3 分解，在温度高于 1200℃ 后开始向回转窑内通入氧气。

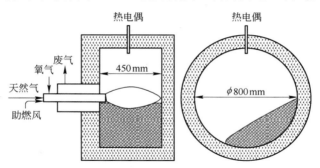

图 3 - 3　回转窑火力模型装置结构示意图

预热球团回转窑氧化焙烧实验的基本过程为：首先将预热后球团在窑温为1000℃左右时加入回转窑中，快速升温至1250℃，焙烧30min后关闭天然气，停止燃烧。燃烧过程中当球团温度超过1200℃时，开始向回转窑内以8m³/h的流速吹氧，直至焙烧过程结束。然后向窑内吹冷风约10min，在窑温降至1050℃以下后，将焙烧、冷却后的氧化球团从回转窑中倒出。球团制备过程中不同阶段球团矿的形貌见图3-4。

（a）　　　　　　　　　（b）　　　　　　　　　（c）

图3-4　不同制备阶段球团的形貌

（a）生球；（b）干燥后生球；（c）焙烧后球团

3.2　膨润土对球团性能的影响

膨润土是以蒙脱石为主的层状黏土矿物，具有膨润性、黏结性、吸附性等性质，可以明显提高球团的性能[1]。本实验选用吉林铁精矿为原料，以生球性能和成品球抗压强度为考察指标，首先保持膨润土添加量为1%不变，选择较好的膨润土为球团黏结剂，而后再确定较优膨润土的适宜添加量。

（1）生球抗压强度检测。生球必须具有一定的抗压强度，以在热固结过程中承受各种应力、台车上料层压力和抽风负压的作用等。生球的抗压强度在METTLER-PM4000型电子天平上通过按压的方法测定，精确度为0.5g。选取12个粒度均匀的生球（通常直径为12.5mm）测定，去除一个最大值和一个最小值，求出其余10个生球抗压强度的平均值，记为该球的抗压强度。

（2）生球落下强度检测。生球要经过筛分和数次转运后才能均匀地布于台车上。因此，生球必须有足够的落下强度，以保证其在运输过程中既不破裂又很少变形。选取12个直径为12.5mm的生球，使单个球自500mm高处自由落在钢板上（有的则落在皮带上），反复数次，直至出现裂纹或破裂为止，去除一个最大值和一个最小值，求出其余10个生球落下次数的平均值，记为该球的落下强度。

（3）成品球抗压强度检测。抗压强度是表示球团矿冷态强度的主要指标，通常以N/个为单位。图3-5为球团抗压强度测定设备示意图。本实验根据GB/T 14201—1993，选取22个直径为10~12.5mm的成品球，将单个球置于两块平行钢板之间，以15mm/min的速度加压力负荷，直至球团被压碎，测定球团受压破裂时所受的最大负荷，去除一个最大值和一个最小值，求出其余20个球团的平均值，记为该成品球的抗压强度。

3.2.1　膨润土种类对球团性能的影响

表3-4所示为两种膨润土条件下生球的强度及成品球的抗压强度。在添加量相同的条件下，添加1号膨润土的生球强度及成品球抗压强度均明显高于添加2号膨润土的情况。

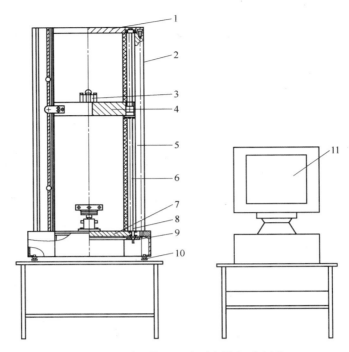

图 3 - 5 球团抗压强度测定设备示意图

1—上横梁；2—铝外罩；3—负荷传感器；4—中横梁；5—导向立柱；6—滚珠丝杠副；7—工作台；
8—交流伺服电机；9—减速系统；10—水平调节螺钉；11—计算机控制系统

表 3 - 4 两种膨润土条件下生球的强度及成品球的抗压强度

黏结剂种类	生球抗压强度/N·个$^{-1}$	生球落下强度/次·个$^{-1}$	成品球抗压强度/N·个$^{-1}$
1 号膨润土	16.7	4.8	3727
2 号膨润土	13.1	2.9	2787

对比表 3 - 4 中两种膨润土的性能，1 号膨润土的膨胀容为 50mL/g、胶质价为 600mL/15g、吸水率（2h）为 354%，各项指标明显满足钠基膨润土性能的一般要求；2 号膨润土的各项指标则居于钠基和钙基膨润土性能指标之间。在生球成球过程中，与 2 号膨润土相比，1 号膨润土的理化性质和工艺性能更为优越，具有较高的分散性、亲水性和膨润性，在成球过程中使得原料易于黏结，制备而成的生球具有良好的性能，焙烧过后的成品球团具有较高的抗压强度。

3.2.2 膨润土添加量对球团性能的影响

表 3 - 5 所示为分别加入 0.5%、0.7%、1.0% 的 1 号膨润土时，生球的性能及成品球的抗压强度。三种配加量下生球的抗压强度均高于 12N/个，满足球团生产的要求（带式焙烧机和链箅机 - 回转窑要求生球的抗压强度不小于 9.8N/个）。在 0.5% 添加量下，生球的落下强度仅为 2.6 次/个，不满足球团生产的要求；而 0.7% 添加量下生球的落下强度满足要求与否，取决于球团生产过程中运转的次数（当运转次数少于 3 次时，落下强度最少应为 3 次；当运转次数超过 3 次时，则要求落下强度最少为 4 次）；1.0% 添加量

下生球的落下强度达4.8次/个，完全满足球团生产要求。三种膨润土配量下，成品球团的抗压强度均高于2700N/个，满足竖炉生产的基本要求（HYL工艺要求不小于2000N/个，MIDREX工艺要求不小于2500N/个）[2]。

表3-5　不同1号膨润土添加量条件下生球的强度及成品球的抗压强度

1号膨润土添加量/%	生球抗压强度/N·个⁻¹	生球落下强度/次·个⁻¹	成品球抗压强度/N·个⁻¹
0.5	12.7	2.6	2748
0.7	13.7	3.6	2958
1.0	16.7	4.8	3727

随着1号膨润土添加量的增大，生球的强度及成品球的抗压强度都明显增加。这是由于随着膨润土添加量的增大，成球原料的吸水、缚水能力也相应得到提高，球核长大的速度变慢，球核强度提高，减少了球核的破碎，使提供球核长大的粉料减少。水分含量是铁精矿成球的先决条件，造球原料适宜的湿度范围较窄，当水分含量过高或过低时都会造成操作困难，降低生球质量[3]。随着膨润土添加量的增加，水分含量波动的范围得到扩大，成球的能力增加，生球的性能也随之增加。但球团原料中每增加1%的膨润土，球团产品的含铁品位将降低0.4%~0.6%。

综合各方面的因素，本章选取添加1%的1号膨润土为工艺条件制备氧化球团，进行后续研究。

3.3　合理制备工艺下三种国产球团的综合性能

球团的化学成分、抗压强度、冷态转鼓强度、还原性、低温还原粉化性、还原膨胀性是评价球团矿质量的重要指标。

3.3.1　化学成分

对添加1%1号膨润土的三种国产氧化球团进行化学成分分析，结果见表3-6。三种球团的化学成分均满足HYL工艺的要求（TFe含量尽可能高，$w(SiO_2)\leqslant3\%$，$w(FeO)\leqslant1.0\%$，$w(S)\leqslant0.05\%$），从化学成分来讲是竖炉直接还原用合格的氧化球团。

表3-6　三种氧化球团的化学成分（w）　　　（%）

球团种类	TFe	FeO	SiO₂	CaO	MgO	P	S
山　西	67.902	0.193	1.720	0.204	1.089	0.002	0.014
吉　林	67.300	0.100	2.650	0.160	0.170	0.002	0.019
辽　宁	68.360	0.192	2.111	0.101	0.141	0.004	0.014

3.3.2　抗压强度

成品球团的抗压强度检测方法同上，三种精矿所制备球团的抗压强度对比见图3-6。其中，吉林球团最高，山西球团次之，辽宁球团则最低，但均高于2500N/个，满足竖炉生产的基本要求。

3.3.3 冷态转鼓强度

冷态转鼓强度包括转鼓指数和抗磨指数，表征球团抗冲击和抗摩擦的综合特性。转鼓实验机的结构见图 3 – 7，采用的转鼓内径为 ϕ1000mm，宽 100mm，转鼓内侧有两个成 180°、相互对称的提升板（50mm × 50mm × 5mm），长 500mm 的等边角钢焊接在转鼓的内侧。依据 GB/T 24531—2009 转鼓实验方法规定，取直径为 10 ~ 12mm 的球团矿试样 3kg 放入转鼓内，以 25r/min 的速度旋转 8min，共转 200r，然后将试样从转鼓内取出再进行筛分。

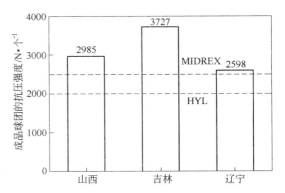

图 3 – 6 三种成品球团的抗压强度

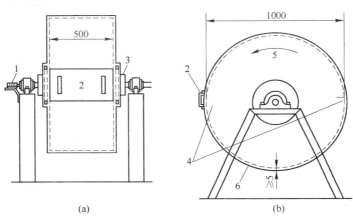

(a) (b)

图 3 – 7 球团转鼓实验机结构示意图

（a）正视图；（b）侧视图

1—转数计数器；2—卸料口；3—短轴；4—两个提料板；5—旋转方向；6—鼓壁

测定结果按式（3 –1）和式（3 –2）计算：

$$T = \frac{m_1}{m_0} \times 100\% \qquad (3 - 1)$$

$$A = \frac{m_0 - (m_1 + m_2)}{m_0} \times 100\% \qquad (3 - 2)$$

式中 T——转鼓指数，%；

A——抗磨指数，%；

m_0——入鼓试样质量，kg；

m_1——转鼓后大于 6.3mm 粒级质量，kg；

m_2——转鼓后 0.5 ~ 6.3mm 粒级质量，kg。

经两次重复实验测定，三种球团的转鼓指数及抗磨指数见表 3 – 7（实验极差范围小于 1.5%），其转鼓指数均高于 94%，抗磨指数均低于 5%（HYL 工艺要求 $T \geqslant 93\%$，$A \leqslant 6\%$）[2]。

表 3-7　三种球团的转鼓强度　　　　　　　　　　　　　　（%）

球团种类	T	A
山 西	94.42	4.37
吉 林	94.50	4.50
辽 宁	94.65	4.73

3.3.4　还原性

氧化球团的还原性能一般用还原率来表示，即以 Fe^{3+} 状态为基准（即假定铁矿石中的铁全部以 Fe_2O_3 形式存在，并把这些 Fe_2O_3 中的氧算作 100%），还原一定时间后所达到的脱氧程度，以质量分数表示。

本实验采用 RSZ-03 型矿石冶金性能综合测定仪测定球团的还原性能，设备结构见图 3-8。还原管由耐热不起皮的金属板制成，还原管内径为 $\phi(75\pm1)$ mm。为了使煤气流更为均匀，在多孔板和试样之间放两层粒度为 10.0mm 和 12.5mm 的高氧化铝球，在高氧化铝球上放一块多孔板，试样放在多孔板上。实验用于称量试样的天平可精确至 0.1g。

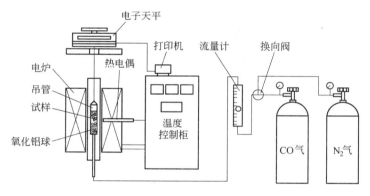

图 3-8　球团还原性实验装置

参照 GB/T 13241-1991，将烘干后的 500g 直径为 10~12.5mm 的球团试样放在还原管内，封闭还原管的顶部，以 5L/min 的流速在还原管内通入 N_2。接着将还原管放入还原炉中，并将其悬挂在称量装置的中心，保证反应管不与炉子或加热元件接触，然后以 10℃/min 的升温速度加热。放入还原管时，炉内温度不高于 200℃，当试样接近 900℃ 时，增大 N_2 流量到 15L/min。在 900℃ 下恒温 30min，使试样的质量 m_1 达到恒量后，通入流量为 15L/min 的还原气体代替 N_2。连续还原 3h 后，停止通还原气体，并向还原管中通入 N_2，流量为 5L/min。然后将还原管提出炉外进行冷却，将试样冷却到 100℃ 以下。在开始的 15min 内，至少每 3min 记录一次试样的质量，以后每 10min 记录一次。还原气体成分为：$\varphi(CO)=30\%\pm0.5\%$，$\varphi(N_2)=70\%\pm0.5\%$。

以下式计算 3h 后的还原率：

$$RI = \left(\frac{0.111w_1}{0.430w_2} + \frac{m_1-m_3}{m_0\times0.430w_2}\times100 \right)\times100\% \qquad (3-3)$$

式中　w_1——还原前试样中 FeO 的含量，%；

w_2——还原前试样的全铁含量，%；

m_0——试样的质量，g；

m_1——还原开始前试样的质量，g；

m_3——还原3h后试样的质量，g。

经两次重复试验测定，三种球团的还原性实验结果见表3-8（试验极差范围小于2.8%）。吉林球团的还原性能最好，3h后还原率达75.71%；山西球团的还原度略低，为72.83%，两者均优于我国一级品指标（不低于70%）。辽宁球团的还原度最低，仅为69.90%，满足我国二级品指标要求（不低于65%）。

表3-8　三种氧化球团试样的还原性指标

球团种类	m_0/g	m_3/g	$w_1/\%$	$w_2/\%$	$RI/\%$
山　西	499.3	389.9	0.100	67.300	75.71
吉　林	500.1	393.9	0.193	67.902	72.83
辽　宁	500.2	399.0	0.192	68.360	69.90

3.3.5　低温还原粉化性

在竖炉直接还原工艺中，低温还原粉化性能是决定球团能否适应竖炉反应器以及还原气体组成的关键因素之一，球团粉化越严重，炉子的透气性就越差。球团低温还原粉化实验炉装置在还原性实验炉装置的基础上，外加 CO_2 配气系统。转鼓为内径 $\phi130mm$、内长200mm的钢质容器，器壁厚5mm。转鼓的内壁有两块沿轴向对称配制的钢质提料板，长200mm，宽20mm，厚2mm。

依据GB/T 13242—1991的规定，将烘干后的500g直径为10~12.5mm的试样放入还原管中，封闭还原管的顶部，以5L/min的流速在还原管内通入 N_2，然后把还原管放入还原炉中，以10℃/min的升温速度加热。放入还原管时，炉内温度不高于200℃，当试样接近500℃时，增大 N_2 流量到15L/min。在500℃下恒温30min后，通入流量为15L/min的还原气体代替 N_2。连续还原1h后停止通还原气体，并向还原管中通入 N_2，流量为5L/min。然后将还原管提出炉外进行冷却，将试样冷却到100℃以下。还原气体成分为： $\varphi(CO)=20\%\pm0.5\%$ ， $\varphi(CO_2)=20\%\pm0.5\%$ ， $\varphi(N_2)=60\%\pm0.5\%$ 。

测定还原后试样质量，然后放入转鼓内，固定密封盖，以30r/min的转速共转300r。从转鼓中取出试样，测定其质量后用6.30mm、3.15mm和0.5mm的筛子进行筛分，记录留在各粒级筛上的试样质量。在转鼓实验和筛分中损失的粉末视为小于0.5mm的部分，记入其质量中。

测定结果按式（3-4）~式（3-6）计算：

$$RDI_{+6.3} = \frac{m_{D_1}}{m_{D_0}} \times 100\% \qquad (3-4)$$

$$RDI_{+3.15} = \frac{m_{D_1} + m_{D_2}}{m_{D_0}} \times 100\% \qquad (3-5)$$

$$RDI_{-0.5} = \frac{m_{D_0} - (m_{D_1} + m_{D_2} + m_{D_3})}{m_{D_0}} \times 100\% \qquad (3-6)$$

式中 m_{D_0}——还原后转鼓前试样的质量，g；

$\quad\quad m_{D_1}$——留在 6.30mm 筛上的试样质量，g；

$\quad\quad m_{D_2}$——留在 3.15mm 筛上的试样质量，g；

$\quad\quad m_{D_3}$——留在 0.5mm 筛上的试样质量，g。

依据 GB/T 13242—1991，经两次重复试验测定，三种球团的低温还原粉化性实验结果见表 3-9（试验极差范围小于 1.4%）。三种球团的 $RDI_{+3.15}$ 指标分别为 97.03%、91.40% 和 84.23%，明显高于我国球团矿一级品的要求。大量的前期研究也表明，氧化球团的低温还原粉化性一般不会成为其应用的限制性条件，而且竖炉内气氛也与高炉不同。因此，球团的低温还原粉化性试验结果仅作为一项与普通球团质量相对比的指标。

表 3-9 三种氧化球团的低温还原粉化性指标

球团种类	m_{D_0}/g	$RDI_{-0.5}/\%$	$RDI_{+3.15}/\%$	$RDI_{+6.3}/\%$
山 西	485.53	2.43	97.03	95.68
吉 林	484.32	6.50	91.40	87.50
辽 宁	495.26	6.45	84.23	79.91

3.3.6 还原膨胀性

球团矿的还原膨胀是指在还原条件下，当氧化球团内的 Fe_2O_3 还原成 Fe_3O_4 时，由于晶格转变以及浮氏体还原成金属铁而引起的体积膨胀。气基竖炉直接还原生产要求炉料具有良好的稳定性和透气性，过高的还原膨胀会导致球团矿破裂粉化，降低球团矿的高温强度。球团还原膨胀性实验装置见图 3-9。

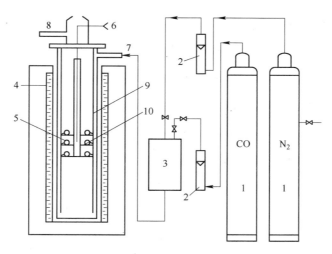

图 3-9 球团还原膨胀性实验装置

1—气体瓶；2—流量计；3—混合器；4—还原炉；5—试样；6—热电偶；

7—煤气入口；8—煤气出口；9—还原管；10—试样容器

依据 GB/T 13240—1991 的规定，将烘干后的 18 个直径为 10~12.5mm 的球团试样分 3 层放置于膨胀支架上，然后将支架放入还原管内。升温速度、还原温度和还原气氛均同于还原性实验参数，而还原时间改为 1h。待试样冷却至 100℃ 以下后，通过球团试样反应前后的体积变化计算其还原膨胀率：

$$RSI = \frac{V_1 - V_0}{V_0} \times 100\% \qquad (3-7)$$

式中　RSI——还原膨胀率，%；

　　V_0，V_1——分别为还原前、后试样的体积，mm^3。

经两次重复试验测定，三种球团的还原膨胀性实验结果见表 3 – 10（试验极差范围小于 2.6%），还原膨胀率均小于 20%。其中，山西球团的 RSI 指标最低，为 16.78%；吉林球团的最高，为 18.70%，离我国一级品球团指标的要求（15%）尚有一定差距。而且在现场生产条件下，由于受原料和操作不稳定的影响，球团的还原膨胀率可能会更高，还有待进一步改善。

表 3 – 10　三种球团试样的还原膨胀性指标

球团种类	还原前体积/mm^3	还原后体积/mm^3	体积差/mm^3	RSI/%
山　西	1191.07	1389.61	198.54	16.78
吉　林	1720.10	1938.92	218.82	18.70
辽　宁	1530.32	1732.68	202.36	17.73

3.4　气基直接还原实验

基于前面制备的辽宁球团和山西球团，改变还原温度和气氛进行气基直接还原实验，考察不同还原工艺下球团的还原行为以及还原后品质。

3.4.1　还原实验设备

气基直接还原实验所采用的装置见图 3 – 10。其主要构造包括计算机综合控制系统、温度控制柜、炉体部分、电子天平测重系统、反应气体供给系统、吊管还原系统。

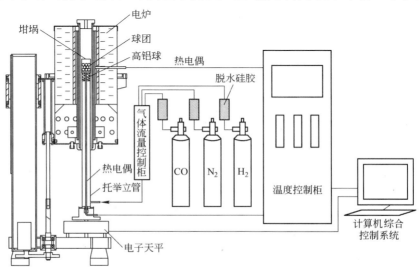

图 3 – 10　气基直接还原实验装置

（1）计算机综合控制系统及还原系统。本实验采用由硅碳棒为发热体的竖式管状炉，炉管是内径 $\phi 50mm$、外径 $\phi 58mm$、长 610mm 的熔融刚玉管，炉温由炉管侧壁插入的热电偶通过 PTW - 04 型温控柜控制。试样坩埚由置于天平之上的托举立管垂直托举于电热炉恒温段的炉管中心，反应气在托举立管内自下而上充分预热后，再经过高铝球层充分均流，而后完整通过物料层。

通过温控柜使实验炉升温至 900℃，恒温 30min 后，将热电偶由炉体上方插入炉管内部，以 5mm 的步长改变其所处位置，依次测定加热炉不同深度处的温度，测量结果见图 3 - 11。由此确定炉体的恒温区总长约 65mm。

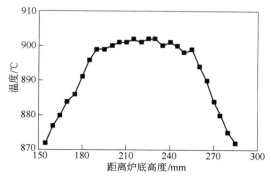

图 3 - 11 反应管内温度分布曲线

（2）电子天平测重系统。采用量程为 2000g、感量为 0.01g、型号为 JD2000 - 2G 的多功能电子天平测重，并通过 RS - 232 数据通信接口将天平数据反馈至计算机。

（3）反应气体供给系统。反应气体供给系统由 H_2、CO、N_2 气罐组成，气体流量由质量流量计来控制。

3.4.2 还原实验条件

3.4.2.1 还原温度和气氛

直接还原反应的温度和气氛取决于原料的软化温度、能源消耗及生产稳定性。为全面考察还原温度和气氛对还原反应的影响，在参考 MIDREX 和 HYL 竖炉直接还原工艺的基础上，依次选取 850℃、900℃、950℃、1000℃ 和 1050℃ 五组温度，100% H_2、$\varphi(H_2)/\varphi(CO) = 5/2$、$\varphi(H_2)/\varphi(CO) = 3/2$、$\varphi(H_2)/\varphi(CO) = 1/1$、$\varphi(H_2)/\varphi(CO) = 2/5$ 和 100% CO 六种还原气氛，进行气基直接还原实验。

3.4.2.2 还原气流量

为便于将实验结果用于后续气固还原反应动力学的机理研究，实验必须满足以下两个还原条件：

（1）恒温条件。试样应位于反应器的恒温段，且实验过程中温度的变化不能超出允许的波动范围。

（2）气氛条件。还原气入口和出口成分应保持稳定且差别不允许过大，即 H_2 或 CO 的出口浓度应与入口浓度近似相等[4]。

为此，实验中应保证足够大的气固比，尽可能避免气体外扩散成为还原过程的限制性环节，减少气流速度对反应进程的影响。实验用临界气流速度的具体值由预备实验所得。

3.4.3 实验步骤

通过升降系统将炉体下降，直至托举立管的顶端露出炉管外，把装有试样的坩埚紧密嵌套于托举立管的顶端，而后再将炉体上升，直至试样坩埚处于电热炉发热体的恒温段。

通过温度控制柜，将实验炉以 10℃/min 的速度升温至实验所要求温度。在炉料升温过程中，由托举立管底部通入 N_2，以保持惰性气氛。待炉料温度恒温至实验温度 30min 后，将 N_2 改换成还原气体，还原就此开始。

在还原过程中，通过测重系统每 5s 自动记录一次试样的失重情况，得出球团的还原失重曲线。待试样不再失重或天平显示重量长期趋于稳定后，还原即告结束，而后将还原气改换为 N_2，以防还原后球团再次氧化。

3.4.4　预备实验

在 950℃ 及 100% H_2 还原气氛下，分别以 2L/min、3L/min、4L/min 和 5L/min 的气流速度，按前述实验步骤进行预备实验。不同还原气流速度下球团还原率随时间的变化见图 3 – 12，随气流速度的提高，球团还原率明显提升。但气流速度高于 4L/min 后，还原率随时间的变化不再受气流速度变化的影响，即外部气相传质对反应过程的影响已经消除。因此，本实验选取 4L/min 为临界气流速度。

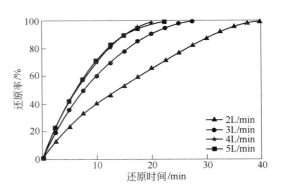

图 3 – 12　不同还原气流速度下球团还原率随时间的变化

3.4.5　还原实验结果

不同还原气氛条件下还原温度对球团还原率随时间变化的影响，见图 3 – 13。可见，当还原气氛中含有 H_2 时，升高温度能明显提高还原反应速率。在 100% H_2 气氛下，当还原温度高于 900℃ 时，还原 20min 后球团还原率均达到 95% 以上；而在 100% CO 气氛下，温度对还原反应速率的影响较弱，若升高温度，相同还原率下所需的还原时间几乎不变。

这是由于当温度高于 810℃ 时，H_2 的还原能力大于 CO 的还原能力；而且综合整个铁氧化物还原阶段，CO 还原反应为放热反应，H_2 还原反应为吸热反应，升高还原温度可同时改善 H_2 还原反应的动力学和热力学，而这对 CO 还原反应的影响却是矛盾的，温度升高在改善其动力学条件的同时恶化了热力学条件。

不同还原温度条件下还原气氛对球团还原率随时间变化的影响见图 3 – 14。图中五条曲线的规律大体一致，即随还原气氛中 H_2 含量的增加，还原反应速率加快。由图 3 – 14（d）和（e）可知，1000℃ 和 1050℃ 下还原反应较为迅速，在还原 30min 后，除 100% CO 气氛外，其余还原气氛下的球团还原率均达到 90% 以上。

这是由于在还原反应的过程中存在水煤气转换反应 $H_2 + CO_2 = H_2O + CO$，发生此反应后，混合还原气中的 H_2 含量降低了，而 H_2O 和 CO 的含量增加了，CO 的还原能力弱于 H_2 的还原能力，导致还原反应速率减慢。

对比不同条件下辽宁球团还原率达到 95% 时所需的还原时间（见表 3 – 11）可知，相同还原气氛下还原率达到 95% 时所需的还原时间随温度升高而减少；相同还原温度下还原率达到 95% 时所需的还原时间随 H_2 含量增加而减少，但减少的幅度变得越来越小。将表 3 – 11 中数据斜向对比发现，在 850℃、100% H_2，900℃、$\varphi(H_2)/\varphi(CO) = 5/2$，

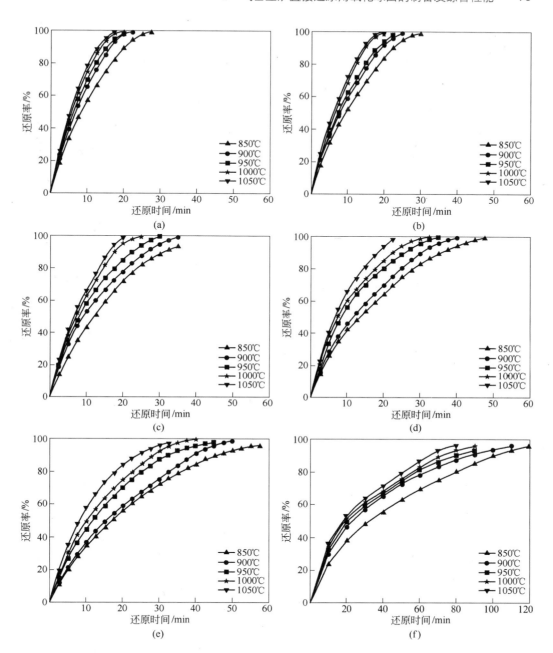

图 3-13 不同还原气氛条件下还原温度对球团还原率随时间变化的影响

(a) 100% H_2; (b) $\varphi(H_2)/\varphi(CO) = 5/2$; (c) $\varphi(H_2)/\varphi(CO) = 3/2$;

(d) $\varphi(H_2)/\varphi(CO) = 1/1$; (e) $\varphi(H_2)/\varphi(CO) = 2/5$; (f) 100% CO

950℃、$\varphi(H_2)/\varphi(CO) = 3/2$，1000℃、$\varphi(H_2)/\varphi(CO) = 1/1$ 以及 1050℃、$\varphi(H_2)/\varphi(CO) = 2/5$ 五种条件下，球团还原率达到 95% 时所需的还原时间基本相等或稍有增加。因此，实际操作中可根据原料条件同时调整温度和气氛，以实现竖炉最优化生产。

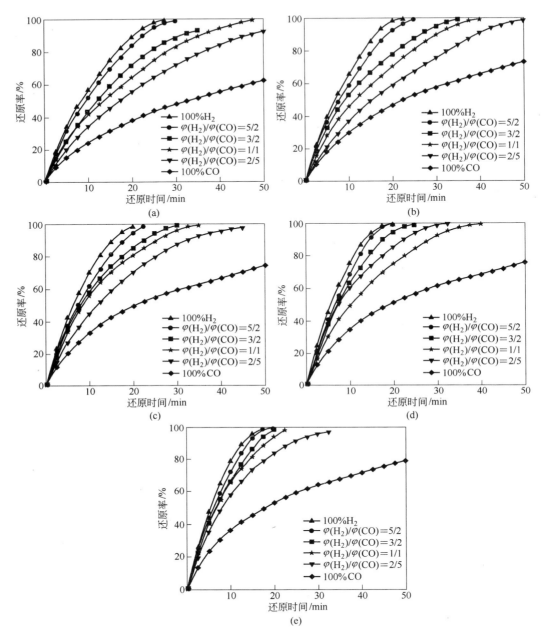

图 3 – 14 不同还原温度条件下还原气氛对球团还原率随时间变化的影响

(a) 850℃；(b) 900℃；(c) 950℃；(d) 1000℃；(e) 1050℃

表 3 – 11 不同条件下球团还原率达到 95% 时所需的还原时间 （min）

气　氛 ＼ 温　度	850℃	900℃	950℃	1000℃	1050℃
100% H$_2$	23.0	18.0	17.5	15.5	14.5
$\varphi(H_2)/\varphi(CO)=5/2$	25.0	22.0	20.5	17.0	15.5

温 度 气 氛	850℃	900℃	950℃	1000℃	1050℃
$\varphi(H_2)/\varphi(CO) = 3/2$	38.0	30.0	25.5	20.0	18.0
$\varphi(H_2)/\varphi(CO) = 1/1$	41.5	34.0	29.5	25.5	20.5
$\varphi(H_2)/\varphi(CO) = 2/5$	55.0	44.5	39.0	32.5	29.0
100% CO	115.5	106.0	96.5	86.5	75.0

总之，实验用球团的还原性能良好，还原 2h 后球团的金属化率均可达 93% 以上，均能满足电炉炼钢用直接还原铁一级品的要求（金属化率不低于 92%）。

3.4.6 还原冷却后强度

图 3 − 15 所示为 950℃ 时不同还原气氛条件下球团试样的还原冷却后强度，可见，其随还原气氛中 H_2 含量的增加而增大，在 100% CO 气氛下最低，为 250N/个，但仍高于图 3 − 15 中虚线所示的日本冶金行业对高炉用球团还原冷却后强度的要求（平均为 141N/个[2]）。

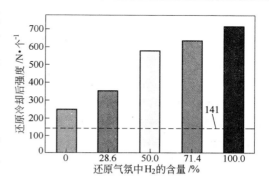

图 3 − 15　950℃时不同还原气氛条件下球团试样的还原冷却后强度

与高炉相比，竖炉装置更为矮小，且球团在反应炉内停留时间较短，故实验球团还原冷却后强度能够满足气基竖炉生产的要求。

3.5　小结

本章基于国内铁精矿资源，在合理确定黏结剂种类及添加量的基础上，进行气基竖炉直接还原用氧化球团的制备及冶金性能测试研究。研究得出：

（1）选用胶质价、膨胀容和吸水率较高的膨润土为黏结剂，成球过程中原料更易于黏结，生球性能和成品球团的抗压强度更高。在兼顾球团强度和品位的同时，膨润土的适宜添加量为 1%。

（2）实验制备的三种铁矿球团综合性能良好（见表 3 − 12），化学成分、抗压强度、低温还原粉化性、还原性、还原膨胀性及还原冷却后强度均满足气基竖炉实际生产的要求。其中，山西球团的还原度为 75.71%、低温还原粉化率为 97.0%、还原膨胀率为 16.78%，综合冶金性能相对占优。

表 3 − 12　实验用球团性能与 HYL 工艺指标的对比

项 目		吉林球团	山西球团	辽宁球团	HYL 指标
化学成分	$w(TFe)/\%$	67.30	67.90	68.36	尽可能高
	$w(FeO)/\%$	0.10	0.19	0.19	≤1.0
	$w(SiO_2)/\%$	2.65	1.72	2.11	≤3.0

项 目		吉林球团	山西球团	辽宁球团	HYL 指标
物理性能	抗压强度/N·个$^{-1}$ （GB/T 14201—1993）	3727	2985	2598	≥2000
	转鼓强度/% （GB/T 24531—2009）	$T = 94.5$ $A = 4.5$	$T = 94.4$ $A = 4.4$	$T = 94.7$ $A = 4.7$	$T \geqslant 93$ $A \leqslant 6$
冶金性能	低温还原粉化率/% （GB/T 13242—1991）	$RDI_{+6.3} = 87.5$ $RDI_{+3.15} = 91.4$ $RDI_{-0.5} = 6.5$	$RDI_{+6.3} = 95.7$ $RDI_{+3.15} = 97.0$ $RDI_{-0.5} = 2.4$	$RDI_{+6.3} = 80.0$ $RDI_{+3.15} = 84.2$ $RDI_{-0.5} = 6.5$	—
	还原度/% （GB/T 13241—1991）	72.83	75.71	69.90	—
	还原膨胀率/% （GB/T 13240—1991）	18.70	16.78	17.73	≤20

（3）基于国内铁矿资源，配加适当黏结剂，选取合理工艺参数，能够得到气基竖炉直接还原用优质氧化球团。

参 考 文 献

[1] 张一敏. 球团理论与工艺 [M]. 北京：冶金工业出版社，1997：48~67.
[2] 储满生. 钢铁冶金原燃料及辅助材料 [M]. 北京：冶金工业出版社，2010：106~236.
[3] 肖琪. 球团理论与实践 [M]. 长沙：中南工业大学出版社，1991：40~56.
[4] 方觉. 非高炉炼铁工艺与理论 [M]. 北京：冶金工业出版社，2007：1~43.

4 气基竖炉球团还原膨胀机理研究及
性 能 改 善

球团的还原膨胀性能是决定竖炉内气流能否合理分布、生产是否顺行的最关键指标。不同工艺条件下，氧化球团在炉内面临的气流冲击和温度梯度以及铁晶粒的析出速度和析出形态各不相同，还原后球团的还原膨胀率也各异。在球团还原膨胀率满足生产要求的前提下，探讨适宜的还原温度和还原气氛，有助于合理选择煤制气工艺。

我国铁矿资源分布较广，矿石类型较多，经复杂磨选工艺处理和精选后的铁精矿粉成分仍然具有较大的地区差异性。若基于国内不同地区的铁矿资源生产竖炉直接还原用氧化球团，球团的冶金性能将存在很大差异，尤以还原膨胀性能为主，这势必会给竖炉的正常顺行带来极大的不稳定性。探讨铁矿原料中主要脉石成分对球团还原膨胀性能的影响，可以为我国铁矿资源生产竖炉用氧化球团提供理论依据。

相比高炉用氧化球团，竖炉直接还原用球团的品位更高，脉石含量更少，还原膨胀率更大。在掌握球团还原膨胀机理的基础上，探索适宜的添加剂，优化球团的还原膨胀性能，对生产气基竖炉用优质氧化球团具有重要的意义。

为此，首先在实施球团气基直接还原实验的同时，探索还原温度和还原气氛对球团还原膨胀性能的影响。然后，以 Fe_2O_3 粉为原料，分别配加 CaO、SiO_2、MgO 等化学试剂，采用造球－焙烧－还原的方法，研究 H_2 和 CO 两种气氛下脉石组分对球团还原膨胀性能的影响。并在此基础上，进行硼镁复合添加剂改善球团还原膨胀性能的试验研究。

4.1 还原条件对球团还原膨胀性能的影响

4.1.1 还原气氛

在实施球团气基直接还原实验的同时，测量还原反应前后球团的体积变化。图 4－1 所示为 850℃、900℃、950℃、1000℃和1050℃五种还原温度下，不同还原气氛条件下还原终了时球团的还原膨胀率。

总体来讲，球团矿的还原膨胀性能良好，除 1000℃、100% CO，1050℃、71.4% CO（$\varphi(H_2)/\varphi(CO) = 2/5$）以及 1050℃、100% CO 气氛下球团出现异常膨胀外，其余各条件下球团的还原膨胀率均低于 20%，可以满足竖炉实际生产的要求。在相同的还原温度下，随还原气氛中 CO 含量的增加，球团的还原膨胀率逐渐增大。

球团还原过程中铁晶粒的微观析出形态，是影响球团膨胀性能的一个重要因素。图 4－2 所示为950℃时，100% H_2、$\varphi(H_2)/\varphi(CO) = 1/1$、100% CO 三种气氛条件下还原后球团的 SEM 微观形貌。

H_2 气氛下，由于高温时分子扩散系数和还原动力学条件均明显优于 CO 气氛，还原过程中铁晶粒析出速率较快，大量过饱和的铁离子出现在早先形成的晶核之间，产生更多的晶核，趋向于以层状或平面板结状析出。铁晶粒间相互作用力较强，局部聚合紧密，球

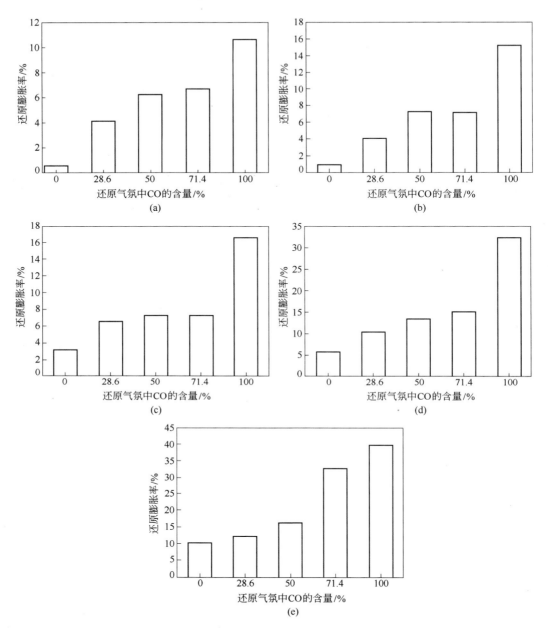

图 4 – 1　不同还原温度条件下还原气氛对球团还原膨胀率的影响
（a）850℃；（b）900℃；（c）950℃；（d）1000℃；（e）1050℃

团在宏观上不易发生体积膨胀。

　　CO 气氛下，铁晶粒的扩散速度高于它本身的析出速率，晶粒优先趋向早期形成的少数晶核，多以粗大的纤维状或絮状析出，形成了很多晶枝，具有明显的方向性。晶粒在生长过程中，当遇到相邻晶粒阻碍时就多次改变方向，呈折叠式生长，晶粒间持续产生较大的内应力和许多不规则空隙，导致宏观方面球团强度降低，膨胀率增大[1]。CO 气氛下，球团内局部还将发生 Fe 的渗碳反应，扩散到铁与浮氏体的界面处，并反应生成气体，在

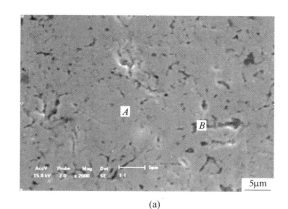 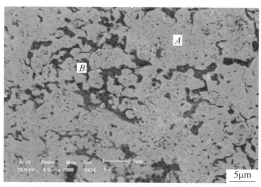

(a)　　　　　　　　　　　　　　　　(b)

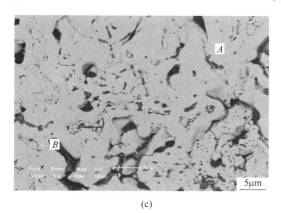

(c)

图 4 - 2　950℃时不同气氛条件下还原后球团的 SEM 微观形貌

（a）100% H_2；（b）$\varphi(H_2)/\varphi(CO) = 1/1$；（c）100% CO

A—Fe；B—Si、O、Ca、Mg 等脉石成分

氧化物内部产生气体压力，使周围铁膜破裂，极大地破坏了球团原有的晶体结构，铁晶粒间更为疏松，导致还原后球团强度下降、膨胀率增大。此外，CO 还原铁氧化物的反应为放热反应，球团实际还原温度比给定温度升高约 15℃，而 H_2 气氛下则不然，这也成为球团还原膨胀率随还原气氛中 CO 含量增加而增大的一个重要因素。

当还原气为 H_2 和 CO 的混合气时，还原后球团内铁晶粒的析出形态为平面板结状和纤维状交互共存，球团的还原膨胀率也介于 H_2 和 CO 气氛之间。

因此，在煤气成本和炉内热量允许的前提下，竖炉直接还原过程中应尽可能提高入炉煤气中 $\varphi(H_2)/\varphi(CO)$ 的值，既有利于促进球团的还原进程，又有利于降低球团的还原膨胀率。

4.1.2　还原温度

图 4 - 3 所示为 100% H_2、$\varphi(H_2)/\varphi(CO) = 5/2$、$\varphi(H_2)/\varphi(CO) = 1/1$、$\varphi(H_2)/\varphi(CO) = 2/5$、100% CO 五种还原气氛及不同还原温度条件下还原终了时球团的还原膨胀率。在相同的还原气氛条件下，随还原温度的升高，球团的还原膨胀率逐渐增大。还原温

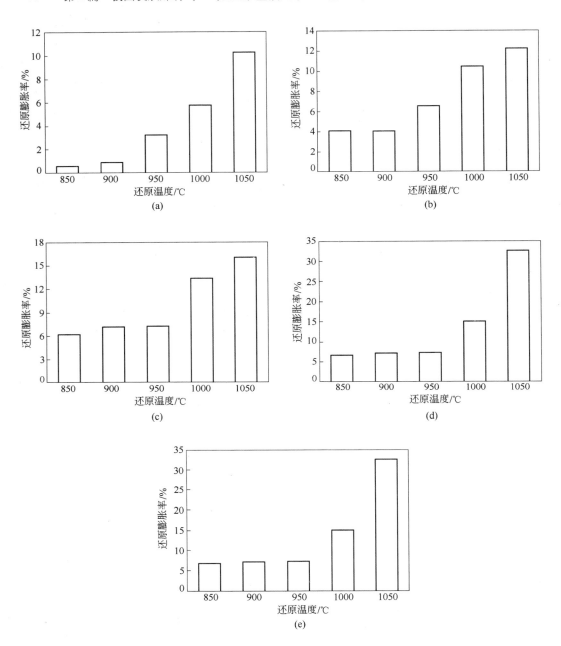

图 4 – 3 不同还原气氛条件下还原温度对球团还原膨胀率的影响

（a）100% H_2；（b）$\varphi(H_2)/\varphi(CO)=5/2$；（c）$\varphi(H_2)/\varphi(CO)=1/1$；（d）$\varphi(H_2)/\varphi(CO)=2/5$；（e）100% CO

度低于 950℃时，所有气氛下球团的还原膨胀率均较小，属于由铁氧化物晶型转变而引起的 "正常膨胀"；而若温度过高，球团体积膨胀率则明显增大。在高温及高还原势气氛下，还原速率明显加快，金属铁离子迅速向反应界面扩散并结晶，由于该过程的突发性，导致不同铁晶粒之间的连接比较脆弱。而且温度升高会使还原过程中晶型转变产生更大的内应力，晶界处积存更多的畸变能，当内部应力增大到使某些晶面产生晶体滑动时，球团的局部组织将连续受到破坏，使晶粒内萌生连续增大的裂纹，最终冲出球团表面，使球团发生非塑性形变甚至破裂剥落。

4.1.3 还原膨胀率与还原率的关系

图 4-4 所示为 950℃ 下，球团还原率为 20%、40%、60%、80% 和还原终了时所对应的还原膨胀率。在还原反应中前期，随着还原反应的进行和还原率的增大，球团的还原膨胀率逐渐变大；在还原率由 40% 变至 60% 的过程中，球团体积膨胀幅度较大，还原膨胀率甚至超过了 20%；但当还原率继续增大，由 60% 变至 80% 的过程中，球团还原膨胀率几乎不变；继续还原至终了时，球团还原膨胀率反而有所降低。

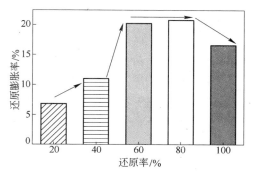

图 4-4 不同还原率所对应的球团还原膨胀率

这是由于还原反应中前期，即还原率介于 0~40% 之间时，铁氧化物主要历经 $Fe_2O_3 \rightarrow Fe_3O_4 \rightarrow FeO$ 的还原阶段，晶体结构转变会产生少量的体积膨胀。在还原率达 40% 以后，主要历经 $FeO \rightarrow Fe$ 的还原阶段，氧原子不断缺失，理论上不发生体积膨胀[2]。而在高温 100% CO 气氛下，铁晶粒将以晶须的方式析出，会形成疏松多孔的产物层，球团还原膨胀率急剧增大。但当还原率高于 80% 以后，铁氧化物还原速率减缓，反应在长时间内趋于平衡，晶核充分长大并连接成片，晶格畸变能变小，总体上呈现球团体积略有收缩。

4.2 脉石成分对球团还原膨胀性能的影响

4.2.1 实验原料

以纯 Fe_2O_3 粉为原料，依据表 4-1 所示的配料方案添加 CaO、SiO_2、MgO 等化学试剂，再经造球、干燥、预热和焙烧等阶段制备球团。为了增强原料的成球效果，球团原料中还配加了 1.0% 的有机黏结剂。其中，Fe_2O_3 粉粒度小于 0.074mm 的粒级占 92.0%，CaO、SiO_2、MgO 的粒度均小于 0.074mm。

表 4-1 配料方案（w） （%）

试 剂	1号	2号	3号	4号	5号	6号	7号
CaO	0	1	2	1	2	0	0
SiO_2	0	0	0	2	5	0	0
MgO	0	0	0	0	0	1	2

由于磁铁矿氧化能促进质点扩散黏结，磁铁矿球团在较低的温度下就开始固结，而 Fe_2O_3 球团内缺乏易形成液相黏结相的脉石成分，只有在较高温度下才可使晶格中的质点扩散，形成良好的固结和晶体结构。因此，实验采用 1300℃ 为球团的焙烧温度。球团焙烧过程中首先通过 $Fe_2O_3 - Fe_2O_3$ 的固相黏结形成赤铁矿晶桥，增加了颗粒接触面积，并在高温下发生 Fe_2O_3 的再结晶，使得焙烧后球团体积收缩，致密化程度增大，最终获得了较高的抗压强度，均在 2500N/个左右，满足竖炉直接还原生产的要求。

4.2.2 实验结果

950℃、H_2 和 CO 气氛条件下，不同配料方案所制备的 Fe_2O_3 球团的还原膨胀率见表 4 - 2。以 Fe_2O_3 粉制备的高品位球团试样还原膨胀率均较高，尤其是未添加任何试剂的 1 号基准球团试样，在 CO 气氛下还原后球团强度几乎完全丧失，发生恶性膨胀。这是由于 Fe_2O_3 球团焙烧过程中完全依赖 Fe_2O_3 - Fe_2O_3 的再结晶提高强度，缺乏硅酸盐黏结相，孔隙率大，还原过程中气体扩散速度快，导致 $Fe_2O_3 \rightarrow Fe_3O_4$ 相变速度较快，赤铁矿晶粒间的晶桥被迅速破坏，发生恶性膨胀。因此，单纯依靠铁氧化物再结晶，很难取得良好的球团性能。

表 4 - 2　950℃条件下 Fe_2O_3 球团的还原膨胀率　　　　　　　　（％）

还原气氛	1 号	2 号	3 号	4 号	5 号	6 号	7 号
H_2	31.90	25.13	25.69	23.13	19.60	21.02	19.04
CO	45.00	32.20	31.90	26.27	23.38	28.72	23.29

由表 4 - 2 可知，CO 气氛下球团的还原膨胀率均高于 H_2 气氛下。图 4 - 5 ~ 图 4 - 8 所示分别为 1、3、4、7 号球团在 950℃、H_2 和 CO 气氛下还原后的 SEM 微观形貌。结果如同前述，CO 气氛下球团内铁晶粒呈纤维状或絮状析出，具有明显方向性，晶粒间接触面较小，导致球团强度下降，还原膨胀率变大；H_2 气氛下球团铁晶粒以块状析出，结构较为致密，还原膨胀率相对较小。

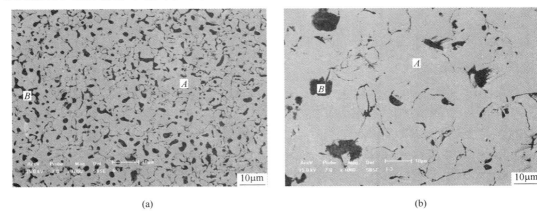

(a)　　　　　　　　　　　　　　　　　　　(b)

图 4 - 5　1 号基准 Fe_2O_3 球团在 950℃还原后的 SEM 微观形貌

(a) CO 气氛；(b) H_2 气氛

A—Fe，O；B—孔洞

4.2.3 CaO 对球团还原膨胀性能的影响

由表 4 - 2 可知，Fe_2O_3 粉中配加少量 CaO 后，两种还原气氛下球团的还原膨胀率均有所降低；但若 CaO 含量继续增大，则对球团还原膨胀率的影响不大。

图 4 - 9 所示为 3 号 Fe_2O_3 球团的 X 射线衍射分析，球团内除 Fe_2O_3 外，还含有少量的 $2CaO \cdot Fe_2O_3$。当球团内配加 CaO 后，焙烧过程中有利于赤铁矿再结晶长大，在 500 ~

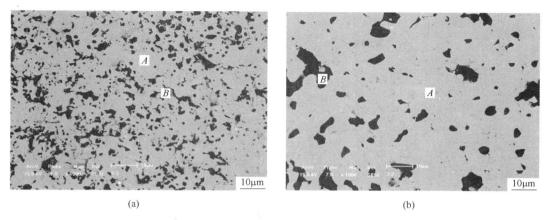

(a)　　　　　　　　　　　　　　(b)

图4-6　3号Fe₂O₃球团在950℃还原后的SEM微观形貌

（a）CO气氛；（b）H₂气氛

A—Fe, Ca, O；B—孔洞

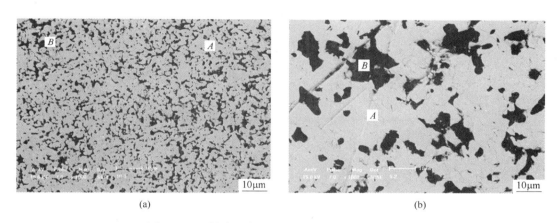

(a)　　　　　　　　　　　　　　(b)

图4-7　4号球团在950℃还原后的SEM微观形貌

（a）CO气氛；（b）H₂气氛

A—Fe, Ca, Si, O；B—孔洞

600℃时便开始固相扩散反应，首先生成$CaO \cdot Fe_2O_3$，在1000℃下继续发生反应$CaO \cdot Fe_2O_3 + CaO = 2CaO \cdot Fe_2O_3$，到1200℃时结束。由于铁酸钙体系的熔点均较低（$CaO \cdot Fe_2O_3$为1216℃，$2CaO \cdot Fe_2O_3$为1230℃），在1300℃焙烧温度下将形成液相，而这种液相有助于强化原料固结和改善球团还原膨胀性能。但是，液相数量的多少直接决定着球团的强度，随焙烧温度的增加，液相量迅速增加，过多的液相量会使球团大面积黏结，冷却时球团中心收缩和内应力较大，从而形成了很多微裂纹，导致原料中CaO含量过高时球团的强度和还原膨胀性能反而变差。

含CaO的氧化球团在还原气氛中升温至600~700℃时，球团中的$CaO \cdot Fe_2O_3$分解并还原为浮氏体和金属铁，但仍保留了还原前的原有晶形，唯其晶粒趋向于细化，而不生成金属铁晶须，还原后原料中的CaO分布于铁晶粒的晶界处或铁与孔洞的过渡带，金属铁在铁酸盐颗粒周围形成同心层，从而抑制了球团矿的进一步膨胀[3]。

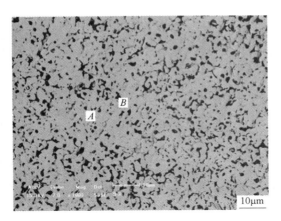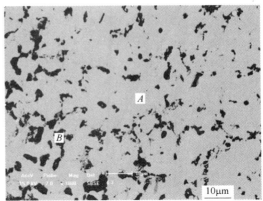

图 4 – 8 7 号 Fe_2O_3 球团在 950℃还原后的 SEM 微观形貌

(a) CO 气氛；(b) H_2 气氛

A—Fe，MgO；B—孔洞

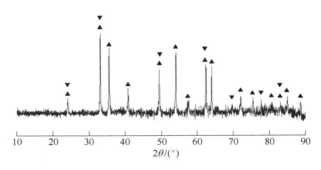

图 4 – 9 3 号 Fe_2O_3 球团的 X 射线衍射分析

▲—Fe_2O_3；▼—$2CaO·Fe_2O_3$

因此，在以 Fe_2O_3 粉或高品位铁矿为原料生产球团时，适量加入石灰石或含有 CaO 的物料来调节焙烧球团内连接键类型和数量，可以改善球团矿的膨胀性能。但是在 CaO 含量较高时，应适量降低球团的焙烧温度，以防形成过多的液相而影响球团的强度。

4.2.4 SiO_2 对球团还原膨胀性能的影响

950℃、H_2 和 CO 气氛下，分别添加 2% SiO_2 + 1% CaO、5% SiO_2 + 2% CaO 的 4 号和 5 号球团的还原膨胀率见图 4 – 10。与未加 SiO_2、只加 CaO 的 2 号和 3 号球团的还原膨胀率相比，在同样的 CaO 含量下，配加 SiO_2 球团的还原膨胀率显著降低，H_2 气氛下，5 号球团的膨胀率由 1 号基准球团的 31.90% 急剧降至 19.60%。

图 4 – 11 所示为 4 号 Fe_2O_3 球团的 X 射线衍射分析，当球团原料中同时含有 Fe_2O_3、SiO_2 和 CaO 时，在低温下优先生成铁酸钙体系，但该体系中化合物及其固溶体的熔点较低，出现液相后 SiO_2 便和铁酸盐中的 CaO 反应，生成新的 $CaO·SiO_2$ 连接键，Fe_2O_3 便被置换出来，重结晶析出。最终实验球团焙烧过程中的连接键形式类似于天然铁矿原料，即以 Fe_2O_3 再结晶的固相连接为主，并伴有少量的硅酸盐类渣相连接和铁酸钙液相连接，

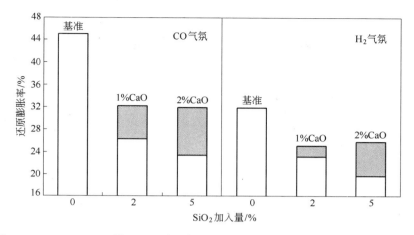

图 4 - 10 2、3、4、5 号 Fe$_2$O$_3$ 球团在 950℃、H$_2$ 和 CO 气氛条件下的还原膨胀率

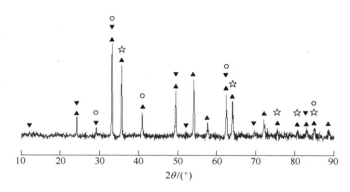

图 4 - 11 4 号 Fe$_2$O$_3$ 球团的 X 射线衍射分析

▲—Fe$_2$O$_3$；▼—2CaO·Fe$_2$O$_3$；☆—CaSiO$_3$；○—Ca$_3$(SiO$_4$)O

焙烧后球团的晶体结构完整而致密，强度较高，还原过程中晶体结构稳定，还原后膨胀率较低。

因此，原料中少量的脉石杂质可以促进球团焙烧时产生渣相连接，从而提高球团的强度，降低其还原膨胀率。

4.2.5 MgO 对球团还原膨胀性能的影响

由表 4 - 2 可知，球团中配加 MgO 有助于改善球团的还原膨胀性能，H$_2$ 气氛下，添加 2% MgO 后 7 号球团的膨胀率由 1 号基准球团的 31.90% 急剧降至 19.04%。

图 4 - 12 所示为 7 号 Fe$_2$O$_3$ 球团的 X 射线衍射分析，球团内除 Fe$_2$O$_3$ 外，还含有少量的 MgO·Fe$_2$O$_3$。当原料中配加少量 MgO 后，焙烧过程中在 600℃ 时便开始进行固相扩散反应，生成 MgO·Fe$_2$O$_3$，其优化球团性能的效果与 CaO·Fe$_2$O$_3$ 相似。而且，MgO·Fe$_2$O$_3$ 在还原过程中晶体结构变化较小，不会发生 Fe$_2$O$_3$ 转变成 Fe$_3$O$_4$ 的反应，而生成的是 FeO 和 MgO 的固溶体，还原膨胀率较低[3,4]。

因此，球团生产中加入菱镁石、白云石、蛇纹石或含有 MgO 的熔剂，可以改善球团

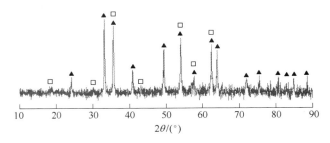

图 4 – 12　7 号 Fe_2O_3 球团的 X 射线衍射分析

▲—Fe_2O_3；□—$MgO \cdot Fe_2O_3$

矿的性能。但应防止带入过多的 CaO 而使焙烧时形成大量液相，恶化球团的还原膨胀性能。

4.3　球团还原膨胀性能的改善

4.3.1　实验原料

本实验选用一种含硼、镁、硅、钙的物质作为球团添加剂，以期在不明显降低球团品位的前提下改善球团的还原膨胀性能，将该物质称为硼镁复合添加剂。实验所用硼镁复合添加剂的化学成分见表 4 – 3，其中含 B_2O_3 9.81%、MgO 39.34%、SiO_2 28.32%，且粒度较细，小于 0.074mm 的粒级占 91.92%。

表 4 – 3　硼镁复合添加剂的化学成分（w）　　　　　　　　　（%）

组　成	TFe	FeO	CaO	SiO_2	MgO	Al_2O_3	B_2O_3	S	P
含　量	4.53	2.62	0.73	28.32	39.34	1.46	9.81	0.69	0.05

4.3.2　实验方法

采用外配质量配料法，保持膨润土加入量不变，分别添加 0、0.2%、0.4%、0.6% 的硼镁复合添加剂制备氧化球团，并按照 GB/T 13240—1991 进行还原膨胀实验，考察硼镁复合添加剂对球团还原膨胀性能的影响。

4.3.3　硼镁复合添加剂对球团还原膨胀性能的影响

图 4 – 13 所示为加入不同含量的硼镁复合添加剂对球团还原膨胀率以及还原冷却后强度的改善情况。加入 0.6% 硼镁复合添加剂后，球团的还原膨胀率比未加硼镁复合添加剂的基准球团下降了 7.5%，还原冷却后强度上升了 488N/个。可见，添加适量的硼镁复合添加剂可以显著降低球团矿的还原膨胀率，提高还原冷却后强度，有利于冶炼的正常进行。

图 4 – 14 所示为 1250℃ 焙烧温度条件下，硼镁复合添加剂加入量为 0、0.2%、0.4%、0.6% 的四种球团试样还原后的 SEM 微观形貌。可见，未加硼镁复合添加剂的球团还原后的结构相对疏松，细缝空隙较多，赤铁矿晶粒间晶桥破坏严重，强度较差；而加入硼镁复合添加剂的球团中，铁的浮氏体结构保持较好，致密，球团内部孔洞较少。这是

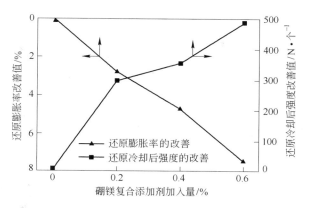

图 4-13　硼镁复合添加剂对球团还原膨胀率以及还原冷却后强度的改善情况

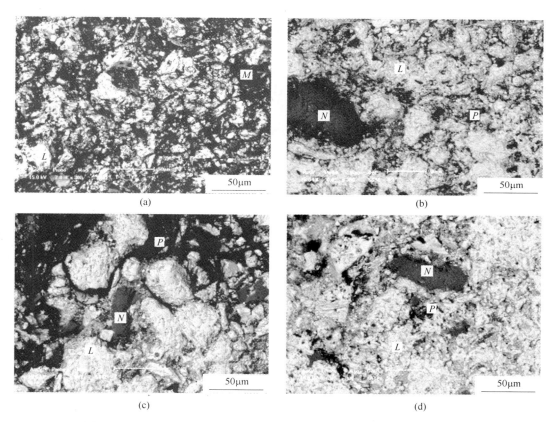

图 4-14　不同硼镁复合添加剂加入量的球团试样还原后的 SEM 微观形貌
(a) 0；(b) 0.2%；(c) 0.4%；(d) 0.6%
L—Fe_xO；M—硅酸盐矿物（Fe，Si，O，Ca，Cl，S）；N—SiO_2；P—Si，S，Ca，B，Mg

由于加入硼镁复合添加剂后，氧化球团焙烧结晶时，黏结相中除了铁橄榄石等硅酸盐矿物外，还有一些含 B、Mg 的物质，有利于形成稳定的 Fe_2O_3 和 MgO 固溶体，在 $Fe_2O_3 \rightarrow Fe_3O_4$ 的还原过程中不会发生很大的晶格变化，从而抑制了球团矿的体积膨胀。另外，加入硼镁复合添加剂以后球团内的液相黏结相增多，有助于克服球团还原过程中的相变应力，从而有效地降低了球团还原膨胀率[5,6]。

4.4　小结

鉴于球团还原膨胀性能对竖炉冶炼的重要性，本章在实施球团气基直接还原实验的同时，探索了还原温度、还原气氛以及脉石组分对球团还原膨胀性能的影响，并在此基础上进行硼镁复合添加剂改善球团还原膨胀性能的试验研究。研究得出：

（1）随还原气氛中 H_2 含量的增加和还原温度的降低，球团还原膨胀率减小。CO 气氛下，球团内铁晶粒的絮状析出形态、渗碳反应以及还原反应热效应是导致球团还原膨胀率剧增的主要因素。

（2）Fe_2O_3 球团中配加少量 CaO，有利于焙烧时产生少量液相，从而改善球团的冶金性能，但 CaO 含量不宜过大。原料中含少量的 SiO_2 类脉石杂质，可以促进球团焙烧时产生渣相连接，从而提高球团的强度，降低其还原膨胀率。Fe_2O_3 球团中添加含有 MgO 的熔剂，有利于形成稳定的晶体结构，从而改善球团的性能。

（3）加入 0.6% 硼镁复合添加剂后，球团的还原膨胀率比未加硼镁复合添加剂的基准球团下降了 7.5%，还原冷却后强度上升了 488N/个。添加适量的硼镁复合添加剂可以显著降低球团矿的还原膨胀率，提高还原冷却后强度，有利于冶炼的正常进行。

参 考 文 献

[1] 齐渊洪，周渝生，蔡爱平 . 球团矿的还原膨胀行为及其机理的研究 [J] . 钢铁，1996，31（2）：1 ~ 5.

[2] 任允芙 . 钢铁冶金岩相矿相学 [M] . 北京：冶金工业出版社，1982：212 ~ 250.

[3] 姜涛，何国强，李光辉，等 . 脉石成分对铁矿球团还原膨胀性能的影响 [J] . 钢铁，2007，42（5）：7 ~ 11.

[4] 李艳茹，李金莲，张立国，等 . 添加熔剂对球团矿还原膨胀率的影响 [J] . 钢铁，2009，44（10）：14 ~ 16.

[5] 宋招权 . MgO 对球团矿质量的影响 [J] . 烧结球团，2001，26（6）：22 ~ 24.

[6] 朱家骥，杨兆祥 . 球团矿加含硼添加剂的研究 [J] . 烧结球团，1985，（4）：8 ~ 16.

5　气基竖炉直接还原热力学及动力学机理研究

气基竖炉直接还原过程中煤气的利用率决定了冶炼直接还原铁的能源消耗量，在煤气供给能力一定的前提下，又决定了直接还原铁的产量。基于热力学条件，建立还原煤气利用率与各影响因素之间的数量关系，计算煤气利用率的理论最大值，对降低生产直接还原铁的燃料消耗及成本有重要的意义。

气基竖炉直接还原过程中，还原温度和还原气氛是影响还原反应进程的主要因素。升高温度有利于促进还原反应的动力学条件，但其上升幅度受原料熔化温度的限制。虽然高温下 H_2 的还原动力学条件优于 CO，但 H_2 还原铁矿石是吸热反应，将引起竖炉内温度降低，派生的温度场效应阻碍了还原反应的进行；而 CO 还原铁矿石为放热反应，将引起竖炉内温度升高，派生的温度场效应促进了还原反应的进行。探讨不同还原条件下球团的气-固反应动力学机理，有助于为强化竖炉直接还原冶炼提供理论基础。

5.1　竖炉内还原气热力学利用率分析

在炉型设计和工艺制度合理的前提下，竖炉内还原气理论利用率为炉内反应过程所消耗的煤气量与维持反应平衡所需的最少煤气量之比值，其主要与入炉还原煤气中 $\varphi(H_2)/\varphi(CO)$ 的值、反应温度、产品的渗碳量、产品的金属化率、煤气的氧化度（$CO_2 + H_2O$ 的含量）以及反应过程等因素有关，而这些因素彼此间又互相影响。

5.1.1　还原煤气热力学利用率计算

温度高于 570℃ 时，H_2 和 CO 气氛下，铁氧化物的还原历经 $Fe_2O_3 \rightarrow Fe_3O_4 \rightarrow FeO \rightarrow Fe$ 三个阶段。还原第一阶段（$Fe_2O_3 \rightarrow Fe_3O_4$）对还原气氛的要求极低，可视为不可逆反应，故不需特殊考虑其对还原煤气利用率的影响。还原第二阶段（$Fe_3O_4 \rightarrow FeO$）和第三阶段（$FeO \rightarrow Fe$）为可逆反应，生成的 H_2O 和 CO_2 有再氧化作用，为了防止金属铁再氧化，还原气中要有足够多的 H_2 和 CO 来平衡 H_2O 和 CO_2：

$$\frac{1}{3}Fe_3O_4 + H_2O(或 CO_2) + (n-1)H_2(或 CO) =\!=\!=$$

$$FeO + \frac{4}{3}H_2O(或 CO_2) + \left(n - \frac{4}{3}\right)H_2(或 CO) \tag{5-1}$$

$$FeO + nH_2(或 CO) =\!=\!= Fe + H_2O(或 CO_2) + (n-1)H_2(或 CO) \tag{5-2}$$

式中　n——还原气过剩系数。

以获得 1mol 金属铁为例，为了维持竖炉内气氛的还原势，保证还原反应的顺利进行，还原第二、三阶段所需的还原气量 n_2 和 n_3 分别为：

$$n_2 = \frac{4}{3} \times \frac{K_2 + 1}{K_2} \tag{5-3}$$

$$n_3 = \frac{K_3 + 1}{K_3} \tag{5-4}$$

式中　K_2，K_3——分别为式（5-1）和式（5-2）的平衡常数[1]。

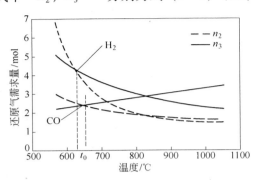

图 5-1　H_2 和 CO 气氛条件下还原第二、三
阶段需气量与温度的关系

图 5-1 所示为 H_2 和 CO 气氛条件下还原第二、三阶段需气量与温度的关系。图中两线的交点处温度 t_0 定义为关键步骤转换温度，均处于 600～650℃ 之间。在 t_0 右侧，$n_3 > n_2$，还原第三阶段是决定竖炉煤气需求量和利用率的关键步骤，关键步骤以外的第一、二阶段则处于还原气过剩状态；而在 t_0 左侧，则相反。实际生产中，竖炉内的还原温度高于 t_0，故还原气需求量及热力学利用率应由还原第三阶段的反应平衡来决定。

设直接还原铁中金属铁的质量百分数为 $w[MFe]_\%$，生产 1t 直接还原铁在还原第三阶段需消耗的 H_2 或 CO 量为：

$$V_{H_2/CO(FeO \to Fe)} = \frac{1 \times 22.4 \times w[MFe]_\%}{56} \times 1000 = 400 \times w[MFe]_\% \tag{5-5}$$

高温下竖炉内反应较为复杂，除了铁氧化物的还原反应之外，还存在式（5-6）~式（5-11）所示的水煤气转换反应、直接还原铁析碳反应、渗碳反应以及甲烷转化反应等：

$$CO + H_2O \Longrightarrow CO_2 + H_2 \tag{5-6}$$

$$2CO \Longrightarrow C + CO_2 \tag{5-7}$$

$$3Fe + 2CO \Longrightarrow Fe_3C + CO_2 \tag{5-8}$$

$$3Fe + CH_4 \Longrightarrow Fe_3C + 2H_2 \tag{5-9}$$

$$CH_4 + CO_2 \Longrightarrow 2H_2 + 2CO \tag{5-10}$$

$$CH_4 + H_2O \Longrightarrow 3H_2 + CO \tag{5-11}$$

由式（5-6）可知，在水煤气转换反应过程中，CO 的生成量或消耗量与 H_2 的消耗量或生成量是相等的。因此，仅从热力学角度而言，水煤气转换反应对混合煤气的综合利用率没有贡献，但会影响 CO 和 H_2 各自的利用率，在促进一方的同时削弱了另一方。

含 CO 的还原气在竖炉中与铁矿石逆流接触，期间将伴随析碳和渗碳反应，在直接还原铁中产生碳和多种碳化物（通常以 Fe_3C 的形式加以研究）。

析碳反应（见式（5-7））只有在 400～600℃ 范围内且有金属铁的催化作用下才较为明显，而竖炉生产中球团原料升温速度较快，低温段停留时间较短，且低温段几乎无金属铁的存在，故析碳反应对炉内气氛影响甚微，可不予考虑[2]。

当入炉煤气中不含 CH_4 时，每渗 1mol 碳需消耗 2mol CO，若直接还原铁的渗碳量为 $w[C]_\%$，则每吨直接还原铁渗碳所消耗的 CO 量为：

$$V_{CO(渗碳)} = \frac{2 \times 22.4 \times w[C]_\%}{12} \times 1000 = 3730 \times w[C]_\% \tag{5-12}$$

甲烷转化反应（见式（5-10）和式（5-11））中，1mol CH_4 相当于 4mol $H_2 + CO$，

则炉内甲烷转化所消耗的 $H_2 + CO$ 量为:

$$V_{H_2+CO(CH_4转化)} = 4V_{入炉}(\varphi(CH_4)_{炉顶} - \varphi(CH_4)_{入炉}) \quad (5-13)$$

式中　$V_{入炉}$——实际生产中每吨直接还原铁供给的煤气量, m^3;

　　　$\varphi(CH_4)_{炉顶}$——炉顶煤气中 CH_4 的体积分数, %;

　　　$\varphi(CH_4)_{入炉}$——入炉煤气中 CH_4 的体积分数, %。

若还原煤气同时包含 CO 和 H_2 时, 则混合煤气的综合利用率 η 为:

$$\eta = \left(\frac{\varphi(H_2)_{入炉}}{\varphi(H_2)_{入炉} + \varphi(CO)_{入炉}}\eta_{H_2} + \frac{\varphi(CO)_{入炉}}{\varphi(H_2)_{入炉} + \varphi(CO)_{入炉}}\eta_{CO} \right) \times 100\% \quad (5-14)$$

式中　η_{H_2}——H_2 的利用率, %;

　　　η_{CO}——CO 的利用率, %;

$\varphi(H_2)_{入炉}$——入炉煤气中 H_2 的体积分数, %;

$\varphi(CO)_{入炉}$——入炉煤气中 CO 的体积分数, %。

综上, 为了保持竖炉内所有反应的平衡, 由还原第三阶段所控制的煤气最低需求量 $V_{理论}$[2,3] 为:

$$
\begin{aligned}
V_{理论} &= \frac{V_{H_2/CO(FeO\to Fe)} + V_{CO(渗碳)} + V_{H_2+CO(CH_4转化)}}{\eta_3} \cdot \frac{1}{\varphi(H_2)_{入炉} + \varphi(CO)_{入炉}} \\
&= \frac{400 \times w[MFe]_\% + 3730 \times w[C]_\% + 4V_{入炉}(\varphi(CH_4)_{炉顶} - \varphi(CH_4)_{入炉})}{\dfrac{K_{H_2} \cdot \varphi(H_2)_{入炉}}{1 + K_{H_2}} + \dfrac{K_{CO} \cdot \varphi(CO)_{入炉}}{1 + K_{CO}} - \left(\dfrac{\varphi(H_2O)_{入炉}}{1 + K_{H_2}} + \dfrac{\varphi(CO_2)_{入炉}}{1 + K_{CO}} \right)}
\end{aligned}
$$

$$(5-15)$$

式中　K_{H_2}, K_{CO}——分别为 H_2 和 CO 气氛下铁氧化物还原第三阶段的反应平衡常数;

　　　η_3——还原第三阶段 CO 和 H_2 混合煤气的综合利用率, %。

当竖炉用氧化球团原料的铁氧比 (物质的量之比) 为 a 时, 生产 1t 渗碳量为 $w[C]_\%$ 的理想直接还原铁 (金属化率为 100%), 还原反应和渗碳反应需要消耗的煤气量 $V_{理想}$ 为:

$$V_{理想} = V_{H_2/CO(还原)} + V_{CO(渗碳)} = \frac{\dfrac{a \times 22.4 \times w[TFe]_\%}{56} \times 1000 + 3730 \times w[C]_\%}{\varphi(H_2)_{入炉} + \varphi(CO)_{入炉}} \quad (5-16)$$

从而可进一步推出竖炉还原过程中煤气的热力学利用率 η_0 为:

$$
\eta_0 = \frac{V_{理想}}{V_{理论}} = \frac{400 \times a \times w[TFe]_\% + 3730 \times w[C]_\%}{\dfrac{400 \times w[MFe]_\% + 3730 \times w[C]_\% + 4V_{入炉}(\varphi(CH_4)_{炉顶} - \varphi(CH_4)_{入炉})}{\dfrac{K_{H_2} \cdot \varphi(H_2)_{入炉}}{1 + K_{H_2}} + \dfrac{K_{CO} \cdot \varphi(CO)_{入炉}}{1 + K_{CO}} - \left(\dfrac{\varphi(H_2O)_{入炉}}{1 + K_{H_2}} + \dfrac{\varphi(CO_2)_{入炉}}{1 + K_{CO}} \right)}} \times 100\%
$$

$$(5-17)$$

通过此方法计算出的煤气利用率是理论最高值, 实际煤气利用率只能逼近它, 而不能超过它。竖炉用氧化球团原料中的 FeO 含量一般均低于 2%, 即铁氧比 $a \approx 3/2$。当炉顶煤气和入炉煤气中 CH_4 含量较少且相差不大时, 甲烷转化反应对煤气利用率的影响 $4V_{入炉}$ $(\varphi(CH_4)_{炉顶} - \varphi(CH_4)_{入炉})$ 也可省去。

5.1.2　还原温度和还原气氛中 $\varphi(H_2)/\varphi(CO)$ 对煤气利用率的影响

若给定还原产物直接还原铁中 $w[MFe]=85\%$，$w[TFe]=92.25\%$，$w[C]=1\%$；入炉煤气中 $\varphi(H_2O)=2\%$，$\varphi(CO_2)=4\%$，$\varphi(N_2+其他)=4\%$，且 $\varphi(H_2)+\varphi(CO)+\varphi(H_2O)+\varphi(CO_2)+\varphi(N_2+其他)=100\%$，则还原温度和还原气氛中 $\varphi(H_2)/\varphi(CO)$ 对煤气利用率的影响见图 5－2 和图 5－3。

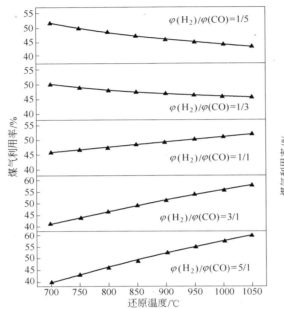

图 5－2　不同还原气氛条件下还原温度对　　　图 5－3　不同还原温度条件下还原气氛中
　　　　煤气利用率的影响　　　　　　　　　　　　$\varphi(H_2)/\varphi(CO)$ 对煤气利用率的影响

煤气中 $\varphi(H_2)/\varphi(CO)\leqslant1/3$ 时，煤气利用率随温度的升高而降低；$\varphi(H_2)/\varphi(CO)\geqslant1$ 时，则相反。这是由于 CO 还原铁氧化物为放热过程，温度升高不利于还原反应的进行。在 800℃ 以上，随还原煤气中 $\varphi(H_2)/\varphi(CO)$ 的增加，煤气利用率逐渐升高。但是当温度低于 800℃ 时，由于 CO 的还原能力优于 H_2 的还原能力，煤气利用率随还原煤气中 $\varphi(H_2)/\varphi(CO)$ 的增加而降低。

5.1.3　直接还原铁渗碳量对煤气利用率的影响

给定还原产物直接还原铁中 $w[MFe]=85\%$、$w[TFe]=92.25\%$；入炉煤气中 $\varphi(H_2O)=2\%$，$\varphi(CO_2)=4\%$，$\varphi(N_2+其他)=4\%$，且 $\varphi(H_2)+\varphi(CO)+\varphi(H_2O)+\varphi(CO_2)+\varphi(N_2+其他)=100\%$。

图 5－4 所示为 $\varphi(H_2)/\varphi(CO)=5/1$、$\varphi(H_2)/\varphi(CO)=1/5$ 两种气氛和 700℃、800℃、900℃、1000℃ 四种温度条件下，直接还原铁渗碳量对煤气利用率的影响。可见，η_0 和 $w[C]$ 呈单调递减的线性关系，即随直接还原铁中渗碳量的增加，煤气利用率逐渐

降低，渗碳反应不利于煤气的高效利用。

5.1.4 直接还原铁金属化率对煤气利用率的影响

给定还原产物直接还原铁中 $w[TFe]=92.25\%$，$w[C]=1\%$；入炉煤气中 $\varphi(H_2O)=2\%$，$\varphi(CO_2)=4\%$，$\varphi(N_2+其他)=4\%$，且 $\varphi(H_2)+\varphi(CO)+\varphi(H_2O)+\varphi(CO_2)+\varphi(N_2+其他)=100\%$。图 5-5 所示为 $\varphi(H_2)/\varphi(CO)=5/1$、$\varphi(H_2)/\varphi(CO)=1/5$ 两种气氛和 700℃、800℃、900℃、1000℃ 四种温度条件下，球团金属化率对煤气利用率的影响。可见，随金属化率的增加，煤气利用率逐渐降低。竖炉生产中要想获得较高金属化率的直接还原铁，需要更多的煤气量。

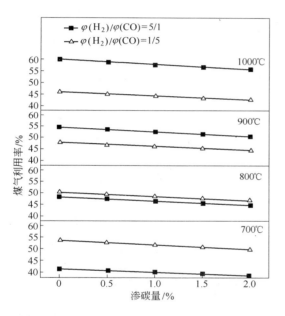

图 5-4 不同还原气氛及温度条件下直接
还原铁渗碳量对煤气利用率的影响

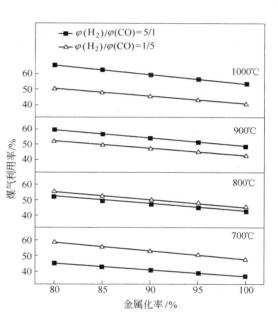

图 5-5 不同还原气氛及温度条件下直接
还原铁金属化率对煤气利用率的影响

5.1.5 氧化度对煤气利用率的影响

当还原产物直接还原铁中 $w[MFe]=85\%$、$w[TFe]=92.25\%$、$w[C]=1\%$ 以及入炉煤气中 $\varphi(N_2+其他)=4\%$ 时，在保证 $\varphi(H_2)+\varphi(CO)+\varphi(H_2O)+\varphi(CO_2)+\varphi(N_2+其他)=100\%$ 的前提下，分别改变 CO_2 和 H_2O 的含量，研究 $\varphi(H_2)/\varphi(CO)=5/1$、$\varphi(H_2)/\varphi(CO)=1/5$ 两种气氛和 700℃、800℃、900℃、1000℃ 四种温度条件下，煤气中 CO_2 和 H_2O 含量对煤气利用率的影响，结果见图 5-6 和图 5-7。

由图 5-6 和图 5-7 可见，随煤气中氧化性气体含量的增加，煤气利用率急剧下降，下降的幅度与温度高低无关。对比不同温度和 $\varphi(H_2)/\varphi(CO)$ 气氛下，相同 CO_2 和 H_2O 含量对煤气利用率的影响，见表 5-1。可知，在 800℃ 以上，相比于 H_2O，CO_2 对煤气利用率的负面影响更大；而在 800℃ 以下，情况相反。

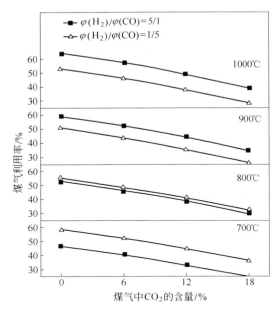

图 5 - 6 不同还原气氛及温度条件下煤气
中 CO_2 含量对煤气利用率的影响

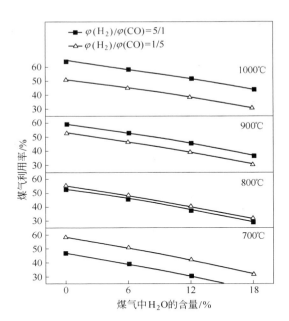

图 5 - 7 不同还原气氛及温度条件下煤气
中 H_2O 含量对煤气利用率的影响

表 5 -1 不同条件下煤气中 CO_2 和 H_2O 含量对煤气利用率的影响对比 （%）

条　件	CO_2				H_2O			
	0	6	12	18	0	6	12	18
700℃，$\varphi(H_2)/\varphi(CO)=5/1$	46.5	40.2	32.9	24.5	46.5	39.0	30.4	20.4
700℃，$\varphi(H_2)/\varphi(CO)=1/5$	58.3	51.9	44.6	36.2	58.3	50.7	42.1	32.2
800℃，$\varphi(H_2)/\varphi(CO)=5/1$	53.1	46.3	38.7	29.8	53.1	46.1	38.2	29.1
800℃，$\varphi(H_2)/\varphi(CO)=1/5$	55.1	48.4	40.7	31.8	55.1	48.2	40.3	31.1
900℃，$\varphi(H_2)/\varphi(CO)=5/1$	59.1	52.0	44.0	34.8	59.1	52.7	45.4	36.9
900℃，$\varphi(H_2)/\varphi(CO)=1/5$	52.8	45.8	37.7	28.5	52.8	46.4	39.1	30.6
1000℃，$\varphi(H_2)/\varphi(CO)=5/1$	64.4	57.2	48.9	39.3	64.4	58.5	51.7	43.9
1000℃，$\varphi(H_2)/\varphi(CO)=1/5$	51.0	43.7	35.4	25.9	51.0	45.1	38.3	30.5

5.2 气 - 固还原反应动力学分析

由于气基还原实验是将致密的氧化球团置于浓度足够高的还原气氛中，还原反应是典型的气 - 固相反应，反应界面随着反应进程由外向内逐步推进。被还原的球团内部存在一个由未反应物组成且不断缩小的核心，直至反应结束，整个还原反应过程符合未反应核模型[4,5]。

为使问题简化，再做如下假设：

（1）在还原过程中，球团体积不发生变化且呈球形。

（2）还原反应是一级可逆的，且还原中间产物 Fe_3O_4 和 FeO 很薄，在矿球内仅有一相界面 FeO/Fe。

根据上述假设，可以用单界面未反应核模型来建立还原反应动力学方程。

5.2.1　还原反应限制性环节

由于实验中气体流量采用临界气流速度，已尽可能避免外扩散对还原反应的限制，且由还原率 f 随时间 t 的变化曲线可知，两者并不呈线性关系。因此，本节中只讨论界面化学反应和内扩散两种重要的限制性环节。

利用第 3 章中球团气－固还原实验的实时失重数据，依次用时间 t 分别对不同气氛和温度下的 $1-3(1-f)^{2/3}+2(1-f)$ 和 $1-(1-f)^{1/3}$ 作图，图 5 - 8 所示为 950℃ 时 100% H_2、$\varphi(H_2)/\varphi(CO)=1/1$、100% CO 三种气氛条件下界面化学反应控制与内扩散控制的曲线（其余四个温度条件下的曲线与图 5 - 8 相类似）。

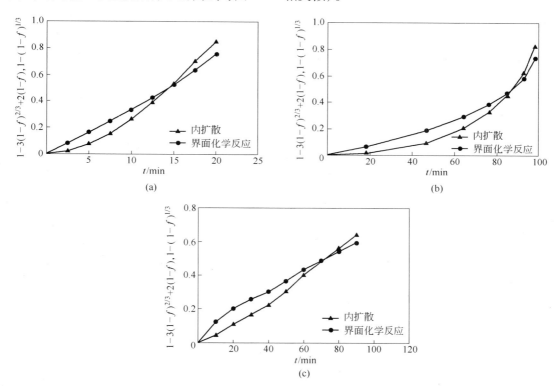

图 5 - 8　950℃ 时三种还原气氛条件下界面化学反应控制与内扩散控制的曲线比较

(a) 100% H_2；(b) $\varphi(H_2)/\varphi(CO)=1/1$；(c) 100% CO

图 5 - 8（a）所示为 950℃ 时 100% H_2 气氛下界面化学反应控制与内扩散控制的曲线，在整个还原过程中，$1-(1-f)^{1/3}$ 与 t 呈良好的线性关系，而 $1-3(1-f)^{2/3}+2(1-f)$ 与 t 的关系并非如此。因此，球团在高温 100% H_2 气氛下还原时，界面化学反应为还原过程的限制性环节。

图 5 - 8（c）所示为 950℃ 时 100% CO 气氛下界面化学反应控制与内扩散控制的曲线，在整个还原过程中，$1-3(1-f)^{2/3}+2(1-f)$ 与 t 以及 $1-(1-f)^{1/3}$ 与 t 都未能呈现良

好的线性关系。因此，球团在高温 100% CO 气氛下还原时，还原过程并非由单纯的界面化学反应或者内扩散控制。

当忽略外扩散限制性环节，同时考虑内扩散和界面化学反应阻力时，则：

$$\frac{r_0}{6D_e}[1 - 3(1-f)^{2/3} + 2(1-f)] + \frac{K}{k(1+K)}[1 - (1-f)^{1/3}] = \frac{c_0 - c^*}{r_0\rho}t \quad (5-18)$$

式中　r_0——球团的初始半径；

　　　D_e——有效扩散系数，m^2/s；

　　　c_0——还原剂的初始浓度；

　　　c^*——反应结束时还原剂的浓度；

　　　t——时间。

将式（5 – 18）等号两边同时除以 $1 - (1-f)^{\frac{1}{3}}$，并经简化处理得：

$$\frac{t}{1 - (1-f)^{\frac{1}{3}}} = t_D[1 + (1-f)^{1/3} - 2(1-f)^{2/3}] + t_C \quad (5-19)$$

式中　t_D，t_C——分别为内扩散控制和界面化学反应控制时的完全还原时间，$t_D = \dfrac{\rho r_0^2}{6D_e(c_0 - c^*)}$，$t_C = \dfrac{\rho r_0 K}{k(1+K)(c_0 - c^*)}$。

以 $1 + (1-f)^{1/3} - 2(1-f)^{2/3}$ 对 $\dfrac{t}{1 - (1-f)^{1/3}}$ 作图，100% H_2、$\varphi(H_2)/\varphi(CO) = 1/1$、100% CO 三种还原气氛、不同还原温度条件下的混合控制曲线见图 5 – 9。线性回归处理后，由直线的截距和斜率便可求出各还原气氛条件下的 t_D 和 t_C，见表 5 – 2 和表 5 – 3。

表 5 – 2　100% H_2 气氛不同温度条件下 t_D 和 t_C 的值　　　　　　（min）

参　　数	850℃	900℃	950℃	1000℃	1050℃
t_C	36.73	32.30	30.47	29.05	27.52
t_D	5.38	0.32	– 1.16	– 3.40	– 3.46

表 5 – 3　100% CO 气氛不同温度条件下 t_D 和 t_C 的值　　　　　　（min）

参　　数	850℃	900℃	950℃	1000℃	1050℃
t_C	63.38	53.06	43.87	40.05	40.36
t_D	127.32	98.16	101.21	100.50	88.70

100% H_2 还原气氛 850℃、900℃ 下 t_D 较小，还原过程绝大部分时间为界面化学反应控制，内扩散控制时间几乎为 0；而 950℃、1000℃ 和 1050℃ 三种温度下 t_D 出现负值，但绝对值很小，认为还原过程全部由界面化学反应控制，该异常是由模型假设条件所导致的。100% CO 还原气氛 850℃ 下 t_D 相对较大；其余四个温度下混合控制曲线较为密集，t_D 相差不大。

由于还原过程 FeO→Fe 的还原阶段最难，以该阶段反应平衡常数 K 来计算还原反应平衡时气体的浓度。由式（5 – 20）~式（5 – 22）可求出不同温度下，还原前气体还原剂在气相内部的浓度 c_0 以及还原反应平衡时气体还原剂的浓度 c^*：

$$\Delta G^{\ominus}_{(FeO \to Fe)} = RT\ln K = \frac{p^*_{CO_2}}{p^*_{CO}}\text{或}\frac{p^*_{H_2O}}{p^*_{H_2}} \qquad (5-20)$$

$$p^0_{CO} + p^0_{H_2} = p^*_{CO_2} + p^*_{CO} + p^*_{H_2O} + p^*_{H_2} = 101325\text{Pa} \qquad (5-21)$$

$$c = \frac{p}{RT} \qquad (5-22)$$

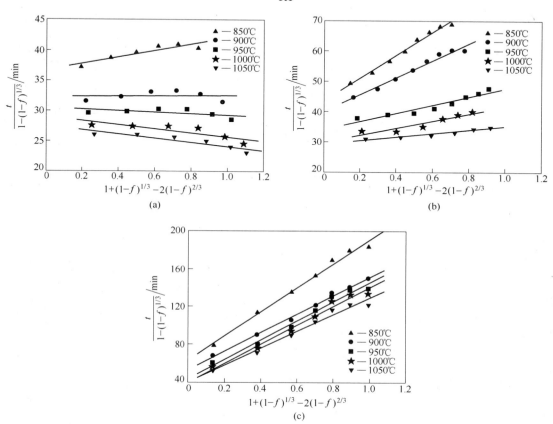

图 5-9　三种还原气氛不同还原温度条件下的混合控制曲线

（a）100% H_2；（b）$\varphi(H_2)/\varphi(CO)=1/1$；（c）100% CO

由球团的化学成分可知，单位体积球团氧量密度（单位体积球团内氧的物质的量）ρ 为：

$$\rho = \frac{\rho_{球团}w(TFe)_{球团} \times \frac{16 \times 3}{56 \times 2}}{16} = 0.0705\text{mol/cm}^3 \qquad (5-23)$$

将已知的 c_0、c^*、ρ、t_D、t_C、r_0 以及不同温度下对应的 K[1,4] 代入式（5-24）和式（5-25），可得出不同条件下的气体有效扩散系数 D_e 及还原第三阶段（FeO→Fe）的反应速率常数 k_3：

$$D_e = \frac{\rho r_0^2}{6t_D(c_0 - c^*)} \qquad (5-24)$$

$$k_3 = \frac{K\rho r_1}{t_C(1+K)(c_0 - c^*)} \quad (5-25)$$

式中 r_1——某时刻某温度下球团的半径。

100% H_2 和 100% CO 气氛不同温度条件下的 D_e 和 k 见表 5 – 4 和表 5 – 5，其中，100% H_2 气氛 900 ~ 1050℃下，由于球团还原过程全部受界面化学反应控制，认为有效扩散系数 D_e 足够大。

表 5 – 4 100% H_2 气氛不同温度条件下 k_3 和 D_e 的值

参　数	850℃	900℃	950℃	1000℃	1050℃
$k_3 / \times 10^{-2} m \cdot s^{-1}$	1.84	2.19	2.42	2.64	2.90
$D_e / m^2 \cdot s^{-1}$	3.61×10^{-4}	足够大	足够大	足够大	足够大

表 5 – 5 100% CO 气氛不同温度条件下 k_3 和 D_e 的值

参　数	850℃	900℃	950℃	1000℃	1050℃
$k_3 / \times 10^{-2} m \cdot s^{-1}$	1.07	1.33	1.68	1.92	1.98
$D_e / \times 10^{-5} m^2 \cdot s^{-1}$	1.45	2.09	2.25	2.49	3.11

5.2.2 还原反应阻力

依据以上结论可进一步分析各温度和气氛条件下，内扩散和界面化学反应在球团还原过程中的阻力变化。设内扩散阻力为 F_D，界面化学反应阻力为 F_C，则：

$$F_D = \frac{r_0}{D_e}\big[(1-f)^{-1/3} - 1\big] \quad (5-26)$$

$$F_C = \frac{K}{k(1+K)} \cdot \frac{1}{(1-f)^{2/3}} \quad (5-27)$$

结合前面已知的 D_e 和 k，由式（5 – 26）及式（5 – 27）可计算出不同还原率所对应的内扩散阻力 F_D 和界面化学反应阻力 F_C。若令 $F_\Sigma = F_D + F_C$，则内扩散和界面化学反应相对阻力分别为 $\frac{F_D}{F_\Sigma}$、$\frac{F_C}{F_\Sigma}$。

图 5 – 10 所示为 100% H_2、$\varphi(H_2)/\varphi(CO) = 1/1$、100% CO 三种气氛条件下，还原过程中内扩散和界面化学反应相对阻力随还原率的变化。100% H_2 气氛下，整个还原过程中内扩散相对阻力几乎为 0，界面化学反应相对阻力约等于 1。随着还原气氛中 CO 含量的增加，还原过程中内扩散阻力的影响也随之增大。在 100% CO 气氛下，当还原率达 20% 后，内扩散阻力逐渐占据主导作用，成为还原过程的主要限制性环节。

5.2.3 还原反应速率常数

综上，H_2 气氛下，界面化学反应阻力在整个还原过程中占据主导作用。而混合还原气氛下，反应初期，界面化学反应阻力占优；随还原的不断深入和产物层的逐渐增厚，内扩散阻力迅速增大，此时还原反应受界面化学反应和内扩散混合控制；当还原到一定时间后，内扩散阻力占据主导作用，成为还原后期的主要限制性环节。

由于化学反应速率常数 k 是温度的函数，遵循 Arrhenius 公式[4]：

$$k = A\exp\left(\frac{-\Delta E}{RT}\right) \tag{5-28}$$

式中 A——频率因子，是宏观意义的概念。

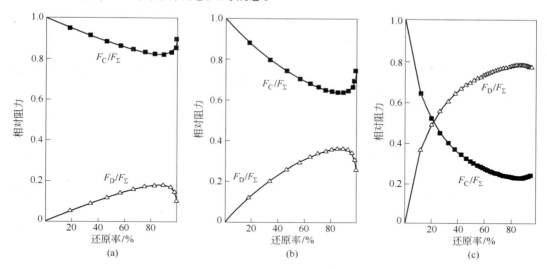

图 5-10 三种还原气氛条件下内扩散和界面化学反应相对阻力随还原率的变化

(a) $100\% H_2$, 850℃; (b) $\varphi(H_2)/\varphi(CO) = 1/1$, 950℃; (c) $100\% CO$, 950℃

通过不同条件下动力学回归计算得到的 k 值，作 $\ln k$ 与 $1/T$ 的关系图，见图 5-11。线性拟合后，由直线斜率可得到表观活化能 ΔE，由截距可求得频率因子 A，结果见表 5-6。随着还原气氛中 H_2 含量的增加，反应的表观活化能逐渐降低，从而导致还原反应速率加快。

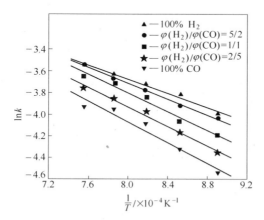

图 5-11 活化能动力学回归线（850~1050℃）

表 5-6 不同还原气氛条件下还原反应的表观活化能及频率因子（850~1050℃）

还原气氛	$\Delta E/kJ \cdot mol^{-1}$	A
$100\% H_2$	27.444	0.346
$\varphi(H_2)/\varphi(CO) = 5/2$	30.762	0.463

还 原 气 氛	$\Delta E/\mathrm{kJ \cdot mol^{-1}}$	A
$\varphi(\mathrm{H_2})/\varphi(\mathrm{CO})=1/1$	35. 750	0. 705
$\varphi(\mathrm{H_2})/\varphi(\mathrm{CO})=2/5$	37. 413	0. 733
100% CO	39. 907	0. 787

由 Arrhenius 公式最终得出不同还原气氛下 850 ~ 1050℃时，化学反应速率常数与温度的关系式为：

100% $\mathrm{H_2}$：
$$k = 0.346 \times \exp\left(\frac{-27.444 \times 10^3}{8.314T}\right) \tag{5-29}$$

$\varphi(\mathrm{H_2})/\varphi(\mathrm{CO})=5/2$：
$$k = 0.463 \times \exp\left(\frac{-30.762 \times 10^3}{8.314T}\right) \tag{5-30}$$

$\varphi(\mathrm{H_2})/\varphi(\mathrm{CO})=1/1$：
$$k = 0.705 \times \exp\left(\frac{-35.750 \times 10^3}{8.314T}\right) \tag{5-31}$$

$\varphi(\mathrm{H_2})/\varphi(\mathrm{CO})=2/5$：
$$k = 0.733 \times \exp\left(\frac{-37.413 \times 10^3}{8.314T}\right) \tag{5-32}$$

100% CO：
$$k = 0.787 \times \exp\left(\frac{-39.907 \times 10^3}{8.314T}\right) \tag{5-33}$$

各还原温度下化学反应速率常数随还原气氛中 $\mathrm{H_2}$ 含量的变化，见图 5 - 12。正如前所述，随还原气氛中 $\mathrm{H_2}$ 含量的增加，还原反应速率加快，低温富氢同样可以得到较高的反应速率；但当 $\mathrm{H_2}$ 含量超过 50%后，$\mathrm{H_2}$ 含量的增加对加速还原反应的影响逐渐减弱。因此，在煤制气－竖炉生产直接还原铁的实际过程中，应综合煤气成本、原料软熔特性选取合理的生产条件，而并不是仅追求较高的还原温度或较高 $\mathrm{H_2}$ 含量的还原气氛。

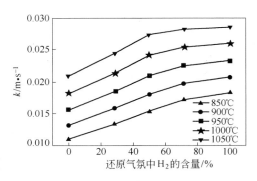

图 5 - 12　不同还原温度条件下还原气氛中
$\mathrm{H_2}$ 含量对反应速率常数的影响

5.3　小结

本章基于热力学分析和未反应核模型，分析了球团气－固还原反应热力学和动力学机理，获得了煤气理论利用率计算式和还原反应速率解析式，此外还得出如下结论：

（1）还原煤气中 $\varphi(\mathrm{H_2})/\varphi(\mathrm{CO}) > 1$ 和温度高于 800℃时，煤气利用率随 $\varphi(\mathrm{H_2})/\varphi(\mathrm{CO})$ 的增大和还原温度的升高而增大，随还原产物渗碳量的增加、金属化率的升高和煤气氧势的增大而降低。在 800℃ 以上，相比于 $\mathrm{H_2O}$，$\mathrm{CO_2}$ 对煤气利用率的负面影响更大；而在 800℃ 以下，情况相反。

（2）在 850 ~ 1050℃之间，随还原气氛中 $\mathrm{H_2}$ 含量的增加，反应的活化能逐渐降低，还原反应速率逐渐加快；但当 $\mathrm{H_2}$ 含量超过 50%后，$\mathrm{H_2}$ 含量的增加对加速还原反应的影响逐渐减弱。$\mathrm{H_2}$ 气氛下，反应活化能为 27.444kJ/mol；CO 气氛下，反应活化能为 39.907kJ/mol。

（3）H₂ 气氛下，界面化学反应为还原过程的限制性环节。CO 气氛下，反应初期，界面化学反应阻力占优；随还原的不断深入和产物层的逐渐增厚，在还原率达 20% 以后，内扩散阻力占据主导作用，成为还原后期的主要限制性环节。

参 考 文 献

［1］黄希祜. 钢铁冶金原理［M］. 3 版. 北京：冶金工业出版社，2007：284～288.
［2］蔺志强. 竖炉直接还原过程中还原气最小需要量的计算方法和应用［J］. 钢铁，1977，（3）：89～95.
［3］陈茂熙，彭国华. 直接还原竖炉还原煤气分析［J］. 钢铁技术，1995，（9）：1～17.
［4］梁连科，车荫昌，杨怀，等. 冶金热力学及动力学［M］. 沈阳：东北大学出版社，1990：256～266.
［5］沈峰满，施月循. 高炉内气–固反应动力学［M］. 北京：冶金工业出版社，1996：155～189.

6 气基竖炉直接还原工艺及能量利用分析

本章通过物料平衡和能量平衡计算，分析气基竖炉直接还原过程的物质流和能量流，并创建竖炉㶲评价模型，解析气基竖炉直接还原过程的能量转换机制。在探讨入炉煤气成分、入炉煤气量、入炉煤气温度、出铁温度、直接还原铁渗碳量等因素对炉顶温度和炉内能量利用率影响的基础上，提出降低燃料消耗和能量高效利用的优化措施。

6.1 竖炉物料平衡计算

物料平衡是直接还原炼铁工艺计算中的重要组成部分，其内容包括还原前后物料收支以及入炉和出炉煤气量等项的计算。

下面以生产 1t 直接还原铁为基准进行计算。

6.1.1 竖炉用氧化球团原料

选用实验制备的山西球团为竖炉炼铁原料，其成分之和为 100.405%，将各成分按比例归一化处理后，使之成分之和为 100%。原始球团矿成分及调整后的成分如表 6–1 所示。

表 6–1 山西氧化球团的化学成分 (w)　　　　　　　　　　(%)

组成	TFe	FeO	SiO$_2$	Al$_2$O$_3$	MgO	CaO	S	P	其他	合计
原始	67.902	0.193	1.720	0.240	1.089	0.204	0.014	0.002	0.145	100.405
调整后	67.628	0.192	1.713	0.239	1.085	0.203	0.014	0.012	0.144	100.0

6.1.2 入炉还原煤气成分

世界范围内，以 MIDREX 和 HYL 为代表的气基竖炉工艺在直接还原铁生产中占据主导地位。对比此两种工艺，除了竖炉本身的技术特点不同外，它们还采用不同的天然气重整技术，所以入炉的还原气品质也有差别。HYL 竖炉还原煤气中 H$_2$ 含量较高，$\varphi(H_2)/\varphi(CO) = 2 \sim 7$。由于 H$_2$ 还原铁氧化物的反应为吸热反应，为了保证炉内有足够的热量和较高的生产效率，入炉还原煤气的温度较高，处于 900 ~ 1000℃ 之间。MIDREX 竖炉还原煤气中 H$_2$ 含量较低，$\varphi(H_2)/\varphi(CO) = 1 \sim 1.5$。由于 CO 还原铁氧化物的反应为放热反应，为了防止炉料的黏结，入炉还原煤气的温度稍低，约为 850℃。此外，HYL 工艺采用高压操作，工作压力为 0.5 ~ 0.8MPa；MIDREX 工艺采用低压操作，工作压力为 0.2 ~ 0.3MPa[1,2]。

将煤制合成气作为竖炉用还原煤气来源，工艺中煤气流分布见图 6–1[2]。从煤气化炉中出来的高温煤气经蒸汽锅炉进行余热回收后，再经湿洗除尘、脱水、脱碳、脱硫、减压透平或加压（视气化工艺而定）、炉顶煤气余热利用、变换增氢、换热、再脱碳、再换热等工序处理后，得到 $\varphi(H_2)/\varphi(CO)$、氧势、压力均符合竖炉生产要求的低温净煤气。低温净煤气再通过间接加热和部分氧化直接加热，达到竖炉用煤气所要求的温度。由于受换热器材质的约束，在间接加热部分，净煤气温度最高达 600℃ 左右，剩余的温度则需要外通氧气直接燃烧来补充，从而增加了初始净煤气的氧化度（H_2O 和 CO_2），导致最终入炉煤气成分与净煤气成分之间有所差异。还原煤气在竖炉内与铁氧化物逆向而行，完成传热和还原反应后由炉顶排出，温度为 450~500℃。炉顶煤气经换热器进行余热回收后，大部分经湿洗除尘、脱水、压缩、脱碳等处理，在变换增氢工序之前与煤气化合成气相混合，从而完成循环利用，剩余少部分用作间接加热工序的燃料。

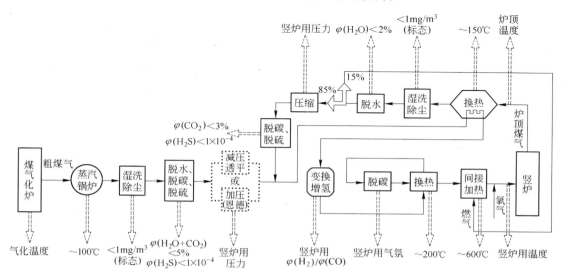

图 6-1　煤制气-竖炉直接还原工艺中煤气流分布

本章选取表 6-2 所列的三种不同 $\varphi(H_2)/\varphi(CO)$ 的净煤气，作为竖炉还原煤气来源。其中，1 号和 2 号模拟两种 HYL 竖炉还原条件，由于 $\varphi(H_2)/\varphi(CO)$ 较高（分别为 5 和 3），还原温度也较高（分别为 980℃ 和 900℃）；3 号模拟 MIDREX 竖炉还原条件，由于 $\varphi(H_2)/\varphi(CO)$ 稍低（为 1.5），还原温度也较低（为 850℃）。

表 6-2　三种净煤气的气体成分（φ）　　　　　　　（%）

编　号	CO	H_2	CO_2	CH_4	N_2 + Ar	H_2O	H_2S
1	15.33	76.67	3.00	0	3.99	1.00	0.01
2	23.00	69.00	3.00	0	3.99	1.00	0.01
3	36.80	55.20	3.00	0	3.99	1.00	0.01

某些气体的摩尔定压热容与温度的关系见表 6-3[3]。以常温 25℃ 为基准温度，经间接加热至 600℃ 后，1m^3 净煤气所带入的热为：

$$Q_{净} = c_{净} \times \frac{1}{22.4} \times (T_{净} - 298) = \frac{1}{22.4} \times \sum \left[c_{i(873)} \varphi(i)_{净} \times (873 - 298) \right] \quad (6-1)$$

表 6－3 某些气体的摩尔定压热容与温度的关系

物　质	a/J·(mol·K)$^{-1}$	b/J·(mol·K^2)$^{-1}$	c/J·mol^{-1}·K	温度范围/K
H_2	27.280	3.264	0.502	298～3000
H_2O	29.999	10.711	0.335	298～2500
CO	28.409	4.100	－0.460	298～2500
CO_2	44.141	9.037	－8.535	298～2500
CH_4	12.426	76.693	1.423	298～2000
N_2	27.865	4.628	0	298～2500
H_2S	29.372	15.397	0	298～1800

600℃条件下 H_2、CO、H_2O、CO_2、O_2 的相对焓见表 6－4[3]。设 $1m^3$ 净煤气由 600℃氧化加热至各自对应的还原温度的过程中，需要 $\omega\%$ 的 CO 和 H_2 被氧化，释放的热量为：

$$Q_{氧化} = \frac{\omega\%}{22.4} \times (\varphi(H_2)_净 \Delta H^{\ominus}_{873(H_2 \to H_2O)} + \varphi(CO)_净 \Delta H^{\ominus}_{873(CO \to CO_2)}) \qquad (6-2)$$

其中　$\Delta H^{\ominus}_{873} = \Delta H^{\ominus}_{298} + \sum[n_i(H^{\ominus}_{i(873)} - H^{\ominus}_{i(298)})]_{生成物} - \sum[n_i(H^{\ominus}_{i(873)} - H^{\ominus}_{i(298)})]_{反应物} \qquad (6-3)$

表 6－4 600℃条件下 H_2、CO、H_2O、CO_2、O_2 的相对焓　　　　　　（J）

相对焓	H_2	CO	H_2O	CO_2	O_2
$H^{\ominus}_{873} - H^{\ominus}_{298}$	16898.76	17617.59	20939.95	26548.72	18268.44
$H^{\ominus}_{298}$	0	－110541	－241814	－393505	0

温度 T 下，$1m^3$ 入炉煤气所带入的热为：

$$Q_{入炉} = c_{入炉} \times \frac{1}{22.4} \times (T_{入炉} - 298) = \frac{1}{22.4} \times \sum[c_{i(T_{入炉})}\varphi(i)_{入炉}(T_{入炉} - 298)] \quad (6-4)$$

根据能量守恒：

$$Q_{入炉} = Q_{氧化} + Q_净 \qquad (6-5)$$

由于在 H_2 和 CO 的氧化过程中气体总体积保持不变，入炉煤气中 H_2、CO、H_2O、CO_2 的含量为：

$$\varphi(H_2 \text{ 或 } CO)_{入炉} = (1 - \omega\%)\varphi(H_2 \text{ 或 } CO)_净 \qquad (6-6)$$

$$\varphi(H_2O \text{ 或 } CO_2)_{入炉} = \varphi(H_2O \text{ 或 } CO_2)_净 + \omega\%\varphi(H_2 \text{ 或 } CO)_净 \qquad (6-7)$$

结合式（6－1）～式（6－7），直接加热过程中被氧化的 CO 和 H_2 的百分比为：

$$\omega\% =$$

$$\frac{\varphi(i)_净\left\{\sum[c_{i(T_{入炉})}(T_{入炉} - 298)] - \sum[c_{i(873)} \times (873 - 298)]\right\}}{\varphi(H_2)_净\Delta H^{\ominus}_{873(H_2 \to H_2O)} + \varphi(CO)_净\Delta H^{\ominus}_{873(CO \to CO_2)} + \sum[c_{i(T_{入炉})}\varphi(i)_净(T_{入炉} - 298)]} \times 100\%$$

$$(6-8)$$

从而可得出三种净煤气经部分氧化直接加热后，在竖炉入口处的煤气成分，见表 6－5。可见，三种气氛中 $\varphi(CO + H_2)/\varphi(CO_2 + H_2O) \gg 1$，$H_2S$ 含量仅为 0.01%，满足竖炉直接还原生产对煤气还原势和 S 含量的要求。

表 6-5　三种入炉煤气的气体成分（φ）（％）

编　号	CO	H_2	CO_2	H_2O	CH_4	$N_2 + Ar$	H_2S
1	14.41	72.08	3.92	5.59	0	3.99	0.01
2	21.93	65.80	4.07	4.20	0	3.99	0.01
3	35.40	53.10	4.40	3.10	0	3.99	0.01

依据式（5-14）、式（5-15）可计算出三种条件下为了保持竖炉内反应平衡，还原 1t 直接还原铁理论上的最小还原气消耗量 $V_{理论}$ 和混合煤气利用率 η。

在竖炉还原过程中，还原气一是用作还原剂，以夺取铁氧化物中的氧；二是用作载热体，以供给炉料加热和各种化学反应所需的热量。为了保证炉内有足够的热量以及满足动力学条件对煤气利用率的限制，实际生产中竖炉煤气需要量要高于理论需要量。据资料显示，在设计中取理论计算量的 1.2～1.4 倍即可[4]。综上，本章选取理论需气量的 1.2 倍作为实际入炉煤气量进行物料平衡计算，三种条件下，生产 1t 直接还原铁实际通入的煤气体积及质量见表 6-6。

表 6-6　生产 1t 直接还原铁煤气的理论需求量和实际需求量

编　号	理论需求体积/m^3	实际需求体积/m^3	实际需求质量/kg
1	1296.61	1555.93	647.88
2	1379.58	1655.49	822.05
3	1428.61	1714.33	1116.45

6.1.3　生产每吨直接还原铁的氧化球团需求量

由于直接还原铁生产是在铁矿原料软熔温度以下进行的铁氧化物还原反应，冶炼过程中不存在造渣反应，因而入炉铁矿原料中脉石组分的物相构成在反应前后变化不大。根据公式：直接还原铁总量＝金属铁量＋氧化亚铁量＋渣量＋残硫量＋渗碳量，在考虑炉尘吹出量 $G_{炉尘}$ 的前提下，入炉球团矿质量 $G_{球团}$ 和出炉直接还原铁质量 G_{DRI} 应满足：

$$G_{DRI} = (G_{球团} - G_{炉尘})\left[w(TFe)_{球团}M + w(TFe)_{球团} \times \frac{72 \times (1-M)}{56} + \right.$$
$$\left. (1 - w(Fe_2O_3)_{球团} - w(FeO)_{球团}) - w(S)_{球团} \right] + G_{S(DRI)} + G_{C(DRI)} \qquad (6-9)$$

作为冶炼优质钢的原料，要求直接还原铁中 S 含量要低于 0.02%。天然铁矿原料中的 S 主要以 FeS_2 存在，在球团高温焙烧过程中受热分解，一半的 S 转移到气相中，还有一半的 S 以 FeS 形式遗留在球团中。球团矿与还原气体带入的 S 元素，在竖炉内反应后分布于直接还原铁、炉顶煤气及炉尘中。若入炉还原煤气中含有 H_2 时，会发生如下脱硫反应：

$$H_2 + FeS =\!=\!= H_2S + Fe \qquad \Delta G^{\ominus} = -63270 + 6.28T \quad (J/mol) \qquad (6-10)$$

可见，直接还原铁中的 S 含量除了与入炉球团原料固有的 S 含量有关外，还与还原煤气中 H_2 和 H_2S 的含量有关。本章涉及的三种条件下，$\dfrac{w(H_2S)_{\%(入炉)}}{w(H_2)_{\%(入炉)}}$ 均远低于脱硫反应式

的平衡常数 $K_{脱硫} = \exp\dfrac{-63270 + 6.28T}{8.314T}$，故脱硫反应正向进行，还原煤气使炉料脱硫。假

设球团原料中 50% 的硫经脱硫反应脱除，则直接还原铁中硫量为：

$$G_{S(DRI)} = 0.5 \times (G_{球团} - G_{炉尘}) w(S)_{球团} \qquad (6-11)$$

根据我国炼钢用直接还原铁的各项指标要求，以二级品为准，要求直接还原铁的金属化率高于 92%。直接还原铁中渗碳量的多少主要与入炉煤气中 CH_4 含量、CO 含量和炉内操作压力等有关，CH_4 和 CO 的含量越高，炉内操作压力越大，则直接还原铁内渗碳量越高。据资料显示，当入炉煤气中不含 CH_4 时，直接还原铁在离开还原段时碳含量为 0.6% ~ 1.1%，其余渗碳反应发生在竖炉的冷却段。本章拟定还原段处直接还原铁产品的金属化率为 92%，渗碳量为 1%。

以生产 1t 直接还原铁为例，需要的球团矿质量为：

$$
\begin{aligned}
G_{球团} &= \\
&\frac{G_{DRI}(1-w[C])/99\%}{w(TFe)_{球团}M + w(TFe)_{球团} \times \dfrac{72 \times (1-M)}{56} + (1 - w(Fe_2O_3)_{球团} - w(FeO)_{球团} - 0.5 \times w(S)_{球团})} \\
&= \frac{10^3}{67.628\% \times 0.92 + 67.628\% \times \dfrac{72 \times 0.08}{56} + (1 - 96.398\% - 0.192\% - 0.5 \times 0.014\%)} \\
&= 1377.85 kg
\end{aligned}
$$

$$(6-12)$$

6.1.4　炉尘

在不考虑还原气带入竖炉的粉尘量时，假定竖炉炉尘均来自于球团矿破碎和膨胀所产生的粉尘，约占入炉球团矿装料量的 1%[5]，且炉尘成分与球团矿成分基本相同。

6.1.5　直接还原铁产品的化学成分

根据质量守恒定律，竖炉产品直接还原铁中各物质的含量计算如下。

（1）TFe 含量：

$$w[TFe] = \frac{G_{TFe(DRI)}}{10^3} \times 100\% = \frac{99\% \times G_{球团} w(TFe)_{球团}}{10^3} \times 100\% = 92.249\% \qquad (6-13)$$

（2）Fe_3C 含量：

$$w[C] = 1\% \qquad (6-14)$$

$$w[Fe_3C] = \left(\frac{G_{C(DRI)}}{12} \times \frac{180}{10^3} \right) \times 100\% = 15\% \qquad (6-15)$$

（3）Fe 含量：

$$w[Fe] = \left(w[MFe] - w[Fe_3C] \times \frac{168}{180} \right) \times 100\% \qquad (6-16)$$

$$= \left(w[TFe]M - w[Fe_3C] \times \frac{168}{180} \right) \times 100\% = 70.870\%$$

（4）FeO 含量：

$$w[\text{FeO}] = \left[w[\text{TFe}](1-M) \times \frac{72}{56}\right] \times 100\% = 9.488\% \quad (6-17)$$

（5）SiO_2 含量：

$$w[\text{SiO}_2] = \frac{G_{\text{SiO}_2(\text{DRI})}}{10^3} \times 100\% = \frac{99\% \times G_{球团}w(\text{SiO}_2)_{球团}}{10^3} \times 100\% = 2.337\% \quad (6-18)$$

（6）Al_2O_3 含量：

$$w[\text{Al}_2\text{O}_3] = \frac{G_{\text{Al}_2\text{O}_3(\text{DRI})}}{10^3} \times 100\% = \frac{99\% \times G_{球团}w(\text{Al}_2\text{O}_3)_{球团}}{10^3} \times 100\% = 0.326\%$$

$$(6-19)$$

（7）MgO 含量：

$$w[\text{MgO}] = \frac{G_{\text{MgO}(\text{DRI})}}{10^3} \times 100\% = \frac{99\% \times G_{球团}w(\text{MgO})_{球团}}{10^3} \times 100\% = 1.480\%$$

$$(6-20)$$

（8）CaO 含量：

$$w[\text{CaO}] = \frac{G_{\text{CaO}(\text{DRI})}}{10^3} \times 100\% = \frac{99\% \times G_{球团}w(\text{CaO})_{球团}}{10^3} \times 100\% = 0.277\%$$

$$(6-21)$$

（9）P 含量：

$$w[\text{P}] = \frac{G_{\text{P}(\text{DRI})}}{10^3} \times 100\% = \frac{99\% \times G_{球团}w(\text{P})_{球团}}{10^3} \times 100\% = 0.016\% \quad (6-22)$$

（10）S 含量：

$$w[\text{S}] = \frac{G_{\text{S}(\text{DRI})}}{10^3} \times 100\% = \frac{99\% \times 0.5 \times G_{球团}w(\text{S})_{球团}}{10^3} \times 100\% = 0.010\% \quad (6-23)$$

（11）其他：

$$w[其他] = \frac{G_{其他(\text{DRI})}}{10^3} \times 100\% = \frac{99\% \times G_{球团}w(其他)_{球团}}{10^3} \times 100\% = 0.196\%$$

$$(6-24)$$

综上，直接还原铁中各项化学组分均满足我国炼钢用直接还原铁一级指标的要求，本章所用氧化球团可以作为竖炉生产直接还原铁的优质含铁物料。

6.1.6 炉顶煤气成分

还原煤气在竖炉中与氧化球团逆流接触，主要发生铁氧化物还原反应、水煤气转换反应、渗碳反应、析碳反应、甲烷转化反应、脱硫反应等。前已述及，若炉顶煤气和入炉煤气中 CH_4 含量较少且相差不大时，甲烷转化反应所消耗的 CO 和 H_2 可忽略不计。同时，可忽略析碳反应对炉内气氛的影响。

（1）铁氧化物还原反应消耗及产生的气体量。煤气的总利用率与 H_2 和 CO 各自的利用率间满足如下关系：

$$\eta = \frac{\varphi(\text{H}_2)_{入炉}}{\varphi(\text{H}_2)_{入炉} + \varphi(\text{CO})_{入炉}}\eta_{\text{H}_2} + \frac{\varphi(\text{CO})_{入炉}}{\varphi(\text{H}_2)_{入炉} + \varphi(\text{CO})_{入炉}}\eta_{\text{CO}} \quad (6-25)$$

且由前可知，竖炉内煤气利用率主要由铁氧化物还原第三阶段的反应平衡决定，则：

$$\frac{\eta_{CO}}{\eta_{H_2}} = \frac{\dfrac{K_{CO}}{1 + K_{CO}} - \dfrac{\varphi(CO_2)_{入炉}}{(1 + K_{CO})\varphi(CO)_{入炉}}}{\dfrac{K_{H_2}}{1 + K_{H_2}} - \dfrac{\varphi(H_2O)_{入炉}}{(1 + K_{H_2})\varphi(H_2)_{入炉}}} \qquad (6-26)$$

结合式（6-25）和式（6-26），可知 H_2 和 CO 各自的利用率为：

$$\eta_{H_2} = \frac{(\varphi(H_2)_{入炉} + \varphi(CO)_{入炉})\eta}{\varphi(H_2)_{入炉} + \varphi(CO)_{入炉} \cdot \dfrac{\dfrac{K_{CO}}{1 + K_{CO}} - \dfrac{\varphi(CO_2)_{入炉}}{(1 + K_{CO})\varphi(CO)_{入炉}}}{\dfrac{K_{H_2}}{1 + K_{H_2}} - \dfrac{\varphi(H_2O)_{入炉}}{(1 + K_{H_2})\varphi(H_2)_{入炉}}}} \qquad (6-27)$$

$$\eta_{CO} = \frac{(\varphi(H_2)_{入炉} + \varphi(CO)_{入炉})\eta}{\varphi(CO)_{入炉} + \varphi(H_2)_{入炉} \cdot \dfrac{\dfrac{K_{H_2}}{1 + K_{H_2}} - \dfrac{\varphi(H_2O)_{入炉}}{(1 + K_{H_2})\varphi(H_2)_{入炉}}}{\dfrac{K_{CO}}{1 + K_{CO}} - \dfrac{\varphi(CO_2)_{入炉}}{(1 + K_{CO})\varphi(CO)_{入炉}}}} \qquad (6-28)$$

生产 1t 直接还原铁，铁氧化物还原反应所消耗的 H_2 和 CO 量及相应产生的 H_2O 和 CO_2 量分别满足式（6-29）和式（6-30）：

$$V_{H_2(还原)} = V_{H_2O(还原)} = \frac{\varphi(H_2)_{入炉}\eta_{H_2}}{\eta} \cdot \left(\frac{1.5 \times w[MFe] \times 10^3}{56} + \frac{0.5 \times w[FeO] \times 10^3}{72} - \right.$$
$$\left. \frac{0.5 \times 0.99 \times w(FeO)_{球团}G_{球团}}{72} \right) \times 22.4 \qquad (6-29)$$

$$V_{CO(还原)} = V_{CO_2(还原)} = \frac{\varphi(CO)_{入炉}\eta_{CO}}{\eta} \cdot \left(\frac{1.5 \times w[MFe] \times 10^3}{56} + \frac{0.5 \times w[FeO] \times 10^3}{72} - \right.$$
$$\left. \frac{0.5 \times 0.99 \times w(FeO)_{球团}G_{球团}}{72} \right) \times 22.4 \qquad (6-30)$$

三种条件下还原反应气体的消耗量及产生量见表 6-7。

表 6-7　生产 1t 直接还原铁还原反应消耗及产生的气体量　　　　（m^3）

编　号	消耗 H_2	产生 H_2O	消耗 CO	产生 CO_2
1	492.32	492.32	31.24	31.24
2	438.60	438.60	84.97	84.97
3	342.14	342.14	181.42	181.42

（2）渗碳反应消耗及产生的气体量。当直接还原铁中渗碳量为 1% 时，由渗碳反应所消耗的 CO 量及相应产生的 CO_2 量为：

$$V_{CO(渗碳)} = \frac{1.0\% \times 2 \times 1000 \times 22.4}{12} = 37.33 m^3 \qquad (6-31)$$

$$V_{CO_2(渗碳)} = \frac{1.0\% \times 1000 \times 22.4}{12} = 18.67 m^3 \qquad (6-32)$$

（3）脱硫反应消耗及产生的气体量。要脱除球团原料中 50% 的 S，所消耗的 H_2

量为：

$$V_{H_2(脱硫)} = \frac{0.5 \times (G_{球团} - G_{炉尘})w(S)_{球团} \times 22.4}{32}$$

$$= \frac{0.5 \times 99\% \times 1377.85 \times 0.00014 \times 22.4}{32} = 0.07 m^3 \qquad (6-33)$$

（4）水煤气转换反应消耗及产生的气体量。将同时包含 H_2、CO、H_2O 和 CO_2 的混合热煤气送入竖炉，这种混合煤气会按照水煤气转换反应建立新的平衡。假设水煤气转换反应前后 H_2、CO、H_2O 和 CO_2 四个组分的转变量为 $\Delta\varphi_{水煤气}$，新的平衡气相组分满足：

$$\frac{(\varphi(H_2)_{入炉} - \Delta\varphi_{水煤气})(\varphi(CO_2)_{入炉} - \Delta\varphi_{水煤气})}{(\varphi(H_2O)_{入炉} + \Delta\varphi_{水煤气})(\varphi(CO)_{入炉} + \Delta\varphi_{水煤气})} = K_{水煤气} \qquad (6-34)$$

则由水煤气转换反应消耗的 H_2、CO 量及产生的 H_2O 和 CO_2 量满足式（6-35）和式（6-36）：

$$V_{H_2(水煤气)} = V_{H_2O(水煤气)} = \Delta\varphi_{水煤气}V_{入炉} \qquad (6-35)$$

$$V_{CO(水煤气)} = V_{CO_2(水煤气)} = -\Delta\varphi_{水煤气}V_{入炉} \qquad (6-36)$$

三种条件下水煤气转换反应气体的消耗量及产生量见表 6-8。

表 6-8　水煤气转换反应消耗及产生的气体量　　　　　　　（m^3）

编　号	消耗 H_2	消耗 CO	产生 H_2O	产生 CO_2
1	42.04	-42.04	42.04	-42.04
2	36.80	-36.80	36.80	-36.80
3	25.36	-25.36	25.36	-25.36

（5）炉顶煤气成分。遵循反应前后 C 和 H 的质量守恒，炉顶煤气中 CO、CO_2、H_2 和 H_2O 的量分别为：

$$V_{CO(炉顶)} = V_{CO(入炉)} - V_{CO(水煤气)} - V_{CO(还原)} - V_{CO(渗碳)} \qquad (6-37)$$

$$V_{CO_2(炉顶)} = V_{CO_2(入炉)} + V_{CO_2(水煤气)} + V_{CO_2(还原)} + V_{CO_2(渗碳)} \qquad (6-38)$$

$$V_{H_2(炉顶)} = V_{H_2(入炉)} - V_{H_2(水煤气)} - V_{H_2(还原)} - V_{H_2(脱硫)} \qquad (6-39)$$

$$V_{H_2O(炉顶)} = V_{H_2O(入炉)} + V_{H_2O(还原)} + V_{H_2O(水煤气)} \qquad (6-40)$$

根据硫元素的质量守恒，经脱硫反应后，炉顶煤气中 H_2S 的量为：

$$V_{H_2S(炉顶)} = \frac{22.4 \times G_{S(炉顶)}}{32} = \frac{22.4 \times (G_{S(球团)} + G_{S(入炉)} - G_{S(炉尘)} - G_{S(DRI)})}{32}$$

$$= \frac{99\% \times G_{球团}w(S)_{球团} \times 0.5 \times 22.4}{32} \qquad (6-41)$$

N_2 和其余气体不参与化学反应，反应前后体积不变，即：

$$V_{N_2+Ar(炉顶)} = V_{N_2+Ar(入炉)} \qquad (6-42)$$

综合上述各反应，炉顶煤气各组分的含量分别见表 6-9。混合煤气一次通过时的利用率、H_2 和 CO 各自的利用率见表 6-10。可见，三种竖炉条件下炉顶煤气中 CO + H_2 的含量均高于50%，但 $\varphi(H_2)/\varphi(CO)$ 的值有所降低。炉顶煤气经热交换器回收余热、湿洗除尘、脱水、压缩、脱碳处理后，在变换增氢工序前与煤气化工艺得到的净煤气相混合，可进一步用作竖炉还原煤气，从而提高煤气真实利用率，实现节能降耗。

表 6-9 炉顶煤气各组分的含量

项目	编号	CO	H_2	CO_2	CH_4	$N_2 + Ar$	H_2O	H_2S	总量
体积 /m^3	1	197.71	587.12	68.82	0	62.08	621.30	0.22	1537.26
	2	277.61	613.88	134.15	0	66.05	544.90	0.23	1636.83
	3	413.51	542.78	250.13	0	68.40	420.61	0.24	1695.66
质量 /kg	1	247.14	52.42	135.19	0	77.60	499.26	0.34	1011.95
	2	347.02	54.81	263.51	0	82.57	437.87	0.35	1186.12
	3	516.88	48.46	491.33	0	85.50	337.99	0.36	1480.53
含量 /%	1	12.86	38.19	4.48	0	4.04	40.42	0.01	100.00
	2	16.96	37.50	8.20	0	4.04	33.29	0.01	100.00
	3	24.39	32.01	14.75	0	4.03	24.80	0.01	100.00

表 6-10 煤气一次通过时的利用率 (%)

编 号	H_2	CO	混合煤气
1	47.65	11.83	41.68
2	43.65	23.55	38.62
3	40.38	31.87	36.97

以有效还原气体 $H_2 + CO$ 的含量为参考目标，设炉顶煤气与净煤气间的当量系数为 μ，即 $1m^3$ 炉顶煤气所包含的有效还原气体量与 μm^3 净煤气所包含的有效还原气体量相等，即：

$$\mu = \frac{\varphi(CO)_{炉顶} + \varphi(H_2)_{炉顶}}{\varphi(CO)_净 + \varphi(H_2)_净} \qquad (6-43)$$

但与净煤气相比，经竖炉还原后，炉顶煤气中的 $\varphi(H_2)/\varphi(CO)$ 又大幅降低，为了保证入炉气氛维持稳定的 $\varphi(H_2)/\varphi(CO)$，需要增加交换增氢副线的负荷。炉顶煤气除了用作竖炉还原气被循环利用外，还可当做间接加热工序的燃料。假设分配系数为 85% 循环利用，15% 当做燃料，则冶炼 1t 直接还原铁需要煤气工艺提供的净煤气量仅为实际需要量的一半左右：

$$V_{净(煤气化)} = V_{入炉} - V_{炉顶}\mu \times 85\% \qquad (6-44)$$

6.1.7 竖炉物料平衡表

竖炉物料收支情况见表 6-11，各项物料在工艺流程中的直观分布见图 6-2。

表 6-11 竖炉物料平衡表 (%)

	项 目	1 号	2 号	3 号
收入	氧化球团	1377.85	1377.85	1377.85
	入炉煤气	647.88	822.05	1116.45
	合 计	2025.73	2199.90	2494.30
支出	直接还原铁	1000.00	1000.00	1000.00
	炉顶煤气	1011.95	1186.12	1480.53
	炉 尘	13.78	13.78	13.78
	合 计	2025.73	2199.90	2494.31

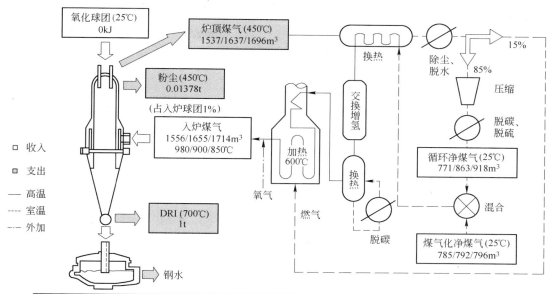

组分	净煤气/%	入炉煤气/%	炉顶煤气/%
H_2	76.67/69.00/55.20	72.08/65.80/53.10	38.19/37.50/32.01
CO	15.33/23.00/36.80	14.41/21.93/35.40	12.86/16.96/24.39
H_2O	1.00/1.00/1.00	5.59/4.20/3.10	40.42/33.29/24.80
CO_2	3.00/3.00/3.00	3.92/4.07/4.40	4.48/8.20/14.75

组分	氧化球团/%	DRI/%
TFe	67.628	92.249
FeO	0.192	92
C	0	1
S	0.014	0.010

图 6-2　竖炉内物料分布

6.2　竖炉热平衡计算

通过竖炉热平衡可调查竖炉冶炼能量的收支情况，热平衡计算建立在能量守恒定律的原则上，即供应竖炉的各项热量总和应该等于各项消耗热量的总和。热平衡的计算方法包括全炉热平衡和区域热平衡两种：第一种方法是按照热化学的盖斯定律，依据入炉物料的最初形态和出炉的最终形态来计算产生和消耗的热量，而忽略了竖炉内实际的化学反应过程；采用第二种热平衡计算方法，能够将水煤气转换反应、渗碳反应等的热效应一并考虑，更能反映竖炉内热交换的本质。

在物料平衡计算结果的基础上，以常温25℃为基准温度，依据区域热平衡计算法对竖炉内能量收支进行如下计算。

6.2.1　热收入

（1）入炉煤气带入的物理热。由表6-3计算气体的摩尔定压热容，可求出入炉煤气带入的物理热：

$$Q_{入炉} = c_{入炉}\frac{V_{入炉}}{22.4}(T_{入炉}-298) = \frac{V_{入炉}}{22.4}\sum\left[c_{i(T_{入炉})}\varphi(i)_{入炉}(T_{入炉}-298)\right] \qquad (6-45)$$

其中，$Q_{1(入炉)} = 2215113.98kJ$，$Q_{2(入炉)} = 2140148.24kJ$，$Q_{3(入炉)} = 2090722.89kJ$。

（2）氧化球团带入的物理热。某些固体物质的摩尔定压热容与温度的关系见表6-12[3]。

表 6 – 12　某些固体物质的摩尔定压热容与温度的关系

$(c_i = a + b \times 10^{-3} T + c \times 10^5 T^{-2})$

物　质	$a/\mathrm{J \cdot (mol \cdot K)^{-1}}$	$b/\mathrm{J \cdot (mol \cdot K^2)^{-1}}$	$c/\mathrm{J \cdot mol^{-1} \cdot K}$	温度范围/K
Fe	28.175	– 7.318	– 2.895	298 ~ 800
	– 263.454	255.810	619.232	800 ~ 1000
	– 641.905	696.339	0	1000 ~ 1042
	1946.255	– 1787.500	0	1042 ~ 1060
	– 561.932	334.143	2912.114	1060 ~ 1184
	23.991	8.360	0	1184 – 1665
FeO	50.794	8.619	– 3.305	298 ~ 1650
SiO$_2$	43.890	38.786	– 9.665	298 ~ 847
	58.911	10.042	0	847 ~ 1696
CaO	49.622	4.519	– 6.945	298 ~ 2888
Al$_2$O$_3$	103.851	26.267	– 29.091	298 ~ 800
	120.516	9.192	– 48.367	800 ~ 2327
MgO	48.953	3.138	– 11.422	298 ~ 3098
Fe$_3$C	82.174	83.680	0	298 ~ 463
	107.194	12.552	0	463 ~ 1500
Fe$_2$O$_3$	98.292	77.822	– 14.853	298 ~ 953
	150.624	0	0	953 ~ 1053
	132.675	7.364	0	1053 ~ 1730

设球团入炉温度为 25℃，则球团带入的物理热为：

$$Q_{球团} = \sum \left[c_{i(球团)} n_{i(球团)} (T_{球团} - 298) \right] = 0 \mathrm{kJ} \qquad (6-46)$$

6.2.2　热支出

三种温度下某些物质的相对焓见表 6 – 13[3]。

各化学反应耗热为该反应消耗的物质的量与标准反应热效应的乘积，即：

$$\begin{aligned} Q_{反应} &= n_{反应} \Delta H_T^{\ominus} \\ &= n_{反应} \Big\{ \Delta H_{298}^{\ominus} + \sum \left[n_i (H_{i(T)}^{\ominus} - H_{i(298)}^{\ominus}) \right]_{生成物} - \\ &\qquad \sum \left[n_i (H_{i(T)}^{\ominus} - H_{i(298)}^{\ominus}) \right]_{反应物} \Big\} \end{aligned} \qquad (6-47)$$

（1）铁氧化物还原反应耗热。前已述及，氧化球团经竖炉还原后，最终产品直接还原铁的金属化率为 92%，仍残存 8% 的氧化亚铁。因此，铁氧化物还原反应耗热又分为获得金属铁所消耗的热（$Q_{H_2(Fe_2O_3 \to Fe)} + Q_{CO(Fe_2O_3 \to Fe)}$）和获得残余氧化亚铁所消耗的热（$Q_{H_2(Fe_2O_3 \to FeO)} + Q_{CO(Fe_2O_3 \to FeO)}$）。

获得金属铁和残余氧化亚铁所消耗的 H$_2$ 和 CO 量分别由式（6 – 48）~ 式（6 – 51）获得，三种温度下各反应过程的耗热分别见表 6 – 14 ~ 表 6 – 17。

$$V_{H_2(Fe_2O_3 \to Fe)} = \frac{\varphi(H_2)_{入炉} \eta_{H_2}}{\eta} \cdot \frac{1.5 \times w[MFe] \times 10^3}{56} \times 22.4 \qquad (6-48)$$

$$V_{CO(Fe_2O_3 \to Fe)} = \frac{\varphi(CO)_{\text{入炉}} \eta_{CO}}{\eta} \cdot \frac{1.5 \times w[MFe] \times 10^3}{56} \times 22.4 \qquad (6-49)$$

$$V_{H_2(Fe_2O_3 \to FeO)} = \frac{\varphi(H_2)_{\text{入炉}} \eta_{H_2}}{\eta} \cdot \left(\frac{0.5 \times w[FeO] \times 10^3}{72} - \right.$$
$$\left. \frac{0.5 \times 0.99 \times w(FeO)_{\text{球团}} G_{\text{球团}}}{72} \right) \times 22.4 \qquad (6-50)$$

$$V_{CO(Fe_2O_3 \to FeO)} = \frac{\varphi(CO)_{\text{入炉}} \eta_{CO}}{\eta} \cdot \left(\frac{0.5 \times w[FeO] \times 10^3}{72} - \right.$$
$$\left. \frac{0.5 \times 0.99 \times w(FeO)_{\text{球团}} G_{\text{球团}}}{72} \right) \times 22.4 \qquad (6-51)$$

表 6-13 三种温度下某些物质的相对焓 $H_T^{\ominus} - H_{298}^{\ominus}$ (J)

物　质	850℃	900℃	980℃
Fe	31465.75	33628.25	37373.32
FeO	46150.58	49173.58	54057.55
Fe_2O_3	118419.22	125476.22	136806.64
H_2O	31119.82	33236.82	36680.73
H_2	24545.61	26099.11	28602.20
CO_2	39618.47	42312.97	46677.17
CO	25731.07	27385.57	30054.50
Fe_3C	96894.26	102975.26	112772.17
H_2S	33270.84	35624.84	39472.86
FeS	54568.27	57692.77	62744.97

表 6-14 反应 $Fe_2O_3 + 3H_2 = 2Fe + 3H_2O$ 的耗热

$t/℃$	$\Delta H_{T,H_2(Fe_2O_3 \to Fe)}^{\ominus}/J$	$V_{H_2(Fe_2O_3 \to Fe)}/m^3$	$Q_{H_2(Fe_2O_3 \to Fe)}/kJ$
850	64295.91	332.76	318382.08
900	63254.40	426.57	401526.75
980	62236.59	478.83	443462.04

注：$\Delta H_{298}^{\ominus} = 3 \times (-241814) - (-825503) = 100061J$。

表 6-15 反应 $Fe_2O_3 + 3CO = 2Fe + 3CO_2$ 的耗热

$t/℃$	$\Delta H_{T,CO(Fe_2O_3 \to Fe)}^{\ominus}/J$	$V_{CO(Fe_2O_3 \to Fe)}/m^3$	$Q_{CO(Fe_2O_3 \to Fe)}/kJ$
850	-37214.52	176.45	-97716.57
900	-36826.52	82.64	-45288.62
980	-35580.99	30.39	-16088.52

注：$\Delta H_{298}^{\ominus} = 3 \times (-393505) - 3 \times (-110541) - (-825503) = -23389J$。

表 6－16 反应 $Fe_2O_3 + H_2 = 2FeO + H_2O$ 的耗热

$t/℃$	$\Delta H^{\ominus}_{T,H_2(Fe_2O_3 \to FeO)}/J$	$V_{H_2(Fe_2O_3 \to FeO)}/m^3$	$Q_{H_2(Fe_2O_3 \to FeO)}/kJ$
850	20057.15	9.38	8397.67
900	19609.65	12.02	10524.90
980	18987.99	13.50	11439.69

注：$\Delta H^{\ominus}_{298} = 2 \times (-272044) - 241814 - (-825503) = 39601J$。

表 6－17 反应 $Fe_2O_3 + CO = 2FeO + CO_2$ 的耗热

$t/℃$	$\Delta H^{\ominus}_{T,CO(Fe_2O_3 \to FeO)}/J$	$V_{CO(Fe_2O_3 \to FeO)}/m^3$	$Q_{CO(Fe_2O_3 \to FeO)}/kJ$
850	−13779.66	4.97	−3059.28
900	−13750.66	2.33	−1429.80
980	−13617.87	0.86	−520.63

注：$\Delta H^{\ominus}_{298} = 2 \times (-272044) - 393505 - (-110541) - (-825503) = -1549J$。

（2）水煤气转换反应耗热。三种温度下，水煤气转换反应耗热结果见表 6－18。

表 6－18 反应 $H_2O + CO = H_2 + CO_2$ 的耗热

$t/℃$	$\Delta H^{\ominus}_{T(水煤气)}/J$	$V_{CO(水煤气)}/m^3$	$Q_{水煤气}/kJ$
850	−33836.81	−25.36	38314.07
900	−33360.31	−36.80	54812.31
980	−32605.86	−42.04	61187.91

注：$\Delta H^{\ominus}_{298} = -393505 - (-110541) - (-241814) = -41150J$。

（3）渗碳反应耗热。三种温度下，渗碳反应耗热结果见表 6－19。

表 6－19 反应 $3Fe + 2CO = Fe_3C + CO_2$ 的耗热

$t/℃$	$\Delta H^{\ominus}_{T(渗碳)}/J$	$V_{CO(渗碳)}/m^3$	$Q_{渗碳}/kJ$
850	−159175.66	37.33	−132645.20
900	−160196.66	37.33	−133496.02
980	−162608.62	37.33	−135505.97

注：$\Delta H^{\ominus}_{298} = 22594 - 393505 - 2 \times (-110541) = -149829J$。

（4）脱硫反应耗热。三种温度下，脱硫反应耗热结果见表 6－20。

表 6－20 反应 $FeS + H_2 = Fe + H_2S$ 的耗热

$t/℃$	$\Delta H^{\ominus}_{T(脱硫)}/J$	$V_{H_2(脱硫)}/m^3$	$Q_{脱硫}/kJ$
850	65536.71	0.07	196.02
900	65375.21	0.07	195.54
980	65413.01	0.07	195.65

注：$\Delta H^{\ominus}_{298} = -20502 - (-100416) = 79914J$。

（5）炉顶煤气带走的物理热。竖炉炉顶煤气温度约为500℃，则炉顶煤气带走的物理热为：

$$Q_{炉顶} = c_{炉顶} \frac{V_{炉顶}}{22.4}(T_{炉顶} - 298) = \frac{V_{炉顶}}{22.4} \sum [c_{i(T_{炉顶})}(T_{炉顶} - 298)] \tag{6-52}$$

其中，$Q_{1(炉顶)} = 1123343.69\text{kJ}$，$Q_{2(炉顶)} = 1203071.00\text{kJ}$，$Q_{3(炉顶)} = 1271546.59\text{kJ}$。

（6）直接还原铁带走的物理热。入炉还原煤气在还原段与以浮氏体为主的球团逆流接触，完成传热和还原反应。尽管 1 号竖炉条件下的入炉煤气温度比 2 号和 3 号的要高，但由于煤气中含有大量的 H_2，浮氏体还原吸收了大量的热，所以设三种条件下得到的直接还原铁温度均为 700℃。由于直接还原铁中 P、S 及其他组分较少，忽略这些物质带走的物理热，则直接还原铁带走的物理热为：

$$Q_{DRI} = \sum [c_{i(DRI)} n_{i(DRI)}(T_{DRI} - 298)] \tag{6-53}$$

其中，$Q_{1(DRI)} = Q_{2(DRI)} = Q_{3(DRI)} = 508369.36\text{kJ}$。

（7）炉尘带走的物理热。炉尘的温度与炉顶煤气的温度相同，为 500℃。同样，忽略炉尘中 P、S 及其他组分带走的物理热，则炉尘带走的物理热为：

$$Q_{炉尘} = \sum [c_{i(炉尘)} n_{i(炉尘)}(T_{炉顶} - 298)] \tag{6-54}$$

其中，$Q_{1(炉尘)} = Q_{2(炉尘)} = Q_{3(炉尘)} = 6176.18\text{kJ}$。

6.2.3　竖炉热平衡表

三种条件下竖炉的热量收支情况分别见表 6-21，可见，热支出中超过 50% 的热量被炉顶煤气带走，而用于铁氧化物还原的耗热量不到 20%。入炉煤气中 $\varphi(H_2)/\varphi(CO)$ 越低，铁氧化物还原和水煤气转换反应的耗热量越少，炉顶煤气带走的热量越多。如果在煤气化工艺和竖炉工艺的衔接过程中设计热交换工序，便可以实现炉顶煤气的余热回收，从而提高能量利用率。

表 6-21　竖炉热平衡表

	项　目	1 号		2 号		3 号	
		热量/kJ	比例/%	热量/kJ	比例/%	热量/kJ	比例/%
收入	入炉煤气带入的物理热	2215113.98	100	2140148.24	100	2090722.89	100
	氧化球团带入的物理热	0	0	0	0	0	0
	合　计	2215113.98	100	2140148.24	100	2090722.89	100
支出	炉顶煤气带走的物理热	1123343.69	50.71	1203071.00	56.21	1271546.59	60.82
	铁氧化物还原反应耗热	438292.58	19.79	365333.23	17.07	226003.91	10.81
	水煤气转换反应耗热	61187.91	2.76	54812.31	2.56	38314.07	1.83
	渗碳反应耗热	-135505.97	-6.12	-133496.02	-6.24	-132645.20	-6.34
	脱硫反应耗热	195.65	0.01	195.54	0.01	196.02	0.01
	直接还原铁带走的物理热	508369.36	22.95	508369.36	23.75	508369.36	24.32
	炉尘带走的物理热	6176.18	0.28	6176.18	0.29	6176.18	0.30
	热损失	213054.58	9.62	135686.65	6.34	172761.96	8.26
	合　计	2215113.98	100	2140148.24	100	2090722.89	100

直接还原铁带走的热约占热支出总量的 23%，若电炉炼钢时采用热装技术，此部分热量也可被有效利用。

此外，渗碳反应有利于增加炉内总热量，对炉内热平衡影响较大。在高压和低 $\varphi(H_2)/\varphi(CO)$ 的操作条件下，直接还原铁产品中渗碳量会更大，这将显著降低冶炼每吨直接还原铁的煤气需热量。

三种条件下，炉内热损失分别占入炉煤气带入总热量的 9.62%、6.34%、8.26%。2 号入炉煤气气氛下所给定的入炉煤气温度、炉顶温度和出铁温度搭配更为合理。若均以 2 号竖炉条件的热损失为基准，在 1 号和 3 号入炉煤气温度下，炉顶温度会高于给定值 500℃。

6.2.4 单因素对炉顶煤气温度的影响

炉顶煤气出口温度是衡量竖炉能量利用的一个重要指标，温度过高则能量利用效率较低，且会对炉顶设施造成一定的损坏。由热平衡计算可知，影响炉顶煤气温度的主要因素有入炉煤气成分、入炉煤气量、入炉煤气温度、出铁温度、炉墙热损失、直接还原铁渗碳量等。本节以 2 号竖炉条件为基准，分别考察了以上单因素变化对炉顶煤气温度的影响，结果分别见图 6－3 ~ 图 6－6。

由图 6－3 可知，随还原煤气中 $\varphi(H_2)/\varphi(CO)$ 的升高，炉顶煤气温度下降。这是由于煤气中 H_2 含量增加以后，促使发生了更多的 H_2 还原铁氧化物的吸热反应，使得炉内热量减少，炉顶煤气带走的热量减少。此外，净煤气中 $\varphi(H_2)/\varphi(CO)$ 越大，则炉内水煤气转换反应量越多，该反应也为吸热反应。

由图 6－4 可知，随入炉煤气量和入炉煤气温度的增加，炉顶煤气温度升高。入炉煤气量每增加 $50m^3$，炉顶煤气温度约上升 10℃；入炉煤气温度每升高 100℃，炉顶煤气温度约上升 90℃。这是由于入炉煤气量越多，入炉煤气温度越高，则带入炉内的热量越多，在出铁温度和炉墙热损失不变的情况下，炉顶煤气带走的热量越多。

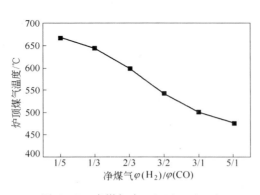

图 6－3　净煤气中 $\varphi(H_2)/\varphi(CO)$
对炉顶煤气温度的影响

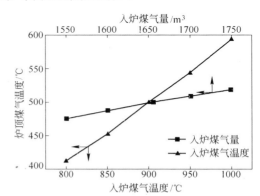

图 6－4　入炉煤气量和入炉煤气温度对
炉顶煤气温度的影响

由图 6－5 可知，随出铁温度和炉墙热损失的增加，炉顶煤气温度下降。出铁温度每上升 50℃，炉顶煤气温度约下降 14℃；炉墙热损失每增加 4%，炉顶煤气温度约下降

31℃。这是由于出铁温度越高，炉墙热损失越大，则炉料和冷却水带走的热量越多，在炉内热收入总量不变的情况下，炉顶煤气带走的热量越少。

由图6-6可知，随直接还原铁中渗碳量的增加，炉顶煤气温度上升。渗碳量每增加0.5%，炉顶煤气温度上升26℃。这是由两方面原因造成的：第一，直接还原铁中渗碳量越大，消耗的CO量就越多，炉顶煤气的量则会减少，带走的热也相应变少，导致炉顶煤气温度上升；第二，渗碳反应为放热反应，随渗碳量的增加，炉内热量增多，在出铁温度和炉墙热损失不变的情况下，炉顶煤气将带走更多的热量。

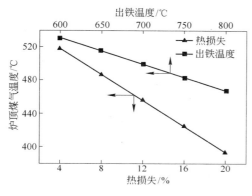

图6-5　出铁温度和热损失对炉顶
煤气温度的影响

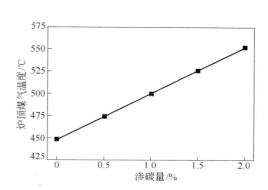

图6-6　直接还原铁中渗碳量对
炉顶煤气温度的影响

6.3　气基竖炉直接还原㶲分析

㶲（Exergy）的概念及理论的重要意义，不在于计算物流或能流在某个状态的㶲值，而主要是用来研究实际过程的㶲变。过程㶲变的计算及分析是工程㶲分析的基础。

6.3.1　㶲分析方法

㶲值的计算分为物理㶲和化学㶲计算两部分。物理㶲是系统与环境存在热不平衡和力不平衡时而具有的㶲。化学㶲是系统与环境存在化学不平衡时而具有的㶲。化学不平衡包括系统与环境的组分和成分的不平衡。

6.3.1.1　㶲的计算基准

㶲的计算基准是环境参考态，它是基准物质体系在规定的温度、压力下的状态。本节采用《能量系统㶲分析技术导则》（GB/T 14909—2005）来计算物质的㶲值[6]。㶲的基准态温度为25℃，基准态压力为标准大气压。

6.3.1.2　物理㶲计算

（1）机械能㶲。机械能㶲包括做宏观运动的系统所具有的动能㶲和位能㶲。

1）动能㶲，计算如下：

$$E_{x,k} = \frac{1}{2}mc^2 \tag{6-55}$$

2）位能㶲，计算如下：

$$E_{x,z} = mgz \qquad\qquad (6-56)$$

式中 c——系统的运动速度，m/s；

$\quad\quad z$——系统相对于参考坐标系的高度，m；

$\quad\quad m$——系统的质量，kg；

$\quad\quad g$——重力加速度，9.8 m/s^2。

（2）热量㶲。系统所传递的热量在给定环境条件下用可逆方式所能做出的最大有用功，即为热量㶲，计算如下：

$$E_{x,q} = \int_{T_0}^{T} \left(1 - \frac{T_0}{T}\right) \delta Q \qquad\qquad (6-57)$$

式中 T_0——基准态温度，K；

$\quad\quad T$——体系的温度，K；

$\quad\quad Q$——过程中传输的热，J。

（3）稳定流动物质的物理㶲。稳定流动中的物质，在只可能与环境交换热量的情况下，从任意状态可逆变化到给定环境状态时所能做出的最大有用功，称为稳定流动物质的物理㶲。1kg 稳定流动物质的物理㶲为：

$$E_{x,H} = (H_2 - H_1) - T_0(S_2 - S_1) \qquad\qquad (6-58)$$

式中 H_1，H_2——分别为稳定流动物质初、终状态的质量焓，J/kg；

$\quad\quad S_1$，S_2——分别为稳定流动物质初、终状态的质量熵，J/（kg·K）；

$\quad\quad T_0$——环境基准态的温度，K。

（4）理想气体温度㶲和压力㶲。

1）理想气体温度㶲。当气体的温度不同于基准态温度时，由于温度不平衡所具有的㶲即为温度㶲。1mol 气体的温度㶲为：

$$E_{x,T} = \int_{T_0}^{T} c\,\mathrm{d}T - T_0 \int_{T_0}^{T} c\,\frac{\mathrm{d}T}{T} \qquad\qquad (6-59)$$

式中 T——气体的温度，K；

$\quad\quad T_0$——基准态温度，K；

$\quad\quad c$——气体的摩尔定压热容，J/（mol·K）。

将气体的摩尔定压热容近似看做常数时，1mol 气体的温度㶲为：

$$E_{x,T} = c(T - T_0) - T_0 c\ln\frac{T}{T_0} \qquad\qquad (6-60)$$

2）理想气体压力㶲。当气体的压力不同于环境压力时，由于压力不平衡所具有的㶲即为压力㶲。1mol 气体的压力㶲为：

$$E_{x,p} = RT_0 \ln\frac{p}{p_0} \qquad\qquad (6-61)$$

式中 R——摩尔气体常数，8.314J/（mol·K）；

$\quad\quad p$——气体的压力，Pa；

$\quad\quad p_0$——环境压力，Pa。

（5）水蒸气和水的㶲。水蒸气和水是最常用的一种工质，其㶲 – 焓图已详细地制成图表，只需按给定的压力和温度采用内插法求得。

（6）高温固体的㶲。将固体质量定压热容近似看做常数时，1kg 固体的物理㶲为：

$$E_{x} = c_p (T - T_0) - T_0 c_p \ln \frac{T}{T_0} \tag{6-62}$$

式中　T——固体的温度，K；

　　　T_0——基准态温度，K；

　　　c_p——固体的质量定压热容，J/(kg·K)。

（7）潜热㶲。当物质在发生熔化或汽化等相变时，会存在一定的相变潜热，潜热㶲即为该过程中物质㶲的变化。1kg 物质的潜热㶲为：

$$E_{x} = r \left(1 - \frac{T_0}{T} \right) \tag{6-63}$$

式中　T——物质的温度，K；

　　　T_0——基准态温度，K；

　　　r——物质的质量相变潜热，J/kg。

6.3.1.3　化学㶲计算

（1）元素和化合物的㶲。一些元素和化合物的化学㶲可由《能量系统㶲分析技术导则》中已知元素的数据，借助稳定单质生成化合物的㶲反应平衡方程式求得。例如，化合物 $A_a B_b C_c$ 由元素或稳定单质 A、B、C 生成，则 1mol 化合物的化学㶲（标态）为：

$$E_{A_a B_b C_c} = n_a (E_A)_n + n_b (E_B)_n + n_c (E_C)_n + (\Delta H_f^{\ominus})_{A_a B_b C_c} \tag{6-64}$$

式中　　　$(\Delta H_f^{\ominus})_{A_a B_b C_c}$——化合物 $A_a B_b C_c$ 的标准生成自由焓，J/mol；

　　　n_a，n_b，n_c——分别为生成 1mol $A_a B_b C_c$ 时化学反应式的系数；

$(E_A)_n$，$(E_B)_n$，$(E_C)_n$——分别为 A、B、C 的化学㶲，J/mol。

（2）混合物的㶲，计算如下：

$$E_{x,ch,m} = \sum (x_i E_{x,ch,i}) + R T_0 \sum (x_i \ln x_i) \tag{6-65}$$

式中　x_i——混合物组分 i 的摩尔分数，%；

　　　$E_{x,ch,i}$——混合物组分 i 在 p_0、T_0 下的化学㶲，J/mol；

　　　T_0——基准态温度，K；

　　　R——摩尔气体常数，8.314J/(mol·K)。

（3）燃料的㶲。

1）气体燃料的㶲，计算如下：

$$E_{x,f} = 0.95 Q_H \tag{6-66}$$

2）液体燃料的㶲，计算如下：

$$E_{x,f} = 0.975 Q_H \tag{6-67}$$

3）固体燃料的㶲，计算如下：

$$E_{x,f} = Q_L + rw \tag{6-68}$$

式中　Q_H——燃料的标准高热值，J/kg；

　　　Q_L——燃料的标准低热值，J/kg；

　　　r——水的汽化潜热，2.438×10^6 J/kg；

　　　w——燃料中水分的质量分数，%。

（4）㶲损失。由热力学第二定律可知，任何不可逆过程中必然存在㶲向炕的转变。在此，将系统内能量传递与转换过程中由不可逆性引起的㶲消耗称为内部㶲损失，以

$E_{xL,in}$ 表示。

任何一种能量系统，不仅在系统内存在能量传递与转换，而且在系统与外界之间也存在各种能量交换。由于能量系统与环境之间的相互作用（如排气、排烟、排放废弃物等），致使一部分㶲散失到环境中，成为炕，在此称为外部㶲损失，以 $E_{xL,out}$ 表示。

一般来说，在任何一个能量系统中都会存在多种内部㶲损失和外部㶲损失，总㶲损 E_{xL} 为：

$$E_{xL} = \sum E_{xL,in,i} + \sum E_{xL,out,i} \tag{6-69}$$

1）绝热燃烧过程㶲损失。燃料通过氧化反应释放出化学能是一种典型的不可逆过程，将产生熵产，从而引起㶲损失，使燃烧产物的㶲值低于燃烧前燃料和参与燃烧的空气的㶲值。在燃料及空气均未预热的情况下，绝热燃烧㶲损失为：

$$E_{xL} = T_0 \Delta S + Q_L \frac{T_0}{T_{ad} - T_0} \ln \frac{T_{ad}}{T_0} \tag{6-70}$$

式中　T_0——基准态温度，K；

　　　ΔS——反应熵，J/K；

　　　Q_L——燃料低发热量，J；

　　　T_{ad}——绝热燃烧温度，K。

对于给定的燃料，其 Q_L 一定，若基准态温度给定，则 T_{ad} 越高，E_{xL} 就越小。显然，当燃料与理论空气量进行完全绝热燃烧时，燃气所达到的温度将最高，称为理论燃烧温度。所以，理论燃烧时的绝热燃烧㶲损失将最小。

2）传热过程㶲损失。物质实际的加热或冷却过程是在有限温差下进行的传热过程。有温差的传热是不可逆过程，即使没有热量损失，也必然会产生㶲损失。传热造成的㶲损失为：

$$dE_{xL} = T_0 d\left(Q \frac{T_H - T_L}{T_H T_L} \right) \tag{6-71}$$

式中　T_0——基准态温度，K；

　T_H，T_L——分别为高温、低温物体的温度，K；

　　　Q——高温与低温物体间的传热量，J。

可知，传热温差越大，传热㶲损失也越大。同时，它还与高温、低温物体两者温度的乘积成反比。在相同的传热温差情况下，高温传热时的㶲损失比低温时要小。当要求㶲损失不超过某一定值时，在温度水平高的情况下，应选用较大的传热温差；在温度水平低的情况下，则应选用较小的传热温差。

另外，还有化学反应过程㶲损失和绝热混合过程㶲损失。由化学反应的不可逆性引起的㶲损失是反应所固有的，称为化学反应过程㶲损失。当纯物质与其他物质混合成为均匀的混合物时，虽然不发生化学反应，且无熵的增减，但却会发生㶲的损失，称为绝热混合过程㶲损失。

6.3.1.4　㶲平衡

能量守恒是一个普遍的定律，能量的收支应保持平衡。但是，㶲只是能量中的可用能部分，它的收支一般是不平衡的，在实际的转换过程中，一部分可用能将转变为无用能，㶲将减少。这并不违反能量守恒定律，㶲平衡是指㶲与㶲损失之和保持平衡。

设穿过系统边界的输入㶲为 $E_{x,in}$（支付㶲），输出㶲为 $E_{x,out}$，内部㶲损失为 $E_{xL,in}$，㶲在系统内部的积累量为 ΔE_x，则它们之间的平衡关系为：

$$E_{x,in} = E_{x,out} + E_{xL,in} + \Delta E_x \tag{6-72}$$

输出㶲又分为两部分：一部分是排放到外界的无效㶲，即外部㶲损失 $E_{xL,out}$；另一部分是输出㶲中的有效部分，即有效输出㶲 $E_{x,ef}$。对于稳定流动系统，内部㶲的积累量为零。此时，㶲平衡关系又可以写成：

$$E_{x,in} = E_{x,ef} + E_{xL,out} + E_{xL,in} \tag{6-73}$$

6.3.1.5 㶲的评价指标

（1）热力学完善度（普遍㶲效率）。做功过程的特性主要表现为过程的不可逆性。过程中输出的㶲与支付㶲之比称为过程的热力学完善度，也称为普遍㶲效率。过程的㶲损失越小，它的不可逆性也越小，表明该过程的普遍㶲效率越高。其计算公式为：

$$\varepsilon = \frac{E_{x,out}}{E_{x,in}} = 1 - \frac{E_{xL,in}}{E_{x,in}} \tag{6-74}$$

（2）目的㶲效率。系统中有效输出㶲与支付㶲之比称为该系统的目的㶲效率。其计算公式为：

$$\eta_e = \frac{E_{x,ef}}{E_{x,in}} \tag{6-75}$$

（3）㶲损系数。㶲效率表示㶲的利用率，指出了提高某个系统㶲的利用程度尚有多少潜力，但并不能直接指出整个系统中㶲损失的分布情况以及每个环节㶲损失所占比重的大小，因而也就不能直接揭示出薄弱环节。与此相对应的是㶲损系数，它能揭示出过程中㶲损失的部位和程度，与㶲效率相辅相成。

系统内某环节的㶲损失与支出㶲之比称为此环节的㶲损系数，用 λ_i 表示。由于㶲损失有内部㶲损失和外部㶲损失之分，㶲损系数也相应地有内部㶲损系数 $\lambda_{in,i}$ 和外部㶲损系数 $\lambda_{out,i}$。㶲损系数计算如下：

$$\lambda_i = \frac{E_{xL,i}}{E_{x,in}} = \frac{E_{xL,in,i}}{E_{x,in}} + \frac{E_{xL,out,i}}{E_{x,in}} \tag{6-76}$$

系统的目标㶲效率与㶲损系数满足：

$$\eta_e = 1 - \sum \lambda_i \tag{6-77}$$

6.3.2 气基竖炉直接还原㶲分析模型

根据前述㶲计算方法及评价指标，利用 Visual Basic 6.0 编制了气基竖炉直接还原㶲黑箱分析模型。所谓的黑箱是指分析过程中只考虑输入和输出的㶲信息，而未剖析和测算体系内部的㶲情况。

模型中需要计算入炉球团矿、入炉煤气、出炉直接还原铁、炉尘、炉顶煤气等冶炼原料及产品的㶲值。

（1）球团矿㶲。球团矿㶲值计算模型见图 6-7。球团入炉温度为 25℃，其物理㶲为零，只需计算其化学㶲。

（2）入炉煤气㶲。入炉还原煤气㶲值计算模型见图 6-8，包括入炉还原气体的成分、温度、压力等输入条件，以及入炉还原气体的化学㶲和物理㶲（包括温度㶲和压力㶲）

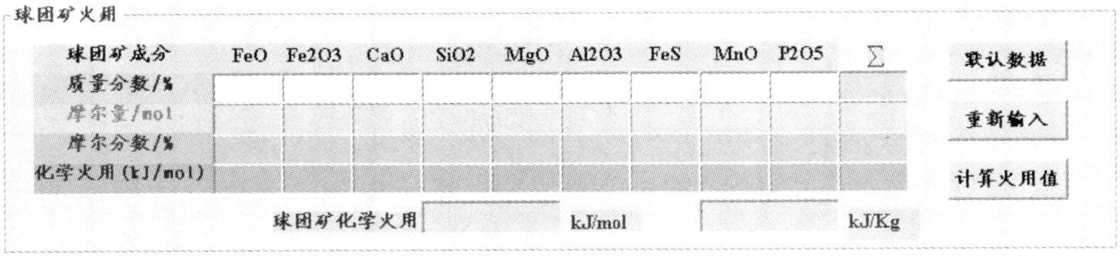

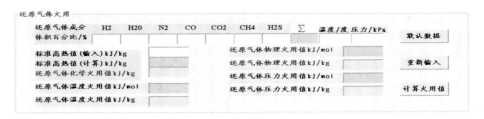

图 6-7 球团矿㶲值计算模型

图 6-8 入炉还原煤气㶲值计算模型

输出结果。

（3）直接还原铁㶲。直接还原铁㶲值计算模型见图 6-9，包括直接还原铁成分、温度以及各组分的化学㶲等输入条件，以及直接还原铁物理㶲和化学㶲输出结果。

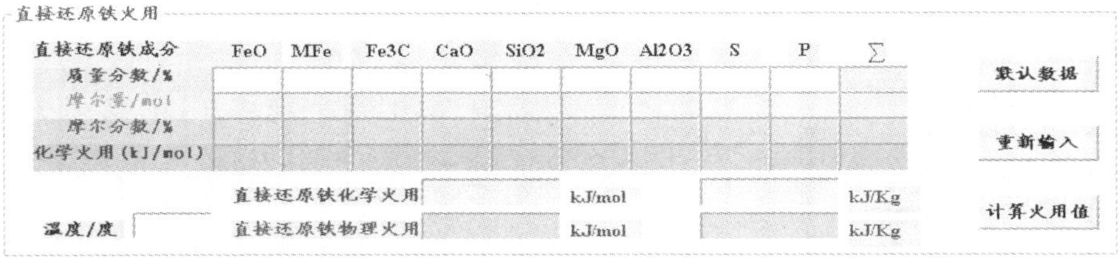

图 6-9 直接还原铁㶲值计算模型

（4）炉尘㶲。炉尘㶲值计算模型见图 6-10，包括炉尘的物理㶲和化学㶲。

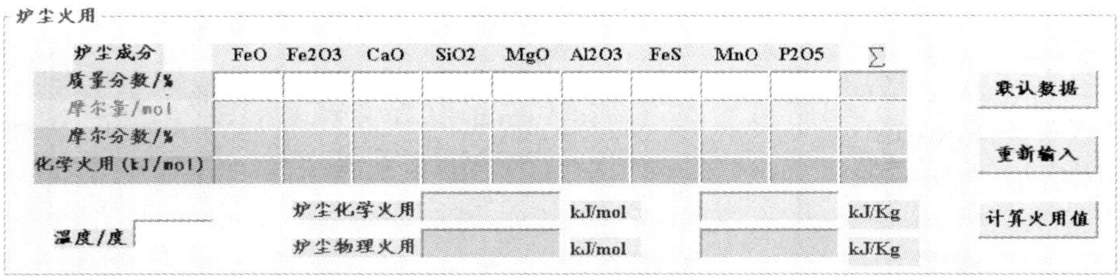

图 6-10 炉尘㶲值计算模型

（5）炉顶煤气㶲

炉顶煤气㶲值计算模型见图 6-11，包括炉顶煤气物理（温度㶲和压力㶲）㶲和化学㶲。

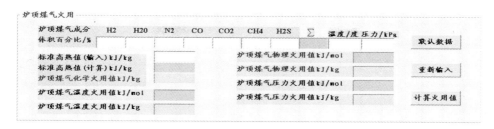

图 6-11　炉顶煤气㶲值计算模型

（6）热散失㶲。物质的加热或冷却是在有限温差下进行的传热过程。有温差的传热是不可逆过程，必然会产生㶲损失。传热造成的㶲损失为热散失㶲，其计算模型见图 6-12。

图 6-12　热散失㶲值计算模型

（7）㶲平衡。气基竖炉直接还原㶲平衡模型见图 6-13，该模型包括球团矿的化学㶲，还原气体的物理㶲和化学㶲，直接还原铁、炉尘、炉顶煤气等的物理㶲和化学㶲，热散失㶲以及内部㶲损失。

图 6-13　气基竖炉直接还原㶲平衡模型

（8）气基竖炉直接还原㶲评价模型。图 6-14 所示为气基直接还原㶲评价模型，包括内部㶲损失、外部㶲损失、吨铁支付㶲、吨铁收益㶲、㶲效率、㶲损失系数等指标。

6.3.3　气基竖炉直接还原㶲平衡

结合物料平衡和能量平衡的计算结果，利用气基竖炉直接还原㶲分析模型，得出三种操作条件下冶炼每吨直接还原铁的㶲平衡，见表 6-22。气基竖炉直接还原㶲绝大部分来自于入炉还原煤气带入的物理㶲和化学㶲，其中化学㶲占㶲输入的比例达 90% 以上。输

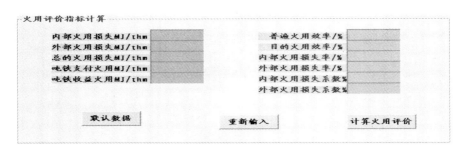

图6-14 气基竖炉直接还原㶲评价模型

出㶲主要为直接还原铁化学㶲、炉顶煤气化学㶲和内部㶲损失，而直接还原铁物理㶲、炉尘物理㶲、炉顶煤气物理㶲以及热散失㶲相对较少。三种操作条件下，炉顶煤气的化学㶲均占输出㶲50%以上。

表6-22 气基竖炉直接还原㶲平衡

项 目		1 号		2 号		3 号	
		数值/MJ	比例/%	数值/MJ	比例/%	数值/MJ	比例/%
输入	球团矿化学㶲	22.168	0.127	22.168	0.117	22.168	0.113
	还原煤气物理㶲	1277.754	7.313	1311.006	6.937	1305.248	6.642
	还原煤气化学㶲	16171.305	92.560	17565.679	92.946	18322.943	93.245
	合 计	17471.227	100.000	18898.853	100.000	19650.359	100.000
输出	直接还原铁物理㶲	128.365	0.735	128.365	0.679	128.365	0.653
	直接还原铁化学㶲	6087.293	34.842	6087.293	32.210	6087.293	30.978
	炉尘物理㶲	1.643	0.009	1.643	0.009	1.643	0.008
	炉尘化学㶲	0.222	0.001	0.222	0.001	0.222	0.001
	炉顶煤气物理㶲	475.405	2.721	549.343	2.907	633.865	3.226
	炉顶煤气化学㶲	9493.235	54.336	10776.043	57.020	11548.100	58.768
	热散失㶲	162.365	0.929	101.203	0.535	126.901	0.646
	内部㶲损失	1122.699	6.426	1254.741	6.639	1123.970	5.720
	合 计	17471.227	100.000	18898.853	100.000	19650.359	100.000

因此，如何提高炉顶煤气化学能的利用率是提高气基竖炉直接还原能量利用率的关键。

6.3.4 气基竖炉直接还原㶲评价

三种操作条件下，气基竖炉直接还原㶲的各项评价指标见表6-23。若采用直接还原铁热装法电炉炼钢，直接还原铁的物理㶲和化学㶲均可被有效利用，称之为收益㶲。外部㶲损失包括炉尘物理㶲、炉尘化学㶲、炉顶煤气物理㶲、炉顶煤气化学㶲以及热散失㶲。对比三种操作条件，1号竖炉条件下每吨直接还原铁支付㶲最低，且目的㶲效率最高，能源利用率最高；而3号竖炉条件下吨铁支付㶲最高，且目的㶲效率最低，能源利用率最低，但普遍㶲效率又最高；2号竖炉条件下的情况处于1号和3号之间。若将炉顶煤气化学㶲循环利用，三种操作条件下的㶲效率均高达76%以上，1号条件下的最高。

表 6 – 23 气基竖炉直接还原㶲的评价指标

项　目	1 号	2 号	3 号
吨铁支付㶲/MJ	17471.227	18898.853	19650.359
吨铁收益㶲/MJ	6215.658	6215.658	6215.658
内部㶲损失/MJ	1122.699	1254.741	1123.970
外部㶲损失/MJ	10132.870	11428.454	12310.731
普遍㶲效率/%	93.574	93.361	94.280
目的㶲效率/%	35.577	32.889	31.631
内部㶲损系数/%	6.426	6.639	5.720
外部㶲损系数/%	64.423	67.111	68.369
循环利用后㶲效率/%	77.910	76.521	76.715

6.3.5　气基竖炉直接还原与高炉炼铁㶲比较

表 6 – 24 为国内某高炉冶炼每吨生铁的㶲平衡表[7]，将其与表 6 – 22 进行对比。高炉炼铁和气基竖炉直接还原炼铁 90% 的输入㶲均来源于燃料的化学㶲，冶炼 1t 生铁需要输入的㶲值高于 20000MJ，高于冶炼 1t 直接还原铁所需要输入的㶲值。在考虑炉顶煤气循环利用的情况下，气基竖炉直接还原炼铁的㶲效率明显高于高炉炼铁的㶲效率。

表 6 – 24 高炉㶲平衡表

项　目		数值/MJ	比例/%
输入	焦炭化学㶲	16574.60	78.96
	煤粉化学㶲	2425.63	11.56
	生矿化学㶲	33.46	0.16
	烧结矿化学㶲	579.80	2.76
	球团矿化学㶲	83.90	0.40
	碎铁化学㶲	436.24	2.08
	热风物理㶲	856.17	4.08
	热风化学㶲	0.85	0.004
	喷煤风化学㶲	0.004	0.000
	物料水化学㶲	1.36	0.006
	合　计	20992.39	100.00
输出	铁水化学㶲	7813.04	37.22
	铁水物理㶲	863.37	4.11
	煤气化学㶲	7389.24	35.20
	煤气物理㶲	54.47	0.26
	炉渣化学㶲	438.78	2.09

续表 6－24

项　目		数值/MJ	比例/%
输出	炉渣物理㶲	1247.71	5.94
	炉尘化学㶲	185.67	0.88
	炉尘物理㶲	0.7312	0.003
	水蒸气化学㶲	10.80	0.05
	水蒸气物理㶲	2.03	0.01
	冷却水物理㶲	7.33	0.035
	炉体散热㶲	2.29	0.01
	燃烧反应㶲损失	2096.41	9.99
	传热㶲损失	357.59	1.70
	其他㶲损失	522.93	2.49
合　计		20992.39	100.00

由图 6－15 可知，在入炉煤气量、入炉煤气温度、出铁温度和直接还原铁渗碳量不变的情况下，随还原煤气中 $\varphi(H_2)/\varphi(CO)$ 的升高，吨铁支付㶲先增加后降低，在 $\varphi(H_2)/\varphi(CO)=3/2$ 时达最大值，但整体变化幅度不明显，处于 18850～18900MJ 之间；吨铁收益㶲固定为 6215.658MJ；普遍㶲效率逐渐降低；目的㶲效率基本保持不变；炉顶煤气循环利用后㶲效率逐渐升高。可见，在还原煤气一次通过时，改变入炉煤气中的 $\varphi(H_2)/\varphi(CO)$ 对能量利用率没有影响；而将炉顶煤气循环利用时，提高入炉煤气中的 $\varphi(H_2)/\varphi(CO)$ 则有助于能量的高效化利用。鉴于直接还原操作吨铁支付㶲最低、㶲效率最高以及总的㶲损失最低的原则，入炉煤气中的氢碳比应不低于 1.5。

由图 6－16 可知，在入炉煤气成分、入炉煤气温度、出铁温度和直接还原铁渗碳量不变的情况下，随入炉煤气量的增加，吨铁支付㶲增大；吨铁收益㶲固定为 6215.658MJ；普遍㶲效率有所改善，但效果不明显；目的㶲效率和炉顶煤气循环利用后㶲效率均逐渐降低。因此，在满足反应平衡和热量供应的前提下，应尽可能减少入炉煤气量，避免能耗损失。

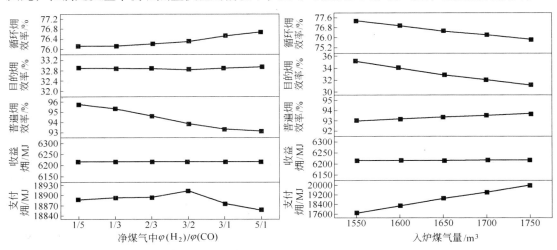

图 6－15　净煤气中 $\varphi(H_2)/\varphi(CO)$ 对竖炉直接还原㶲效率的影响

图 6－16　煤气量对竖炉直接还原㶲效率的影响

由图 6-17 可知，在入炉煤气成分、入炉煤气量、出铁温度和直接还原铁渗碳量不变的情况下，随入炉煤气温度的上升，吨铁支付㶲逐渐降低；吨铁收益㶲固定为 6215.658MJ；普遍㶲效率略微下降；目的㶲效率略微增加；炉顶煤气循环利用后㶲效率则显著下降。可见，入炉煤气温度的上升减少了吨铁的能源消耗量，但在炉顶煤气循环利用时，能量的总利用率却有所下降。

由图 6-18 可知，在入炉煤气成分、入炉煤气量、入炉煤气温度和直接还原铁渗碳量不变的情况下，随出铁温度的上升，吨铁支付㶲固定为 18898.853MJ；吨铁收益㶲逐渐增大；普遍㶲效率和目的㶲效率基本保持不变；炉顶煤气循环利用后㶲效率逐渐上升。

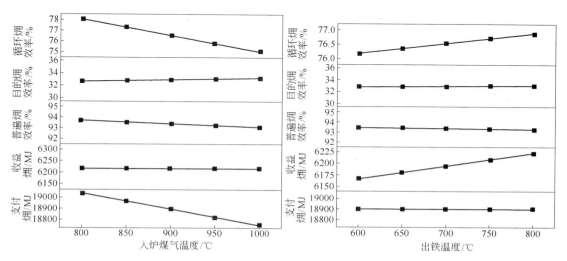

图 6-17 入炉煤气温度对竖炉直接还原
㶲效率的影响

图 6-18 出铁温度对竖炉直接还原
㶲效率的影响

由图 6-19 可知，在入炉煤气成分、入炉煤气量、入炉煤气温度和出铁温度不变的情况下，随直接还原铁渗碳量的增加，吨铁支付㶲固定为 18898.853MJ；吨铁收益㶲逐渐增大；普遍㶲效率基本保持不变；目的㶲效率和炉顶煤气循环利用后㶲效率均呈上升趋势。因此，直接还原铁中渗碳量的增加有利于能量的高效利用。

6.4 本章小结

本章通过物料平衡和能量平衡计算，分析了气基竖炉直接还原过程的物质流和能量流，并创建竖炉㶲评价模型，解析了气基竖炉直接还原过程的能量转换机制。研究得出：

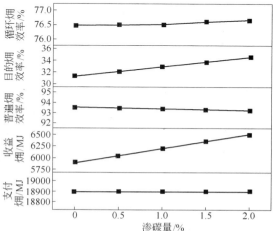

图 6-19 直接还原铁渗碳量对竖炉直接还原
㶲效率的影响

（1）生产1t金属化率为92%的直接还原铁，需要实验用山西球团1377.85kg；需要的煤气量则由入炉煤气成分和炉内反应温度来决定，还原煤气中$\varphi(H_2)/\varphi(CO)$的值越小，需求的入炉煤气量越少，入炉煤气温度越高。

（2）炉顶煤气中有效还原性气体H_2+CO的含量达50%以上时，若将其总量的85%经净化和增氢处理后循环利用，则生产每吨直接还原铁对净煤气的需求量可降低一半。热支出中超过50%的热被炉顶煤气所带走，而用于铁氧化物还原的耗热不到20%。

（3）随还原煤气中$\varphi(H_2)/\varphi(CO)$的升高，炉顶温度下降；入炉煤气量每增加50m³，炉顶温度约上升10℃；入炉煤气温度每升高100℃，炉顶温度约上升90℃；出铁温度每上升50℃，炉顶煤气温度约下降14℃；炉墙热损失每增加4%，炉顶煤气温度约下降31℃；直接还原铁中渗碳量每增加0.5%，炉顶煤气温度上升26℃。

（4）气基竖炉直接还原炼铁90%的输入㶲均来源于还原煤气的化学㶲，与高炉炼铁相比，冶炼吨铁需要输入的㶲值更少。在炉顶煤气循环利用时，目的㶲效率高达76%，明显高于高炉炼铁的目的㶲效率。

（5）随入炉煤气量的减少和入炉煤气温度的上升，冶炼吨铁的能源消耗量减少。在炉顶煤气循环利用时，还原煤气中$\varphi(H_2)/\varphi(CO)$的升高、入炉煤气量的减少、入炉煤气温度的降低、出铁温度的上升以及直接还原铁渗碳量的增加，均有利于竖炉内能量的高效利用。

参 考 文 献

[1] 陈凌，张涛，郭敏，等. 气基竖炉——中国钢铁发展的新方向 [C] //全国炼铁生产技术会议暨炼铁学术年会文集（下）. 无锡：中国金属学会炼铁分会，2012：345～372.

[2] 周渝生，钱晖，齐渊洪. 煤制气生产直接还原铁联合工艺方案的研究 [C] //非高炉炼铁年会文集. 沈阳：中国金属学会非高炉炼铁分会，2012：49～53.

[3] 叶大伦，胡建华. 实用无机物热力学数据手册 [M]. 北京：冶金工业出版社，2002：545～594.

[4] 陈茂熙，彭国华. 直接还原竖炉还原煤气分析 [J]. 钢铁技术，1995，（9）：1～17.

[5] Yu G G. Energiron—new generation and innovation in DRI technology [R]. ITA：Danieli Metallurgical Equipment Co., Ltd, 2005：1～14.

[6] 中国国家标准化管理委员会. GB/T 14909—2005 能量系统㶲分析技术导则 [S]. 北京：中国标准出版社，2006.

[7] 祝立萍，龚义书. 高炉能量平衡和平衡 [J]. 节能，1999，（7）：5～8.

第 3 篇

钒钛磁铁矿非焦冶炼技术

7　钒钛磁铁矿资源综合利用现状及新工艺的提出

钒钛磁铁矿是以铁、钒、钛元素为主，并伴生有少量铬、镍、钴等的多元共生矿，具有重要的综合利用价值。目前钒钛磁铁矿主要用于高炉冶炼。高炉冶炼钒钛磁铁矿是将钒钛磁铁矿经烧结或造球的造块处理后，送高炉冶炼，冶炼过程中主要使用焦炭和喷煤作为还原剂，原矿中的钒在整个高炉冶炼过程中大部分被还原进入铁水，得到含钒铁水和高钛渣。高炉冶炼钒钛磁铁矿主要存在钒钛利用率不高、共生有用组分基本未加利用等问题。另外，鉴于目前非高炉冶炼方法已成功应用于复杂冶金资源综合利用，本章提出了钒钛磁铁矿的非高炉冶炼新工艺，主要包括"气基直接还原－电炉熔分"和"金属化还原－选分"工艺。

7.1　钒钛磁铁矿资源的特点

钒钛磁铁矿是一种含有铁、钒、钛等多种有益元素的多金属共生矿，在我国有着广泛的分布，矿床规模巨大，资源丰富。它的开发与利用，对于我国国民经济的发展具有重要的意义。

7.1.1　钒钛磁铁矿资源的分布

世界上钒钛磁铁矿的矿藏分布很广泛，但只集中分布在为数很少的国家和地区，如中国、南非、俄罗斯、美国分别占 36%、31%、18% 和 10%。而中国的钒钛磁铁矿资源又集中分布在四川攀西、河北承德、陕西汉中、湖北郧阳和襄阳、广东兴宁及山西代县等地区[1~3]。攀西作为我国钒钛磁铁矿资源最为富集的地区，现已探明钒钛磁铁矿远景储量超过 100 亿吨，其中含 TiO_2 8.73 亿吨，占全国总量的近 60%；含 V_2O_5 1579 万吨，占全国总量的 41%；含铁 31 亿吨，约占全国总量的 15%；同时还含 Cr、Co、Ni、Cu 等，其中红格矿区的 30 亿吨钒钛磁铁矿中就含 Cr_2O_3 900 万吨，相当于我国已探明铬资源的 80%。铬也是一种典型的战略金属，可以用于生产不锈钢、特种钢、电真空器件和太阳能电池等。攀西钒钛磁铁矿共（伴）生组分的价值约是铁的 13 倍，矿石的总价值相当于普通富铁矿石的 5 倍多。此外，承德地区钒钛磁铁矿总储量近 82 亿吨，其中含 TiO_2 2.413 亿吨，约占全国总量的 20%；含 V_2O_5 1334 万吨，占全国总量的 34%；含铁 13 亿吨，约占全国总量的 6.3%。从资源总量来看，我国钛资源总量约占世界总量的 48%，钒资源总量约占世界总量的 11.6%，分列世界第一位和第三位[4~6]。

攀西地区钒钛磁铁矿的成矿带共有四大矿床，它是以红格矿为中心，南有攀枝花矿，北有白马矿和太和矿，形成了一个特大的成矿带。其探明储量达 100 亿吨以上，保有储量达 33.88 亿吨，综合利用价值更大。攀枝花和红格地区的钒钛磁铁矿中 TiO_2 含量高、Fe 含量低，渣中 TiO_2 含量高，不利于高炉顺行；白马和太和地区的钒钛磁铁矿中 TiO_2 含量低、Fe 含量高，渣中 TiO$_2$ 含量低，有利于高炉顺行。白马矿床的钒钛磁铁矿中 V$_2$O$_5$ 含量比其他矿床高，可使生铁和钒渣品位提高。红格矿的钒钛磁铁矿中 Cr$_2$O$_3$ 含量平均高达 0.49% ~ 0.82%，综合回收利用价值高[5]。

承德地区的钒钛磁铁矿主要集中在大庙铁矿、黑山铁矿和马营铁矿等地区。大庙铁矿早在 20 世纪 30 年代就已开采，为井下作业，年出原矿 35 ~ 40 万吨。黑山铁矿于 1988 年开始露天开采，目前是承德钢铁公司的主要矿石供应地[6]。承德矿石与攀西地区矿石的矿物组成相似，但其中 TiO$_2$ 含量仅为 8%，故磁选后的铁精矿中含 Fe 61% ~ 62%、V$_2$O$_5$ 0.78%、TiO$_2$ 8.2%，高炉渣中含 TiO$_2$ 16% ~ 18%。

俄罗斯的钒钛磁铁矿资源相当丰富，总储量达 88.97 亿吨，主要分布在乌拉尔地区，目前开采的有古谢沃尔矿、卡契卡纳尔矿和第一乌拉尔矿。以上三地的精矿经造块制成球团和烧结矿，供下塔吉尔钢铁厂和邱索夫高炉冶炼含钒生铁。此外，俄罗斯还有一部分高 TiO$_2$ 的钒钛磁铁矿（w(Fe)/w(TiO$_2$) < 10），如缅脱维杰夫矿、沃尔科夫矿、库班矿、普多日戈矿和齐列斯克矿[7,8]。由于其含 TiO$_2$ 高，利用途径目前尚在研究中。

南非拥有储量丰富的含钒（w(V$_2$O$_5$) > 1.4%）高的钒钛磁铁矿，储量为 16.56 亿吨[8]。目前开采的是布什维尔德矿。它是南非钒、钛生产的主要原料基地，其中主要有以下矿山：

（1）马波奇矿山。该矿山位于罗森那卡尔地区，矿石的主要成分（w）是：TFe 53% ~ 57%，TiO$_2$ 12% ~ 15%，V$_2$O$_5$ 1.4% ~ 1.7%，Cr$_2$O$_3$ 0.15% ~ 0.6%，SiO$_2$ 1.5% ~ 2.0%，Al$_2$O$_3$ 3.0% ~ 4.0%。

（2）特伦斯瓦尔合金公司矿山。该矿山在斯托夫贝格地区，矿石含 V$_2$O$_5$ 1.52%。该矿供合金公司造球，然后进行回转窑氧化钠化焙烧和水浸提钒。

（3）肯尼迪河谷矿山。该矿山位于布什维尔德地区东部，矿石含 V$_2$O$_5$ 2.35%，在瓦萨厂经破碎、磨矿、磁选富集后造球，再进行氧化钠化焙烧和水法提钒。

（4）瓦曼特科矿产公司矿山。该矿山在博茨瓦纳共和国境内，经选矿后矿石含 V$_2$O$_5$ 2.0%，再送工厂破碎、磨矿、磁选富集，然后提钒。

（5）隆巴斯钒公司矿山。该矿山也在博茨瓦纳共和国境内，是该公司计划开采的一个矿山。该矿山属于磁铁矿床，与瓦曼特科矿类似，该矿含有 36% 磁铁矿，磁铁矿含 V$_2$O$_5$ 1.85% ~ 2.2%[9~11]。

亚太地区澳大利亚的钒钛磁铁矿主要集中在西澳大利亚的科茨矿、巴拉矿、巴拉姆比矿等。巴拉矿含 Fe 35% ~ 40%、TiO$_2$ 13%、V$_2$O$_5$ 0.45%，储量达 1500 万吨。此外，澳大利亚还是世界上最大的钒矿石生产国之一。钛铁矿主要集中在西海岸，产量占世界总产量的 30%。金红石主要集中在东海岸，产量占世界总产量的 50%。新西兰有大量的钒钛铁矿砂，总储量达 6.54 亿吨。斯里兰卡的东北海岸和西部海岸均有钛铁矿（含 Fe 31%、TiO$_2$ 53.61%），其中除含 70% ~ 80% 的钛铁矿外，还有 10% 的金红石和 8% ~ 10% 的锆石。

北美加拿大魁北克省阿莱德湖区储量为 1.5 亿吨的块状钛铁矿，其脉石主要是斜长石，矿石经重选后可得含 TiO$_2$ 36.8%、Fe 41.6% 的钛精矿，用于电炉冶炼高钛渣。美国也有丰富的钒钛磁铁矿矿藏，多分布在阿拉斯加州、纽约州、怀俄明州和明尼苏达州，但至今未被开发利用[9~11]。

北欧地区的挪威有欧洲最大的钛矿山——特尔尼斯矿。该矿山储量达 3 亿吨，为露天开采，年产矿石 276 万吨，原矿成分（w）为 Fe 20%、TiO_2 17%～18%；年产钛精矿 30 万吨，精矿成分（w）为 TiO_2 44%、Fe 36%。瑞典的塔贝格和基律纳也有钒钛磁铁矿。塔贝格矿含 V_2O_5 0.7%。芬兰对钒钛磁铁矿的开发利用较早，奥坦马克是 1953 年投产的矿山，每年地下开采约 100 万吨矿石，矿石含 Fe 30%～35%、TiO_2 13%、V_2O_5 0.45%，经浮选 – 磁选后，精矿中含 Fe 69%、TiO_2 2%、V_2O_5 1.07%。

随着钒钛磁铁矿综合利用技术的不断开发和应用，钒钛磁铁矿的矿藏将有新的发现，开发未被利用的矿藏的工作将受到重视。非洲的埃及、纳米比亚，南美洲的巴西、智利和委内瑞拉，亚洲的马来西亚和印度尼西亚等国均有钒钛磁铁矿资源，但目前开采利用的不多[12]。

7.1.2　钒钛磁铁矿矿石、矿物特征

钒钛磁铁矿都是以铁、钛、钒三种元素为主体，并伴生有铬、钴、镍、铜、硫、钪、硒、碲、镓及铂等多种组分。在自然界中，钒钛磁铁矿赋存于基性岩体内，形成的矿物中常见的有价矿石为钛磁铁矿和钛铁矿，其中还夹杂着赤铁矿、磁铁矿、褐铁矿、硫化物等，按含铁品级划分属于中贫级的矿石[13]。以我国昌西到渡口一带的钒钛磁铁矿为例，其一般原矿含 Fe 25%～30%、TiO_2 5%～12%、V_2O_5 0.3% 左右，还含有万分之几的 Co、Ni；尤其是红格矿区矿石的铬（Cr_2O_3）含量较高，为 0.3%，而其他矿区均为万分之几。

钒钛磁铁矿的主要矿石类型有辉长岩型、橄辉岩型、辉石型和橄长岩型，多属于稠密程度不等的浸染状构造。矿石矿物主要有钛磁铁矿、钛铁矿、黄铁矿、磁黄铁矿以及其他硫化矿物，脉石矿物主要有钛辉石、斜长石、橄榄石等[14]。不同类型的矿石在矿石矿物，特别是脉石矿物组成上具有一些变化。

根据现有工业生产水平，钒钛磁铁矿通过选矿可以获得三种矿物原料，即铁钒精矿、钛精矿和富含钴、镍的硫化物精矿。各有价成分在矿石中的赋存情况可描述如下[15~18]：

（1）Fe 元素。钒钛磁铁矿的铁（TFe）主要赋存于钛磁铁矿中。钛磁铁矿中铁的分配值严格受矿石品级（即原矿石 TFe 品位高低）所控制。原矿石中 TFe 含量与钛磁铁矿所占有 TFe 的金属量（即分配率）呈正相关，相关系数密切。攀枝花矿区原矿石的 TFe 含量为四大矿区之首，以各矿区开采矿铁品位计：攀枝花原矿开采铁的平均品位为 29.75%～31.46%，钛磁铁矿中 TFe 的分配率占 75.99%～83.69%；白马矿原矿设计铁的开采品位为 26.62%，TFe 的分配率占 70.48%；太和矿原矿开采铁的品位为 28.30%，TFe 的分配率占 73.03%；红格矿矿石平均铁的开采品位为 26.51%，TFe 的分配率占 72.51%。钛磁铁矿是铁的主要矿物，是利用铁的物料。除钛磁铁矿外，尚有钛铁矿类、硫化物类、脉石矿物类。经计算，钛铁矿与脉石矿物中 TFe 的金属量与原矿石 TFe 含量呈负相关，相关系数远没有钛磁铁矿与原矿的密切，但规律性是明显的。硫化物矿物量在不同品级中趋于稳定，其 TFe 含量占矿石铁的分配量为：攀枝花矿 1.69%～1.83%，白马矿 2.74%～4.34%，太和矿 1.68%～1.83%，红格矿 1.36%～3.44%。

（2）Ti 元素（TiO_2）。铁矿石中一般含 TiO_2 10%～20%（白马矿区较低，仅为 6.63%）。含钛矿物主要有钛铁晶石、片状钛铁矿和粒状、结状钛铁矿，前两者与磁铁矿形成固溶体紧密共生，粒度极细（0.4μm 至几个 μm），形成钛磁铁矿。钛铁矿和钛磁铁

矿中的 TiO_2 占矿石中 TiO_2 总量的 90%～99%，粒状和结状钛铁矿可以机械选分，而钛磁铁矿中的钛铁晶石和片状钛铁矿则无法用机械方法选分。

（3）V 元素（V_2O_5）。钒主要以类质同象的形式赋存于钛磁铁矿中，无法用机械方法选分。钛磁铁矿中的 V 含量约占矿石中全 V 量的 80%～98%，脉石中的 V 量占 0.5%～18%。

（4）Cr 元素（Cr_2O_3）。铬与钒相似，也以类质同象的形式存在于钛磁铁矿中，形成逐渐过渡的钛磁铁矿－铬钛磁铁矿－钛铬铁矿系列。红格矿区的钛磁铁矿中，Cr 的分配率占 87.28%～99.12%。在攀枝花矿、白马矿和太和矿中，Cr_2O_3 含量一般小于 0.1%，最高不超过 0.2%。

（5）其他元素（Sc，Co，Ni，Cu）。钪主要以类质同象的形式赋存于脉石矿物和钛铁矿中。红格矿区脉石矿物含 Sc 17.6～56.2g/t，占全 Sc 量的 70.88%～92.17%；钛铁矿中含 Sc 18.2～28.4g/t，占全 Sc 量的 23.39%～26.5%。攀枝花矿和白马矿的 Sc 含量分别为 40.98g/t 和 50.6g/t，占全 Sc 量的 30% 以上。矿石中的钴、镍、铜除以硫化物形式存在外，还有相当数量分布在钛磁铁矿和脉石矿中。这几种组分的分配特点不尽相同。Co 的亲铁性较强，Cu 的亲硫性强，Ni 介于两者之间。因此 Co 和 Ni，特别是 Co 有一部分以类质同象的形式赋存于钛磁铁矿中；红格矿中含 Co、Ni、Cu 的硫化物较多，有 95% 的铂族（ΣPt）元素赋存于硫化物中。

由此可见，矿石中的三种主要工业矿物均富含多种有价组分。钛磁铁矿中主要含有 Fe、Ti、V、Cr 以及部分 Co、Ni，钛铁矿中主要含有 Ti、Fe、Sc，硫化物中主要含有 Co、Ni、Cu、Sc、Te 及铂族等，这些组分均可从三种精矿中回收利用。

7.2　钒钛磁铁矿资源综合利用现状

钒、钛是世界公认的重要战略资源，是国民经济发展和国家安全的重要物质保障，广泛应用于冶金、化工、航空航天、国防军事等领域。其中，钒被称为"现代工业的味精"，钛被誉为"第三金属"。

在自然界中，90% 以上的钒、钛资源是以钒钛磁铁矿形式赋存的。世界上钒钛磁铁矿的矿藏分布很广，主要有俄罗斯的乌拉尔地区，中国的攀西、承德和马鞍山地区，南非的布什维尔德地区，澳大利亚的西澳海滨地区，以及新西兰、加拿大、美国等国家。至今为止，全球钒钛磁铁矿的工业应用主要有三种：

（1）用作高炉炼铁的原料，回收铁和钒，钛进入高炉渣而没有回收，如中国攀钢和承钢、俄罗斯下塔吉尔钢厂等。

（2）用作回转窑直接还原的原料，后经电炉熔化分离或熔分还原后回收铁和钒，钛进入熔分渣而没有回收，如南非海威尔德公司、新西兰钢铁公司等。

（3）含 TiO_2 很高的钛精矿用作电炉冶炼高钛渣的原料，主要目的是回收钛，兼顾回收铁，如加拿大 QIT 公司等。

尽管钒钛磁铁矿中含有铁、钒、钛等有价组元，但受资源禀赋差异和技术水平高低的影响，到目前为止，除我国以外，世界上还没有从钒钛磁铁精矿中同时回收铁、钒、钛三大资源的工业先例。

尽管钒、钛资源的战略地位十分重要，而且总的储量很大，但是针对现行加工利用工业流程对所需原料的品位要求，这些资源又都是低品位矿，如攀西地区的钒钛磁铁矿含 TFe 31% ~ 36%、TiO_2 12% ~ 13%、V_2O_5 0.28% ~ 0.34%、Co 0.014% ~ 0.023%、Ni 0.008% ~ 0.015%；加之具有有价矿物种类繁多、赋存尺度十分微细且相互间紧密共生等典型复合铁矿资源的特点，与普通矿产资源相比，其矿物加工和利用难度加大。简言之，可用"贫"、"细"、"散"、"杂"表示其矿物组成及结构的特点。

（1）贫。相对于其他单一矿种而言，钒钛磁铁矿中铁、钒、钛等有价组元品位较低，均属贫矿。故采、选、冶工艺困难，运输、加工和尾矿量大，有价组元回收率很低。

（2）细。矿物颗粒嵌布细。如钛磁铁矿中除磁铁矿外还含有：钛铁晶石（$2FeO \cdot TiO_2$），呈网状薄片（0.1 ~ 0.01mm）；钛铁矿（$FeO \cdot TiO_2$），以片晶形式存在（0.01 ~ 0.005mm）。为实现有价矿物与脉石的分离，需消耗较大的能量把矿磨细。有些矿物颗粒嵌布非常细，根本无法利用普通磨矿方法实现铁、钒、钛的分离，而只能采用化学方法。

（3）散。矿物在矿石中分布稀散，散布于数种具有不同特性的矿物中。如在钛磁铁矿中，铁分布在主晶矿物磁铁矿（$FeO \cdot Fe_2O_3$）、客晶矿物钛铁晶石（$2FeO \cdot TiO_2$）、钛铁矿（$FeO \cdot TiO_2$）和镁铝尖晶石（$(Mg, Fe)(Al, Fe)_2O_4$）等矿相中。如果再考虑钒的复合，则因铁的分散而使矿物组成和结构变得十分复杂，无法采用普通的物理和化学方法把分布在多种矿相中的有价组元汇总分离。

（4）杂。矿物结构复杂，组成复杂。如攀西钒钛磁铁矿中的氧化物矿相主要包括钛磁铁矿（也是钒、铬的主要寄生矿物）、钛铁矿、钛铁晶石、磁铁矿、磁赤铁矿、赤铁矿、假象赤铁矿、金红石、白钛石、钙钛矿等，硫化物矿相主要包括硫黄铁矿、黄铁矿等 20 多种[19]。

钒钛磁铁矿资源贫、细、散、杂的特点，给采、选、冶工艺带来了很大的困难，造成铁、钒、钛资源利用率低，且解决这些问题相当困难。究其原因，一方面是由于历史上没有把这种多金属共（伴）生矿看做一种比普通铁矿更有价值的资源，而是简单地采用普通铁矿的选、冶工艺进行加工利用；另一方面，至今没有合适的符合钒、钛资源生态化综合利用的思路和技术，其结果必然造成资源综合利用率低、废弃物多、环境负荷大。

因此，本节主要从选矿技术、高炉法以及非高炉法三方面来综述钒钛磁铁矿资源综合利用技术现状。

7.2.1 钒钛磁铁矿选矿

选矿不仅在于提高铁精矿的品位、去除有害杂质、回收有价元素以实现综合利用，对于钒钛磁铁矿，通过选矿和造块还可以改善入炉矿石的冶金性能。因此对钒钛磁铁矿而言，选矿是一个十分重要的工艺环节。

钒钛磁铁矿的选矿工艺，应将矿石中的钛磁铁矿、钛铁矿和硫化物三种主要矿石进行选分。而主要工业矿物中均富含多种有价组分，钛磁铁矿主要含有 Fe、Ti、V、Cr、Co、Ni、Ga，钛铁矿主要含有 Ti、Fe、Sc，硫化矿物主要含有 S、Co、V、Cu 及铂族等。

提取 Fe 和 V 的目的矿物是钒钛磁铁矿。它是一种复合矿物，具有强磁性，因此可以用弱磁选的方法获得含钒铁精矿。但是，钒铁精矿含 TiO_2 高而含 SiO_2 低，需要控制合理的产品质量，以满足不同冶炼工艺的要求。对于高炉－转炉流程，不仅要求钒钛磁铁精矿品位高，而且还要求含 TiO_2 少。这主要取决于磨矿细度[20~24]。表 7－1 列出了攀西地区各矿区矿石中主要矿物的粒度。

表 7 - 1　攀西地区各矿区矿石中主要矿物的粒度　　　　（mm）

矿区	矿石中主要矿物的粒度					
	钛磁铁矿	粒状钛铁矿	磁黄铁矿	黄铁矿	钛普通辉石	长石
攀枝花	0.2 ~ 3	0.1 ~ 1.5	0.1 ~ 1		0.4 ~ 5	0.3 ~ 7
红格	0.1 ~ 1	0.1 ~ 1.25	< 0.2		0.2 ~ 3	0.5 ~ 2.5
白马	0.3 ~ 1.2	0.3 ~ 1	0.05 ~ 0.7		0.4 ~ 2	0.5 ~ 2
太和	0.3 ~ 1.2	0.3 ~ 1	0.05 ~ 0.2	0.1 ~ 0.3	0.7 ~ 5	0.3 ~ 10

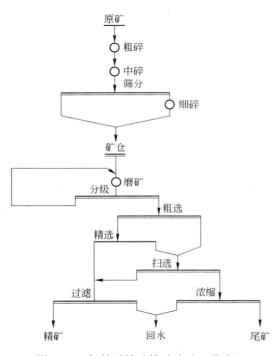

图 7 - 1　钒钛磁铁矿精矿选矿工艺流程

由表 7 - 1 可见，该类矿石中脉石矿物晶粒粗大，钛磁铁矿次之。这表明在粗磨条件下，大部分矿物可较充分地解离。试验结果表明，攀枝花精矿磨矿细度从小于 0.074mm 粒级占 35% ~ 40% 增加到 65% ~ 75% 时，精矿含 Fe 品位虽可提高，但增加缓慢，收得率降低，TiO_2 含量变化不大，而 SiO_2 含量却降低，从而渣量减少，渣中 TiO_2 含量提高，对高炉冶炼不利。此外，细磨精矿后，虽 V 含量有所增加，但 V 的收得率降低。因此，钒钛磁铁矿的粒度应控制在一个合适的水平上，使综合利用和高炉冶炼效果有一个最佳的配合。研究表明，各矿区钒钛磁铁矿的合适粒度为：攀枝花精矿小于 0.074mm 粒级占 35% ~ 40%，白马精矿小于 0.074mm 粒级占 45% ~ 55%，太和精矿小于 0.074mm 粒级占 30% ~ 35%。因此，从攀枝花矿中提取钒钛磁铁精矿的合适流程应当是一段磨矿、一段粗选和一段精选的磁选工艺[21~23]，如图 7 - 1 所示。

攀西地区的钒钛磁铁矿中含有多种有价成分，工业利用价值极大。按初步计算，每处理 1 万吨矿石获得的可回收有价元素的数量列于表 7 - 2 中[24]。为了充分利用这些资源，目前国内正在进行选、冶新流程的试验。选矿工艺是综合利用钒钛磁铁矿的重要一环。

表 7 - 2　每处理 1 万吨矿石获得的产品数量　　　　（t）

产品名称	矿区名称及产品数量			
	攀枝花	红格	白马	太和
钒钛磁铁精矿（$w(TFe) \approx 53\%$）	4358	2458	2875	3366
钛精矿（$w(TiO_2) = 46\% ~ 48\%$）	550	600	100	600
硫钴精矿	30	60	8	40

产 品 名 称	矿区名称及产品数量			
	攀枝花	红格	白马	太和
生 铁	2285	1289	1565	1757
五氧化二钒 （$w(V_2O_5) \geqslant 98\%$）	13	10	15	14

目前，钒钛磁铁矿的选矿技术已逐渐走向成熟，钒钛磁铁矿选矿生产目前已可获得较好的经济效益，但依然存在着一些问题，例如生产的钛铁矿精矿和硫化物精矿收得率还比较低、具体分选方法的适应性及设备的分选效率还不高等。如何进一步完善钒钛磁铁矿的选矿技术，是这一领域的研究重点。

7.2.2 钒钛磁铁矿高炉法综合利用

无论是攀钢密地选矿厂、白马选矿厂，还是攀枝花周边众多的小选矿厂，其铁精矿产品均主要供应攀钢高炉炼铁。目前高炉冶炼钒钛磁铁矿的主要流程如图 7 - 2 所示[25]。该方法是将钒钛磁铁精矿先经烧结或造球的造块处理后送高炉冶炼，冶炼过程中主要使用高炉焦炭和喷煤作为还原剂，原矿中的钒在整个高炉冶炼的过程中大部分被还原进入铁水，得到含钒铁水和高炉渣。高炉冶炼之后所得的含钒铁水再经过脱硫、转炉吹炼，大部分钒被氧化进入炉渣，得到生铁（或半钢）和含钒炉渣。所得的含钒炉渣可用于冶炼含钒铁

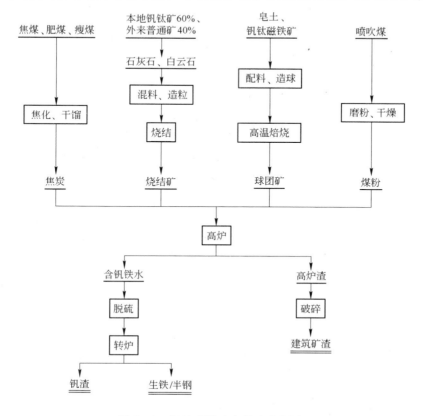

图 7 - 2 钒钛磁铁矿高炉法流程图

合金，也可用于水法制取 V_2O_5；生铁（或半钢）通过转炉再进一步脱碳，其中钛进入炉渣，得到钢水和含钛渣[26~28]。

众所周知，传统高炉流程冶炼高 TiO_2 钒钛磁铁矿的难点在于：炉渣性质极不稳定且易变稠，严重时造成炉缸堆积，渣铁不分，相应的高炉各项操作指标恶化。前苏联因有较大储量的钒钛磁铁矿，故于 1931~1933 年间先后在 $270m^3$ 以下高炉中进行过四次高钛渣工业试验，渣中 TiO_2 含量高达38%~40%，并且得到了合格生铁。但是高炉操作很不稳定，经常发生悬料、崩料、渣铁变稠和炉缸堆积等，最后仅掌握了终渣中 TiO_2 含量在15%以下的工业生产技术。造成这种现象的根本原因在于，高炉内 TiO_2 还原产生了大量高熔点且与渣－铁界面润湿良好的 Ti（C，N）颗粒，从而改变了渣－铁界面的性质。

我国的钒钛磁铁矿资源在世界上十分特殊，其他国家即使有也与之相差甚远。我国的钒钛磁铁矿曾被当年援华的前苏联专家视为"呆矿"，不仅不能采用高炉冶炼，而且因无利用价值，根本不应开采。但我国冶金工作者经过多年的努力，采取一系列特殊的技术措施，成功地解决了高炉冶炼高 TiO_2（渣中 TiO_2 含量达25%）型钒钛磁铁矿的技术问题，各项操作正常，生铁合格，渣铁畅流。目前为了降焦节能及提高高炉效率，工艺改变较大，在全钒钛矿基础上配加了30%的普通矿，使高炉利用系数大大提高，创造了显著的效益。至今其仍被国际上视为高炉冶炼钒钛磁铁矿的世界性业绩，这是我国冶金界在国际学术和产业界为数不多的具有话语权的领域。

目前，攀钢钒钛磁铁矿冶炼工艺流程为：选矿→烧结→高炉炼铁→转炉提钒→半钢炼钢，其有价组元走向见图 7－3。

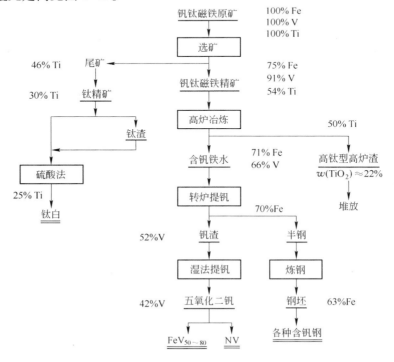

图 7－3 攀钢钒钛磁铁矿冶炼工艺流程

该工艺把原矿中的 TiO_2 分成了两部分，其中 54% 的 TiO_2 经选矿进入铁精矿，最终又分别进入生铁（约含 Ti 0.19%）和炉渣（含 TiO_2 22% ~ 24%），其余进入铁精矿尾矿。钒亦如此，约 46% 的 V_2O_5 随铁精矿进入铁水后再提钒，其余进入尾矿和炉渣中，无法实现回收利用。由于含 TiO_2 炉渣多以化学活性极低的玻璃相为主，加之赋存在炉渣中的高结晶性析出矿物种类多，使其矿相十分复杂，难以用常规物理或化学方法从中提取 TiO_2。迄今为止，除实验室规模的多种工艺研究外，没有能够处理攀钢含 22% ~ 24% TiO_2 高炉渣的工业级方法。大量炉渣堆积在金沙江两岸，既浪费了资源，又污染了环境，还造成了潜在的重大自然灾害隐患。按目前攀钢年产约 300 万吨含 22% TiO_2 的高炉渣计，每年浪费 TiO_2 近 70 万吨，经济损失近 10 余亿元，加之承德存在与之相当的资源浪费问题，结果令人触目惊心。选铁尾矿中的 TiO_2 长期以来也未能得到很好的利用，目前仍有大量钛资源以二次尾矿的形式被抛弃，造成钛资源的浪费。截至目前，攀西地区钒钛磁铁矿全流程中铁、钒、钛的回收率较低，分别为 70%、46% 和 25%，其他的有价组元（如铬、钪等）基本没有回收。与之相比，承德地区钒钛磁铁矿的资源利用率更低，钛的回收率还不到 10%。为此，钒钛磁铁矿资源的高效综合利用已被列入《国家中长期科学与技术发展规划纲要（2006 ~ 2020 年）》。

7.2.3 钒钛磁铁矿非高炉法综合利用

7.2.3.1 钒钛磁铁矿先钒后铁流程

由于钒是重要的战略资源，南非、澳大利亚等国家对含钒较高的钒钛磁铁精矿（精矿中 $w(V_2O_5) > 1\%$）采用先回收其中钒的工艺。基本流程为：将钒钛磁铁精矿与钠盐加入黏结剂造球，然后使用回转窑在 1000℃ 左右对球团进行氧化钠化焙烧，焙烧过程中精矿中的钒会与钠盐生成溶于水的钒酸盐，得到的钒酸盐经水浸提钒，使钒与铁、钛分离，从而得到含钒溶液和残球，含钒溶液经处理得到 V_2O_5，残球经回转窑还原、电炉熔分获得钢水和钛渣。这个流程先提取了钒钛磁铁矿中的钒，然后提取铁和钛，具体工艺流程见图 7-4[29~31]。例

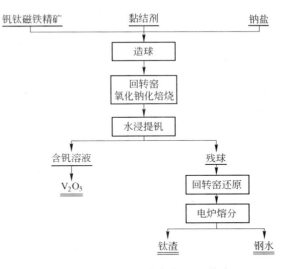

图 7-4 钒钛磁铁矿先提钒法工艺流程

如，南非使用的钒钛磁铁矿原矿成分（w）为：TFe 53% ~ 57%，V_2O_5 1.4% ~ 1.9%，TiO_2 12% ~ 15%，SiO_2 1.0% ~ 1.8%，Al_2O_3 2.5% ~ 3.5%，Cr_2O_3 0.15% ~ 0.6%。此钒钛磁铁矿的钒含量非常高，采用回转窑将钒钛磁铁精矿经氧化钠化焙烧、水浸提钒、沉淀以得到 V_2O_5，而其他元素并不回收。

7.2.3.2 钒钛磁铁矿先铁后钒流程

先铁后钒流程研究较多的是回转窑-电炉法和钠化还原-磨选法。

A 回转窑-电炉法

钒钛磁铁矿回转窑直接还原－电炉熔分炼钢流程，是20世纪70年代中期开始重点研究的一个钢铁冶炼新流程。该流程的主要目标首先是为了以煤取代焦炭作为炼铁的能源，其次是为了综合提取钒钛磁铁精矿中的铁、钒、钛。根据冶炼过程钒的走向，回转窑－电炉法可分为电炉熔分流程和电炉深还原流程两大类，具体工艺流程见图7－5[32]。

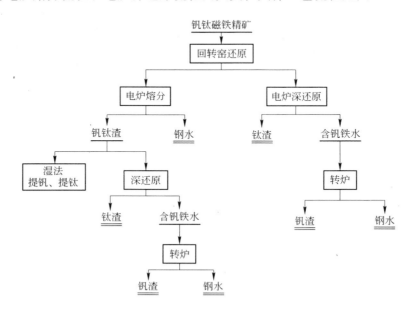

图7－5 钒钛磁铁矿回转窑－电炉法工艺流程

此两类流程都是先将钒钛磁铁精矿通过回转窑还原得到还原产物。电炉熔分流程是将钒钛磁铁精矿的还原产物在电炉内以较低温度进行熔化分离，钒和钛选择性进入渣相，得到钒钛渣，然后对钒钛渣进行湿法提钒、提钛。电炉深还原流程是将钒钛磁铁精矿的还原产品在电炉内以较高温度进行深度还原，使钒被还原进入铁水，形成含钒铁水，钛大部分进入渣相，其原理实际上与高炉法类似，只是冶炼难度相对降低了。

无论是电炉熔分流程还是电炉深还原流程，钒钛磁铁矿还原产品的金属化率一般都在60%～80%之间[33~35]。南非、前苏联、新西兰等国家均对回转窑－电炉法进行了一定的研究并实现了一定的工业化，其工业化的主要产品是钒渣和铁、钢，而矿石中的 TiO_2 并没有得到有效利用。这主要是由于如果炉渣中 TiO_2 含量大于30%，电炉熔炼同样存在炉渣过黏、操作难度大的问题，冶炼十分困难。目前仅南非和新西兰根据本国的资源和能源条件，将回转窑－电炉法流程应用于工业生产，主要用于回收其中的铁和钒，所得到的含钛渣中 TiO_2 的品位在30%左右，而目前这部分钛渣也未能实际利用。

B 钠化还原－磨选法

钠化还原－磨选法是将钒钛磁铁精矿在配加钠盐的条件下进行选择性还原，使其中的铁氧化物充分还原为金属铁并长大到一定粒度，得到金属化球团，而钒、钛在其中仍保持氧化物形态；然后将所得的高金属化产品细磨、分选成铁粉精矿和富钒钛料，再对富钒钛料进行处理提取钒、钛，其工艺流程如图7－6所示[36]。我国和俄罗斯对钠化还原－磨选法进行过较为详细的研究。研究结果表明，目前该流程还有很多技术难点，而且在生产规模上钠化还原－磨选法与高炉法和回转窑－电炉法无法相比，这也是其工业应用难度大的原因之一。

7.2.3.3　钒钛磁铁矿铁、钒、钛同时提取流程

钒钛磁铁矿铁、钒、钛同时提取流程的基本过程是：向钒钛磁铁精矿中加入碳酸钠进行高温还原焙烧，还原焙烧后的产物于热态下直接投入水中，经磨细和磁选过程，同时获得金属铁粉、钛酸钠和溶于水的钒酸钠。俄罗斯、日本对这一流程进行过实验研究。研究结果表明，该流程虽然可以一步分离铁、钒、钛，但

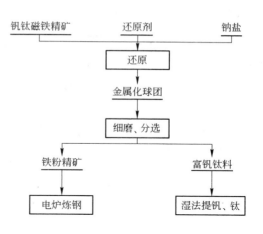

图7－6　钒钛磁铁矿钠化还原－
磨选法工艺流程

添加剂必须采用碳酸钠，而且钒酸钠的生产条件苛刻，操作控制困难，故也未成功[37~40]。

7.3　钒钛磁铁矿冶炼新工艺

近年来，国内针对复杂难选铁矿石选矿技术开展了大量的研究工作。由于复杂难选铁矿石的共同特点是矿物嵌布粒度细、共生关系复杂，采用常规选矿方法很难有所突破，即使个别选矿指标达到要求，综合考虑能耗、成本因素，特别是考虑到资源的利用效率，传统选矿工艺也很难满足要求。非高炉炼铁工艺在一定程度上缓解了传统高炉流程受焦煤资源制约的问题，但非高炉炼铁无论是直接还原还是熔融还原，对入炉矿石品位、粒度的要求均较高，使用的仍然是高品位球团矿、烧结矿或天然块矿。这使得钢铁行业仍然在很大程度上受铁矿资源的限制，采用传统的选冶工艺仍无法经济、合理地充分利用我国目前已探明的难选铁矿资源。

鉴于现有高炉流程难以进一步提高钒、钛等有价组元的利用率以及其他非高炉流程未有成功的工业应用，提出基于非高炉流程的有利于实现钒、钛高效清洁综合利用的新方法——金属化还原－高效选分新工艺。把金属化还原－高效选分工艺应用于处理钒钛磁铁矿，目前国内外尚未见相关报道，但有必要进行深入研究。

金属化还原－高效选分是综合利用复杂难选难处理铁矿资源的有效手段。金属化还原就是将破碎到一定粒度的铁矿石在一定温度的条件下，用还原剂将铁矿物还原成金属铁。在特定温度下还原出的金属铁原子可以自由收缩，不断兼并长大，最终长成一定粒度的铁颗粒。还原后的熟料经过冷却，使铁颗粒－脉石界面发生收缩，有利于后续磨矿中金属铁颗粒与脉石的解离，经选分后即可获得高品位、高收得率、高金属化率的产品。该产品经压块后可用于炼铁或者电炉炼钢流程。该工艺对所用还原煤的要求为固定碳含量高、灰分熔点高，当前我国大部分动力煤均可满足该工艺生产要求。与直接还原相比，金属化工艺反应过程同样是固态反应，但不同之处在于金属化还原工艺不造球、不压块，省去了球团矿焙烧环节，因而降低了能耗，同时金属化还原产品不同于海绵铁。

金属化还原－高效选分技术对复杂难选铁矿石的开发利用具有如下重要意义：

（1）增加我国可利用铁矿资源 100 亿吨以上，可改善和缓解我国铁矿资源的短缺现状。

（2）复杂难选铁矿石金属化还原 - 选分过程的还原剂为非焦煤，可缓解我国焦炭供应紧张的局面。

（3）所得产品为含铁 80% 以上的铁粉，适当处理后可代替废钢直接用于炼钢，可缓解我国钢铁工业废钢供应不足的问题。

（4）复杂难选铁矿石金属化还原 - 高效选分技术的工业化，有利于提高我国在铁矿石贸易谈判中的主动权。

可见，金属化还原 - 高效选分技术可在一定程度上解决我国钢铁工业所面临的难题，因此，本书的相关研究具有重要的意义。

当前钒钛磁铁矿综合利用最核心的问题是铁、钒、钛等资源的利用率低。一直以来我国都非常重视钒钛磁铁矿资源的开发和合理利用，但受钒钛资源特殊性、工艺方法以及科学研究不够深入的影响，导致目前攀西地区钒钛磁铁矿中铁、钒、钛等有价组元的回收率比较低，其根本原因是钒、钛等有价组元在现有工艺流程中向有利的方向迁移不利。这一方面是由于高炉冶炼条件下含高熔点 Ti（C，N）颗粒高温溶胶的生成恶化了钒、钛相间迁移及分离的动力学条件，不利于钒、钛充分向铁液中还原；另一方面，为了适应后期转炉炼钢工艺，渣 - 铁界面氧化吹钒过程受到限制，从而导致钒渣品位下降，最终使钒的回收率降低。再者，由于天然钒钛矿石禀赋的差别较大，冶炼过程中又采取配矿措施，使得矿石中有价组元进一步分散到多个矿相中，而且焦炭和喷吹煤灰分的污染导致高温过程中熔渣内产生了大量低活性的玻璃相；另外，CaO 熔剂的加入导致生成钙钛矿物相，给后续的炉渣提钛造成极大困难。为了实现钒、钛等有价组元的高效分离提取及其生产技术进步，必须加强对钒、钛等有价组元强化迁移及有效分离等重要科学问题的深入研究。因此，针对现行钒钛磁铁矿冶炼工艺钒、钛等有价组元利用率偏低、仍有诸多重要科学问题尚待解决的现实，提出新的利用方法并研究新工艺过程中铁、钒、钛等有价组元相际迁移的动力学规律和影响因素，是探索钒钛磁铁矿资源高效清洁利用新途径的核心环节和关键科学问题。

鉴于目前钒钛磁铁矿高炉流程难以进一步提高钒、钛等有价组元的利用率，现有非高炉流程未有成功的工业应用，本书以全面提高钒钛磁铁矿中铁、钒、钛等有价组元的回收率为核心目标，提出了基于非高炉流程的钒钛磁铁矿资源高效清洁综合利用新方法，包括钒钛磁铁矿原矿或精矿→金属化还原→高效选分→钒、钛提取以及钒铁磁铁精矿氧化球团→气基竖炉直接还原→电炉熔分→钒、钛提取，其工艺流程见图 7 - 7。在此基础上，针对新工艺关键环节，充分结合冶金物理化学、界面化学、工艺矿物学以及现代测试技术，重点研究复杂多相界面的化学反应动力学机制与有价组元传递过程、炉渣凝固过程控制机理及其影响因素、有价组元矿相重构特性及其控制条件、有价组元高效分离机理和条件等关键科学问题，以求实现我国钒钛磁铁矿资源综合利用的理论完善和方法创新，以此为钒钛磁铁矿资源高效清洁利用提供有价组元迁移动力学规律的科学解释，并奠定相关的理论基础。

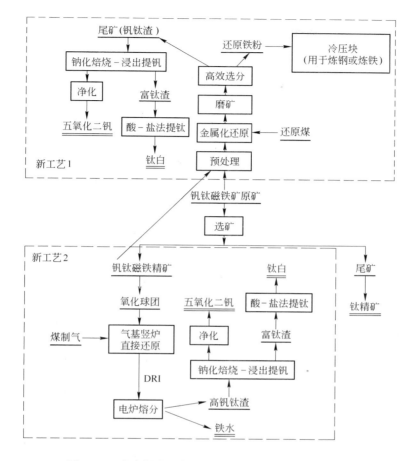

图 7-7 本书提出的钒钛磁铁矿高效清洁利用新技术

参 考 文 献

[1] 刁日升, 孙希文. 高炉冶炼钒钛磁铁矿渣中 TiO_2 25% ~26% 工业试验 [J]. 攀钢技术, 1996, 19 (3): 12~16.

[2] 邢树国, 成彩凤. 承钢钒钛磁铁矿长寿高炉设计特点 [J]. 四川冶金, 2005, 27 (5): 30~31.

[3] 张振峰, 陈红建, 吕庆. 承钢高炉炉缸沉积物矿相研究 [J]. 河北理工大学学报 (自然科学版), 2008, 30 (4): 11~15.

[4] 欧阳鹏, 陈昆生. 钒钛磁铁矿在玉钢高炉上的冶炼实践及分析 [J]. 昆钢科技, 2008, (3): 9~11, 21.

[5] 潘群. 冶炼钒钛磁铁矿对高炉铁损影响的分析 [J]. 四川冶金, 2005, 27 (6): 17~18.

[6] 刁日升. 高炉冶炼钒钛磁铁矿配加普通矿的作用 [J]. 攀钢技术, 1996, 19 (5): 1~6, 12.

[7] 文光远. 重钢高炉冶炼钒钛磁铁矿的回顾 [J]. 钢铁钒钛, 1998, 19 (4): 52~57.

[8] 徐楚韶. 中小高炉冶炼钒钛磁铁矿 [J]. 四川冶金, 1993, 2 (4): 1~5.

[9] 杨邵利, 陈厚生. 钒钛材料 [M]. 北京: 冶金工业出版社, 2009: 22~54.

[10] 中南矿冶学院团矿教研组. 铁矿球团 [M]. 北京：冶金工业出版社，1960：55 ~ 95.

[11] 梅耶尔 K. 铁矿球团法 [M]. 杉木，译. 北京：冶金工业出版社，1986：60 ~ 103.

[12] 张一敏. 球团矿生产知识问答 [M]. 北京：冶金工业出版社，2005：25 ~ 85.

[13] 李兴凯. 竖炉球团 [M]. 北京：冶金工业出版社，1982：40 ~ 91.

[14] 汪琦. 铁矿含碳球团技术 [M]. 北京：冶金工业出版社，2005：20 ~ 113.

[15] 薛逊. 钒钛磁铁矿直接还原实验研究 [J]. 钢铁钒钛，2007，28 (3)：37 ~ 41.

[16] 冀春霖，陈厚生，詹庆霖. 钒钛磁铁矿球团灾难性膨胀及其消除办法的研究 [J]. 钢铁，1979，2 (5)：1 ~ 9.

[17] Hu Junge. Development of Gas – Based Shaft Furnace Direct Reduction Technology [C] //Proceedings of the 5th International Congress on the Science and Technology of Ironmaking. 2006：1292 ~ 1296.

[18] 周渝生. 非高炉炼铁工艺的现状及其发展 [J]. 冶金信息工作，1997，(4)：18 ~ 27.

[19] 孙泰鹏. 非高炉炼铁工艺的发展及评述 [J]. 沈阳工程学院学报 (自然科学版)，2007，(1)：90 ~ 93.

[20] Luengen H B，Muelheims K，Steff R. 铁矿石直接还原与熔融还原的发展现状 [J]. 上海宝钢工程技术，2001，(4)：27 ~ 43.

[21] 王定武. 转底炉工艺生产直接还原铁的现状和前景 [J]. 冶金管理，2007，(12)：52 ~ 54.

[22] 赵庆杰，李艳军，储满生，等. 直接还原铁在我国钢铁工业中的作用及前景展望 [C] //2010 年非高炉炼铁学术年会暨钒钛磁铁矿综合利用技术研讨会文集. 攀枝花：中国炼铁协会炼铁分会，2010：1 ~ 9.

[23] 柳政根，唐珏，王兆才，等译. 2009 年世界直接还原铁生产统计 [C] //2010 年非高炉炼铁学术年会暨钒钛磁铁矿综合利用技术研讨会文集. 攀枝花：中国炼铁协会炼铁分会，2010：114 ~ 120.

[24] 朱苗勇. 现代冶金学 (钢铁冶金卷) [M]. 北京：冶金工业出版社，2008：111 ~ 117.

[25] 汪云华，彭金辉，杨卜，等. 钒钛磁铁矿制备还原铁粉的碳还原过程的实验研究 [J]. 南方金属，2005，(10)：25 ~ 27.

[26] 杨双平，马燕波，曹维成，等. 直接还原技术的发展及前景 [J]. 甘肃冶金，2006，28 (1)：7 ~ 10.

[27] 赵红全. 新型隧道窑生产直接还原铁实践 [J]. 昆钢科技，2009，(1)：26 ~ 28.

[28] 用还原磨选法从攀枝花铁精矿制取天然微合金铁粉基零件及综合利用钒钛磁铁矿的研究. 内部资料，1990.

[29] Becerra J，Yanez D. Why DRI has become an attractive alternative to blast furnace operators [J]. Iron and Steel Internation，1980，2 (2)：43 ~ 49.

[30] 李正平，薛向欣，段培宁，等. 碳热还原氮化法处理含钛高炉渣的研究 [J]. 钢铁研究学报，2005，17 (3)：15 ~ 17，29.

[31] 储满生. 钒钛磁铁矿高效清洁冶金过程有价元素相际迁移动力学研究. 内部资料，2011.

[32] Jean B，Didier S，Rene M. Scale – up of the comet direct reduction process. Ironmaking conference proceedings [J]. 1998，5 (7)：869 ~ 875.

[33] 中国科学技术情报研究所重庆分所. 铁矿石直接还原 [M]. 重庆：科学技术文献出版社重庆分社，1979：22 ~ 97.

[34] 彭毅. 攀钢高炉渣提钛技术进展 [J]. 钛工业进展，2005，22 (3)：44 ~ 48.

[35] 隋智通，郭振中. 含钛高炉渣中钛组分的绿色分离技术 [J]. 材料与冶金学报，2006，5 (2)：93 ~ 97.

[36] Chu M，Yang X，Yagi J. Numerical simulation on innovative operations of blast furnace based on multi – fluid model [J]. Journal of Iron and Steel Research International，2006，13 (6)：8 ~ 15.

[37] 徐辉，邹宗树，周渝生，等．竖炉生产直接还原铁过程的模型研究［J］．世界钢铁，2009，（2）：1~4．

[38] 管建红．采用脉动高梯度磁选机回收赤泥中铁的试验研究［J］．江西有色金属，2000，14（4）：15~18．

[39] 张红英，张军，黄雄林．LMC脉动振动磁选机在难选微细粒磁铁矿精选试验中的应用［J］．材料研究与应用，2009，3（2）：142~145．

[40] 邱冠周，黄柱成，姜涛，等．新型煤基竖炉直接还原工艺的探讨［J］．烧结球团，1998，23（5）：21~24．

8 钒钛磁铁矿金属化还原 – 高效选分

在实验室条件下，对钒钛磁铁矿进行了金属化还原 – 高效选分新工艺的实验研究，主要考察了磁场强度、还原温度、还原时间、配碳比以及还原煤粒度等工艺参数对钒钛磁铁矿金属化还原 – 高效选分新工艺的选分效果（包括选分产物的品位、金属化率、铁的收得率）以及选分尾矿钒、钛含量，钒、钛的收得率等工艺指标的影响，并通过 SEM、EDS、XRD 等分析测试技术初步阐明其作用机理。同时，借鉴和参考选矿技术发展现状，初步确定选分产物和选分后尾矿的后续研究利用方案。最后，对钒钛磁铁矿碳热还原热力学和相变历程进行探索分析。通过本章研究，确定钒钛磁铁矿金属化还原 – 高效选分新工艺合理的工艺参数，为钒钛磁铁矿综合利用工艺的开发利用提供参考和借鉴。

8.1 实验原料与方案

8.1.1 还原温度的确定

还原温度是金属化还原过程的重要影响因素之一，温度的高低直接影响最终还原产物的结果。本节研究旨在提高钒钛磁铁矿中铁、钒、钛的综合利用率，需使铁、钒、钛有效分离。因此，必须确保钒钛磁铁矿中铁氧化物被还原成金属铁，钒氧化物以及钛氧化物依然保持化合物形态，在磁选分离条件下使铁与钒氧化物、钛氧化物分离。

如前章所述，钒钛磁铁矿中铁相以磁铁矿（Fe_3O_4）为主，钛矿物以钛铁矿（$FeTiO_3$）为主，含钒矿物主要以钒尖晶石（$FeO \cdot V_2O_3$）形式赋存。本实验所用的还原剂为固体碳，为了确定反应温度，对还原过程涉及的部分反应进行热力学计算：

$$Fe_3O_4 + C \rlap{=}{=} 3FeO + CO \qquad \Delta G_f^{\ominus} = 169.72 - 0.198T \quad (kJ/mol) \qquad (8-1)$$

标准状态下反应（8-1）的起始反应温度为 584℃。

$$FeO + C \rlap{=}{=} Fe + CO \qquad \Delta G_f^{\ominus} = 157.51 - 0.150T \quad (kJ/mol) \qquad (8-2)$$

标准状态下反应（8-2）的起始反应温度为 777℃。

$$2FeO \cdot TiO_2 + C \rlap{=}{=} FeO \cdot TiO_2 + Fe + CO \qquad \Delta G_f^{\ominus} = 165.641 - 0.150T \quad (kJ/mol)$$
$$(8-3)$$

标准状态下反应（8-3）的起始反应温度为 831℃。

$$FeO \cdot TiO_2 + C \rlap{=}{=} TiO_2 + Fe + CO \qquad \Delta G_f^{\ominus} = 178.186 - 0.160T \quad (kJ/mol) \qquad (8-4)$$

标准状态下反应（8-4）的起始反应温度为 840℃。

$$FeO \cdot V_2O_3 + C \rlap{=}{=} V_2O_3 + Fe + CO \qquad \Delta G_f^{\ominus} = 173.041 - 0.152T \quad (kJ/mol) \qquad (8-5)$$

标准状态下反应（8-5）的起始反应温度为 865℃。

从理论上讲，V、Ti 元素的还原遵从逐级转变原则：

$$TiO_2 \rightarrow Ti_3O_5 \rightarrow Ti_2O_3 \rightarrow TiO \rightarrow Ti$$
$$V_2O_5 \rightarrow VO_2 \rightarrow V_2O_3 \rightarrow VO \rightarrow V$$

对其进行相关热力学计算：

$$V_2O_3 + C \stackrel{}{=\!=\!=} 2VO + CO \qquad \Delta G_f^{\ominus} = 239.1 - 0.163T \quad (kJ/mol) \qquad (8-6)$$

标准状态下反应（8-6）的起始反应温度为1192℃。

$$VO + C \stackrel{}{=\!=\!=} V + CO \qquad \Delta G_f^{\ominus} = 588.98 - 0.331T \quad (kJ/mol) \qquad (8-7)$$

标准状态下反应（8-7）的起始反应温度为1506℃。

$$3TiO_2 + C \stackrel{}{=\!=\!=} Ti_3O_5 + CO \qquad \Delta G_f^{\ominus} = 193.67 - 0.184T \quad (kJ/mol) \qquad (8-8)$$

标准状态下反应（8-8）的起始反应温度为779.6℃。

$$2Ti_3O_5 + C \stackrel{}{=\!=\!=} 3Ti_2O_3 + CO \qquad \Delta G_f^{\ominus} = 258.51 - 0.170T \quad (kJ/mol) \qquad (8-9)$$

标准状态下反应（8-9）的起始反应温度为1247.6℃。

$$Ti_2O_3 + C \stackrel{}{=\!=\!=} 2TiO + CO \qquad \Delta G_f^{\ominus} = 365.81 - 0.167T \quad (kJ/mol) \qquad (8-10)$$

标准状态下反应（8-10）的起始反应温度为1917.5℃。

$$TiO + C \stackrel{}{=\!=\!=} Ti + CO \qquad \Delta G_f^{\ominus} = 399.89 - 0.176T \quad (kJ/mol) \qquad (8-11)$$

标准状态下反应（8-11）的起始反应温度为1989.7℃。

为了使钒钛磁铁矿中的铁最大程度地被还原出来，还原反应温度应不低于865℃。但考虑到实验后续采用的是细磨 – 磁选工艺，因此还原产物中必须要有直接还原铁，并能够聚合长大，形成足够大的铁颗粒以便能够与渣相分离。还原出来的铁颗粒能够聚合长大的前提条件是物料中有液相铁生成，液相铁的结晶使铁颗粒长大。参考 Fe – C 二元系相图，1148℃时开始出现液相，如图 8 – 1 所示。随着铁中渗碳量的增加，形成的 Fe_3C 会使铁相的熔化温度降低。因此，实验还原过程中配碳比的取值对实验所取的还原温度有一定影响，配碳比高有利于 Fe_3C 的形成，从 Fe – C 二元系相图可知，理论上最大的渗碳量可达 2.11%。

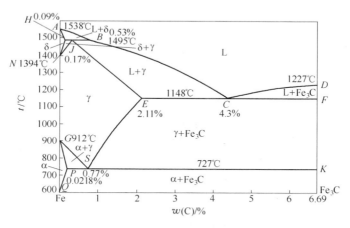

图 8 – 1　Fe – C 二元系相图

考虑在实验条件下不可能达到 2.11% 的渗碳量，物相应该在 L + γ 区间并在 JE 线之上，所以实验温度应比理论温度高。因此，本实验所选的反应温度定为 1250 ~ 1350℃，在此温度范围内，钒和钛均以氧化物形式存在。

8.1.2　实验方案的制订

本实验旨在研究磁场强度、还原温度、还原时间、配碳比、还原煤粒度等工艺参数，对钒钛磁铁矿中铁与有价组元分离效果的影响。根据前期实验,本实验选定的基准还原工艺参数为:配碳比1.0,还原温度1350℃,还原时间30min,还原煤粒度为小于75μm的粒级大于90%。

本实验在确定基准工艺参数的基础上,通过改变其中一个参数,进行单因素系列对比实验,考察各工艺参数对钒钛磁铁矿金属化还原－高效选分工艺条件下的选分效果的影响,还原实验的初步方案列于表8-1。实验预期获得最佳的金属化还原－高效选分实验新工艺指标,并在最佳指标下获得磁选选分产物。实验后期需对其进行后续的研究探讨,为钒钛磁铁矿资源综合利用提供更多的发展思路。

表8-1 还原实验的初步方案

配碳比	还原温度/℃	还原时间/min	还原煤粒度/mm	磁场强度/mT
0.8	1250	20	$-75\mu m$($>90\%$)	25
1.0	1275	30	-0.50	50
1.2	1300	40	-1.00	75
1.4	1325	50	-1.50	100
1.6	1350	60	-2.00	125
1.8				

8.1.3 实验原料

8.1.3.1 钒钛磁铁精矿

本实验所采用的钒钛磁铁矿经磨矿化验分析,其化学成分列于表8-2。该钒钛磁铁矿属于高钛型钒钛磁铁矿,TFe含量为53.91%,TiO_2含量为13.03%,V_2O_5含量为0.521%,有害元素P、S含量较低,其他化学组分SiO_2、Al_2O_3、MgO、CaO的含量分别为3.20%、3.82%、2.71%、0.68%。可以看出,该钒钛磁铁矿属铁、钒、钛含量均达工业生产品位要求,属于铁、钒、钛复合矿产资源。

表8-2 钒钛磁铁矿的化学成分(w)　　　　　　　(%)

成　分	TFe	FeO	Fe_2O_3	SiO_2	Al_2O_3	CaO	MgO	TiO_2	V_2O_5	Cr_2O_3
含　量	53.91	31.13	42.43	3.20	3.82	0.68	2.71	13.03	0.521	0.035

钒钛磁铁矿试样的粒度分布见图8-2。将上述结果统计至表8-3,可知该钒钛磁铁精矿的粒度分布较散乱,其粒度以小于45μm者居多,占27.93%,小于75μm的颗粒占原矿体积的44.88%。

表8-3 实验用钒钛磁铁精矿粉的粒度分析

粒度/μm	-45	$45\sim75$	$75\sim100$	$100\sim200$	$+200$
含量/%	27.93	16.95	12.07	28.32	14.73

为了确定钒钛磁铁矿的物相组成,采用X射线衍射分析技术对其进行分析,分析结果如图8-3所示。X射线衍射分析结果表明,钒钛磁铁矿中Fe的氧化物主要以钛磁铁矿($Al_{0.7}Cr_{0.3}Fe_{17.485}Mg_{0.4}Mn_{0.114}O_{32}Si_{0.06}Ti_{4.72}V_{0.15}$)为主,其次为$Fe_3O_4$、$MgFe_2O_4$、$Fe_2SiO_4$、

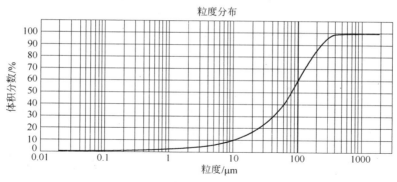

图 8 - 2　钒钛磁铁矿试样的粒度分布

粒度/μm	体积不足/%	粒度/μm	体积不足/%	粒度/μm	体积不足/%	粒度/μm	体积不足/%	粒度/μm	体积不足/%	粒度/μm	体积不足/%
0.100	0.00	1.000	1.33	6.000	6.09	20.000	16.76	74.000	44.88	500.000	99.24
0.200	0.00	2.000	2.36	7.000	6.91	30.000	22.76	100.000	56.95	600.000	99.55
0.300	0.00	3.000	3.39	8.000	7.72	40.000	27.93	200.000	85.27	700.000	99.76
0.400	0.19	4.000	4.38	9.000	8.53	50.000	32.90	300.000	95.42	800.000	99.90
0.500	0.43	5.000	5.25	10.000	9.33	60.000	37.90	400.000	98.58	900.000	99.98

$MgFeAlO_4$ 以及 Fe_2VO_4 等形式存在；Ti 主要以二氧化钛（TiO_2）的形式存在于钛铁矿（$FeTiO_3$）中；V 主要以 V^{3+} 的形态固溶于磁铁矿晶格内，形成钒尖晶石（$FeO \cdot V_2O_3$）。

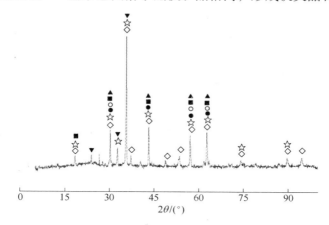

图 8 - 3　钒钛磁铁矿 X 射线衍射分析

◇—$Al_{0.7}Cr_{0.3}Fe_{17.485}Mg_{0.4}Mn_{0.114}O_{32}Si_{0.06}Ti_{4.72}V_{0.15}$；☆—$Fe_3O_4$；●—$Fe_2VO_4$；
▼—$FeTiO_3$；○—$MgFe_2O_4$；■—$MgFeAlO_4$；▲—Fe_2SiO_4

　　为了进一步确定主要矿物的嵌布特征，利用扫描电子显微镜对钒钛磁铁矿进行了显微观察，其 SEM 检测结果见图 8 - 4。可以看出，矿物粒度较细，有一部分尺寸大约在 50μm 的矿粒，更多的部分是粒度小于 10μm 的矿粒。该矿石均具有不规则形态，有的呈星点状分布，有的呈叶片状分布和板条状分布。该钒钛磁铁矿主要由两种矿物组成：一种是表面光滑、暗灰色的大颗粒，呈斜长形；另一种是表面粗糙、灰白色的小颗粒，其形状不规则，表面附有微小的白色粒状晶体。经过 EDS 能谱分析可知，前者主要元素有 Fe、

Ti、O，可推断出为钛铁矿，主要成分为 $FeTiO_3$；后者为钛磁铁矿，主要元素为 Fe、Ti、O，并伴有 Si、Al、Mg、Mn、Cr 等杂质元素。该矿中的有价元素 Fe、V、Ti 嵌布紧密、相互共生，通过常规物理处理方法无法实现铁与钒、钛的有效分离。

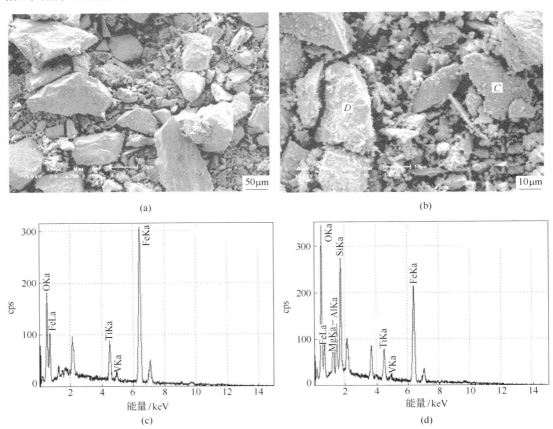

图 8-4　钒钛磁铁矿 SEM 照片和 EDS 能谱分析

（a）原矿 ×200 倍；（b）原矿 ×1000 倍；（c）C 点 EDS 能谱图；（d）D 点 EDS 能谱图

通过上述钒钛磁铁矿原料特性的研究可知：

（1）钒钛磁铁矿中 TFe 品位为 53.91%，V_2O_5 含量为 0.521%，TiO_2 含量为 13.03%，属于铁、钒、钛复合矿产资源。

（2）钒钛磁铁矿主要由钛磁铁矿、钛铁矿组成。Ti 主要以钛铁矿（$FeTiO_3$）形式赋存，其次以钛磁铁矿形式赋存；V 主要以 V^{3+} 的形态固溶于磁铁矿晶格内，形成钒尖晶石（$FeO \cdot V_2O_3$）。

（3）钒钛磁铁矿颗粒嵌布细，矿物稀散分布于数种不同特性的矿物中，矿物结构、组成复杂，难以用常规选矿方法实现其铁、钒、钛的高效分离。

8.1.3.2　还原用煤

本实验选用烟煤为还原煤，其固定碳含量为 62.12%，其工业分析列于表 8-4。实验之前把块煤烘干，利用颚式破碎机对块状煤进行破碎，筛选出不同粒度，分别为 -0.5mm、-1.0mm、-1.5mm、-2.0mm 以及 -75μm（大于 90%）。

表 8 – 4　还原烟煤的工业分析（w）　　　　　　　　（%）

成　分	固定碳 FC	灰分 A_{ad}	挥发分 V_{ad}	全硫 $S_{t,ad}$
含　量	62. 12	4. 29	33. 64	0. 16

注：ad 表示空气干燥基。

8.1.4　实验设备

（1）高温加热炉。采用电热方式进行适度还原实验，高温加热炉如图 8 – 5 所示，测温热电偶为铂铑 30 – 铂铑 6 热电偶（B 型热电偶），其测温精度为 0. 25%。

（2）磁选管。采用唐山东唐设备有限公司生产的 DTCXG – ZN50 型磁选管对还原后试样进行选分实验，该类型磁选管磁场强度可调，其磁场可调范围为 0 ~ 450mT，设备示于图 8 – 6。

图 8 – 5　高温加热炉

图 8 – 6　DTCXG – ZN50 型磁选管

（3）溶剂过滤器。采用溶剂过滤器对分选后的磁性物和非磁性物进行过滤处理，如图 8 – 7 所示，过滤器所用微孔滤膜的孔径为 0. 45μm。

8.1.5　实验步骤

8.1.5.1　配料计算

本实验将配碳比作为实验配料计算原则。配碳比是指配煤中固定碳量与钒钛磁铁矿铁氧化物中氧量的物质的量之比（即摩尔比），表示为 n_{FC}/n_O。根据表 8 – 2 和表 8 – 4 计算出不同配碳比对应的所需烟煤量。

以 100g 钒钛磁铁矿计，与铁结合的氧的物质的量为 $n_O = n_{FeO} + 3n_{Fe_2O_3} = 1. 228mol$。以生成 CO 考虑，$n_C = n_O$，则：

图 8 – 7　溶剂过滤器

$$m_煤 = \left[(n_{FC}/n_O) \times 12n_C \right] / w(FC) \qquad (8 – 12)$$

假设钒钛矿中的铁都被还原为金属铁，其还原产物为 CO，按 $n_C/n_O = 0. 8$、1. 0、1. 2、1. 4、1. 6、1. 8 进行配碳计算，结果如表 8 – 5 所示。需要指明的是，本实验中配碳量的计算没有考虑石墨的影响，认为石墨坩埚不参与反应。

表 8-5 理论配碳量计算结果

配碳比	0.8	1.0	1.2	1.4	1.6	1.8
所需烟煤量/g	18.97	23.72	28.46	33.21	37.95	42.69

8.1.5.2 金属化还原-高效选分实验

金属化还原-高效选分工艺流程大致可以分为6个步骤，即装料、金属化还原、磨矿、磁选、过滤以及化验分析，如图8-8所示。实验所用石墨坩埚的尺寸如图8-9所示，坩埚壁不宜过厚，否则会影响炉内的传热效果；坩埚的容积也不宜过大，只需稍大于实验最大配碳量时混合物料的体积。

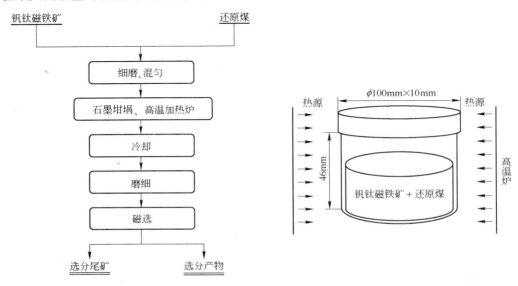

图 8-8 金属化还原-高效选分工艺流程　　图 8-9 装料及金属化还原示意图

（1）装料。根据配料计算结果，称量一定量的钒钛磁铁矿和还原煤煤粉，将其充分混匀，再将混合料装入实验用石墨坩埚中，混合料表面铺平。图8-9为装料及金属化还原示意图。

（2）金属化还原。首先将高温加热炉升温，当温度上升到设定的温度后，打开炉门，迅速将石墨坩埚放于高温加热炉中央。调整加热炉升温速度，以最大电流升温，当炉温上升到预定的温度后，开始恒温，同时开始计时。恒温到实验设定的时间后，迅速将坩埚取出并用煤埋上，当石墨坩埚温度降至低于50℃时，可从煤堆中将石墨坩埚取出。

（3）磨矿。使用2-MZ型粉碎制样机，将还原后产物粉碎制样，制样时间设定为5min。经5min粉碎制样后，粉样粒度小于75μm的颗粒占95%以上。

（4）磁选。称取大约10g经磨碎的试样，将其倒入烧杯中，加入少量的水并充分搅拌，形成矿浆。调整磁选管的激磁电流，使其达到预定的磁场强度。调节磁选管玻璃试管的进出水流量，然后将充分搅拌好的矿浆缓慢加入玻璃试管中，进行磁选。强磁性颗粒将附于玻璃管内壁附近，非磁性颗粒将随水流排出玻璃试管外。当玻璃试管中的水变得澄清时，关闭激磁电流，将磁性物质排出管外，磁选实验结束。

（5）过滤。将分选后的磁性物质和非磁性物质用溶剂过滤器过滤其中的水分，分别将其干燥称量。控制烘干时的温度在70℃以下，以确保分选试样不会被二次氧化。

（6）化验分析。用研钵将干燥后的分选试样研细，并取出一部分进行化验分析。

8.1.5.3 新工艺考核指标

在本实验研究结果及分析中，将钒钛磁铁矿与煤粉按一定比例混合。未经还原的物料定义为混合料；经过还原的混合料定义为还原产物；经过分选后得到的含铁粉末定义为选分产物，得到的渣定义为选分尾矿，简称尾矿。将选分产物的全铁品位$w(TFe)$、铁的金属化率M、铁的收得率η_{Fe}、TiO_2的品位$w(TiO_2)$、Ti的收得率η_{TiO_2}以及选分尾矿中V_2O_5的品位$w(V_2O_5)$、V的收得率$\eta_{V_2O_3}$作为金属化还原－高效选分新工艺的考核指标，并定义以下计算公式：

$$M = \frac{w(MFe)}{w(TFe)} \times 100\% \tag{8-13}$$

式中　　M——铁的金属化率，%；

　　$w(TFe)$——物料中的全铁含量，%；

　　$w(MFe)$——物料中的金属铁含量，%。

$$\eta_{Fe} = \frac{m_1 w(TFe)_{m_1}}{m_0 w(TFe)_{m_0}} \times 100\% \tag{8-14}$$

式中　　η_{Fe}——铁的收得率，%；

　　m_1——选分产物的质量，g；

　　m_0——选分物料总质量，g；

　　$w(TFe)_{m_1}$——选分产物的全铁含量，%；

　　$w(TFe)_{m_0}$——选分物料的全铁含量，%。

$$\eta_{TiO_2} = \frac{m_2 w(TiO_2)_{m_2}}{m_0 w(TiO_2)_{m_0}} \times 100\% \tag{8-15}$$

$$\eta_{V_2O_5} = \frac{m_1 w(V_2O_5)_{m_1}}{m_0 w(V_2O_5)_{m_0}}$$

式中　　η_{TiO_2}——Ti的收得率，%；

　　$\eta_{V_2O_5}$——V的收得率，%；

　　m_2——选分尾矿的质量，g；

　　m_0——选分物料总质量，g；

　　$w(TiO_2)_{m_2}$——选分尾矿的TiO_2含量，%；

　　$w(TiO_2)_{m_0}$——选分物料的TiO_2含量，%；

　　$w(V_2O_5)_{m_1}$——选分产物的V_2O_5含量，%；

　　$w(V_2O_5)_{m_0}$——选分物料的V_2O_5含量，%。

8.2　关键工艺参数对还原和选分指标的影响

8.2.1　磁场强度

磁场强度是选分工艺中最主要的工艺参数，在实验室条件下，设定磁场强度分别为25mT、50mT、75mT、100mT、125mT，考察金属化还原－高效选分新工艺指标的变化，并分析磁场强度对工艺指标的影响和作用规律。

选用基准还原条件下的还原产物进行磁选实验，确定后续选分实验的基准磁场强度。基准还原条件为：还原煤为粉煤，配碳比1.0，还原温度1350℃，还原时间30min。还原产物的铁、钒、钛成分列于表8-6。从表8-6可以看出，基准条件下还原产物的金属化率较高，为94.28%，V_2O_5含量为0.728%，TiO_2含量为16.50%，各项数值都较符合预期结果，可以用于选作磁选实验。

表8-6 基准还原条件下还原产物的成分（w） （%）

成 分	TFe	MFe	V_2O_5	TiO_2	M
含 量	65.59	61.84	0.728	16.50	94.28

表8-7所示为不同磁场强度条件下还原产物的选分实验结果。由表8-7可知，随着磁场强度的增加，选分产物的质量逐步增加，其中TFe含量、MFe含量均呈现先增加后下降的趋势，因此Fe的收得率以及V的收得率也呈现先增加后下降的趋势；选分尾矿的质量逐渐减少，其中Ti的含量及其收得率呈现先增加后下降的趋势，如图8-10所示。可以看出，在磁场强度为50mT时，金属化还原-高效选分工艺有最好的工艺指标：铁的收得率为96.23%，钒的收得率为66.97%，钛的收得率为80.77%。

表8-7 不同磁场强度条件下还原产物的选分实验结果

磁场强度/mT	m_0/g	选分产物							选分尾矿		
		m_1/g	TFe/%	MFe/%	V_2O_5/%	M/%	$\eta_{V_2O_5}$/%	η_{Fe}/%	m_2/g	TiO_2/%	η_{TiO_2}/%
25	10.01	7.35	84.21	79.44	0.57	94.34	57.41	94.27	2.63	49.47	78.94
50	10.02	7.48	84.55	80.21	0.65	94.87	66.97	96.23	2.44	54.73	80.77
75	9.99	7.57	83.36	77.96	0.57	93.52	59.80	96.31	2.40	53.02	77.19
100	10.02	7.73	82.70	74.38	0.51	89.94	53.70	97.27	2.21	52.95	70.78
125	10.01	7.81	81.42	72.57	0.46	89.13	49.34	96.85	2.12	52.00	66.74

图8-11所示为还原物料的SEM照片和EDS能谱分析。从铁氧化物中还原出来的铁经过金属化还原渗碳后，聚合成铁粒，如图8-11（a）所示。铁粒的EDS分析显示铁粒表面亮白色表层黏附着少量的灰色矿物，如图8-11（a）中B点所示，其对应的EDS能谱图见图8-11（b）。经EDS能谱分析，其为钛含量高的选分尾矿，其黏附在细小的铁颗粒表面，由于两者皆细小，难以磨碎分离。从B点的EDS能谱图可看出，灰色的渣相中主要有Ti、Ca、Mg、Al、Si等杂质元素并伴有少量的Fe。

随着磁场强度的增强，选分产物中被吸附的小颗粒铁粒将急剧增多，但一起被选分到产物中的还有黏附在小颗粒表面的钛矿物，随着这些杂质矿物的进入，降低了选分产物的品位，同时也使尾矿中钛的收得率降低。因此，磁场强度的提高有利于提高铁的收得率，但会使选分产物的品位降低，同时也会降低钛的收得率。因此，为了获得较高的铁的收得率及钒、钛的收得率，本磁选分离实验所选的磁场强度应为50mT。

8.2.2 还原温度

还原温度是金属化还原工艺中至关重要的工艺参数，在实验室条件下，设定金属化还原实验的还原时间为30min，配碳比为1.0，还原煤粒度为-75μm，选分磁场强度为

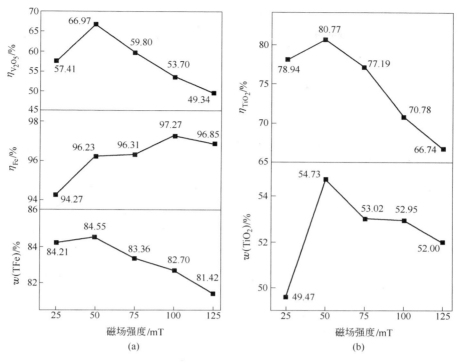

图 8－10　磁场强度对工艺指标的影响
（a）选分产物；（b）选分尾矿

50mT。通过改变还原温度，考察还原温度分别为 1250℃、1275℃、1300℃、1325℃、1350℃时金属化还原－高效选分新工艺指标的变化，并分析还原温度对工艺指标的影响和作用规律，见图 8－12。

表 8－8 示出了不同还原温度条件下还原产物主要有价元素的成分。从表 8－8 中可以看出，随着温度的升高，还原产物的金属化率呈上升的趋势。当还原温度为 1300℃时，还原 30min 后还原产物的金属化率为 93.37%；当还原温度为 1350℃时，还原产物有最高的金属化率，可达 94.28%。并且当温度达到 1325℃后再进一步升高，其还原产物金属化率的增加趋势缓慢。

表 8－8　不同还原温度条件下还原产物主要有价元素的成分

温度/℃	TFe/%	MFe/%	V_2O_5/%	TiO_2/%	M/%
1250	64.09	56.75	0.703	16.15	88.55
1275	64.52	59.13	0.712	16.23	91.65
1300	65.02	60.71	0.719	16.58	93.37
1325	65.33	61.55	0.723	16.83	94.21
1350	65.59	61.84	0.728	16.50	94.28

经过磁选后的选分产物中各有价元素铁、钒、钛的成分如表 8－9 所示。可以看出，选分产物中 TFe 含量及 MFe 含量均比选分之前有大幅度提高。选分产物的金属化率随着

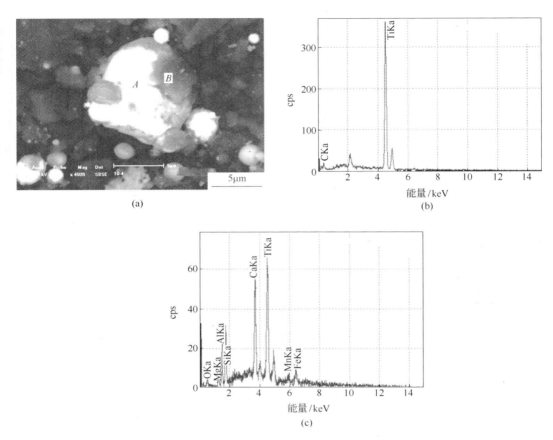

图 8-11 还原物料的 SEM 照片和 EDS 能谱分析

（a）还原后产物；（b）A 点 EDS 能谱图；（c）B 点 EDS 能谱图

温度的升高而增加，在 1350℃ 条件下有最高值为 94.87%。V 元素主要保留在选分产物中，Ti 元素则富集在选分尾矿中。其中选分产物中 V_2O_5 的含量随着还原温度的升高而呈上升趋势；选分尾矿中 TiO_2 的含量及其收得率也随着还原温度的升高而增大，Ti 的收得率在还原温度达 1300℃ 后增加趋势减缓。在 1350℃ 时铁的收得率可达 96.23%，并有 66.97% 的 V_2O_5 保留在选分产物中，而 80.77% 的 TiO_2 则富集到渣中。

表 8-9 不同还原温度条件下的选分实验结果

温度/℃	m_0/g	选分产物							选分尾矿		
		m_1/g	TFe/%	MFe/%	V_2O_5/%	M/%	$\eta_{V_2O_5}$/%	η_{Fe}/%	m_2/g	TiO_2/%	η_{TiO_2}/%
1250	9.99	6.13	78.94	70.35	0.51	89.12	44.54	75.58	3.82	26.43	62.58
1275	10.00	6.15	81.21	74.68	0.52	91.96	44.70	77.41	3.74	30.58	70.45
1300	10.01	6.25	84.34	79.37	0.52	94.11	45.24	80.99	3.67	35.72	78.95
1325	10.01	6.81	84.36	79.76	0.56	94.55	52.91	87.85	3.16	42.40	79.52
1350	10.02	7.48	84.55	80.21	0.65	94.87	66.97	96.23	2.44	54.73	80.77

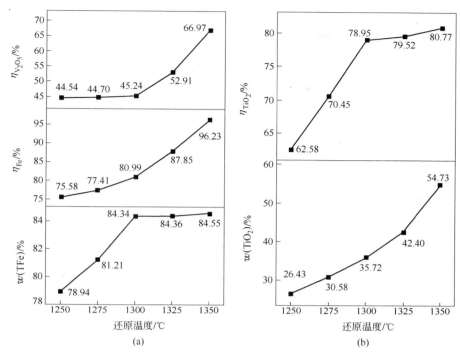

图 8 - 12 还原温度对工艺指标的影响

（a）选分产物；（b）选分尾矿

图 8 - 13 所示为不同还原温度下还原产物的 SEM 照片和 EDS 能谱分析。从图 8 - 13 （a）~（e）可以看出，随着还原温度的升高，还原出的铁颗粒尺寸逐渐增大。当还原温度低于 1325℃ 时，铁颗粒细小、分散并且与渣相结合紧密，不利于磁选分离。显然，提高还原温度有利于还原反应的进行。随着还原温度的提高，气－固还原反应速率增大，铁的还原更加有利。

当还原温度达到 1350℃ 时，铁与钛之间的化学键被破坏，铁与铁、铁与钒之间形成新的范德华力，使得铁相聚集，铁颗粒长大，并且逐渐实现铁相与渣相的分离，如图 8 - 13 （f）所示。通过图 8 - 13 （g）和图 8 - 13 （h）可以看出，在 1350℃、配碳比为 1.0、还原时间为 30min 的条件下，铁相中只含有微量的 Ti，大部分的 Ti 被富集到渣相中，通过磁选可以使实现 Fe 与 Ti 的分离。由于还原后物料中 V 的含量不高，未能通过 EDS 能谱分析找到 V 元素，但通过化学化验分析可知，V_2O_5 主要集中在选分产物内，在还原温度为 1350℃ 的条件下，铁相中 V 的收得率为 66.97%，渣相中 Ti 的收得率为 80.77%。因此，本金属化还原实验所选的还原温度应不低于 1350℃。

8.2.3 还原时间

在实验室条件下，设定金属化还原实验的还原温度为 1350℃，配碳比为 1.0，还原煤粒度为 -75μm，选分磁场强度为 50mT。通过改变还原时间，考察还原时间分别为 10min、15min、20min、25min、30min、40min、50min、60min 时金属化还原－高效选分新工艺指标的变化，并分析还原时间对新工艺指标的影响和作用规律。

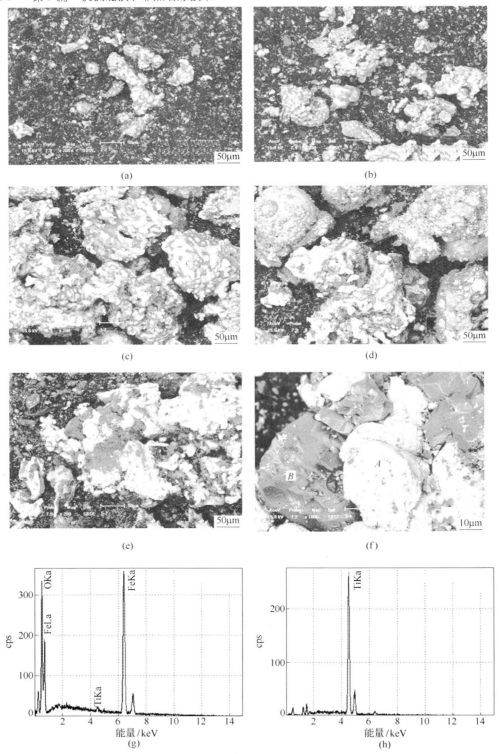

图 8-13 不同还原温度条件下还原产物的 SEM 照片和 EDS 能谱分析

（a）1250℃；（b）1275℃；（c）1300℃；（d）1325℃；（e）1350℃（50μm）；

（f）1350℃（10μm）；（g）A 点 EDS 能谱图；（h）B 点 EDS 能谱图

表 8 – 10 所示为不同还原时间条件下的还原产物成分。可以看出，随着还原时间的增加，还原产物的 TFe 含量逐步增加，MFe 含量逐步上升，金属化率也逐步增加；V_2O_5 的含量在 0.60% ~ 0.75% 之间，TiO_2 的含量在 15% ~ 17% 之间。

表 8 – 10　不同还原时间条件下的还原产物成分

还原时间/min	TFe/%	MFe/%	V_2O_5/%	TiO_2/%	M/%
10	61.44	50.74	1.33	15.22	82.58
15	64.54	59.13	1.43	16.32	91.62
20	65.42	60.41	1.41	16.48	92.34
25	64.87	60.42	1.45	16.55	93.14
30	65.59	61.84	1.46	16.50	94.28
40	65.98	62.44	1.49	16.57	94.63
50	67.07	63.73	1.36	15.60	95.02
60	68.60	65.81	1.40	15.32	95.93

磁选后选分产物的各项工艺指标比磁选前有较大的提高，其中 TFe 含量、铁的收得率以及钒的收得率随着温度的升高而逐步上升，如表 8 – 11 所示。当还原时间超过 30min 之后，TFe 含量和铁收得率的增加速度缓慢，呈现平缓趋势。

表 8 – 11　不同还原时间条件下的选分实验结果

还原时间/min	m_0/g	选分产物							选分尾矿		
		m_1/g	TFe/%	MFe/%	V_2O_5/%	M/%	$\eta_{V_2O_5}$/%	η_{Fe}/%	m_2/g	TiO_2/%	η_{TiO_2}/%
10	9.99	3.26	74.82	62.22	1.19	83.16	29.22	39.74	6.62	18.33	79.81
15	10.00	6.07	82.21	75.42	1.22	91.74	51.77	77.32	3.90	32.42	77.49
20	10.02	7.04	83.72	76.92	1.34	91.88	66.53	89.91	2.89	43.14	75.49
25	10.01	7.12	84.39	79.64	1.35	94.37	66.56	92.53	2.68	49.42	79.94
30	10.02	7.48	84.55	80.21	1.31	94.87	66.97	96.23	2.44	54.73	80.77
40	10.00	7.62	85.59	80.75	1.38	94.35	70.72	98.85	2.33	57.91	81.45
50	10.02	7.66	86.16	81.74	1.36	94.87	76.65	98.20	2.26	55.66	80.48
60	9.98	7.71	86.56	83.25	1.37	96.18	75.68	97.48-	2.21	55.39	80.08

从图 8 – 14 可以看出，在还原时间为 60min 时，选分产物中 TFe 品位有最大值为 86.56%；大部分 V_2O_5 保留在铁相中，其收得率的增长趋势与铁的收得率近似，最高可达 76.65%；大部分 TiO_2 则富集到渣相中，TiO_2 的品位及收得率随还原时间的增加而总体呈现增加趋势，渣中 TiO_2 最大含量为 57.91%，Ti 的最高收得率可达 81.45%。

图 8 – 15 所示分别为放大倍数为 2000，还原时间为 10min、20min、30min、40min、50min、60min 条件下还原产物的 SEM 图。可以看出，随着还原时间的延长，铁相中铁颗粒的尺寸逐渐增大。当还原时间为 10min 时，铁颗粒尺寸细小，并且与渣相结合紧密，物料未能还原完全，渣、铁两相分离不彻底，难以实现有价组元的高效回收利用。当还原时间为 20min 时，铁颗粒尺寸比还原 10min 时大，但铁相中依然存在着 O 元素，表明物料还可以进一步被还原。当还原时间为 30min 时，铁颗粒较为完整，渣、铁两相各自聚集。当

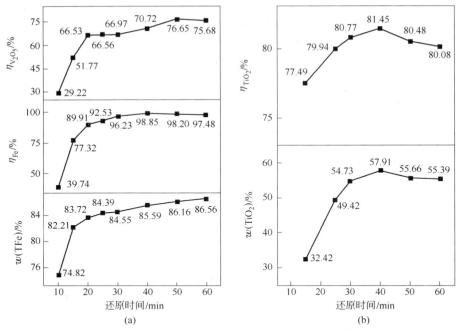

图 8 - 14   还原时间对工艺指标的影响

（a）选分产物；（b）选分尾矿

还原到 40min、50min 后，铁相聚集成较大的铁相区域，该还原产物通过细磨、磁选后可以实现渣铁分离。当还原时间为 60min 时，铁相区域面积进一步扩大，此时金属化还原实验基本完成。

综合考虑 Fe、V、Ti 的收得率，为确保新工艺中 Fe 的收得率在 95% 以上，V 的收得率在 75% 以上，Ti 的收得率在 75% 以上，从以上结果可以看出，本金属化还原实验所选的合理还原时间应为 50 ~ 60min。

8.2.4   配碳比

在实验室条件下，设定金属化还原实验的还原温度为 1350℃，还原时间为 60min，还原煤粒度为 - 75μm，选分磁场强度为 50mT。通过改变配碳比，考察配碳比分别为 0.8、1.0、1.2、1.4、1.6、1.8 时金属化还原 - 高效选分新工艺指标的变化，并分析配碳比对新工艺指标的影响和作用规律。

表 8 - 12 所示为不同配碳比条件下还原产物中有价元素的成分。从表 8 - 12 可以看出，随着配碳比的增加，还原产物的金属化率呈现先增长后降低的趋势，在配碳比为 1.0 时有最大值 95.93%。

表 8 - 12   不同配碳比条件下的还原产物成分

配碳比	TFe/%	MFe/%	V_2O_5/%	TiO_2/%	M/%
0.8	68.77	64.33	1.40	16.37	93.54
1.0	68.60	65.81	1.40	15.32	95.93

配碳比	TFe/%	MFe/%	V_2O_5/%	TiO_2/%	M/%
1. 2	67. 77	63. 11	1. 44	15. 97	93. 12
1. 4	65. 55	58. 50	1. 43	16. 67	89. 24
1. 6	63. 24	55. 29	1. 38	15. 93	87. 43
1. 8	60. 08	51. 47	1. 32	15. 33	85. 67

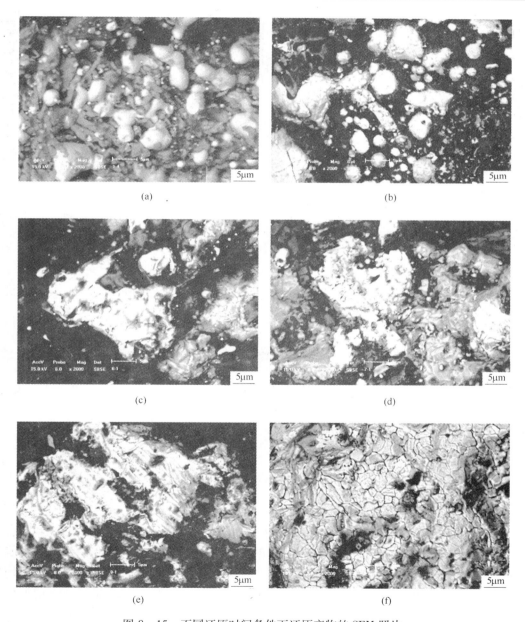

图 8 - 15　不同还原时间条件下还原产物的 SEM 照片

（a）还原 10min；（b）还原 20min；（c）还原 30min；（d）还原 40min；（e）还原 50min；（f）还原 60min

磁选后选分产物的 TFe 及 MFe 含量比磁选前有显著提高, 如表 8 - 13 和图 8 - 16 所示。

表 8 - 13 不同配碳比条件下的选分实验结果

配碳比	m_0/g	选分产物							选分尾矿		
		m_1/g	TFe/%	MFe/%	V_2O_5/%	M/%	$\eta_{V_2O_5}$/%	η_{Fe}/%	m_2/g	TiO_2/%	η_{TiO_2}/%
0.8	10.00	6.62	83.81	78.51	1.35	93.68	64.00	80.68	3.29	37.84	76.07
1.0	9.98	7.71	86.56	83.25	1.37	96.18	75.68	97.48	2.21	55.39	80.08
1.2	10.01	7.43	86.31	80.60	1.36	93.38	69.82	94.53	2.51	51.10	80.24
1.4	10.00	6.57	85.86	79.67	1.33	92.79	60.96	86.06	3.32	40.41	80.49
1.6	10.01	5.73	84.11	73.85	1.40	87.80	57.69	76.13	4.12	31.83	82.22
1.8	10.01	5.02	82.00	71.72	1.40	87.46	53.00	68.45	4.93	24.24	77.87

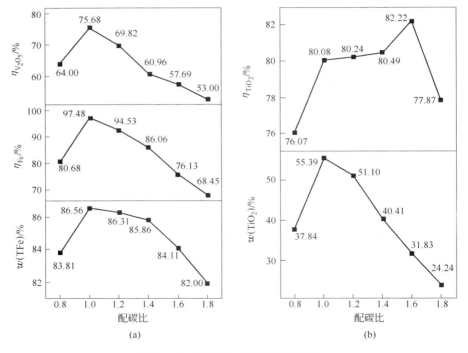

图 8 - 16 配碳比对工艺指标的影响
(a) 选分产物; (b) 选分尾矿

选分产物中的 TFe 含量呈现先增长后降低的趋势。当配碳比从 0.8 增加到 1.0 时, 各项工艺指标均有所改善, 其中 TFe 含量有最大值为 86.56%, Fe 的收得率有最大值为 97.48%, V 的收得率有最大值为 75.68%。当配碳比进一步增大时, 各项工艺指标均出现下降的趋势, 在配碳比为 1.8 时均有最低值。选分尾矿中 TiO$_2$ 的含量呈现先增加后下降的趋势, 在配碳比为 1.0 时有最大值为 55.39%, 其收得率大体上呈现增加趋势。显然, 在配碳比为 1.0 时, 各项工艺指标均符合工艺预期要求。

随着配碳比的增加, 选分产物的碳含量逐渐增加, 其碳含量基本为选分产物中铁相的渗碳量。铁相的开始熔化温度随着渗碳量的升高而逐渐降低。铁的收得率与铁的聚集程度有密切的关系，而铁相在金属化还原过程中的聚集主要取决于铁相渗碳量的多少，渗碳量越多，铁相形成的熔融状态中液相成分就越多，因此就越容易聚集；但当配煤量过多时，剩余的碳会包裹在铁颗粒周围，阻碍铁相的结晶、聚集。因此，铁相的聚集是渗碳量起促进作用和剩余碳量起阻碍作用两者相互影响的结果。所以，金属化还原工艺的配碳比应有一个适合的范围。

为了验证上述结论，考察配碳比分别为 0.8、1.0、1.4、1.8 条件下还原产物的 SEM 照片，如图 8-17 所示。当配碳比由 0.8 上升到 1.0 时，铁颗粒的数量有所增加，尺寸颗粒也有所增大。这是因为渗碳使得铁相的熔化温度降低，液相成分增多，有利于铁相聚集。当配碳比进一步增加时，铁颗粒的尺寸逐渐变小，颗粒聚集程度变差。这是由于煤粉剩余过多时包裹在矿物四周，反而阻碍了铁相聚集。因此，当配碳比过高时，剩余的碳会渗入到铁相和渣相中，配碳越多，渗碳越多，使还原产物中铁的品位降低，同时也使磁选后的渣量增大，降低渣中钛的品位。

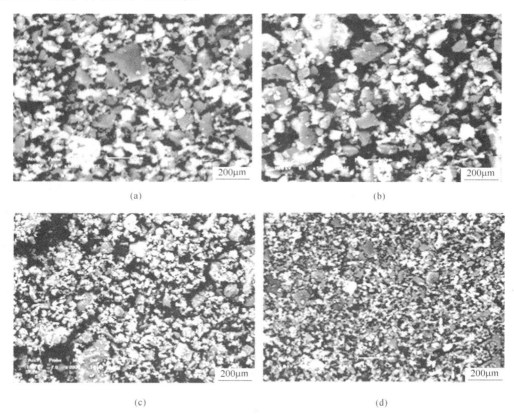

图 8-17　不同配碳比条件下还原产物的 SEM 照片
(a) 配碳比 0.8；(b) 配碳比 1.0；(c) 配碳比 1.4；(d) 配碳比 1.8

因此，在本实验条件下，最佳的配碳比为 1.0 ~ 1.2。当配碳比为 1.0 时，金属化还原 – 高效选分新工艺的综合指标最优。

8.2.5 还原煤粒度

在实验室条件下，设定金属化还原实验的还原温度为1350℃，还原时间为60min，配碳比为1.0，选分磁场强度为50mT。通过改变还原煤的粒度，考察还原煤粒度分别为 −75μm、−0.5mm、−1.0mm、1.5mm、−2.0mm 时金属化还原－高效选分新工艺指标的变化，并分析还原煤粒度对新工艺指标的影响和作用规律。

从表8-14可以看出，随着还原煤粒度的增加，还原后产物的TFe含量、MFe含量以及金属化率下降，V_2O_5含量在0.7%左右，TiO_2含量在15%~16%范围内。表8-15所示为不同还原煤粒度条件下的选分实验结果，图8-18所示为还原煤粒度对工艺指标的影响。从表8-15和图8-18可以看出，磁选后的选分产物中TFe含量和金属化率都有明显提高，Fe的收得率随着还原煤粒度的增大而降低；V的收得率也随着还原煤粒度的增大而降低，在使用粉煤还原条件下V的收得率最高，为75.68%；磁选后回收的Ti主要富集在选分尾矿中，Ti的收得率保持在80%以上，随着还原煤粒度的增大而略有升高。

表 8-14 还原产物中有价元素的成分

还原煤粒度	TFe/%	MFe/%	V_2O_5/%	TiO_2/%	M/%
−75μm	68.60	65.81	9.19	15.32	95.93
−0.5mm	67.54	61.76	9.46	15.77	91.44
−1.0mm	63.02	55.86	9.57	15.95	88.64
−1.5mm	61.43	53.14	9.75	16.25	86.50
−2.0mm	60.07	51.50	9.83	16.38	85.73

表 8-15 不同还原煤粒度条件下的选分实验结果

还原煤粒度	m_0/g	选分产物							选分尾矿		
		m_1/g	TFe/%	MFe/%	V_2O_5/%	M/%	$\eta_{V_2O_5}$/%	η_{Fe}/%	m_2/g	TiO_2/%	η_{TiO_2}/%
−75μm	9.98	7.71	86.56	83.25	1.37	96.18	75.68	97.48	2.21	55.39	80.08
−0.5mm	9.98	7.32	83.17	77.12	1.27	92.73	65.96	90.32	2.58	49.26	80.77
−1.0mm	10.01	6.08	81.12	72.79	1.43	89.73	60.89	78.18	3.85	33.47	80.71
−1.5mm	10.02	5.88	79.88	70.20	1.38	87.88	57.79	76.31	4.06	32.60	81.28
−2.0mm	10.00	5.81	78.13	67.92	1.42	86.93	56.82	75.57	4.08	32.63	81.26

还原煤粒度对工艺指标的影响较为明显。首先，随着还原煤粒度的增加，钒钛磁铁矿与还原煤的接触面积逐渐减小，还原煤粒度越大，还原煤与钒钛磁铁矿的接触越不充分，使煤粒不能完全参与还原反应；其次，随着还原煤粒度的增加，物料中颗粒与颗粒之间CO的分压降低，使还原速率下降，物料反应不彻底，导致Fe的收得率下降。由于Fe、V共生，大部分V_2O_5保留在铁相中，使选分产物中V的收得率也下降。未能充分还原的物料进入到尾矿中，使得尾矿中的Ti收得率都保持在较高的数值并变化不大。因此，在本实验条件下，最佳的还原煤粒度应选择为 −75μm。

8.3 磁性产物电热熔分实验

为了进一步提高钒钛磁铁矿中铁、钒的利用率，必须使磁性产物中的钒、铁分离，以

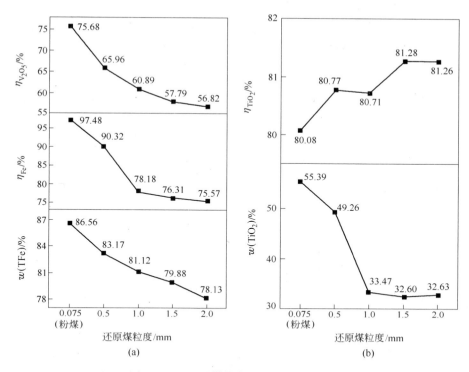

图 8 – 18　还原煤粒度对工艺指标的影响

（a）选分产物；（b）选分尾矿

获得品位更高的铁块和钒渣。一定温度条件下，对钒钛磁铁矿金属化还原 – 高效选分后的磁性产物在高温电阻炉内进行熔分。

本实验采用锦州市三特真空冶金技术工业有限公司生产的二硅化钼高温电阻炉，其结构见图 8 – 19。

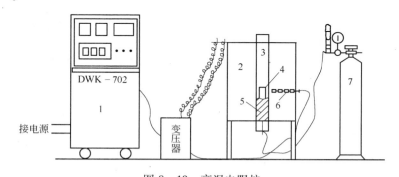

图 8 – 19　高温电阻炉

1—DWK – 702 型精密温度控制装置；2—二硅化钼管式炉；
3—高铝管（高 580mm，外径 ϕ84mm，内径 ϕ76mm）；
4—坩埚；5—耐火砖；6—铂铑热电偶；7—氩气瓶

（1）实验方法。本实验对还原温度为 1350℃、配碳比为 1.0、还原时间为 60min、还原煤粒度为 – 75μm（大于 90%）、磁场强度为 50mT 条件下的选分磁性产物进行高温低配碳熔分,选取高纯石墨坩埚作为反应容器。在 1550℃ 高温下,配入的炭粉与物料中的 FeO 发生反应,还原出的 Fe 进入生铁,得到高品位生铁块;钒未被还原而保留在渣内,得到含钒渣。

(2)实验步骤。称取 135g 磁选产物与 0.9g 炭粉均匀混合,采用石墨坩埚(内径 ϕ40mm × 70mm,外径 ϕ50mm × 80mm)盛装磁选产物,通过漏斗置入坩埚中,准备升温。为防止石墨坩埚渗碳到物料中,其石墨内部衬有钼片;为防止物料熔化过程中的喷溅,坩埚上放置与坩埚外径尺寸相同的石墨套筒(内径 ϕ40mm × 250mm,外径 ϕ50mm × 250mm)。试验过程中从炉管底部通入氩气,其流量为 1.5L/min。

将石墨坩埚放入真空碳管炉中,开始升温。首先将低温温控系统的热电偶伸到低温区边缘,手动升温至 300℃。然后转动到自动升温,以 10℃/min 的升温速度升至实验所需温度 1550℃。恒温 2h 后开始降温,采取自然降温随炉冷却,当炉内温度降到 80℃ 以下后开炉取出炉料。

表 8-16 所示为本实验条件下还原后磁性产物的化学成分,熔分后生铁块的形貌如图 8-20 所示。图 8-21 所示为电热熔分后坩埚内部生铁和含钒渣的形貌,渣、铁分层比较明显,渣相在生铁上部。

表 8-16 磁性产物的化学成分 (w) (%)

组 成	TFe	FeO	TiO₂	V₂O₅	CaO	SiO₂	MgO	Al₂O₃
含 量	86.56	4.26	3.95	0.67	0.22	1.18	1.72	1.16

图 8-20 熔分后生铁块的形貌

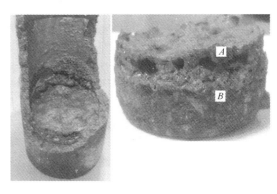

图 8-21 电热熔分后坩埚内部生铁和
含钒渣的形貌

A—含钒渣;B—生铁块

实验后对渣相与铁相进行机械分离,获得的生铁块质量为 115.45g,获得的含钒渣质量为 16.29g。分别对实验后渣、铁中的 TFe 和 V₂O₅ 含量进行了化学成分化验,列于表 8-17 和表 8-18。

表 8-17 熔分后含钒渣的 TFe、V 成分 (w) (%)

组 分	TFe	V₂O₅
含 量	8.84	5.39

表 8 - 18 熔分后铁块的 TFe、V 成分（w） （%）

组　分	TFe	V_2O_5
含　量	98.72	0.037

通过计算可以发现，磁选产物中97.53%的 Fe
进入铁相中，94.61%的钒保留在渣相中；熔分后
磁性选分产物中的钒大部分进入含钒渣中，只有
4.66%保留在生铁内。整个工艺中铁、钒、钛的收
得率如图 8 - 22 所示。在整个金属化还原 - 高效选
分 - 电热熔分工艺中，铁的收得率为 95.07%，钒
的收得率为 71.60%，均高于攀枝花现有钒钛磁铁
矿高炉冶炼流程中铁（70%）、钒（42%）的收
得率。

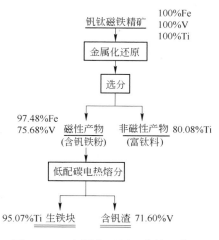

图 8 - 22　金属化还原 - 高效选分 -
电热熔分工艺流程

8.4　钒钛磁铁矿碳热还原热力学分析和相变历程

还原温度是影响钒钛磁铁矿金属化还原 - 高效
选分工艺指标的重要因素之一，在适宜的温度范围
之内使铁氧化物发生还原反应，生成单质金属铁，并抑制钛氧化物及其他杂质氧化物的还原，
使渣、铁分离，进而通过磁选获得铁含量较高的选分产物和富钛渣，达到提高铁、
钒、钛资源利用率的目的。在此基础上，本节根据已有热力学数据，对以固体碳为还原剂
的铁、钒、钛氧化物体系的金属化还原热力学基础进行研究，为钒钛磁铁矿金属化还原 -
高效选分新工艺的研究与开发提供理论依据。

8.4.1　热力学分析

本节主要研究钒钛磁铁矿中铁氧化物、钒氧化物以及钛氧化物的还原，实验所用还原
剂为固体碳，对还原过程中涉及的主要反应进行热力学计算。

8.4.1.1　铁氧化物的还原

在固体碳还原过程中，碳的气化反应与铁氧化物的还原反应同时进行。碳的气化反
应为：

$$C_{(g)} + CO_{2(g)} = 2CO_{(g)} \tag{8-16}$$

根据热力学计算可得：$\Delta G_T^\ominus = 170700 - 174.5T$（J/mol），假定气相中只有 CO 和 CO_2，则
可得到：

$$\ln K^\ominus = -\frac{20531.6}{T} + 20.99 \tag{8-17}$$

由式（8 - 16）可以得到固体碳气化反应的 $\varphi(CO) - T$ 平衡曲线，如图 8 - 23 所示。
由图 8 - 23 可见，平衡曲线将坐标平面分为两个区，上部为 CO 分解区（即碳的稳定区），
下部为碳的气化区（即 CO 的稳定区）。在 C - O 体系中，当温度低于 700K 时，碳的气化
反应几乎不能进行，CO 浓度几乎为 0；温度达到 1250K 时，C - O 体系中 CO 浓度超过

95%；温度高于 1300K 时，则几乎达到 100%，表明气化反应很完全。因此，在高温下（1250K 以上）以固体碳为还原剂时，C - O 体系主要是 CO，几乎不存在 CO$_2$。

在有固体碳存在的条件下，铁氧化物的还原反应相当于其被 CO 气体还原的反应与碳的气化反应之和。根据铁氧化物的还原特性，其被 CO 还原的反应是逐级进行的。

当 $t > 570℃$ 时有以下反应：

$$3Fe_2O_{3(s)} + CO \Longrightarrow 2Fe_3O_{4(s)} + CO_2 \qquad \Delta G_T^{\ominus} = -52131 - 41.0T \quad （J/mol）$$

则有：

$$\ln K^{\ominus} = \ln \frac{p_{CO_2}}{p_{CO}} = \frac{6270.3}{T} + 4.93 \qquad\qquad (8-18)$$

$$Fe_3O_{4(s)} + CO \Longrightarrow 3FeO_{(s)} + CO_2 \qquad \Delta G_T^{\ominus} = 35380 - 40.16T \quad （J/mol）$$

则有：

$$\ln K^{\ominus} = \ln \frac{p_{CO_2}}{p_{CO}} = -\frac{4255.5}{T} + 4.83 \qquad\qquad (8-19)$$

$$FeO_{(s)} + CO \Longrightarrow Fe_{(s)} + CO_2 \qquad \Delta G_T^{\ominus} = -22800 + 24.26T \quad （J/mol）$$

则有：

$$\ln K^{\ominus} = \ln \frac{p_{CO_2}}{p_{CO}} = \frac{2742.4}{T} + 2.92 \qquad\qquad (8-20)$$

当 $t < 570℃$ 时有如下反应：

$$3Fe_2O_{3(s)} + CO \Longrightarrow 2Fe_3O_{4(s)} + CO_2 \qquad \Delta G_T^{\ominus} = -52131 - 41.0T \quad （J/mol）$$

则有：

$$\ln K^{\ominus} = \ln \frac{p_{CO_2}}{p_{CO}} = \frac{6270.3}{T} + 4.93 \qquad\qquad (8-21)$$

$$\frac{1}{4}Fe_3O_{4(s)} + CO \Longrightarrow \frac{3}{4}Fe_{(s)} + CO_2 \qquad \Delta G_T^{\ominus} = -9832 + 8.58T \quad （J/mol）$$

则有：

$$\ln K^{\ominus} = \ln \frac{p_{CO_2}}{p_{CO}} = \frac{1182.6}{T} - 1.03 \qquad\qquad (8-22)$$

根据式（8-18）~式（8-22）进行热力学计算，可得到各反应的平衡气相组成与温度的关系，绘成图 8-23。

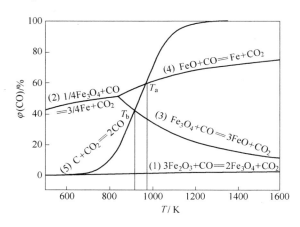

图 8-23 固体碳还原铁氧化物的气相平衡图

图 8-23 中，（1）线表示 CO 与 Fe$_2$O$_3$ 的反应曲线；（2）线表示 CO 与 Fe$_3$O$_4$ 的反应曲线（$t < 570℃$）；（3）线表示 CO 与 Fe$_3$O$_4$ 的反应曲线（$t > 570℃$）；（4）线表示 CO 与

FeO 的反应曲线；（5）线为碳的气化反应平衡线。（5）线分别与 FeO 和 Fe_3O_4 的还原平衡曲线相交于 T_a 和 T_b 点，$T_a = 868K$，对应的平衡气相中 CO 浓度约为 59.1%；$T_b = 820K$，对应的平衡气相中 CO 浓度约为 40.1%。

根据反应热力学原理，当气相组成（$\varphi(CO)$）高于一定温度下某曲线的 $\varphi(CO)$ 时，该曲线所代表的还原反应能够正向进行。而一定组成的气相在同一温度下对某氧化物显还原性，则对曲线下的氧化物显氧化性。换言之，曲线以上区域为该还原反应的产物稳定区，而其下则为反应物的稳定区。因此，利用平衡图可以直观地确定一定温度及气相成分下，任一氧化铁转变的方向及最终的相态。

从图 8-23 可知，在 T_a 点温度以上，体系中 CO 浓度高于各级氧化铁间接还原的 CO 平衡浓度，铁氧化物最终还原为金属铁；在 T_a 和 T_b 温度点之间时，由于体系中 CO 浓度仅高于 Fe_3O_4 还原反应的 CO 平衡浓度，而低于 FeO 还原反应的 CO 平衡浓度，故铁氧化物向 FeO 转化；在 T_b 温度点以下，体系 CO 浓度低于 Fe_3O_4 和 FeO 还原反应的 CO 平衡浓度，铁氧化物都向 Fe_3O_4 转化。因此，T_a 和 T_b 将图 8-23 划分为三个区域，$T > T_a$ 的区域为金属铁稳定区，$T < T_b$ 的区域为 Fe_3O_4 稳定区，$T_a > T > T_b$ 的区域为 FeO 稳定区。由此可见，当 $T > 868K$ 时，CO 浓度 $> 59.1\%$，铁氧化物可转化为金属铁。

8.4.1.2 钒氧化物的还原

在钒钛磁铁精矿中，钒是以三价离子的氧化物状态取代了磁铁矿中的三价铁离子，以钒尖晶石（$FeO \cdot V_2O_3$）为主要存在形式，固溶于磁铁矿中。在用固体碳还原过程中，铁氧化物还原之后，钒氧化物也将被逐级还原。可以进行热力学计算，计算所需的有关基础热力学数据见表 8-19。

表 8-19 钒氧化物还原计算用基础热力学数据

序　号	反　应　式	$\Delta G^{\ominus}/J \cdot mol^{-1}$
1	$2V + C = V_2C$	$-146400 + 3.25T$
2	$V + C = VC$	$-102100 + 9.58T$
3	$2V + \dfrac{3}{2}O_2 = V_2O_3$	$-1202900 + 237.53T$
4	$V + \dfrac{1}{2}O_2 = VO$	$-424700 + 80.04T$
5	$C + \dfrac{1}{2}O_2 = CO$	$-114400 - 85.77T$

（1）生成 VO

$$V_2O_3 + C = 2VO + CO \qquad \Delta G_1^{\ominus} = 239100 - 163.22T \quad (J/mol) \qquad (8-23)$$

（2）生成 VC

$$V_2O_3 + 5C = 2VC + 3CO \qquad \Delta G_2^{\ominus} = 665500 - 475.68T \quad (J/mol) \qquad (8-24)$$

（3）生成 V_2C

$$V_2O_3 + 4C = V_2C + 3CO \qquad \Delta G_3^{\ominus} = 713300 - 490.49T \quad (J/mol) \qquad (8-25)$$

（4）生成金属钒

$$V_2O_3 + 3C = 2V + 3CO \qquad \Delta G_4^{\ominus} = 859700 - 494.84T \quad (J/mol) \qquad (8-26)$$

通过上述热力学数据，可以计算出上述各式的标准开始反应温度为：$\Delta t_1^{\ominus} = 1192\,℃$，

$\Delta t_2^{\ominus} = 1126℃$，$\Delta t_3^{\ominus} = 1181℃$，$\Delta t_4^{\ominus} = 1464℃$。

在还原温度为 1350℃ 的条件下，可以计算出上述反应的标准生成自由能为：$\Delta G_1^{\ominus} = 1.085 J/mol$，$\Delta G_2^{\ominus} = 0.86 J/mol$，$\Delta G_3^{\ominus} = 0.89 J/mol$，$\Delta G_4^{\ominus} = 1.07 J/mol$。

因此可以认为，在直接还原温度条件下，首先生成碳化钒，再生成 V_2C，而金属钒和 VO 是难以生成的，这样就为下一步处理金属化还原 - 高效选分产物提供了如下重要参考：钒在还原产物中有一部分可能以碳化钒形式存在，而不是金属钒，采用熔化分离工艺可实现钒、钛与铁的分离。

8.4.1.3　钛氧化物的还原

钒钛磁铁矿中钛氧化物以钛铁矿（$FeTiO_3$）为主。由于钛和铁与氧的亲和力不同，其氧化物的生成自由能有较大的差异，因此，经过选择性还原熔炼可以分别获得生铁和钛渣。

用固体碳还原钛铁矿时，随着温度和配碳量的不同，整个体系的反应比较复杂，可能发生的反应较多。用固体碳还原 $FeTiO_3$，随着温度和配碳量的不同，可能有如下反应：

$$FeTiO_3 + C = Fe + TiO_2 + CO \qquad \Delta G^{\ominus} = 190900 - 161T \quad (J/mol) \qquad (8-27)$$

$$\frac{3}{4}FeTiO_3 + C = \frac{3}{4}Fe + \frac{1}{4}Ti_3O_5 + CO \qquad \Delta G^{\ominus} = 209000 - 168T \quad (J/mol) \qquad (8-28)$$

$$\frac{2}{3}FeTiO_3 + C = \frac{2}{3}Fe + \frac{1}{3}Ti_2O_3 + CO \qquad \Delta G^{\ominus} = 213000 - 171T \quad (J/mol) \qquad (8-29)$$

$$\frac{1}{2}FeTiO_3 + C = \frac{1}{2}Fe + \frac{1}{2}TiO + CO \qquad \Delta G^{\ominus} = 252600 - 177T \quad (J/mol) \qquad (8-30)$$

$$2FeTiO_3 + C = Fe + FeTi_2O_5 + CO \qquad \Delta G^{\ominus} = 185000 - 155T \quad (J/mol) \qquad (8-31)$$

$$FeTiO_3 + 4C = Fe + TiC + 3CO \qquad \Delta G^{\ominus} = 182500 - 127T \quad (J/mol) \qquad (8-32)$$

$$\frac{1}{3}FeTiO_3 + C = \frac{1}{3}Fe + \frac{1}{3}Ti + CO \qquad \Delta G^{\ominus} = 304600 - 173T \quad (J/mol) \qquad (8-33)$$

铁矿中的三价铁氧化物可以看做是游离 Fe_2O_3，其被还原的反应为：

$$\frac{1}{3}Fe_2O_3 + C = \frac{2}{3}Fe + CO \qquad \Delta G^{\ominus} = 164000 - 176T \quad (J/mol) \qquad (8-34)$$

金属化还原实验的温度选择在 1250~1350℃ 之间，经计算可知，在这样高的温度下，反应（8-27）~反应（8-32）的 $\Delta G^{\ominus}$ 均是负值，从热力学上说明这些反应均可进行，并随着温度的升高，反应趋势均可增大。反应（8-33）在 1250~1350℃ 范围内不能进行，因此，本金属化还原实验理论上没有单质钛生成。在 1250~1350℃ 范围内，除了铁氧化物被还原外，还有相当数量的 TiO_2 被还原，反应生成金属铁和低钛氧化物。

钒钛磁铁矿在高温还原过程中，固相反应与气相反应同时存在。在反应开始初期，可认为是低温传热过程，物料温度较低。随着温度逐渐升高，矿粉颗粒与煤粉颗粒的接触点发生固相反应，此时整个石墨坩埚内以固相反应为主。钒钛铁矿金属化还原过程中可能发生的固相还原反应及其 $\Delta G^{\ominus} - T$ 关系如图 8-24 所示。在实验条件下，所有固相反应的 $\Delta G^{\ominus}$ 都小于零，即均能发生。固相反应受固态扩散传质和界面反应的影响，速度较慢。随着温度的升高和固相反应的进行，石墨坩埚内部 CO 浓度增大，气 - 固反应剧烈发生。相比固相反应而言，气 - 固反应非常快，整个钒钛磁铁矿金属化还原的反应以气 - 固反应为主。CO 还原铁氧化物和钛铁氧化物平衡气相成分与温度的关系如图 8-25 所示。

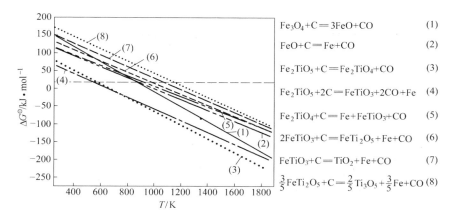

图 8 – 24　C 还原铁氧化物和钛铁氧化物的 $\Delta G^{\ominus} - T$ 关系

$$Fe_3O_4 + C = 3FeO + CO \qquad (1)$$
$$FeO + C = Fe + CO \qquad (2)$$
$$Fe_2TiO_5 + C = Fe_2TiO_4 + CO \qquad (3)$$
$$Fe_2TiO_5 + 2C = FeTiO_3 + 2CO + Fe \qquad (4)$$
$$Fe_2TiO_4 + C = Fe + FeTiO_3 + CO \qquad (5)$$
$$2FeTiO_3 + C = FeTi_2O_5 + Fe + CO \qquad (6)$$
$$FeTiO_3 + C = TiO_2 + Fe + CO \qquad (7)$$
$$\tfrac{3}{5}FeTi_2O_5 + C = \tfrac{2}{5}Ti_3O_5 + \tfrac{3}{5}Fe + CO \qquad (8)$$

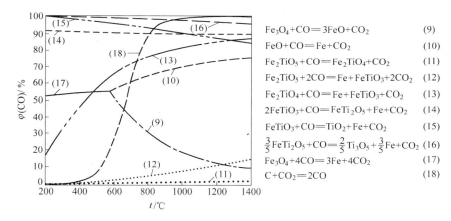

图 8 – 25　CO 还原铁氧化物和钛铁氧化物平衡气相成分与温度的关系

$$Fe_3O_4 + CO = 3FeO + CO_2 \qquad (9)$$
$$FeO + CO = Fe + CO_2 \qquad (10)$$
$$Fe_2TiO_5 + CO = Fe_2TiO_4 + CO_2 \qquad (11)$$
$$Fe_2TiO_5 + 2CO = Fe + FeTiO_3 + 2CO_2 \qquad (12)$$
$$Fe_2TiO_4 + CO = Fe + FeTiO_3 + CO_2 \qquad (13)$$
$$2FeTiO_3 + CO = FeTi_2O_5 + Fe + CO_2 \qquad (14)$$
$$FeTiO_3 + CO = TiO_2 + Fe + CO_2 \qquad (15)$$
$$\tfrac{3}{5}FeTi_2O_5 + CO = \tfrac{2}{5}Ti_3O_5 + \tfrac{3}{5}Fe + CO_2 \qquad (16)$$
$$Fe_3O_4 + 4CO = 3Fe + 4CO_2 \qquad (17)$$
$$C + CO_2 = 2CO \qquad (18)$$

8.4.2　碳热还原相变历程

　　关于钒钛磁铁矿的还原历程已经有很多研究，并取得了不错的成果。然而，在不同的工艺条件下，其还原历程有所不同。本实验在使用粒度为 $-75\mu m$ 的煤作还原剂、还原温度为 1350℃、配碳比为 1.0 的条件下，考察物料还原 5min、10min、15min、20min、25min、30min、40min、50min、60min 后还原产物的物相组成，通过 XRD 手段分析不同还原时间下产物的物相组成演变历程，如图 8 – 26 所示。由于还原产物中物相组成繁多，图 8 – 26 中的标记以含铁、钛物质的物相组成为主。表 8 – 20 列出了相应的物相成分。

表 8 – 20　不同还原时间下产物的物相组成

还原时间/min	物　相　组　成
0	$Al_{0.7}Cr_{0.3}Fe_{17.485}Mg_{0.4}Mn_{0.114}O_{32}Si_{0.06}Ti_{4.72}V_{0.15}$、$Fe_3O_4$、$Fe_2VO_4$、$FeTiO_3$、$MgFe_2O_4$、$FeO_4V_2$
5	Fe、FeO、Fe_3O_4、Fe_5TiO_8、$FeTiO_3$、$MgAl_2O_4$
10	Fe、FeO、Fe_3O_4、Fe_2TiO_5、Fe_5TiO_8、Mg_2SiO_4、$MgAl_2O_4$、Mg_2TiO_4

续表 8 - 20

还原时间/min	物相组成
15	Fe、FeO、Fe_3O_4、Fe_2TiO_5、Mg_2SiO_4、$MgAl_2O_4$、Mg_2TiO_4
20	Fe、FeO、Fe_3O_4、Fe_2TiO_5、Mg_2SiO_4、$MgAl_2O_4$、Mg_2TiO_4
25	Fe、Fe_3O_4、Fe_2TiO_5、Fe_2TiO_4、Mg_2SiO_4、$MgAl_2O_4$、(Fe, Mg)Ti_2O_5
30	Fe、Fe_2TiO_5、$FeTiO_3$、Mg_2SiO_4、$MgAl_2O_4$、(Fe, Mg)Ti_2O_5
40	Fe、$FeTiO_3$、Mg_2SiO_4、$MgAl_2O_4$、(Fe, Mg)Ti_2O_5
50	Fe、Mg_2SiO_4、$MgAl_2O_4$、(Fe, Mg)Ti_2O_5
60	Fe、Mg_2SiO_4、$MgAl_2O_4$、(Fe, Mg)Ti_2O_5

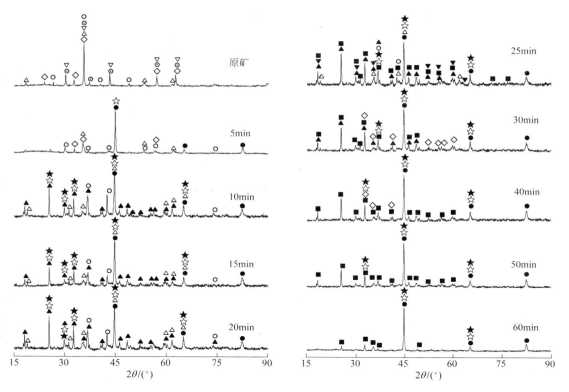

图 8 - 26 产物中含铁、钛物相的 XRD 分析结果

●—Fe；○—FeO；△—Fe_3O_4；○—Fe_5TiO_8；▲—Fe_2TiO_5；▼—Fe_2TiO_4；◇—$FeTiO_3$；
☆—$MgAl_2O_4$；★—Mg_2SiO_4；■—(Fe, Mg)(Ti, Fe)O_3

除了考察还原产物中含铁物相随还原时间变化的规律外，本实验还考察了 Mg、Al、Si 等元素在钒钛磁铁矿碳热还原过程中的物相变化，见于表 8 - 20。钒钛磁铁矿中的 Mg、Al、Si 元素主要赋存于钛磁铁矿中。其中，Mg 元素能够以 MgO 的形式固溶于钛铁晶石和钛铁矿中，Al 和 Si 分别以 Al_2O_3 和 SiO_2 的形式形成复杂化合物。在实验条件下还原 5min 后，钛磁铁矿分解，形成镁铝尖晶石（$MgAl_2O_4$）。反应进行到 10min 时，还原产物中出现镁橄榄石（Mg_2SiO_4）和含镁的钛铁晶石（Mg_2TiO_4）。随着还原时间的延长，镁橄榄石和镁铝尖晶石继续保留在还原产物中，钛铁晶石逐渐被含铁黑钛石（$(Fe,Mg)Ti_2O_5$）所取代。当反应进行到 60min 时，还原反应基本完成，含镁物相中有 Mg_2SiO_4、$MgAl_2O_4$ 以及 $(Fe,Mg)Ti_2O_5$。

根据以上结果并结合热力学计算，可得出钒钛磁铁矿碳热还原过程中所发生的还原反应，其过程如表 8-21 所示。根据表 8-20 和表 8-21 可知，这些含铁物相的还原历程可以简略表示，如图 8-27 所示。对上述还原历程进行热力学计算，可知含铁矿物相还原的难易程度按以下顺序递增：$Fe_2O_3 \rightarrow Fe_3O_4 \rightarrow FeO$，$Fe_2TiO_5 \rightarrow Fe_2TiO_4 \rightarrow FeTiO_3 \rightarrow FeTi_2O_5$。

表 8-21 钒钛磁铁矿碳热还原反应

序 号	化 学 反 应	说 明
1	$3Fe_2O_3 + CO = 2Fe_3O_4 + CO_2$	赤铁矿先被还原成磁铁矿
2	$Fe_3O_4 + CO = 3FeO + CO_2$	磁铁矿被还原成浮氏体
3	$FeO + CO = Fe + CO_2$	部分浮氏体被还原成金属铁
4	$FeO + FeO \cdot TiO_2 = Fe_2TiO_4$ （即 $Fe_2TiO_5 \rightarrow Fe_2TiO_4$）	部分浮氏体与连晶钛铁矿结合，生成钛铁晶石
5	$Fe_2TiO_4 + CO = Fe + FeTiO_3 + CO_2$ （即 $Fe_2TiO_4 \rightarrow FeTiO_3$）	钛铁晶石中的 FeO 继续被还原，生成钛铁矿
6	$2FeTiO_3 + CO = Fe + FeTi_2O_5 + CO_2$ （即 $FeTiO_3 \rightarrow FeTi_2O_5$）	钛铁矿被还原成含铁黑钛石

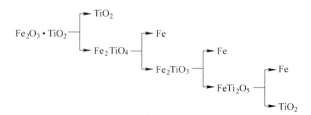

图 8-27 钒钛磁铁矿含铁物相的还原历程

8.5 小结

在实验室条件下，通过改变单影响因素，进行了钒钛磁铁矿金属化还原 - 高效选分新工艺的实验研究，并分析了钒钛磁铁矿碳热还原历程，得到如下结论：

（1）金属化还原 - 高效选分新工艺可以实现钒钛磁铁矿中钒、钛与铁的分离，大部分的钒保留在铁相内，钛元素则富集到渣相中。

（2）增大磁场强度可提高铁的收得率，但磁场强度过大会降低选分产物中铁的品位和钒的收得率以及选分尾矿中钛的收得率。适宜的磁场强度为 50mT。

（3）提高温度和时间均可以提高铁、钛分离效果，适宜的金属化还原温度应不低于 1350℃，适宜的还原时间为 60min。

（4）配碳比应该在一个适宜的范围内，配碳过少或过多都会导致金属化还原工艺指标下降。合理的配碳比为 1.0~1.2。

（5）还原煤粒度对金属化还原工艺指标影响较大。还原煤粒度越大，还原反应进行得越不彻底，直接导致还原产物的金属化率以及铁、钒的收得率下降，同时导致渣量增多。因此，最佳的还原煤粒度为 $-75\mu m$。

（6）当配碳比为 1.0、还原煤粒度为 $-75\mu m$，还原温度为 1350℃、还原时间为 60min，磁场强度为 50mT 时，新工艺指标为：选分产物中，铁的品位 86.56%，金属化率 96.18%，铁的收得率 97.48%、V_2O_5 的品位 0.701%，钒的收得率 75.68%；尾矿中，TiO_2 的品位 55.39%，钛的收得率 80.08%。

（7）还原得到的选分产物为高金属化率的含钒金属铁粉，在低配碳电热熔分后可获得优质铁块和含钒渣，实现铁与钒的有效分离。整个工艺中铁的收得率为 95.07%，钒的收得率为 71.6%。

（8）钒钛磁铁矿碳热还原含铁物相的还原历程为：$Fe_2O_3 \rightarrow Fe_3O_4 \rightarrow FeO$，$Fe_2TiO_5 \rightarrow Fe_2TiO_4 \rightarrow FeTiO_3 \rightarrow FeTi_2O_5$。

9　钒钛磁铁矿氧化球团焙烧－气基竖炉直接还原

本章实验选用高铬型钒钛磁铁矿制备氧化球团。首先，针对实验用高铬型钒钛磁铁矿进行原料基础特性的系统研究，包括化学成分、粒度组成、细磨处理、物相组成以及TG－DSC差热分析。其次，从高铬型磁铁矿的基础特性出发，制备氧化焙烧实验用生球并检测其性能，重点考察了焙烧温度和焙烧时间对高铬型钒钛磁铁矿球团焙烧过程的影响，分析了相应工艺参数下球团抗压强度的变化，探索了钒、钛、铬在球团氧化过程中的迁移规律和高铬型钒钛磁铁矿球团的氧化固结过程，确定了获得质量优良的高铬型钒钛磁铁矿球团的合理焙烧制度。同时，考虑高铬型钒钛磁铁矿的基础特性和气基竖炉直接还原速度快、产品质量稳定、自动化程度高、单机产能大、工序能耗低等技术优势，进行高铬型钒钛磁铁矿气基竖炉直接还原实验研究。该实验研究主要包括以下内容：

（1）分析了气基竖炉直接还原的热力学理论。

（2）进行高铬型钒钛磁铁矿气基竖炉直接还原实验，考察了不同温度和气氛对高铬型钒钛磁铁矿球团的还原行为以及还原后品质的影响。

（3）选择一定还原温度和气氛条件，进行了高铬型钒钛磁铁矿球团等温还原实验，研究了该矿氧化球团在气基竖炉直接还原过程中的还原相变历程。

（4）系统分析了高铬型钒钛矿球团竖炉直接还原反应的动力学（还原反应限制性环节、还原反应阻力、还原反应速度常数）。

（5）将还原后产物在高频感应炉内进行熔分，并检验分析了熔分后产物高钛渣和含钒、铬生铁的品质。

9.1　高铬型钒钛磁铁矿氧化球团焙烧

9.1.1　高铬型钒钛磁铁矿原料特性的研究

9.1.1.1　化学成分

本实验所用高铬型钒钛磁铁矿粉的化学成分列于表9－1。由表9－1可知，高铬型钒钛磁铁矿粉中TFe含量为62.12%，品位较低。相比于普通钒钛磁铁矿，高铬型钒钛磁铁矿除Fe之外，还含有V_2O_5、TiO_2、Cr_2O_3等贵重的有价组元，其含量分别为0.95%、5.05%、0.614%，属于低钛、高钒、高铬型钒钛磁铁矿。实验所用膨润土的化学成分列于表9－2。

表9－1　实验原料的化学成分（w）　　　　　　　　（%）

组　分	TFe	FeO	CaO	SiO_2	MgO	TiO_2	V_2O_5	Cr_2O_3	S	Al_2O_3	P
含　量	62.12	29.11	0.22	2.12	0.92	5.05	0.95	0.614	0.039	3.18	<0.01

表 9 - 2   实验用膨润土的化学成分（w）　　　　　　　（%）

成　分	SiO$_2$	MgO	Al$_2$O$_3$	CaO	Na$_2$O	K$_2$O
含　量	67.45	4.61	14.47	2.47	1.68	1.19

9.1.1.2   粒度组成

本研究采用 MASTERSIZER 2000 型激光粒度分析仪（如图 9 - 1 所示），对高铬型钒钛磁铁矿粉的粒度进行分析，结果如图 9 - 2 所示。可知，其粒度小于 0.074mm 粒级的体积分数仅占 29.98%，粒度较粗，若直接用于球团生产，会对球团的抗压强度和还原膨胀等性能产生不利影响。

图 9 - 1　MASTERSIZER 2000 型激光粒度分析仪

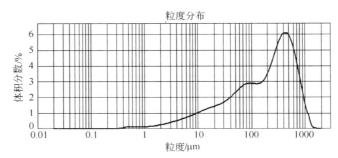

粒度/μm	范围内体积/%
0.100	0.00
0.200	0.00
0.300	0.01
0.400	0.11
0.500	0.49
1.000	0.49

粒度/μm	范围内体积/%
1.000	0.66
2.000	0.79
3.000	0.81
4.000	0.79
5.000	0.77
6.000	0.77

粒度/μm	范围内体积/%
6.000	0.74
7.000	0.72
8.000	0.70
9.000	0.67
10.000	5.56
20.000	5.56

粒度/μm	范围内体积/%
20.000	4.08
30.000	3.40
40.000	3.10
50.000	2.89
60.000	3.69
74.000	3.69

粒度/μm	范围内体积/%
74.000	5.64
100.000	13.47
200.000	11.34
300.000	10.67
400.000	8.84
500.000	8.84

粒度/μm	范围内体积/%
500.000	6.71
600.000	4.82
700.000	3.33
800.000	2.22
900.000	2.22

图 9 - 2　高铬型钒钛磁铁矿的粒度分布

9.1.1.3   细磨处理

由于高铬型钒钛磁铁矿粒度粗，直接用于造球会导致成球性不好，且不利于球团获得良好的冶金性能，有必要对其进行细磨处理。本实验采用 RK/ZQM Φ 系列智能锥形球磨机（如图 9 - 3 所示）对高铬型钒钛磁铁矿进行湿磨处理，磨矿过程中的矿浆如图 9 - 4 所示。将预先称重好的高铬型钒钛磁铁矿放入球磨机中，然后将量好的水加入其中，而后对矿粉进行湿磨处理。当矿粉粒度达到要求后，再进行干燥和筛分处理，即可用于球团实验。湿磨过程中维持矿粉的质量分数为 70%，即每磨 1000g 高铬型钒钛磁铁矿加水 428g[1]（设需要加入水 x g，$x/(1+x)=30\%$，$x=428$g）。图 9 - 5 示出了高铬型钒钛磁铁矿粒度随磨矿时间的变化，可见，湿磨处理 15min 后，高铬型钒钛磁铁矿中粒度小于 0.074mm 的粒级比例即可达 100%，可用于实验球团制备。

9.1.1.4   物相组成

采用 X 射线衍射分析技术对高铬型钒钛磁铁矿的物相组成进行分析，结果如图 9 - 6

图 9 - 3　RK/ZQM Φ 系列智能锥形球磨机 　　　　图 9 - 4　矿浆

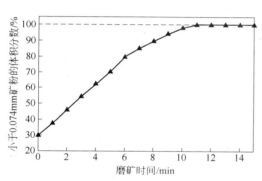

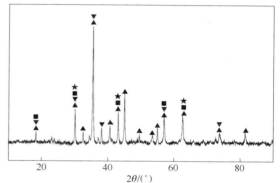

图 9 - 5　高铬型钒钛磁铁矿粒度
随磨矿时间的变化

图 9 - 6　高铬型钒钛磁铁矿的 X 射线衍射分析
▲—Fe_3O_4；★—$FeCr_2O_4$；■—FeV_2O_4；▼—$Fe_{2.75}Ti_{0.25}O_4$

所示。X 射线衍射分析结果表明，高铬型钒钛磁铁矿主要由磁铁矿、铬铁矿、钒磁铁矿、钛磁铁矿等组成，其中钒、钛、铬元素以磁铁矿的类质同象形式存在。高铬型钒钛磁铁矿中含铁物相的半定量分析结果列于表 9 - 3，磁铁矿、铬铁矿、钛磁铁矿、钒磁铁矿的比例分别为 59%、22%、9%、10%。

表 9 - 3　含铁物相的半定量分析

参考卡片号	化学物名称	化 学 式	半定量含量/%
01 - 075 - 1609	磁铁矿	Fe_3O_4	59
01 - 089 - 2618	铬铁矿	$FeCr_2O_4$	22
01 - 075 - 1374	钛磁铁矿	$Fe_{2.75}Ti_{0.25}O_4$	9
01 - 075 - 1519	钒磁铁矿	FeV_2O_4	10

9.1.1.5　TG - DSC 差热分析

本实验采用德国耐驰（NETZSCH）公司生产的 STA 409C/CD 型差式扫描量热仪，研究了高铬型钒钛磁铁矿在空气下的 TG - DSC 曲线。实验设备示于图 9 - 7，结果示于图 9 - 8。从图 9 - 8 中可以看出，在 800℃和 1000℃左右有较强的放热峰出现，这说明高铬型钒钛磁铁矿在此温度区间发生了剧烈的化学反应或物相转变。

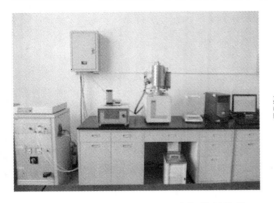

图9-7 STA 409C/CD 型差式扫描量热仪

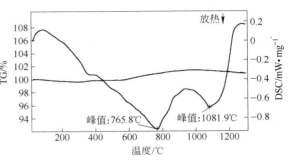

图9-8 高铬型钒钛磁铁矿的 TG-DSC 曲线

9.1.2 高铬型钒钛磁铁矿氧化球团的制备

实验用氧化球团制备的工艺流程如图9-9所示，主要包括生球的制备及性能检测、球团焙烧处理及成品球团性能检测。

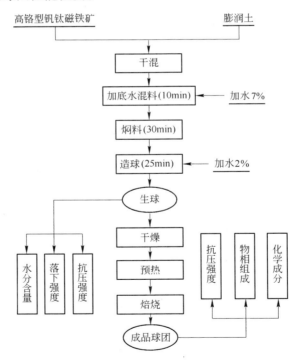

图9-9 造球工艺流程

9.1.2.1 生球的制备及性能检测

A 生球制备

生球制备的步骤及所用设备同3.1.2节所述。

B 生球的性能检测

生球的性能主要包括生球的水分含量、粒度组成、落下强度及抗压强度等。生球的性能直接影响后续的干燥、预热、焙烧工序及最终成品球团矿的产量和质量。一般要求生球水分含量在8%～10%，生球粒度组成为8～16mm的粒级占95%以上，生球抗压强度不小于9N/个，生球落下强度不小于3次/个。

生球造好后，用$\phi12mm$和$\phi14mm$的圆孔筛筛分，取粒度为12～14mm的生球进行落下强度及抗压强度的检测。另外，取200g左右生球进行生球水分含量测定。

生球抗压强度和落下强度的检测同3.2节（1）和（2）所述。

生球水分含量检测的方法为：称取刚造好的生球200g左右，记为m_1；然后放入（105±5）℃的烘箱中进行干燥，烘干后取出称重，记为m_2，$(m_1 - m_2)/m_1$则为生球水分含量。

对所制备的高铬型钒钛磁铁矿生球的性能进行检测，结果列于表9－4。生球的抗压强度为13.52N/个，落下强度为3.9次/个，水分含量为8.1%，均满足目前工业生产关于生球性能的行业标准。

表9－4 生球性能的检测结果

生球性能	检测结果	行业标准
抗压强度/N·个$^{-1}$	13.52	≥8.82
落下强度/次·个$^{-1}$	3.9	≥3
水分含量/%	8.1	8～10

9.1.2.2 球团焙烧处理与成品球团抗压强度检测

球团的焙烧过程通常可分为干燥、预热、焙烧、均热、冷却5个阶段。焙烧固结是球团制备过程中的复杂工序，许多物理和化学反应在此阶段完成，并且其对球团的冶金性能（如强度、还原性等）有重大影响。其中，预热过程的主要反应是磁铁矿氧化成赤铁矿、碳酸盐矿物分解、硫化物分解和氧化以及某些固相反应；焙烧段主要完成预热过程中尚未完成的反应，其主要反应有铁氧化物的结晶和再结晶、晶粒长大、固相反应，以及由之而产生的低熔点化合物的熔化、形成部分液相、球团矿体积收缩及结构致密化。

生球经干燥后，强度有所提高，但仍不能满足竖炉的生产要求，为了保证球团具有良好的冶金性能，必须进行焙烧。本实验中，生球经干燥后在马弗炉（如图9－10所示）内进行预热和焙烧。马弗炉炉口端开孔以插入通气管。首先将马弗炉升温预热，使炉温升至预热温度并保持恒温，然后将干燥后的生球平铺在耐火材料盛球板上，并平稳放至马弗炉中心位置。整个焙烧过程中向马弗炉内吹入空气，以保证炉内气氛为氧化性气氛。保持预热温度恒温，让球团充分预热，然后以5℃/min匀速升至焙烧温度，恒温保持相应的焙烧时间。焙烧完成后，球团随炉冷却至某温度，冷却过程依然保持氧化性气氛。之后将球团从炉内取出，置于空气中冷却。图9－11为球团焙烧温度制度示意图。

成品球团抗压强度的检测方法和设备同3.2节（3）。

9.1.3 焙烧温度对高铬型钒钛磁铁矿球团焙烧过程的影响研究

焙烧温度对球团焙烧过程影响较大。在焙烧过程中，选择适宜的焙烧温度通常需考虑以下两点。

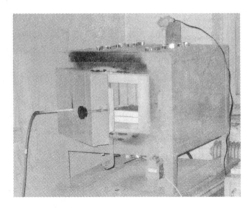

图9-10 马弗炉

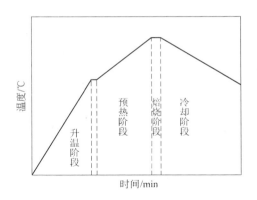

图9-11 球团焙烧温度制度示意图

（1）从提高球团质量的角度出发，应尽可能选择较高的焙烧温度，因为较高温度能够提高球团强度，缩短焙烧时间，增加设备生产能力。但若超过最适宜值，则会使球团抗压强度迅速下降。

（2）从设备条件、设备使用寿命及燃料和电力的消耗角度出发，应尽可能选择较低的焙烧温度。但是，焙烧的最低温度应以在生球的各颗粒间形成牢固的连接为限制。若温度偏低，则各种物理化学反应进行缓慢，导致难以达到焙烧固结的效果。

综上，实际选择焙烧温度时应综合考虑。

为了研究焙烧温度对高铬型钒钛磁铁矿球团焙烧过程的影响，本实验设定焙烧温度分别为300℃、500℃、700℃、900℃、1100℃、1150℃、1200℃、1250℃、1300℃，共有9组实验，主要考察了不同焙烧温度对高铬型钒钛磁铁矿球团抗压强度的影响，分析了不同焙烧温度下高铬型钒钛磁铁矿球团中的物相变化以及各元素的迁移规律。

具体焙烧制度如表9-5所示。

表9-5 球团焙烧制度

项　目	工　艺　制　度
预热、焙烧	（1）马弗炉以10℃/min升至300℃，300℃时将生球放入炉内； （2）焙烧温度在900℃及以下时，以10℃/min升至焙烧温度； （3）焙烧温度在900℃以上时，以10℃/min升至900℃，之后以5℃/min升至焙烧温度； （4）焙烧温度下恒温足够长时间，保证其完全氧化
冷　却	放置于炉口，冷却至室温

9.1.3.1 抗压强度

不同焙烧温度条件下高铬型钒钛磁铁矿球团的抗压强度变化如图9-12所示。由图9-12可知，随着焙烧温度的提高，球团的抗压强度逐渐增大。当焙烧温度低于1100℃时，球团抗压强度由300℃时的50N/个增至1100℃时的774N/个，增幅不大；但当焙烧温度高于1100℃时，抗压强度大幅增至3588N/个。

由于温度升高，加快了各种物理化学反应，颗粒扩散从而增加了接触面积，颗粒间孔隙变圆，孔隙率减少，同时产生再结晶和聚晶长大，颗粒氧化更完全，使球团形成致密的

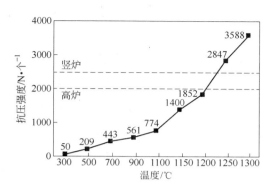

图 9 – 12 不同焙烧温度条件下
球团的抗压强度变化

球体，提高了球团的抗压强度；另外，温度升高可增大球团内部起黏结作用的液相量，并改善其在球团内部的分布状况，从而使球团强度增大；同时，高铬型钒钛磁铁矿球团在较高温度下氧化时，球团内部的元素迁移能力提高，并发生快速迁移，有利于形成比单体熔点高的复杂固溶体，有助于提高强度。当焙烧温度较低时，上述促进作用不明显，因此球团的抗压强度增加缓慢。当焙烧温度高于1250℃时，高铬型钒钛磁铁矿球团的抗压强度大于 2500N/个，均满足高炉生产

（2000N/个）和竖炉生产（2500N/个）对球团抗压强度的要求。因此，为了保证球团具有优良的抗压强度，高铬型钒钛磁铁矿的焙烧温度不得低于1250℃。

9.1.3.2 物相成分

为了解焙烧温度对高铬型钒钛磁铁矿球团中铁矿物、钒矿物、钛矿物、铬矿物的矿相变化和铁、钒、钛、铬组元的迁移规律的影响，对不同焙烧温度下焙烧后的试样进行了XRD 分析，分析结果如图 9 – 13 所示。

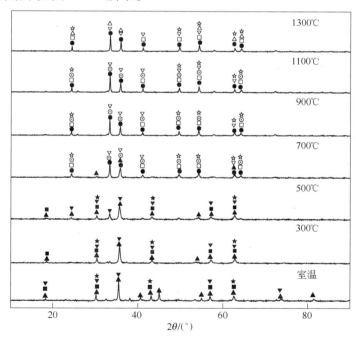

图 9 – 13 不同焙烧温度条件下球团的 XRD 分析

▲—Fe_3O_4；★—$FeCr_2O_4$；■—FeV_2O_4；▼—$Fe_{2.75}Ti_{0.25}O_4$；●—Fe_2O_3；☆—$Cr_{1.3}Fe_{0.7}O_3$；
□—$(Cr_{0.15}V_{0.85})_2O_3$；▽—Fe_9TiO_{15}；◎—$FeTiO_3$；△—$Fe_2Ti_3O_9$

同时，使用荷兰帕纳科公司（PANalytical）的 X'Pert HighScore Plus 分析软件对焙烧后球团试样进行物相分析，分析结果列于表 9 – 6。可以看出，高铬型钒钛磁铁矿球团在

不同焙烧温度下有不同的物相，室温下高铬型钒钛磁铁矿球团的主要物相是磁铁矿（Fe_3O_4）、钛磁铁矿（$Fe_{2.75}Ti_{0.25}O_4$）、铬铁矿（$FeCr_2O_4$）和钒磁铁矿（FeV_2O_4）。当焙烧温度在500℃及以下时，由于温度较低，球团内物理化学反应相对较慢，颗粒间扩散缓慢，导致球团不易氧化，各物相基本不变或变化量小，难以被检测出来。这也进一步解释了当焙烧温度较低时，高铬型钒钛磁铁矿球团的抗压强度较小且增大幅度不大的现象。当焙烧温度为700℃时，球团中出现了赤铁矿（Fe_2O_3）；钛磁铁矿氧化成钛铁矿（$FeTiO_3$）和新相 Fe_9TiO_{15}；铬铁矿被磁铁矿"溶蚀"，形成 Cr 和 Fe 的氧化物固溶体，生成新相 $Cr_{1.3}Fe_{0.7}O_3$；FeV_2O_4 中的 V 发生迁移，形成 Cr 和 V 的氧化物固溶体，生成新相 $(Cr_{0.15}V_{0.85})_2O_3$。当焙烧温度升高至900℃时，磁铁矿消失，完全被氧化成赤铁矿。当焙烧温度为1100℃，除各物相衍射峰强度稍强外，球团中物相组成与900℃时相同。继续提高焙烧温度至1300℃时，钛铁矿氧化形成新相 $Fe_2Ti_3O_9$，其他物相组成不变。

表9-6 不同焙烧温度条件下球团的主要成分

焙烧温度/℃	成 分
室 温	Fe_3O_4，$Fe_{2.75}Ti_{0.25}O_4$，$FeCr_2O_4$，FeV_2O_4
300	Fe_3O_4、$Fe_{2.75}Ti_{0.25}O_4$，$FeCr_2O_4$，FeV_2O_4
500	Fe_3O_4、$Fe_{2.75}Ti_{0.25}O_4$，$FeCr_2O_4$，FeV_2O_4
700	Fe_2O_3，Fe_3O_4，Fe_9TiO_{15}，$FeTiO_3$，$Cr_{1.3}Fe_{0.7}O_3$，$(Cr_{0.15}V_{0.85})_2O_3$
900	Fe_2O_3，Fe_9TiO_{15}，$FeTiO_3$，$Cr_{1.3}Fe_{0.7}O_3$，$(Cr_{0.15}V_{0.85})_2O_3$
1100	Fe_2O_3，Fe_9TiO_{15}，$FeTiO_3$，$Cr_{1.3}Fe_{0.7}O_3$，$(Cr_{0.15}V_{0.85})_2O_3$
1300	Fe_2O_3，Fe_9TiO_{15}，$Fe_2Ti_3O_9$，$Cr_{1.3}Fe_{0.7}O_3$，$(Cr_{0.15}V_{0.85})_2O_3$

根据图9-13和表9-6可以得出随着焙烧温度的升高，高铬型钒钛磁铁矿球团中含 Fe 物相和含 V、Ti、Cr 物相的变化规律，如图9-14所示。

9.1.3.3 内部形貌

在焙烧过程中，球团内部会发生一系列物理化学反应，球团的微观形貌也因此相应变化。利用扫描电镜对不同焙烧温度条件下球团内部的微观形貌进行观察研究，结果如图9-15所示。

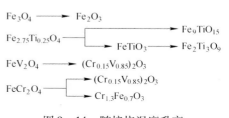

图9-14 随焙烧温度升高 Fe、V、Ti、Cr 的迁移规律

由图9-15可见，当焙烧温度较低时，球团结构疏松，仅有少量渣相，球团中矿物颗粒呈棱角状，各颗粒结构独立，仅有少量细小颗粒之间存在互连，孔隙为大孔、小孔和晶粒间隙三种共存状态。随着焙烧温度升高至700℃，球团中孔隙明显减少，磁铁矿氧化成赤铁矿，钒、钛、铬的相应磁铁矿氧化成相应赤铁矿或形成固溶体（见图9-15（c）中 E 点和 F 点），球团结构变得紧密。当焙烧温度为900℃时，球团进一步氧化。进一步提高焙烧温度，赤铁矿发生再结晶长大，矿物颗粒间的晶体桥发育，钒、钛、铬矿物不断氧化和固溶，球团颗粒间孔隙减少，但由于晶粒间晶桥的发育还不普遍，整体未连成一片。当焙烧温度为1300℃时，晶粒间晶桥进一步迁移长大，球团氧化充分，内部出现大面积液相且均匀分布，球团晶粒互连，结构致密，球团具有较大的强度。通过检测其各点元素

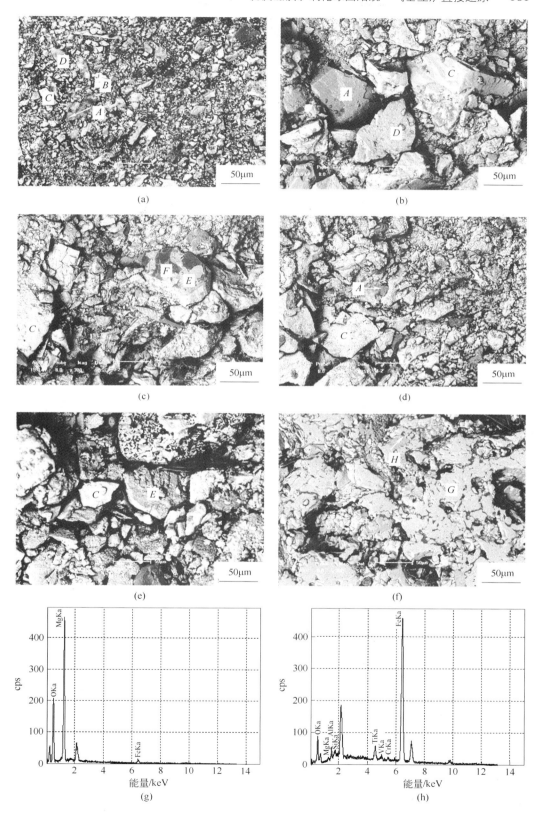

(a)

(b)

(c)

(d)

(e)

(f)

(g)

(h)

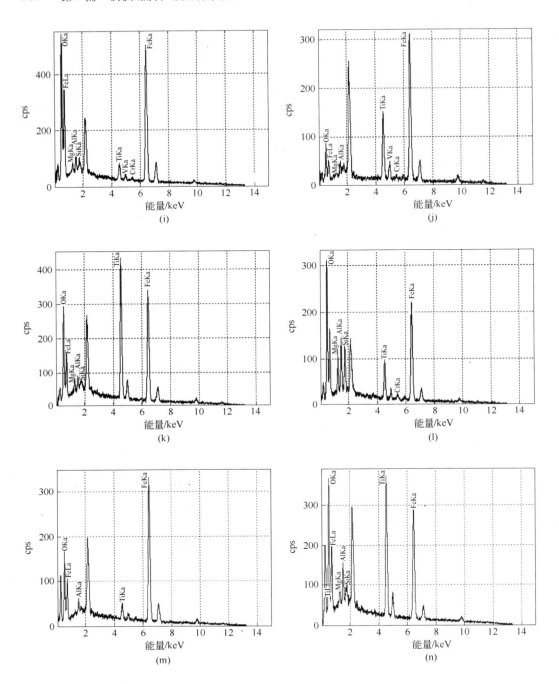

图 9 - 15　不同焙烧温度条件下球团内部形貌的 SEM 照片和能谱分析

（a）300℃；（b）500℃；（c）700℃；（d）900℃；（e）1100℃；（f）1300℃；（g）*A* 点能谱；（h）*B* 点能谱；
（i）*C* 点能谱；（j）*D* 点能谱；（k）*E* 点能谱；（l）*F* 点能谱；（m）*G* 点能谱；（n）*H* 点能谱

比例，进一步探究其物相组成。表 9 - 7 所示为 *H* 点所含元素及其各自所占的比例。由元素摩尔分数并结合 XRD 分析结果，初步认为 *H* 点物相为 Fe_9TiO_{15} 和 $Fe_2Ti_3O_9$。

表 9 – 7　H 点所含元素及其各自所占的比例　　　　　　　　（%）

元　素	质　量　分　数	摩　尔　分　数
O	34.204	61.684
Mg	0.793	0.941
Al	2.458	2.629
Si	1.006	1.033
Ti	22.395	13.490
Fe	39.144	20.223

9.1.4　高铬型钒钛磁铁矿球团的氧化固结过程

与普通磁铁矿球团固结相同，高铬型钒钛磁铁矿球团也以固相固结为主，液相黏结为辅。固相固结是指球团内的矿粒在低于其熔点的温度下互相黏结，并使颗粒之间的连接强度增大。固态下固结反应的源动力是系统自由能的降低，依据热力学平衡的趋向，具有较大界面能的微细颗粒落在较粗的颗粒上，同时表面能减少。在有充足的反应时间、足够的温度以及界面能继续减少的条件下，这些颗粒便聚结，进一步成为晶粒的聚集体。生球中的精矿具有极高的分散性，这种高度分散的晶体粉末具有严重的缺陷，并具有极大的表面自由能，因而处于不稳定状态，具有很强的降低其能量的趋势，当达到某一温度后，经过一系列变化即可形成活性较低、结构稳定的晶体。

高铬型钒钛磁铁矿球团的固结主要有 Fe_2O_3 微晶键连接、Fe_2O_3 再结晶固结、Fe_3O_4 再结晶固结和渣相固结等多种方式，其中以 Fe_2O_3 再结晶固结为最佳。Fe_2O_3 再结晶固结方式可使球团的抗压强度大大增加，而以渣相固结为主的球团产品强度较差。

根据高铬型钒钛磁铁矿 X 射线衍射分析可知，由该矿带入的矿物主要有磁铁矿、铬铁矿、钒磁铁矿、钛磁铁矿等。随着升温氧化焙烧的进行，各元素发生迁移，钒、钛、铬的相应铁矿物被氧化成相应的赤铁矿。铬铁矿不断被磁铁矿固溶体"溶蚀"，与钒形成铬钒固溶体。同时，局部区域有液相生成，在高温下与颗粒接触，使少量元素迁移，形成低熔点渣相。

高铬型钒钛磁铁矿具体的氧化固结过程可分为以下三个阶段：

（1）氧化阶段。此阶段焙烧温度低于 900℃，主要发生磁铁矿的氧化反应以及钒、钛、铬相应磁铁矿的氧化和固溶。在氧化焙烧过程中，700℃时球团中出现了赤铁矿，钛磁铁矿氧化成钛铁矿 $FeTiO_3$ 和 Fe_9TiO_{15}，铬铁矿被磁铁矿溶蚀形成 Cr 和 Fe 的氧化物固溶体 $Cr_{1.3}Fe_{0.7}O_3$，FeV_2O_4 中的 V 发生迁移而形成 Cr 和 V 的氧化物固溶体（$Cr_{0.15}V_{0.85}$）$_2O_3$。当焙烧温度升高至 900℃ 时，磁铁矿消失，完全被氧化成赤铁矿。本阶段主要以铁氧化物为主，矿物颗粒多呈棱角状。球团固结主要是由于生球在焙烧过程中孔隙率明显减小，矿物颗粒密集所致，因此球团强度相对较低，低于 600N/个，如图 9 – 14 所示。

（2）再结晶固结阶段。此阶段焙烧温度为 900～1100℃，主要发生赤铁矿的再结晶长大，矿物颗粒间的晶桥也随之出现，此外，钒、钛、铬等矿物也明显固溶。该阶段球团固结主要是由于赤铁矿晶粒间晶桥的发育和矿物颗粒的密集。但是由于晶粒间晶体桥的发育还不普遍，球团内部矿物未连成一片，所以球团强度只能达到 1400N/个，如图 9 – 14

所示。

（3）液相参与下的"细粒化"作用和再结晶固结阶段。该阶段焙烧温度为1100～1300℃。在该温度区间，硅酸盐液相逐渐形成，这些液相把赤铁矿分割成无数细小颗粒。这些小颗粒在此温度下迅速再结晶长大，形成浑圆状晶粒，且晶粒间以晶桥连接，并有少量渣相胶结，球团中矿物晶粒已经形成了统一的整体，如图9－17（e）和（f）所示。当焙烧温度为1250℃时，球团的抗压强度达到2847N/个。因此，为了保证球团固结完全，焙烧温度不得低于1250℃。

9.1.5 焙烧时间对高铬型钒钛磁铁矿球团焙烧过程的影响

焙烧时间是球团焙烧工序中重要的影响因素。焙烧时间过短，则球团内部各种物理化学反应进行得不彻底，球团氧化不充分，对后续还原过程造成不利影响；焙烧时间过长，则增大燃料消耗和电力消耗，降低设备使用寿命。因此，选择合理的焙烧时间至关重要。为了探究焙烧时间对高铬型钒钛磁铁矿球团氧化焙烧过程的影响，本实验设定焙烧时间分别为5min、10min、15min、20min、25min、30min，焙烧温度为1300℃，共6组实验。本实验主要考察了焙烧时间对高铬型钒钛磁铁矿球团抗压强度的影响，分析了不同焙烧时间下球团内部各物相的变化和主要元素的迁移规律。

具体焙烧制度为：300℃时将高铬型钒钛磁铁矿球团放入马弗炉内，并通入空气；先以10℃/min的速度升至900℃，而后以5℃/min升至焙烧温度1300℃；在该温度下分别保持5min、10min、15min、20min、25min、30min后，将球团取出，放置于炉口冷却。

9.1.5.1 抗压强度

图9－16所示为1300℃时不同焙烧时间条件下高铬型钒钛磁铁矿球团的抗压强度。由图9－16可见，各时间条件下焙烧所得球团都具有较大的强度。而随着焙烧时间的延长，球团的抗压强度呈现上升趋势，球团在焙烧时间为5min时强度最低，为2001N/个，5min后球团强度迅速上升，到10min时达到2608N/个，而后抗压强度从2608N/个逐渐增至3019N/个。

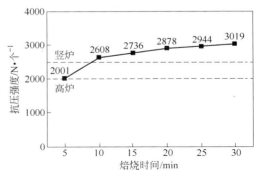

图9－16 1300℃时不同焙烧时间条件下球团的抗压强度

焙烧时间短时，球团矿因未氧化完全而形成双层结构，外层是赤铁矿再结晶，核心是磁铁矿再结晶及渣相固结，由于内外收缩不同步而产生同心裂纹，从而弱化了球团的抗压强度。由于赤铁矿再结晶形成的赤铁矿层随焙烧时间的延长而越来越厚，在5min时球团强度最低，随后逐渐升高。焙烧时间逐渐延长，球团氧化趋于完全，形成均一的赤铁矿球团，而赤铁矿活化能较低，这就有利于进一步氧化，促进了赤铁矿的结晶和再结晶，固相反应以及由之产生的低熔点化合物的熔化致使球团变得更加致密化，从而提高了球团的强度。另外，随着焙烧时间的延长，高铬型钒钛磁铁矿球团中的元素迁移发展逐渐完全，形成了较多的高熔点固溶体，这也有利于球团抗压强度的提高。

9.1.5.2 物相成分

本实验通过 X 射线衍射仪分析了不同时间焙烧后球团的物相成分,如图 9 – 17 所示。可见,球团在 1300℃时各焙烧时间下,球团内的物相成分基本相同,所不同的仅是各物相衍射峰的强弱。当焙烧时间较短时,氧化处于初级阶段,由于球团内部结构疏松,颗粒间孔隙较大,气 – 固反应接触面积大;且氧化产物层较薄,内部扩散阻力小,球团氧化反应剧烈,包括 Fe_2O_3、Fe_9TiO_{15}、$Fe_2Ti_3O_9$、$(Cr_{0.15}V_{0.85})_2O_3$、$Cr_{1.3}Fe_{0.7}O_3$ 在内的一系列氧化物的衍射峰值增长明显,氧化迅速。而随着氧化反应的进一步进行,晶粒间晶桥连接逐渐紧密,球团内部孔隙减少,减小了气 – 固反应接触面积;且 Fe_2O_3 再结晶发展良好,球团致密化,产物层变厚,内扩散阻力增大,使得球团进一步氧化变得困难,氧化缓慢,氧化物物相的峰值增长不明显。

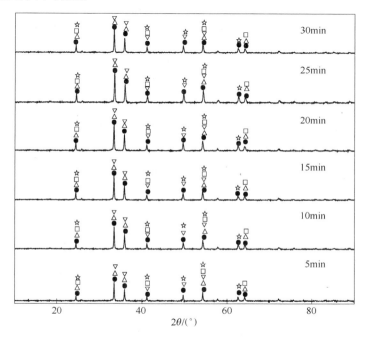

图 9 – 17 不同焙烧时间条件下的 XRD 物相分析

●—Fe_2O_3; ☆—$Cr_{1.3}Fe_{0.7}O_3$; □—$(Cr_{0.15}V_{0.85})_2O_3$; ▽—Fe_9TiO_{15}; △—$Fe_2Ti_3O_9$

9.1.5.3 内部形貌

图 9 – 18 所示为 1300℃时不同焙烧时间条件下球团内部形貌的 SEM 照片和能谱分析。可见,当焙烧时间 5min 时,由于 Fe_2O_3 再结晶不完全,矿物呈单颗粒分布,球团内部结构疏松,孔隙较多。随着焙烧时间延长,Fe_2O_3 逐渐完成再结晶,球团内部孔隙减少,单颗粒矿物逐渐联结在一起,球团致密化。当延长焙烧时间至 20min 时,硅酸盐液相生成量增多,小颗粒迅速长大形成浑圆状晶粒,并联结在一起,球团中矿物颗粒已经形成统一的整体,球团强度较大。继续延长焙烧时间,Fe_2O_3 再结晶良好,球团固结基本完成,球团的致密化导致球团孔隙减少,气 – 固反应接触面减少,产物层变厚而影响内扩散,球团内部形貌与 20min 时相比变化不大。

综上,随着焙烧温度的提高和焙烧时间的延长,高铬型钒钛磁铁矿球团的抗压强度呈现增大的趋势。当焙烧温度高于 1250℃或焙烧时间大于 10min 时,球团的抗压强度满足

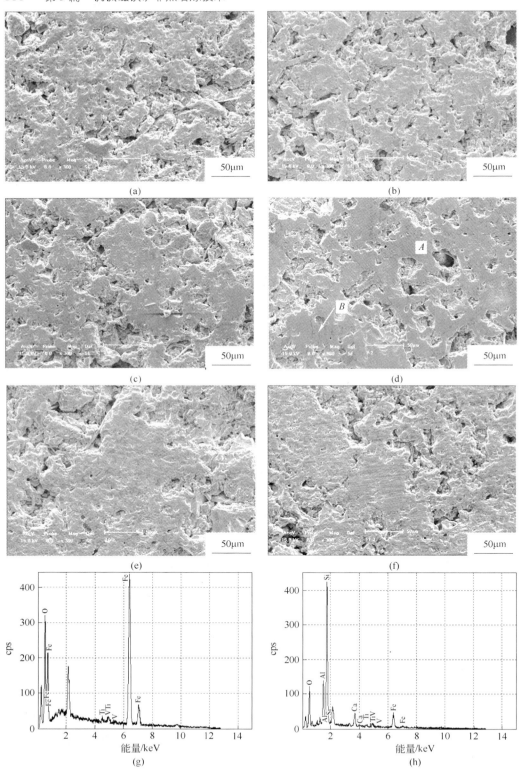

图 9-18 1300℃时不同焙烧时间条件下球团内部形貌的 SEM 照片和能谱分析

（a）5min；（b）10min；（c）15min；（d）20min；（e）25min；（f）30min；（g）A 点能谱；（h）B 点能谱

实际竖炉生产的要求。焙烧温度为 1300℃时，球团氧化充分，内部出现大面积液相且均匀分布，球团晶粒互联，结构致密，球团具有较大的强度，球团氧化固结基本完成。1300℃时焙烧 20min 后，球团内硅酸盐液相生成量增多，小颗粒迅速长大形成浑圆状晶粒，并联结在一起，Fe_2O_3 再结晶和氧化固结完全。综合考虑，高铬型钒钛磁铁矿球团合理的焙烧温度为 1300℃，焙烧时间为 20min。

9.2 高铬型钒钛磁铁矿气基竖炉直接还原

9.2.1 气基竖炉直接还原的热力学理论

铁的最高价氧化物为 Fe_2O_3，直接还原过程是在铁矿石的软化温度以下进行的。图 9 – 19 示出了铁氧化物还原对气氛的要求[2]。

$Fe–C–O$ 系和 $Fe–C–H$ 系平衡气相图自下而上分为四个区域，最下方是 Fe_2O_3 稳定区，然后依次是 Fe_3O_4、FeO 和 Fe 稳定区。图 9 – 19 中有两个关键温度：570℃以下，FeO 不存在，Fe_3O_4 直接还原为金属铁；570℃以上，高价铁还原则经过 FeO 区。由该图可知，570℃以下，反应 b 曲线随温度升高而升高，为放热反应，而反应 b' 则反之。570℃以上，还原的第一阶段为 $Fe_2O_3 \rightarrow Fe_3O_4$，反应 a 和 a'

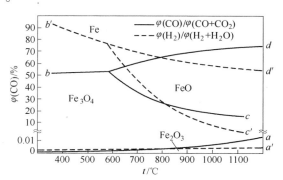

图 9 – 19 铁氧化物还原对气氛的要求

曲线随温度升高而升高，此阶段还原对气氛要求极低，可视为不可逆反应；还原的第二阶段为 $Fe_3O_4 \rightarrow FeO$，反应 c 和 c' 曲线均随温度升高而降低，还原反应都是吸热反应；还原的第三阶段为 $FeO \rightarrow Fe$，反应 d 曲线随温度升高而升高，为放热反应，而反应 d' 则反之。

综上，810℃以下，H_2 还原曲线位于 CO 还原曲线上部，此区间 CO 的还原能力高于 H_2，而 810℃以上则反之。在铁氧化物的整个还原过程中，H_2 还原反应为吸热反应，而 CO 还原反应为放热反应。升高温度可同时改善 H_2 还原反应的动力学和热力学条件；而对 CO 还原反应的影响却是矛盾的，温度的升高在改善其动力学条件的同时却恶化了热力学条件。

9.2.2 实验方案和步骤

9.2.2.1 实验方案

本实验参考 MIDREX 和 HYL 竖炉直接还原工艺设定还原温度和气氛条件，具体方案列于表 9 – 8。依次选取 950℃、1000℃、1050℃、1100℃ 四个温度，在 $\varphi(H_2):\varphi(CO)=5:2$、$\varphi(H_2):\varphi(CO)=1:1$ 和 $\varphi(H_2):\varphi(CO)=2:5$ 三种还原气氛中分别配加 5% CO_2，其中，$\varphi(H_2)+\varphi(CO)+\varphi(CO_2)=100\%$，$\varphi(CO_2)=5\%$。

为保持实验的准确性，还原实验必须满足以下两个还原条件：

(1) 恒温条件。试样应位于反应器的恒温段，且实验过程中温度的变化不能超出允许的波动范围。

表 9 - 8　还原实验方案

参　数	实　验　值			
温度/℃	950	1000	1050	1100
气　氛	$\varphi(H_2):\varphi(CO)=2:5$	$\varphi(H_2):\varphi(CO)=1:1$		$\varphi(H_2):\varphi(CO)=5:2$

注：$\varphi(H_2)+\varphi(CO)+\varphi(CO_2)=100\%$，$\varphi(CO_2)=5\%$。

（2）气氛条件。还原气入口和出口成分应保持稳定且差别不允许过大，即出口浓度应与入口浓度近似相等[3]。

为此，实验中应保证足够大的气固比，减少气流速度对反应进程的影响。因此，本实验选取吊管还原系统的气体流速临界值 4L/min 为模拟气基竖炉还原气流速。

气基竖炉直接还原实验所采用的装置见图 9 - 20，主要构造包括计算机综合控制系统、温度控制柜、炉体部分、电子天平测重系统、反应气体供给系统、吊管还原系统。

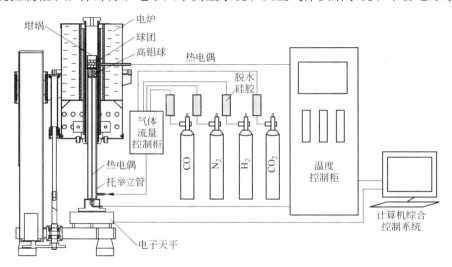

图 9 - 20　还原实验装置图

（1）计算机综合控制系统及还原系统。本实验采用以硅碳棒为发热体的竖式管状炉，炉管是内径为 $\phi50mm$、外径为 $\phi58mm$、长 610mm 的熔融刚玉管，炉温由炉管侧壁插入的热电偶通过 PTW - 04 型温控柜所控制。试样坩埚由置于天平之上的托举立管垂直托举于电热炉恒温段的炉管中心，反应气在托举立管内自下而上经过充分预热后，再通过高铝球层充分均流，而后完整地通过物料层。

（2）电子天平测重系统。本实验采用量程为 6000g、感量为 0.01g、型号为 JD2000 - 2G 的多功能电子天平测重，并通过 RS - 232 数据通信接口将天平数据反馈至计算机。

（3）反应气体供给系统。该系统由 H_2、CO、N_2、CO_2 气罐组成，气体流量由质量流量计来控制。

9.2.2.2　实验步骤

首先，准备还原料。由 9.1.2 节中对高铬型钒钛磁铁矿球团氧化焙烧的系统研究，确定合理的球团焙烧工艺为 1300℃ 下焙烧 20min。对该焙烧制度下的氧化球团进行抗压强度检测，由9.1.2节可知，其抗压强度达到2878N/个，完全符合气基竖炉对球团抗压强度的要求。选定该制度下焙烧后的氧化球团用于竖炉还原实验。还原实验用高铬型钒钛磁铁矿氧化球团的化学成分列于表9-9。利用X射线衍射分析对球团元素的赋存状态进行研究，结果见图9-21。可知，该球团中铁主要以Fe_2O_3形式存在，而钒、钛、铬的赋存形态主要为（$Cr_{0.15}V_{0.85}$）$_2O_3$、Fe_9TiO_{15}、$Fe_2Ti_3O_9$、$Cr_{1.3}Fe_{0.7}O_3$。

表9-9　高铬型钒钛磁铁矿氧化球团的化学成分（w）　　　　（%）

组　分	TFe	FeO	Cr_2O_3	V_2O_5	TiO_2	Al_2O_3	SiO_2	MgO	CaO
含　量	59.4	0.50	0.589	0.911	4.485	3.07	2.034	1.03	0.21

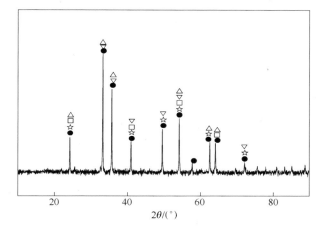

图9-21　还原用球团的X射线衍射分析

●—Fe_2O_3；□—（$Cr_{0.15}V_{0.85}$）$_2O_3$；▽—Fe_9TiO_{15}；△—$Fe_2Ti_3O_9$；☆—$Cr_{1.3}Fe_{0.7}O_3$

通过温度控制柜调节温度，将实验炉以10℃/min升至实验所要求的温度。到达实验温度后，每次实验取20个球团放入坩埚。为保证实验精度，所取球团的直径控制在（12.5±0.5）mm。通过升降系统将炉体下降，直至托举立管的顶端露出炉管外，而后把装有试样的坩埚紧密嵌套于托举立管的顶端，再将炉体上升，直至试样坩埚处于电热炉发热体的恒温段。放入坩埚前，由托举立管底部通入4L/min的N_2，以保持惰性气氛。待炉料温度恒温至实验温度30min后，将N_2改换成等量还原气体，还原就此开始。

在还原过程中，每30s自动记录一次试样的失重情况，得出球团的还原失重曲线。待试样不再失重或天平显示重量长期趋于稳定后，还原即告结束。而后将还原气改换为N_2进行冷却，以防还原后球团再次氧化。

9.2.3　温度和气氛对球团冶金性能的影响

9.2.3.1　还原率

还原率（%）是衡量球团还原后质量的一个重要指标，它代表从铁氧化物中排除氧的难易程度，通常表示如下：

$$还原率 = \frac{从铁氧化物中排除的氧量}{原先与铁结合的氧量} \times 100\% \tag{9-1}$$

式中，假定所有与铁结合的氧都以 Fe_2O_3 的形式存在。但实际上大部分铁矿石都存在一些 Fe_3O_4 和 FeO，因此，应根据还原时实验的质量损失和试样原先的理论含氧量与实际含氧量之差的和来评价还原率。而试样原先的理论含氧量是根据所有铁都结合为 Fe_2O_3 来计算的，实际含氧量是根据实验中实际存在的 Fe_2O_3、Fe_3O_4 和 FeO 的含量来计算的。因此，还原率 f_t 可由下式得出：

$$f_t = \left(\frac{m_0 w(\text{FeO}) \times \dfrac{8}{71.85}}{m_0 w(\text{TFe}) \times \dfrac{48}{111.7}} + \frac{m_1 - m_2}{m_0 \dfrac{w(\text{TFe})}{100} \times \dfrac{48}{111.7}} \right) \times 100\% \qquad (9-2)$$

式中　m_0——球团的初始质量，g；

　　　　m_1——还原开始前球团的质量，g；

　　　　m_2——还原 t min 后球团的质量，g；

　　$w(\text{FeO})$——实验前球团中 FeO 的含量，g；

　　$w(\text{TFe})$——实验前球团中 TFe 的含量，g；

将式（9-2）化简后即可得出：

$$f_t = \left(\frac{0.111 w(\text{FeO})}{0.430 w(\text{TFe})} + \frac{m_1 - m_2}{m_0 w(\text{TFe}) \times 0.430} \times 100 \right) \times 100\% \qquad (9-3)$$

不同还原温度条件下，还原气氛对还原率随时间变化的影响如图 9-22 所示。四种温度下的曲线规律大致相似，即球团初始反应速率较快，随还原反应的进行和铁矿产物层的逐渐加厚，还原气体扩散速率下降，球团还原反应逐渐减慢，最终趋于稳定。且相同还原温度和反应时间条件下，H_2 的还原能力远大于 CO，随着还原气氛中 H_2 含量的增大，还原反应的速率明显加快，且所能到达的还原率升高；相反，CO 含量高时，还原速率明显降低。1000℃、$\varphi(H_2):\varphi(CO) = 5:2$、还原 45min，1050℃、$\varphi(H_2):\varphi(CO) = 5:2$、还原 30min，1100℃、$\varphi(H_2):\varphi(CO) = 5:2$、还原 30min，1100℃、$\varphi(H_2):\varphi(CO) = 1:1$、还原 40min，在这四个条件下，高铬型钒钛磁铁矿球团的还原率能达到 90% 以上。其中，在 1050℃、$\varphi(H_2):\varphi(CO) = 5:2$、还原 30min 条件下，还原率能达到 93% 以上；在 1100℃、$\varphi(H_2):\varphi(CO) = 5:2$、还原 30min 条件下，还原率能达到 95% 以上。

H_2 含量高时还原速率快的原因在于，还原过程中存在水煤气转换反应（$H_2 + CO_2 = H_2O + CO$），发生水煤气反应后，混合还原气中的 H_2 含量降低了，而 H_2O 和 CO 的含量增加了，CO 的还原能力弱于 H_2 的还原能力，导致还原反应速率减慢。

不同还原气氛条件下，还原温度对球团还原率随时间变化的影响如图 9-23 所示。可见，升高温度能明显提高还原反应的速率，还原终点的还原率也相应提高。在 $\varphi(H_2):\varphi(CO) = 5:2$ 下还原 30min，还原率能达到 95%。这是由于温度高于 810℃ 时，H_2 的还原能力大于 CO 的还原能力。而且综合整个铁氧化物还原阶段，CO 还原反应为放热反应，H_2 还原反应为吸热反应，升高还原温度可同时改善 H_2 还原反应的动力学和热力学条件；而对 CO 还原反应的影响却是矛盾的，温度升高在改善其动力学条件的同时恶化了热力学条件。

9.2.3.2　还原膨胀

球团矿的还原膨胀是指在还原条件下，当 Fe_2O_3 还原成 Fe_3O_4 时由于晶格转变引起的

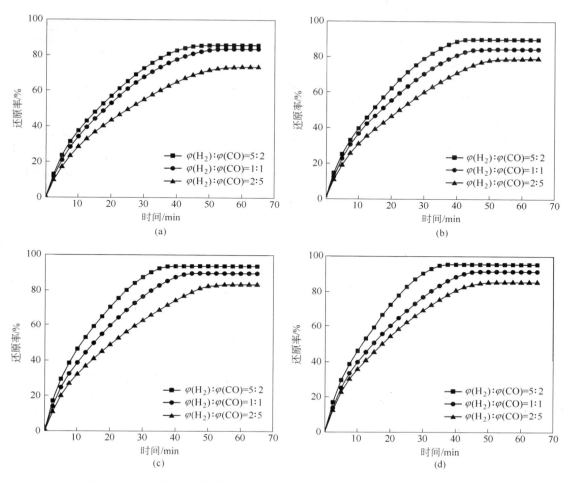

图 9－22　各还原温度条件下不同还原气氛对还原率的影响（ $\varphi(CO_2)=5\%$ ）

（a）950℃；（b）1000℃；（c）1050℃；（d）1100℃

体积膨胀，以及浮氏体还原成金属铁时由于出现"铁晶须"而引起的恶性体积膨胀[3]。如果体积膨胀不超过一定范围，生产仍可正常进行。但若膨胀超过一定值后，炉内透气性变差，炉尘量显著增加，甚至产生悬料、崩料，导致生产失常。因此，要想提高球团的应用与维持正常冶炼过程，球团矿应具有较低的还原膨胀率[4,5]。目前，我国球团矿质量标准规定一级球团矿膨胀率不大于15%，二级球团矿膨胀率不大于20%，超过以上范围则为恶性膨胀。

图 9－24 示出了不同还原气氛和还原温度条件下，高铬型钒钛磁铁矿球团的还原膨胀率。可见，在各实验条件下，该高铬型钒钛磁铁矿球团有较好的还原膨胀性能，没有发生异常膨胀现象。随着还原温度的升高和气氛中 CO 含量的增多，球团的还原膨胀率呈现增大趋势。球团的最大膨胀率为18.27%，满足气基竖炉实际生产对球团膨胀率的要求。

9.2.3.3　还原冷却后强度

图 9－25 示出了不同还原条件下球团的还原冷却后强度。可以看出，球团还原冷却后强度随温度的升高而逐渐下降，随还原气氛中 H₂ 含量的增多而增大。各实验条件下的球

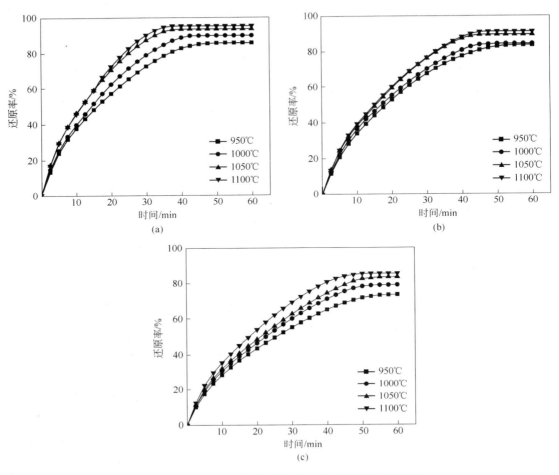

图 9 - 23 不同还原气氛条件下温度对还原速率的影响

（a） $\varphi(H_2):\varphi(CO)=5:2$；（b） $\varphi(H_2):\varphi(CO)=1:1$；（c） $\varphi(H_2):\varphi(CO)=2:5$

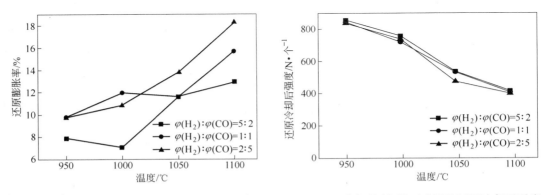

图 9 - 24　不同还原条件下球团的还原膨胀率　图 9 - 25　不同还原条件下球团的还原冷却后强度

团还原冷却后强度较好，均高于日本冶金行业对高炉用球团还原冷却后强度的要求（平均 141N/个）。与高炉相比，气基竖炉装置更为矮小，且球团在反应炉内停留时间较短，故实验条件下，高铬型钒钛磁铁矿球团的还原冷却后强度能够满足气基竖炉生产的要求。

综上，随着还原温度的升高和气氛中 H_2 含量的增大，还原反应的速率明显加快，且所能到达的还原率升高；随还原温度的升高和气氛中 CO 含量的增多，球团还原膨胀率增大，但均保持较好；随还原温度的升高和气氛中 CO 含量的增多，球团还原冷却后强度降低，但能满足竖炉生产的要求。还原温度为 1100℃、$\varphi(H_2):\varphi(CO)=5:2$、$\varphi(CO_2)=5\%$ 时，球团的还原率最高，指标良好。

9.2.4　高铬型钒钛磁铁矿球团气基竖炉直接还原的相变历程

高铬型钒钛磁铁矿主要由磁铁矿、铬铁矿、钒磁铁矿、钛磁铁矿等组成，其中钒、钛、铬元素以磁铁矿的类质同象形式存在，相比普通钒钛磁铁矿，矿相更为复杂，会对铁、钒、钛、铬的还原产生不利影响。本节通过实验研究了高铬型钒钛磁铁矿气基竖炉直接还原的相变历程，为该矿气基竖炉直接还原的研究提供理论依据。

9.2.4.1　气基竖炉直接还原相变实验

根据高铬型钒钛磁铁矿气基竖炉直接还原实验的各项指标值（还原率、膨胀率以及还原冷却后强度）发现，当还原温度为 1100℃、$\varphi(H_2):\varphi(CO)=5:2$、$\varphi(CO_2)=5\%$ 时，球团的还原率最高，指标良好。选择该条件进行还原相变历程实验，选择的还原时间分别为 5min、10min、20min、30min、40min、50min 和 60min。

9.2.4.2　气基竖炉直接还原相变历程分析

为了考察高铬型钒钛磁铁矿球团在气基竖炉直接还原过程中铁、钒、钛、铬矿物的矿相变化和大致比例，对还原后球团试样进行了 XRD 分析，分析结果如图 9－26 所示。并使用 X'Pert HighScore Plus 分析软件对还原后球团进行物相分析，分析结果列于表 9－10。

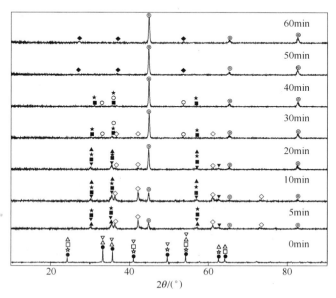

图 9－26　不同还原时间条件下球团的 XRD 分析

▲—Fe_3O_4；●—Fe_2O_3；★—$FeCr_2O_4$；■—FeV_2O_4；▼—$Fe_{2.75}Ti_{0.25}O_4$；○—$FeTiO_3$；◆—TiO_2；

◇—FeO；◎—Fe；☆—$Cr_{1.3}Fe_{0.7}O_3$；□—$(Cr_{0.15}V_{0.85})_2O_3$；▽—Fe_9TiO_{15}；△—$Fe_2Ti_3O_9$

表 9 – 10 不同还原时间条件下产物的物相组成

还原时间/min	物 相 组 成
0	Fe_2O_3、Fe_9TiO_{15}、$(Cr_{0.15}V_{0.85})_2O_3$、$Cr_{1.3}Fe_{0.7}O_3$、$Fe_2Ti_3O_9$
5	Fe、Fe_3O_4、FeO、$Fe_{2.75}Ti_{0.25}O_4$、FeV_2O_4、$FeCr_2O_4$
10	Fe、Fe_3O_4、FeO、$Fe_{2.75}Ti_{0.25}O_4$、FeV_2O_4、$FeCr_2O_4$
20	Fe、Fe_3O_4、FeO、$Fe_{2.75}Ti_{0.25}O_4$、FeV_2O_4、$FeCr_2O_4$
30	Fe、FeO、$FeTiO_3$、FeV_2O_4、$FeCr_2O_4$
40	Fe、$FeTiO_3$、FeV_2O_4、$FeCr_2O_4$
50	Fe、TiO_2
60	Fe、TiO_2

由图 9 – 26 和表 9 – 10 可知，高铬型钒钛磁铁矿氧化球团的主要物相组成是赤铁矿（Fe_2O_3）、Fe_9TiO_{15}、$(Cr_{0.15}V_{0.85})_2O_3$、$Cr_{1.3}Fe_{0.7}O_3$、$Fe_2Ti_3O_9$。经过 5min 还原后，球团中出现单质铁、FeO、磁铁矿（Fe_3O_4）和新相 $Fe_{2.75}Ti_{0.25}O_4$，另外，铬钒氧化物和铬铁氧化物转变成钒铁矿（FeV_2O_4）和铬铁矿（$FeCr_2O_4$）。还原时间达到 30min 时，磁铁矿和 $Fe_{2.75}Ti_{0.25}O_4$ 消失，此时发现新相钛铁矿（$FeTiO_3$）。当还原进行到 40min 时，FeO 完全还原为铁，其他各物相除衍射峰强弱变化外，物相种类无变化。还原到 50min 时，钛铁矿全被还原完，出现 TiO_2。继续延长还原时间，除铁的衍射峰强度稍强外，其组成不变。

当还原终了时，含铁物相主要以单质铁的形式存在，含钛物相以 TiO_2 形式存在。而还原 40min 以后，由于钒、铬含量较少，以及检测设备精度等问题，还原球团中未检测出钒、铬物相。在对钒、铬迁移规律讨论时仅分析到还原 40min，钒主要以 FeV_2O_4 形式存在，铬主要以 $FeCr_2O_4$ 形式存在，有关问题还需进一步深入研究。结合图 9 – 26 和表 9 – 10，可得到高铬型钒钛磁铁矿球团中含铁、含钛、含钒和含铬（分析到 40min）物相的气基竖炉直接还原相变历程，如图 9 – 27 所示。

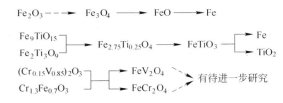

图 9 – 27 气基竖炉还原 40min 含主要元素物相的相变历程

9.2.4.3 气基竖炉直接还原相变历程的形貌变化

图 9 – 28 为 1100℃时不同还原时间条件下的球团 SEM 照片和能谱分析。由图 9 – 28 （h）、（i）、（j）可知，A 点和 B 点为铁相且包裹有铁、钒、钛和铬的氧化物固溶体，C 点为较纯净的金属铁相，均呈现亮白色。

还原时间较短时，球团内部颗粒疏松，金属铁相较少，还原不充分。随着还原时间的延长，赤铁矿不断被还原成金属铁，钛磁铁矿不断被还原，铁相增多，同时矿物颗粒细化，球团中的大孔洞被分散成细小孔隙。当还原到 30min 后，由 XRD 分析可知，赤铁矿已全部被还原，同时钛磁铁矿不断被还原成钛铁矿，球团内部金属铁相较为纯净，铁颗粒不断形核长大。继续延长还原时间，铁颗粒不断长大并聚集，球团内部孔隙减少，铁相聚集连成一片，球团还原充分。

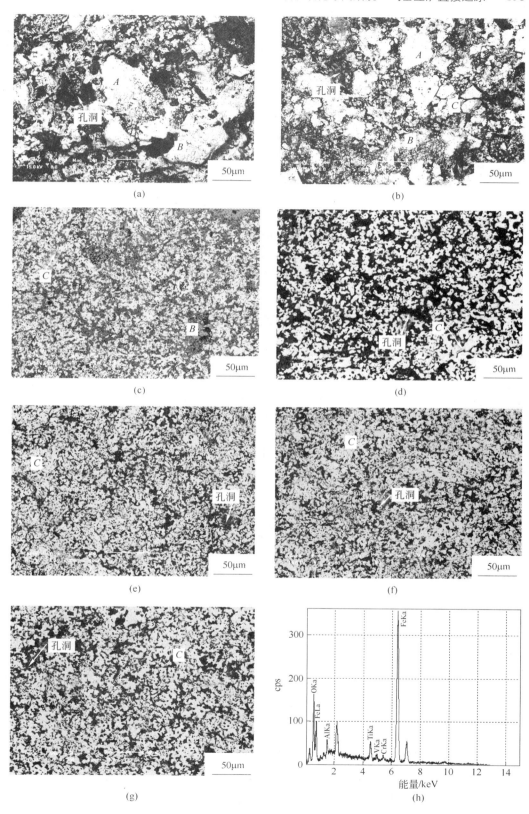

(a)

(b)

(c)

(d)

(e)

(f)

(g)

(h)

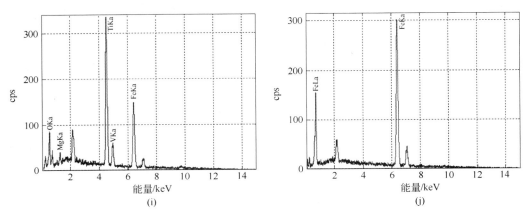

图9-28 1100℃时不同还原时间条件下的球团 SEM 照片（×300）和能谱分析

（a）5min；（b）10min；（c）20min；（d）30min；（e）40min；（f）50min；（g）60min；

（h）A 点能谱；（i）B 点能谱；（j）C 点能谱

9.2.5 高铬型钒钛磁铁矿球团气基竖炉直接还原的动力学分析

为了进一步掌握高铬型钒钛磁铁矿球团在气基竖炉直接还原过程中的还原行为，本节从还原反应的限制性环节、还原反应阻力、还原反应速率常数出发，系统研究了该直接还原过程的气-固反应动力学。

由于气基竖炉还原实验是将致密的氧化球团置于浓度足够高的还原气氛中，还原反应是典型的气-固相反应，反应界面随着反应进程由外向内逐步推进。被还原的球团内部存在一个由未反应物组成且不断缩小的核心，直至反应结束，整个还原反应过程符合未反应核模型[6,7]。

为使问题简化，再做如下假设：

（1）在还原过程中，球团体积不发生变化，且呈球形。

（2）还原反应是一级可逆的，且还原中间产物 Fe_3O_4 和 FeO 很薄，在矿球内仅有一相界面 Fe_2O_3/Fe。

根据上述假设，可以用单界面未反应核模型来建立还原反应动力学方程。

9.2.5.1 气-固反应动力学——未反应核模型

未反应核模型（如图9-29所示）中，氧化铁的气-固还原过程主要由三个步骤组成：一是外扩散，即还原气体通过气相边界层扩散到球团表面的气膜传质；二是内扩散，即还原气体通过产物层向反应界面的扩散；三是界面化学反应，其中还包括还原剂的吸附和气体产物的脱附。

（1）外扩散速率。计算如下：

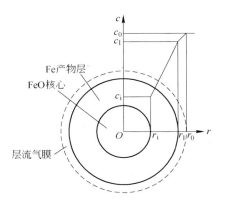

图9-29 未反应核模型

r_0—球团的初始半径；r_1—某一时刻的球团

半径；c_0—还原剂的初始浓度；

c_1—反应结束时还原剂的浓度

$$\frac{\mathrm{d}m_1}{\mathrm{d}t} = -D\frac{\mathrm{d}c}{\mathrm{d}r} = 4\pi r_0^2 \frac{D}{\delta}(c_0 - c_1) = 4\pi r_0^2 k_\mathrm{g}(c_0 - c_1) \tag{9-4}$$

式中　m_1——外扩散还原的质量，g；

　　　　t——时间，s；

　　　　k_g——气相边界层内传质系数，m/s；

　　　　D——气体还原剂在气相中的扩散系数，m^2/s；

　　　　δ——气膜厚度，m。

（2）内扩散速率。计算如下：

$$\frac{\mathrm{d}m_2}{\mathrm{d}t} = 4\pi r_\mathrm{i}^2 D_\mathrm{e}\frac{\mathrm{d}c}{\mathrm{d}r} \tag{9-5}$$

对式（9-5）在 r_i 和 r_0 之间求积分得：

$$\frac{\mathrm{d}m_2}{\mathrm{d}t} = \frac{4\pi r_0 r_\mathrm{i}}{r_0 - r_\mathrm{i}}D_\mathrm{e}(c_1 - c) \tag{9-6}$$

式中　m_2——内扩散还原的质量，g；

　　　　D_e——有效扩散系数，m^2/s。

D_e 由下式计算得出：

$$D_\mathrm{e} = \varepsilon \xi D \tag{9-7}$$

式中　ε——固体产物层的孔隙率，%；

　　　　ξ——迷宫系数。

（3）界面化学反应速率。设还原气 H_2 或 CO 在反应中的净消耗量为 m_3，则：

$$\frac{\mathrm{d}m_3}{\mathrm{d}t} = 4\pi r_\mathrm{i}^2 k\left(c - \frac{c'}{K}\right) \tag{9-8}$$

式中　m_3——界面化学反应还原的质量，g；

　　　　k——反应速率常数，m/s；

　　　　K——反应平衡常数。

由于反应前后气体的物质的量不变，所以：

$$c + c' = c^* + c'^* \tag{9-9}$$

式中　c'——还原反应开始时气体反应物的浓度，$\mathrm{kmol/m}^3$；

　　　　c^*——还原反应平衡时还原剂的浓度，$\mathrm{kmol/m}^3$；

　　　　c'^*——还原反应平衡时气体产物的浓度，$\mathrm{kmol/m}^3$。

由于

$$\frac{c'^*}{c^*} = K \tag{9-10}$$

所以

$$c' = (1 + K)c^* - c \tag{9-11}$$

将式（9-11）代入式（9-8），得：

$$\frac{\mathrm{d}m_3}{\mathrm{d}t} = 4\pi r_\mathrm{i}^2 k\frac{1+K}{K}(c - c^*) \tag{9-12}$$

当反应稳定进行时，根据稳态原理 $\mathrm{d}m_1 = \mathrm{d}m_2 = \mathrm{d}m_3 = \mathrm{d}m$（$m$ 为还原的总质量），各环节的速率相等并等于总反应过程的速率，可得：

$$\frac{\mathrm{d}m}{\mathrm{d}t} = \frac{4\pi r_0^2(c_0 - c^*)}{\dfrac{1}{k_g} + \dfrac{r_0}{D_e} \cdot \dfrac{r_0 - r_i}{r_i} + \dfrac{K}{k(1+K)} \cdot \dfrac{r_0^2}{r_i^2}} \tag{9-13}$$

式中，$c_0 - c^*$ 代表还原过程推动力，c^* 可根据热力学数据计算得出；分母代表总阻力，第一项为气相边界层内传质阻力，第二项为气体还原剂通过多孔产物层的内扩散阻力，第三项为界面反应阻力。

某时刻下球团的还原率 f 又等于已反应的体积与球团总体积之比，即：

$$f = 1 - \left(\frac{r_i}{r_0}\right)^3 \tag{9-14}$$

对式（9-14）求导：

$$\frac{\mathrm{d}f}{\mathrm{d}t} = -3\frac{r_i^2}{r_0^3} \cdot \frac{\mathrm{d}r_i}{\mathrm{d}t} \tag{9-15}$$

根据氧守恒计算，可得：

$$\mathrm{d}m = -4\pi r_i^2 \rho \mathrm{d}r_i \tag{9-16}$$

式中 ρ——单位体积球团氧量密度，$\mathrm{mol/cm^3}$。

则

$$\frac{\mathrm{d}r_i}{\mathrm{d}t} = -\frac{1}{4\pi r_i^2 \rho} \cdot \frac{\mathrm{d}m}{\mathrm{d}t} \tag{9-17}$$

将式（9-14）、式（9-17）代入式（9-15），经整理得：

$$\frac{\mathrm{d}f}{\mathrm{d}t} = \frac{\dfrac{3}{r_0\rho}(c_0 - c^*)}{\dfrac{1}{k_g} + \dfrac{r_0}{D_e}\left[(1-f)^{-1/3} - 1\right] + \dfrac{K}{k(1+K)} \cdot \dfrac{1}{(1-f)^{2/3}}} \tag{9-18}$$

对动力学微分方程（式（9-18））在积分反应器中进行积分是一件很不容易的事情，但在微分反应器条件下求其积分解则不困难，结果为：

$$\frac{\dfrac{f}{3}}{k_g} + \frac{\dfrac{r_0}{6}}{D_e}\left[1 - 3(1-f)^{2/3} + 2(1-f)\right] + \frac{\dfrac{K}{1+K}}{k}\left[1 - (1-f)^{1/3}\right] = \frac{c_0 - c^*}{r_0\rho}t \tag{9-19}$$

式（9-19）即为根据未反应核模型，综合考虑单界面三步混合控制导出的球团气-固还原过程的速率方程。气-固反应过程中，往往只有一个或两个步骤对反应速度起控制作用，三个步骤中如果有一个进行得特别慢，从而使其他步骤达到或接近平衡，则这个步骤成为控速环节。

在气流速度较低、温度较高、还原率（脱氧率）f 接近 0 的情况下，外扩散速率很低，内扩散速率和界面化学反应速率相对快得多，这时外扩散成为反应限速环节，f 与 t 的关系满足下式：

$$\frac{\dfrac{f}{3}}{k_g} = \frac{c_0 - c^*}{r_0\rho}t \tag{9-20}$$

在气流速度和温度较高的条件下，内扩散的影响较大。特别是随着产物层的加厚（即 f 的增加），内扩散的影响越来越大，成为限速环节，此时 f 与 t 的关系满足下式：

$$\frac{\dfrac{r_0}{6}}{D_e}\left[1 - 3(1-f)^{2/3} + 2(1-f)\right] = \frac{c_0 - c^*}{r_0\rho}t \tag{9-21}$$

低温下扩散系数与反应速率常数的比值较大，低温还原条件下常发生界面化学反应成为限速环节的情况，特别是在气体流速较高、f 较低的情况下，此时 f 与 t 的关系为：

$$\frac{\frac{K}{1+K}}{k}\left[1-(1-f)^{1/3}\right]=\frac{c_0-c^*}{r_0\rho}t \qquad (9-22)$$

9.2.5.2　气基竖炉直接还原反应限制性环节

由于还原实验气体流量采用临界气流速度，已尽可能避免外扩散对还原反应的限制，且由还原率 f 随时间 t 的变化曲线可知，两者并不成线性关系。因此，在本节动力学研究中只讨论界面化学反应和内扩散这两种重要的限制性环节。

根据未反应核模型，在直接还原过程中：

（1）若 $t=a\left[1-(1-f)^{1/3}\right]$，则还原由界面化学反应控制；

（2）若 $t=b\left[1-3(1-f)^{2/3}+2(1-f)\right]$，则还原由气体内扩散控制；

（3）若 $t=a\left[1-(1-f)^{1/3}\right]+b\left[1-3(1-f)^{2/3}+2(1-f)\right]$，则还原由界面化学反应和内扩散混合控制。

利用 9.2.3 节中高铬型钒钛磁铁矿球团气基竖炉直接还原实验的实时失重数据；依次用时间 t 分别对不同气氛和温度下的 $1-3(1-f)^{2/3}+2(1-f)$ 和 $1-(1-f)^{1/3}$ 作图。图 9-30 所示为还原温度为 1050℃ 时，$\varphi(H_2):\varphi(CO)=5:2$、$\varphi(H_2):\varphi(CO)=1:1$、$\varphi(H_2):\varphi(CO)=2:5$ 三种气氛下界面化学反应控制与内扩散控制的曲线（其余三种温度条件下的曲线与之类似）。可知，在实验气氛条件下，整个还原过程中 $1-3(1-f)^{2/3}+2(1-f)$、$1-(1-f)^{1/3}$ 与 t 均没有良好的线性关系，因此，高铬型钒钛磁铁矿球团在 $\varphi(H_2):\varphi(CO)=5:2$、$\varphi(H_2):\varphi(CO)=1:1$、$\varphi(H_2):\varphi(CO)=2:5$ 三种气氛下还原时，还原过程并非由单纯的界面化学反应或者内扩散控制。

当忽略外扩散限制性环节，同时考虑内扩散和界面化学反应阻力时，则：

$$\frac{r_0}{6D_e}\left[1-3(1-f)^{2/3}+2(1-f)\right]+\frac{K}{k(1+K)}\left[1-(1-f)^{1/3}\right]=\frac{c_0-c^*}{r_0\rho}t \qquad (9-23)$$

将式（9-23）两边同时除以 $1-(1-f)^{1/3}$，并经简化处理，得：

$$\frac{t}{1-(1-f)^{1/3}}=t_D\left[1+(1-f)^{1/3}-2(1-f)^{2/3}\right]+t_C \qquad (9-24)$$

式中，$t_D=\dfrac{\rho r_0^2}{6D_e(c_0-c^*)}$，$t_C=\dfrac{\rho r_0 K}{k(1+K)(c_0-c^*)}$，分别代表内扩散控制和界面化学反应控制时的完全还原时间。

以 $1+(1-f)^{1/3}-2(1-f)^{2/3}$ 对 $\dfrac{t}{1-(1-f)^{1/3}}$ 作图，$\varphi(H_2):\varphi(CO)=5:2$、$\varphi(H_2):\varphi(CO)=1:1$、$\varphi(H_2):\varphi(CO)=2:5$ 三种气氛条件下的混合控制曲线如图 9-31 所示。线性回归处理后，由直线的截距和斜率便可求出各还原气氛条件下的 t_D 和 t_C，列于表 9-11~表 9-13。随着还原温度的升高和气氛中 H_2 含量的减少，t_D 和 t_C 值呈降低趋势。

表 9-11　$\varphi(H_2):\varphi(CO)=5:2$ 气氛下不同温度时 t_C 和 t_D 的值

参　数	950℃	1000℃	1050℃	1100℃
t_C/min	44.67	41.13	34.69	35.58
t_D/min	60.33	53.48	37.45	36.24

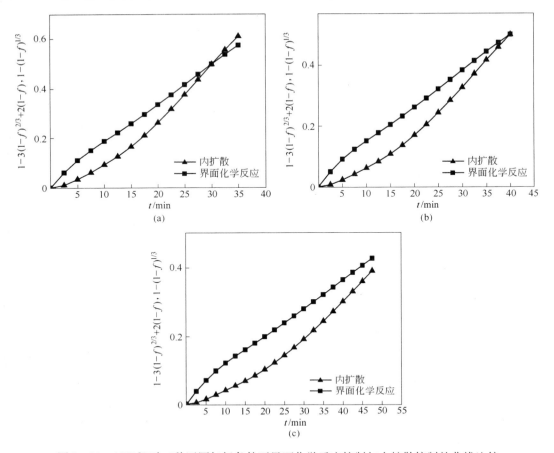

图 9 - 30 1050℃时三种还原气氛条件下界面化学反应控制与内扩散控制的曲线比较

（a）$\varphi(H_2):\varphi(CO)=5:2$；（b）$\varphi(H_2):\varphi(CO)=1:1$；（c）$\varphi(H_2):\varphi(CO)=2:5$

表 9 - 12 $\varphi(H_2):\varphi(CO)=1:1$ 气氛条件下不同温度时 t_C 和 t_D 的值

参 数	950℃	1000℃	1050℃	1100℃
t_C/min	51. 51	48. 38	42. 06	43. 51
t_D/min	69. 22	59. 58	58. 39	50. 64

表 9 - 13 $\varphi(H_2):\varphi(CO)=2:5$ 气氛条件下不同温度时 t_C 和 t_D 的值

参 数	950℃	1000℃	1050℃	1100℃
t_C/min	60. 96	54. 92	53. 25	47. 22
t_D/min	115. 27	100. 68	89. 47	70. 77

由于还原过程中 FeO→Fe 的还原阶段最难，以该阶段反应平衡常数 K 来计算还原反应平衡时气体的浓度。由式（9 - 25）～式（9 - 27）可求出不同温度下还原前气体还原剂在气相内部的浓度 c_0 以及还原反应平衡时气体还原剂的浓度 c^*。

$$\Delta G^{\ominus}_{(FeO \to Fe)} = RT\ln K = \frac{p^*_{CO_2}}{p^*_{CO}} \text{ 或 } \frac{p^*_{H_2O}}{p^*_{H_2}} \qquad (9 - 25)$$

$$p_{CO}^{\ominus} + p_{H_2}^{\ominus} = p_{CO_2}^{*} + p_{CO}^{*} + p_{H_2O}^{*} + p_{H_2}^{*} = 101325 \, Pa \qquad (9-26)$$

$$c = \frac{p}{RT} \qquad (9-27)$$

由球团的化学成分可知，单位体积球团氧量密度为：

$$\rho = \frac{\rho_{球团} w(TFe)_{\%} \times \frac{16 \times 3}{56 \times 2}}{16} = \frac{4.088 \times 10^3 \times 10^3 \times 0.594 \times \frac{16 \times 3}{56 \times 2}}{16} = 6.504 \times 10^4 \, mol/m^3$$

$$(9-28)$$

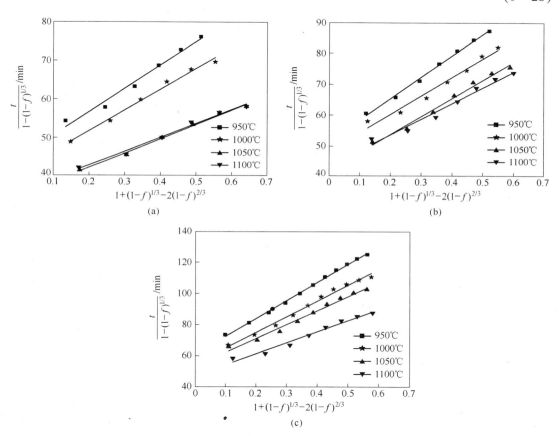

图 9-31 不同还原温度时三种还原气氛条件下的混合控制曲线

(a) $\varphi(H_2) : \varphi(CO) = 5 : 2$；(b) $\varphi(H_2) : \varphi(CO) = 1 : 1$；(c) $\varphi(H_2) : \varphi(CO) = 2 : 5$

取还原前球团的半径为 $6.169 \times 10^{-3} \, m$，可求得不同还原温度和气氛条件下相应的有效气体扩散系数 D_e 和反应速率常数 k，列于表 9-14 ~ 表 9-16。

表 9-14　$\varphi(H_2) : \varphi(CO) = 5 : 2$ 气氛条件下不同温度时 k 和 D_e 的值

参　数	950℃	1000℃	1050℃	1100℃
$k/ \times 10^{-2} \, m \cdot s^{-1}$	1.167	1.288	1.552	1.538
$D_e/ \times 10^{-5} \, m^2 \cdot s^{-1}$	3.929	3.882	5.625	5.898

表 9-15　$\varphi(H_2):\varphi(CO)=1:1$ 气氛条件下不同温度时 k 和 D_e 的值

参　数	950℃	1000℃	1050℃	1100℃
$k/\times10^{-2}\,m\cdot s^{-1}$	1.059	1.175	1.403	1.406
$D_e/\times10^{-5}\,m^2\cdot s^{-1}$	3.094	3.738	3.955	4.719

表 9-16　$\varphi(H_2):\varphi(CO)=2:5$ 气氛条件下不同温度时 k 和 D_e 的值

参　数	950℃	1000℃	1050℃	1100℃
$k/\times10^{-2}\,m\cdot s^{-1}$	0.9384	1.116	1.227	1.469
$D_e/\times10^{-5}\,m^2\cdot s^{-1}$	1.948	2.385	2.857	3

9.2.5.3　气基竖炉直接还原反应阻力

依据以上结论可进一步分析各温度和气氛条件下，内扩散和界面化学反应在球团还原过程中的阻力变化。在式（9-13）中，等号右端分母的第二项为内扩散阻力，令其为 F_D；第三项为界面化学反应阻力，令其为 F_C，则：

$$F_D = \frac{r_0}{D_e}\left[(1-f)^{-1/3}-1\right] \tag{9-29}$$

$$F_C = \frac{K}{k(1+K)}\cdot\frac{1}{(1-f)^{2/3}} \tag{9-30}$$

结合前面已知的 D_e 和 k，由式（9-29）及式（9-30）可计算出不同还原率所对应的内扩散阻力 F_D 和界面化学反应阻力 F_C。若令 $F_\Sigma = F_D + F_C$，则内扩散和界面化学反应相对阻力为 $\dfrac{F_D}{F_\Sigma}$、$\dfrac{F_C}{F_\Sigma}$。

下面以 1050℃ 时三种气氛（$\varphi(H_2):\varphi(CO)=5:2$、$\varphi(H_2):\varphi(CO)=1:1$、$\varphi(H_2):\varphi(CO)=2:5$）下以及 $\varphi(H_2):\varphi(CO)=5:2$ 时，四种还原温度（950℃、1000℃、1050℃、1100℃）下的还原过程为例，分析过程中内扩散和界面化学反应阻力的变化。

图 9-32 所示为 1050℃ 时三种还原气氛条件下内扩散和界面化学反应相对阻力随还原率的变化。可知，三种还原气氛条件下，高铬型钒钛磁铁矿球团还原各控制步骤相对阻力的变化趋势相同。但当还原率为 40% 左右时，在 $\varphi(H_2):\varphi(CO)=1:1$ 和在 $\varphi(H_2):\varphi(CO)=2:5$ 气氛条件下，内扩散阻力占主导地位，其比 $\varphi(H_2):\varphi(CO)=5:2$ 气氛条件下球团还原的内扩散阻力有显著增加；而当还原率为 50% 左右时，$\varphi(H_2):\varphi(CO)=5:2$ 气氛条件下的内扩散阻力也逐渐占据主导地位。从上面计算的反应速率常数来看，1050℃ 时 $\varphi(H_2):\varphi(CO)=5:2$、$\varphi(H_2):\varphi(CO)=1:1$ 和 $\varphi(H_2):\varphi(CO)=2:5$ 三种气氛下的反应速率常数分别为 $1.552\times10^{-2}\,m/s$、$1.403\times10^{-2}\,m/s$ 和 $1.227\times10^{-2}\,m/s$，$\varphi(H_2):\varphi(CO)=5:2$ 气氛下的还原界面反应动力学条件也比 $\varphi(H_2):\varphi(CO)=1:1$ 和 $\varphi(H_2):\varphi(CO)=2:5$ 气氛优越。对于 $\varphi(H_2):\varphi(CO)=1:1$ 和 $\varphi(H_2):\varphi(CO)=2:5$ 气氛，在还原的高级阶段（$f>40\%$），还原反应从混合控制已转化为以内扩散控制为主，同一温度条件下由于总的反应阻力增加，结果表现为球团有较低的最终还原率。可见，同一还原温度下，随着气氛中 H_2 含量的增加，内扩散阻力比例相对较小，且动力学条件优越，球团可达到较高的还原率。

图 9-33 所示为 $\varphi(H_2):\varphi(CO)=5:2$ 时不同温度条件下内扩散和界面化学反应相对阻力随还原率的变化。可知，950℃和1000℃条件下，在还原初期阶段（$f<40\%$），还原过程由界面化学反应控制；随着还原过程的深入，产物层出现并逐渐增厚，内扩散阻力所占的比例迅速增大，此时反应受界面化学反应和内扩散的混合控制；当 $f>40\%$ 时，内扩散阻力已超过界面化学反应阻力，还原逐渐转变为以内扩散为主；还原继续进行，内扩散阻力也随之增大，界面化学反应阻力降低，导致还原到一定程度后，即使延长还原时间，还原率也很难提高。另外，同一还原率条件下，温度越高，内扩散阻力所占的比例越小，界面化学反应阻力所占的比例越大。且由上面计算得出，$\varphi(H_2):\varphi(CO)=5:2$ 时 950℃、1000℃、1050℃和1100℃下的反应速率常数分别为 1.167×10^{-2} m/s、1.288×10^{-2} m/s、1.552×10^{-2} m/s 和 1.538×10^{-2} m/s，可见，温度越高，动力学条件越优越。因此在同一气氛下，温度高时球团能获得较高的还原率。

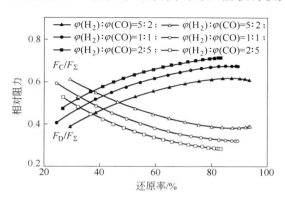

图 9-32　1050℃时不同还原气氛条件下内扩散和界面化学反应相对阻力随还原率的变化

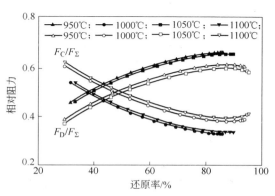

图 9-33　$\varphi(H_2):\varphi(CO)=5:2$ 时不同温度条件下内扩散和界面化学反应相对阻力随还原率的变化

综上，在实验温度和气氛条件下，高铬型钒钛磁铁矿球团气基竖炉还原在还原初期阶段，先是由界面化学反应和内扩散混合控制，界面化学反应占主导地位；随着还原的进行，内扩散成为限制性环节，并逐渐占据主导地位。同一还原温度下，随着气氛中 H_2 含量的增加，内扩散阻力所占比例相对较小，且动力学条件优良，球团可达到较高的还原率。同一气氛下，温度越高，则内扩散的相对阻力越低，且动力学条件越优越，球团能获得较高的最终还原率。

9.2.5.4　还原反应速率常数

由于化学反应速率常数 k 是温度的函数，遵循 Arrhenius 公式：

$$k = A\exp\left(\frac{-\Delta E}{RT}\right) \tag{9-31}$$

式中　A——频率因子，是宏观意义的概念；

　　　R——摩尔气体常数，J/(mol·K)。

通过不同条件下回归计算得到的 k 值，作 $\ln k$ 与 $1/T$ 的关系图，见图 9-34。

线性拟合后，由直线斜率可得表观活化能 ΔE，由截距可求得频率因子 A，列于表 9-17。随着还原气氛中 H_2 含量的增加，反应的表观活化能逐渐降低，从而还原反应加快。

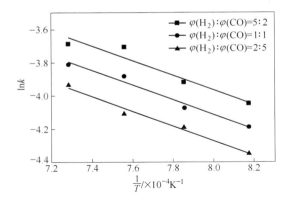

图 9 - 34　活化能动力学回归线（950 ~ 1100℃）

表 9 - 17　不同还原气氛下还原反应的活化能（950 ~ 1100℃）

还　原　气　氛	$\Delta E/kJ \cdot mol^{-1}$	频率因子 A
$\varphi(H_2) : \varphi(CO) = 5 : 2$	36.792	0.655
$\varphi(H_2) : \varphi(CO) = 1 : 1$	36.868	0.569
$\varphi(H_2) : \varphi(CO) = 2 : 5$	37.280	0.504

由 Arrhenius 公式最终得出不同还原气氛下，950 ~ 1100℃时化学反应速率常数与温度的关系式为：

$$\varphi(H_2) : \varphi(CO) = 5 : 2 \qquad k = 0.655 \times \exp\left(\frac{-36.792 \times 10^3}{8.314T}\right) \qquad (9-32)$$

$$\varphi(H_2) : \varphi(CO) = 1 : 1 \qquad k = 0.569 \times \exp\left(\frac{-36.868 \times 10^3}{8.314T}\right) \qquad (9-33)$$

$$\varphi(H_2) : \varphi(CO) = 2 : 5 \qquad k = 0.504 \times \exp\left(\frac{-37.279 \times 10^3}{8.314T}\right) \qquad (9-34)$$

9.2.6　还原产物熔分实验

将气基竖炉直接还原后的高铬型钒钛磁铁矿球团在高频感应炉内进行熔分，并考察熔分后产物高钛渣和含钒、铬生铁的品质。

9.2.6.1　实验设备

本实验采用郑州市东创冶金技术工业有限公司生产的 ZRS - 200 型高频感应炉，额定温度为 2000℃，如图 9 - 35 所示。实验中为了不影响物料成分，使用红外测温仪测温。本实验采用标智 GM1850 型红外测温仪（见图 9 - 36），其测量范围为 200 ~ 1850℃，精确度为 1.5%。

9.2.6.2　实验方法及步骤

本实验对在还原气氛为 $\varphi(H_2) : \varphi(CO) = 5 : 2$、$\varphi(CO_2) = 5\%$，还原温度为 1100℃下还原后的高铬型钒钛磁铁矿球团进行熔分，选取高纯石墨坩埚作为反应容器。

实验步骤为：将所选还原球团破碎后，放入石墨坩埚中。本实验选取石墨坩埚的尺寸为：外径 $\phi40mm$，壁厚 5mm，外高 80mm，内高 70mm。为了防止石墨坩埚烧透而腐蚀炉

图 9 - 35　高频感应炉

图 9 - 36　红外测温仪

体，在实验坩埚外套一个尺寸较大的保护石墨坩埚。实验开始前，从炉底向炉内通氩气以排除炉管中的空气，流量控制为 5L/min。将石墨坩埚放入感应炉中，开始升温。初始感应电流为 293A，每隔 5min 将电流调高 30A，并使用红外测温仪测温。料温达到 1700℃后，停止调节电流，恒温 20min。而后结束控温程序，随炉冷却到室温后取出熔分试样。

9.2.6.3　实验结果及分析

表 9 - 18 所示为 $\varphi(H_2):\varphi(CO)=5:2$、$\varphi(CO_2)=5\%$、1100℃ 下还原后球团试样的化学成分，还原球团的初始质量为 129.88g。图 9 - 37 所示为高温熔分后坩埚内部生铁和高钛渣的形貌。可见，经过电炉熔分后，渣铁分层明显，渣相由于密度较小，在生铁上部。经称重得，熔分后生铁与渣块的质量分别为 104.35g 和 19.06g。

表 9 - 18　还原后球团试样的化学成分（w）　　　　　　　　　　（%）

还原成分	TFe	MFe	V_2O_5	TiO_2	Cr_2O_3	SiO_2	Al_2O_3	MgO	CaO
含　量	79.32	74.75	1.21	6.44	0.745	2.707	4.02	1.39	0.28

熔分后高钛渣和生铁的化学成分列于表 9 - 19 和表 9 - 20。钛大部分进入高钛渣中，只有少量进入生铁；钒和铬大部分进入生铁，只有少量进入高钛渣中。

表 9 - 19　熔分后高钛渣的化学成分（w）　　　　　　　　　　（%）

熔分渣成分	V_2O_5	TiO_2	Cr_2O_3	SiO_2	Al_2O_3	MgO	CaO
含　量	0.805	39.36	0.503	18.9	22.29	7.683	2.686

表 9 - 20　熔分后生铁的化学成分（w）　　　　　　　　　　（%）

熔分铁成分	TFe	V	Ti	Cr	Si	C	S
含　量	92.34	0.72	0.042	0.557	0.007	5.5	0.016

可见，高铬型钒钛磁铁矿气基竖炉直接还原－电炉熔分工艺可以实现该矿中钛和铁的高效分离，钒、铬均大部分进入生铁中。产物高钛渣的钛品位高达 39.36%，收得率高达

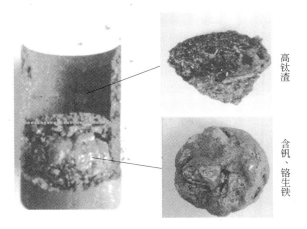

图 9 – 37　高温熔分后坩埚内部生铁和高钛渣的形貌

89.69%；生铁中 TFe 含量为 92.34%，铁的收得率达到 93.53%；钒的收得率高达 85.68%；铬的收得率达到 89.50%，这为钒、铬进一步高效分离提供了有利条件。

9.3　小结

本章系统研究了高铬型钒钛磁铁矿的基础特性，包括化学成分、粒度组成、物相组成以及在空气下的 TG – DSC 曲线，得出以下结论：

（1）高铬型钒钛磁铁矿是铁、钒、钛、铬等多金属共生的复合矿资源，Fe、V、Ti、Cr 的含量分别为 62.12%、0.95%、5.05%、0.614%，属于典型的低钛、高钒、高铬型钒钛磁铁矿。

（2）高铬型钒钛磁铁矿粉粒度较粗，小于 0.074mm 的粒级仅占 29.98%，细磨处理 15min 后，小于 0.074mm 的粒级比例达到 100%。

（3）高铬型钒钛磁铁矿主要由磁铁矿、铬铁矿、钒磁铁矿、钛磁铁矿等组成。

（4）在 800℃和 1000℃左右，高铬型钒钛磁铁矿发生了剧烈的化学反应或物相转变。

通过研究焙烧温度和焙烧时间对高铬型钒钛磁铁矿球团焙烧过程的影响，分析了该矿球团的氧化焙烧机理，得出以下结论：

（1）随着焙烧温度的提高，高铬型钒钛磁铁矿球团的抗压强度呈增大趋势，当温度高于 1250℃时，球团的抗压强度为 2847N/个，满足竖炉实际生产的要求。随着焙烧温度的升高，高铬型钒钛磁铁矿球团中的含 Fe 物相和含 V、Ti、Cr 物相的变化规律如下：

$$Fe_3O_4 \longrightarrow Fe_2O_3$$

$$Fe_{2.75}Ti_{0.25}O_4 \begin{cases} \longrightarrow Fe_9TiO_{15} \\ \longrightarrow FeTiO_3 \longrightarrow Fe_2Ti_3O_9 \end{cases}$$

$$FeV_2O_4 \longrightarrow (Cr_{0.15}V_{0.85})_2O_3$$

$$FeCr_2O_4 \begin{cases} \longrightarrow (Cr_{0.15}V_{0.85})_2O_3 \\ \longrightarrow Cr_{1.3}Fe_{0.7}O_3 \end{cases}$$

（2）高铬型钒钛磁铁矿具体的氧化固结过程可分为三个阶段：第一阶段（氧化阶段），焙烧温度低于 900℃；第二阶段（再结晶固结阶段），焙烧温度为 900～1100℃；第三阶段（液相参与下的"细粒化"作用和再结晶固结阶段），焙烧温度为 1100～1300℃。

（3）随着焙烧时间的延长，高铬型钒钛磁铁矿球团的抗压强度也逐渐增大，当时间延长至 10min 以后，抗压强度为 2608N/个，满足竖炉实际生产的要求。1300℃ 下焙烧 20min 后，球团内硅酸盐液相生成量增多，小颗粒迅速长大形成浑圆状晶粒，并连接在一起，Fe_2O_3 再结晶和氧化固结完全。

（4）综合考虑，高铬型钒钛磁铁矿球团合理的焙烧温度为 1300℃，焙烧时间为 20min。

通过高铬型钒钛磁铁矿球团气基竖炉还原实验，分析了还原温度和气氛条件对球团冶金性能和还原行为的影响；并进行等温还原实验，研究了高铬型钒钛磁铁球团气基竖炉直接还原的相变历程；利用未反应核模型分析了还原过程动力学；最后将还原后球团进行电炉熔分，得出以下结论：

（1）随着还原温度的提高和还原气氛中 H_2 含量的增多，高铬型钒钛磁铁矿球团的还原率不断增大。在 1100℃、$\varphi(H_2):\varphi(CO)=5:2$、$\varphi(CO_2)=5\%$ 条件下还原 30min，球团还原率能达到 95%。

（2）随着还原温度的升高和气氛中 CO 含量的增多，球团的还原膨胀率增大。实验条件下，球团的最大膨胀率为 18.27%，满足气基竖炉实际生产要求；而球团还原冷却后强度则随温度的升高而下降，随还原气氛中 H_2 含量的增多而增大，各实验条件下的球团还原冷却后强度较好。

（3）高铬型钒钛磁铁矿球团中，含铁、含钛、含钒和含铬（分析到 40min）物相的气基竖炉直接还原相变历程如下：

$$Fe_2O_3 \dashrightarrow Fe_3O_4 \longrightarrow FeO \longrightarrow Fe$$

$$\left.\begin{array}{l} Fe_9TiO_{15} \\ Fe_2Ti_3O_9 \end{array}\right\} \longrightarrow Fe_{2.75}Ti_{0.25}O_4 \longrightarrow FeTiO_3 \left\{\begin{array}{l} \longrightarrow Fe \\ \longrightarrow TiO_2 \end{array}\right.$$

$$\left.\begin{array}{l} (Cr_{0.15}V_{0.85})_2O_3 \\ Cr_{1.3}Fe_{0.7}O_3 \end{array}\right\} \longrightarrow \left\{\begin{array}{l} \longrightarrow FeV_2O_4 \\ \longrightarrow FeCr_2O_4 \end{array}\right\} \dashrightarrow 有待进一步研究$$

（4）高铬型钒钛磁铁矿球团在 $\varphi(H_2):\varphi(CO)=5:2$、$\varphi(H_2):\varphi(CO)=1:1$、$\varphi(H_2):\varphi(CO)=2:5$ 三种气氛下还原时，还原过程并非由单纯的界面化学反应或者内扩散控制。还原初期阶段，先是由界面化学反应和内扩散混合控制，界面化学反应占主导地位；随着还原的进行，内扩散成为限制性环节，并逐渐占据主导地位。不同还原气氛下，950～1100℃ 时化学反应速率常数与温度的关系式为：

$$\varphi(H_2):\varphi(CO)=5:2 \qquad k=0.655\times\exp\left(\frac{-36.792\times10^3}{8.314T}\right)$$

$$\varphi(H_2):\varphi(CO)=1:1 \qquad k=0.569\times\exp\left(\frac{-36.868\times10^3}{8.314T}\right)$$

$$\varphi(H_2):\varphi(CO)=2:5 \qquad k=0.504\times\exp\left(\frac{-37.279\times10^3}{8.314T}\right)$$

（5）对还原产物进行电炉熔分，得到高钛渣和含钒、铬生铁。高钛渣中 TiO_2 的品位为 39.36%，收得率为 89.69%；生铁中 TFe 含量为 92.34%，收得率为 93.53%；V 的收得率为 85.68%；铬的收得率为 89.50%。对于熔分过程机理及其优化措施，还有待下一步深入研究。

参 考 文 献

［1］Terence A. Paticle sice measurement：powder samping and particle size measurement ［J］. Cheshire：Chapman & Sons，1982，（10）：36～38.

［2］黄希祜. 钢铁冶金原理 ［M］. 3 版. 北京：冶金工业出版社，2007：284～288.

［3］方觉. 非高炉炼铁工艺与理论 ［M］. 北京：冶金工业出版社，2007：1～43.

［4］傅菊英，朱德庆. 铁矿氧化球团基本原理、工艺及设备 ［M］. 长沙：中南大学出版社，2005：173～232.

［5］李艳茹，李金莲，张立国，等. 添加熔剂对球团矿还原膨胀率的影响 ［J］. 钢铁，2009，44（10）：14.

［6］梁连科，车荫昌，杨怀，等. 冶金热力学及动力学 ［M］. 沈阳：东北大学出版社，1990：256～266.

［7］沈峰满，施月循. 高炉内气－固反应动力学 ［M］. 北京：冶金工业出版社，1996：155～189.

第 4 篇

硼铁矿非焦冶炼技术

10　硼铁矿资源综合利用现状及新工艺的提出

　　我国硼资源丰富，按 B_2O_3 计，储量为 3900 余万吨，地质储量位居世界第五位。辽宁省凤城翁泉沟蕴藏着约 2.8 亿吨的硼铁矿，其硼储量占全国硼储量的 58%，是我国重要的后备硼矿资源。凤城硼铁矿是一种铁、硼、镁等多元素共生、实用价值很高的大型硼矿床矿石，但由于该矿的矿物种类多，结构复杂，共生关系密切，综合利用难度大，至今未得到良好的开发利用。另外，由于直接还原铁具有产品纯净、质量稳定、冶金性能优良等优点，是生产优质钢、纯净钢不可缺少的原料，直接还原已成为世界钢铁生产一个不可缺少的组成部分，其发展速度很快。我国直接还原铁的需求量巨大，国内直接还原厂不能满足国内巨大的需求量，市场供需现状决定了我国直接还原铁有着广阔的发展前景。目前，基于硼铁火法分离的基本原理和直接还原的技术优势，并综合考虑硼铁矿资源特点和综合利用现状，提出了硼铁矿直接还原－电炉熔分新工艺。本章对该新工艺进行了实验研究，在实验室条件下，模拟不同的直接还原工艺（气基竖炉、回转窑和隧道窑），进行直接还原，然后在高温下对直接还原铁进行电热熔分，实现硼、铁高效分离；并通过分析直接还原铁和熔分产物（含硼生铁/半钢和富硼渣）的品质，考察硼铁矿直接还原－电炉熔分新工艺的可行性。

10.1　硼铁矿资源的特点

　　硼是我国核军工和核能产业的基础原材料，属于国家重要战略资源，是国民经济发展和国家安全的重要物质保障。

　　自然界中的硼主要赋存于各类硼矿资源中。硼矿作为一种重要的化工原料矿物，主要用于生产硼砂、硼酸、硼化合物以及单质硼等产品，广泛应用于化工、冶金、建材、电器、医药、农业、航空航天、国防军事、核工业等领域。近年来，随着我国经济的快速发展，对各种硼产品的需求不断增长。因此，高效开发利用我国的硼矿资源，对于我国现代工业发展以及国防和能源安全保障具有至关重要的作用。

　　世界硼矿资源较为丰富，但拥有硼矿资源的国家却不多。据 2008 年《Mineral Commodity Summaries》统计表明，世界硼矿资源储量约 1.7 亿吨（以 B_2O_3 计），其中，土耳其、俄罗斯、美国和中国四国的储量约占世界总储量的 97%。土耳其的硼矿石主要为硬硼钙石、天然硼砂和钠硼解石，占世界硼资源总量的 67%。俄罗斯的硼矿石主要是纤维硼镁石矿、水方硼石矿、钠硼解石和硅硼钙石。美国的硼矿资源主要为天然硼砂和斜方硼砂。上述国家硼矿资源的特点是：矿石中 B_2O_3 品位高（多数大于 20%，部分可达 40% 左右），矿物结构简单，易于开采和加工利用。

　　我国硼矿资源储量比较丰富，已探明储量居世界第四位，绝大多数集中在辽宁、吉林、青海、西藏四省区。在已探明的 4908 万吨（B_2O_3）储量中，辽宁和青海两省的硼矿储量分别占总储量的 64.13% 和 29.94%。辽宁地区的硼矿主要为硼镁石矿和硼铁矿，分别约占我国硼矿总储量的 6% 和 58%。辽宁凤城翁泉沟硼铁矿储量（实物量）为 2.8 亿吨，B_2O_3 储量为 2185 万吨，含铁近 1 亿吨，含镁近 1 亿吨，含铀 1.5 万吨，是一个综合利用价值很高的大型硼矿床。青海地区的硼矿主要为钠硼解石、柱硼镁石、水方硼石和库水硼镁石等，B_2O_3 储量为 1174.1 万吨，其中固体矿（以钠硼解石和柱硼镁石为主）为 462.1 万吨，液体矿（含硼盐湖卤水）为 712 万吨，主要分布在青藏高原，受交通和开采条件限制，开发利用较少。

虽然我国硼矿资源丰富，但其中绝大多数硼矿石品位较低，$w(B_2O_3) \leqslant 12\%$ 的硼矿石占我国总储量的 90.74%，$w(B_2O_3) \geqslant 20\%$ 的富矿仅占 8.54%。目前，我国可利用的主要是沉积变质型硼矿（硼镁石矿、硼铁矿），青海和西藏等地的现代盐湖型硼矿虽有相当规模储量，但开发利用尚有困难。特别是经过多年的不断开采，直接可利用的优质硼镁石矿（白硼矿）资源几近枯竭。随着国民经济的发展，硼制品的需求量快速增长，硼镁石矿资源已不能完全满足我国硼化工行业的需要。因此，现阶段高效开发和利用硼铁矿资源（黑硼矿）已迫在眉睫。

硼铁矿的矿石类型主要是硼镁石 - 磁铁矿 - 蛇纹石型和含铀硼镁铁矿化硼镁石 - 磁铁矿型两种。但其矿物组成复杂，现已查明的各类矿物共计 30 余种。按照各矿物在矿物组成中的作用和地位，可将其划分为矿石矿物和脉石矿物两大类，脉石矿物又依据其含量的多少分为主要矿物、次要矿物和少见矿物，见表 10 - 1。硼铁矿中的主要有用矿物为磁铁矿和硼镁石，主要脉石矿物为蛇纹石和斜硅镁石。

表 10 - 1 硼铁矿中的矿物组成

矿 石 矿 物		磁铁矿 Fe_3O_4，硼镁石 $MgBO_2(OH)$，硼镁铁矿（Mg，Fe）$_2(BO_3)O_2$
脉石矿物	主要矿物	蛇纹石（Mg，Fe，Ni）$_3Si_2O_5(OH)_4$（包括叶蛇纹石、纤维蛇纹石和胶蛇纹石），斜硅镁石 $Mg_9(SiO_4)_4(F，OH)_2$
	次要矿物	金云母 $KMg_3(AlSi_3O_{10})(F，OH)_2$、黑云母 $K(Mg，Fe^{2+})_3(Al，Fe^{3+})Si_3O_{10}(OH，F)_2$、斜绿泥石（Mg，Fe）$_{4.75}Al_{1.25}(Al_{1.25}Si_{2.75}O_{10})(OH)_8$、鲕绿泥石（Fe，Mg）$_3$（$Fe^{2+}$，$Fe^{3+}$）$_3(AlSi_3O_{10})(OH)_8$、方解石 $CaCO_3$、白云石 $CaMg(CO_3)_2$、普通角闪石（Ca，Na）$_{2\sim3}$（Mg，Fe，Al）$_5$［（Al，Si）$_4O_{11}$］（OH）$_2$、透闪石 $Ca_2Mg_5Si_8O_{22}(OH)_2$、镁橄榄石 $Mg_2(SiO_4)$、磁黄铁矿 $Fe_{1-x}S$、黄铁矿 FeS_2、褐铁矿 $FeO(OH) \cdot nH_2O$、铀 U
	少见矿物	菱镁石 $MgCO_3$、磷灰石 $Ca_5(PO_4)_3(F，OH)$、水镁石 $Mg(OH)_2$、锆石 $Zr(SiO_4)$、石英 SiO_2；萤石 CaF_2 等

硼铁矿从化学组成看属于贫矿类型，从矿物结构角度看属于难选矿物，其主要特点如下：

（1）矿物中硼、铁、镁多种元素共生，有用成分品位均低，而且不同矿区的矿物含量差异较大。硼铁矿中 B_2O_3 含量约 7.5%，TFe 约 30%，是典型的复合贫矿。

（2）矿物属细粒不均匀嵌布。矿物中磁铁矿、硼镁石、硼镁铁矿等粒度差异较大，嵌布粒度极细，小粒度的矿物嵌布在较大粒度的矿物中。

（3）矿物连晶复杂、共生关系密切。磁铁矿、硼镁石、硼镁铁矿紧密共生，与蛇纹石、斜硅镁石、云母、绿泥石等密切连生，多呈犬牙交错状或不规则状接触，用机械方法难以回收。

（4）矿物物理化学性质有所差异。硼镁铁矿密度为（3.98～4.11）g/cm³，比磁化系数为（2.56～11.3）×10⁻⁶cm³/g，属弱磁性矿物。硼镁石、蛇纹石的密度都小于3g/cm³，硼镁石较脆，易碎。晶质铀矿的密度为10.2g/cm³，具有强放射性和弱磁性。

综上所述，硼铁矿资源综合利用价值较高，但矿物种类多，构造复杂，嵌布细，共生关系密切，属难选难处理矿石。因此，硼铁矿的综合利用难度极大。

10.2　硼铁矿资源综合利用现状

硼铁矿使用价值很高，是我国未来硼资源的主要来源，同时，其中大量的磁铁矿也成为重要的铁矿资源。自硼铁矿被发现以来，全国冶金、化工、核能等部门的数十个科研、生产、研究单位对其进行了大量的开发利用研究工作，投入了大量的资金和人力，取得了许多成果。主要研究工作包括[1]：

（1）20世纪70年代初，由本钢负责对辽宁凤城硼镁铁矿矿石的可选性、冶金性能、硼的提取及铀、硼的分离等进行实验研究，认为凤城矿不宜作为本钢的后备铁矿资源。

（2）80年代初，地矿部郑州矿产综合利用研究所等单位共同进行湿法铁、硼分离实验，用盐酸浸出硼铁混合精矿，从浸出液中萃取硼酸，浸渣经磁选得到铁精矿，实现了硼、铁分离。

（3）80年代至今，东北大学提出"高炉法"综合开发硼铁矿工艺流程[2]，并在13m³高炉中进行了铁、硼分离实验。

（4）随后，硼铁矿作为添加剂加入烧结矿中以改善烧结矿的质量，也成为硼铁矿开发和利用的一条途径。

（5）东北大学与辽阳铁合金厂、鞍山热能所等单位采用宽甸五道岭的硼铁矿，联合进行了制备Fe－Si－B母合金的研究[3]。

综上所述，硼铁矿资源开发利用的现有技术主要有硼铁矿选矿分离、硼铁矿直接生产硼砂、高炉法综合利用、化学法综合利用、用作烧结球团添加剂等。

10.2.1　硼铁矿的选矿分离

自1985年以来，东北大学对硼铁矿的选矿分离进行了深入研究。根据硼铁矿的物化特性利用磁－重联合选矿方法，采用阶段磨矿－阶段选别的方法，将含铁30%、含B₂O₃8.0%的硼铁矿分选出含铁51%～53%的含硼铁精矿和含B₂O₃大于11%的硼精矿，铁在铁精矿中的收得率达85%～90%，硼在硼精矿中的收得率达70%～73%，实现了用选矿方法将硼铁矿中铁与硼基本分离的目的。该法已在原凤城灯塔硼铁选矿厂生产了6年。

原凤城灯塔硼铁选矿厂是以硼铁矿磁－重选分离技术为基础的硼铁矿硼、铁分离生产厂，其采用此工艺实现了凤城地区现有开采的硼铁矿贫矿（$w(B_2O_3) > 5.0\%$）中硼、铁的有效分离。生产实践证明，硼铁矿磁－重选分离技术是可靠的，工艺技术对原矿的适应能力较强，分选后硼在硼精矿中的收得率为60%～73%，铁在铁精矿中的收得率为85%～90%，分离结果稳定。

据目前掌握的资料表明，磁－重联合选矿技术是迄今为止唯一实现了工业化生产的硼铁矿硼、铁分离选矿技术。但含硼铁精矿中仍然有占原矿20%～30%的B₂O₃未能回收为硼工业所需要的原料，回收这部分 B_2O_3 是节约硼资源、提高硼资源利用率和使用价值的重要方向，将对硼砂的生产产生重要的意义[4]。

硼铁矿原矿及磁 – 重联合选矿分离产物的化学成分见表 10 – 2。

表 10 – 2　硼铁矿原矿及磁 – 重联合选矿分离产物的化学成分（w）　　（%）

成　分	TFe	B_2O_3	SiO_2	Al_2O_3	MgO	CaO	S	产　率
原　矿	26～32	7.0～8.5	18～30	1.0～3.5	25～42	1.0～2.5	0.7～1.4	100.0
硼精矿	5.0～5.5	10～13	22～28	0.4～0.8	40～53	0.1～0.5	—	38～45
含硼铁精矿	52～54	4.0～5.0	4.2～5.5	0.1～0.3	10～12	0.5～1.5	0.6～0.9	45～50
尾　矿	4.0～6.0	1.3～1.8	47～55	—	20～30	—	—	10～15

但实际生产表明，鉴于资源条件、选矿工艺、装备条件的限制，分离效果尚未达到理想的水平，硼铁矿实现硼、铁初步分离后对硼工业的作用和有益影响还未得到体现，尤其是含硼铁精矿中约占原矿 20% 的 B_2O_3 未被回收和利用。

更为严重的是，近年来受铁矿石供应紧张的影响和短期经济利益的驱使，硼铁矿的开发利用受到严重干扰。目前，辽东多数硼铁矿选矿厂"重铁轻硼"，把硼铁矿当作铁矿，采用传统选铁工艺，只利用硼铁矿中的铁，而硼铁矿中约 70% 的硼被丢弃且再无回收的可能，对硼铁矿资源的破坏极为严重。

10.2.2　化学法（湿法）处理及综合利用

20 世纪 80 年代初，地矿部郑州矿产综合利用研究所等单位共同进行了湿法铁、硼分离实验，产品有硼酸、铁精矿、氯化铵、轻质碳酸镁、轻质氧化镁、铀渣等。另外，杨卉凡等[5]用直接酸浸和萃取的方法回收硼，获得硼浸出率大于 96%、硼总回收率达 93% 的优良技术经济指标，所制得的产品硼酸符合国家标准。

硼铁矿化学法综合利用是将硼铁矿直接用酸/碱处理，硼以硼酸或硼砂的形态、铁以铁红（Fe_2O_3）的形态、镁以碳酸镁（$MgCO_3$）的形态加以回收利用。硼铁矿化学法综合利用流程图见图 10 – 1。

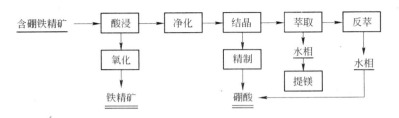

图 10 – 1　硼铁矿化学法综合利用流程图

硼铁矿中的主要矿物是硼镁石、磁铁矿、蛇纹石、磁黄铁矿等，在用盐酸浸出并有添加剂的情况下可抑制铁的溶出，从而实现铁与硼、镁的分离。硼铁矿化学法分离工艺的主要反应为[6]：

$$2(Mg,Fe)_2 \cdot Fe \cdot BO_5 + 18HCl = 4MgCl_2 + 5FeCl_2 + 2HBO_3 + 4H_2O + 4H_{2(g)}$$
$$(10-1)$$

$$MgO \cdot B_2O_3 + 2HCl + 2H_2O = 2HBO_3 + MgCl_2 + 3H_{2(g)} \qquad (10-2)$$

$$Fe_2O_3 + 6HCl = 2FeCl_3 + 3H_2O \qquad (10-3)$$

$$FeO + 2HCl = FeCl_2 + H_2O \qquad (10-4)$$

在酸浸母液中主要含有硼酸、氯化铁和氯化镁。首先使母液中的二价铁经氧化剂（氯酸钾）作用转化为三价铁，然后在沉淀剂（氨水）的作用下生成氢氧化铁沉淀产出，反应为：

$$FeCl_3 + 3NH_4OH = Fe(OH)_{3(s)} + 3NH_4Cl \qquad (10-5)$$

净化除铁后的母液中主要含有硼酸和镁盐，根据它们溶解和结晶温度的差异，在适宜的浓度、温度条件下，利用硼酸先结晶的特性进行硼、镁分离。

化学法综合利用使矿石中各种有用元素均得到了充分利用，硼、铁分离比较彻底，获得硼浸出率大于96%、硼总回收率达93%的优良技术经济指标，所制得的产品硼酸符合国家标准。但是，硼铁矿利用对硼、铁、镁都是贫矿的地区来讲，存在酸耗或碱耗高（0.45t 盐酸处理 1t 原矿）、副产品 Fe(OH)$_3$ 回收利用难度大、人工操作和检修不方便、对环境破坏严重等问题，也未能实现工业化生产。

10.2.3 硼铁矿生产 Fe – Si – B 母合金

东北大学和辽阳铁合金厂、鞍山热能所等单位采用宽甸五道岭的硼铁矿，联合进行了制备 Fe – Si – B 母合金的研究，利用炭热法制备出了 Fe – Si – B 非晶母合金。以硼铁矿为原料制备 Fe – Si – B 母合金的优点是成本较低，为 Fe – Si – B 母合金的工业化生产创造了条件。非晶态的 Fe – Si – B 可代替硅钢片用于变压器铁芯，重量可降低 1/3，磁损可降低 1/4，还可同时提高电阻率、降低交流电的涡流损耗等。刘素兰等采用硼铁矿电炉炭热法和碳铝热法生产 Fe – Si – B 合金，合金中的 C 含量降至 0.15%，Al 含量小于 0.05%，在保证质量的同时还降低了成本。采用 0.5t 电弧炉，以硼铁矿为原料，可以直接冶炼符合国家标准的硼 7、硼 12 合金。采用选择性氧化法，可以得到低铝硼铁合金，该材料已经被美国的阿莱得公司应用于生产 Fe – Si – B 非晶态材料，并获得成功。

10.2.4 硼铁矿高炉法综合利用

硼铁矿中 MgO 含量高，与 B$_2$O$_3$ 生成低熔点的硼酸盐，使炉渣具有相对较低的熔化性温度，能保证渣系具有良好的流动性，以使渣、铁高效分离，高炉顺行。在 20 世纪 80 年代中期，东北大学根据硼铁矿的化学组成、矿物结构特点，在理论及实验基础上提出了高炉法综合开发硼铁矿工艺流程。硼铁矿高炉法综合利用工艺流程图见图 10 – 2。

硼铁矿原矿进行磁 – 重联合选矿，得到含硼铁精矿，经烧结造块后入高炉冶炼分离。控制渣温在 1450℃以上，即可保证炉渣黏度最大不超过 2.5Pa·s，

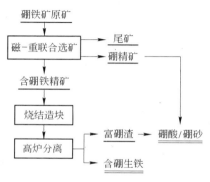

图 10 – 2 硼铁矿高炉法综合利用工艺流程图

渣、铁畅流。所得产物经电炉熔分，借助于渣、铁两相熔体密度、表面张力的差异，实现铁、硼分离。矿石中少量的 B、Si 进入铁液中，生成含硼生铁（含硼 1.0% ~ 1.2%）；而大部分的 B_2O_3、SiO_2 与 MgO、CaO、Al_2O_3 形成炉渣，B_2O_3 在渣中得到富集，即为富硼渣（含 B_2O_3 10% ~ 13%）。含硼生铁可作为生产硼铁制品的硼合金原料，代替硼铁合金、铬、钼、镍等贵金属元素；富硼渣用于生产硼砂，或经缓冷处理提高渣中 B_2O_3 活性后生产硼酸。

高炉法铁、硼分离效果好，但工业性试验表明，高炉冶炼硼铁矿时仍存在诸多问题，主要包括：对焦炭和烧结矿的要求使高炉工艺流程太长，基建投资大；高炉产能下降，焦比高（约 1150kg/t），对于炼焦煤资源贫乏的地区来说，还会造成生铁成本提高的问题；炉衬侵蚀严重，产品硫含量高；更重要的是富硼渣的 B_2O_3 活性低，不能满足碳碱法硼砂生产的要求，如若通过缓冷提高 B_2O_3 活性，又会使工业化生产在技术上和经济上都很困难。因此，高炉法至今未能实现长期稳定的工业化生产[4,7,8]。

10.2.5 作为烧结球团造块添加剂

在炼铁工业中，向烧结矿和球团矿中加入一定量的硼铁矿原矿或选矿产物作为含硼添加剂，可以改善其还原膨胀及粉化等性能，这也是硼铁矿综合开发利用的一条途径。

前期研究表明[7]，将硼铁矿加入烧结矿中可以提高烧结矿的强度（转鼓强度），使烧结矿自然粉化得到抑制或降低，提高产品质量，降低生产成本。

硼铁矿也可以作为球团的添加剂部分取代膨润土，提高了生球及干球的抗压强度，进而提高了焙烧球团的抗压强度，相同抗压强度下的焙烧温度可降低 50 ~ 70℃[9]，明显缩短了焙烧时间。

有关含硼添加剂的研究和应用，在我国已经有 20 多年的历史[10]。赵庆杰等[11]将硼铁矿加入球团及烧结矿中，提高了球团和烧结矿的强度，而且硼离子改善了矿的还原性。鞍钢在烧结料中加入 1% 的硼矿，24h 后自然粉化率由原来的 5.4% ~ 5.9% 降低至 0.9% ~ 1.1%，7 天后粉化率由原来的 10.0% ~ 11.55% 降至 4.4% ~ 4.8%[12]。新抚钢在烧结混合料中加入硼矿粉进行试验，当烧结矿中硼含量超过 0.008% 后，风化现象消失[13]。此外，本钢[14]、宣钢[15]和 2672 工厂[16]等单位也报道了烧结矿配加硼泥的试验结果，均认为加入硼泥使烧结矿自然粉化得到抑制或降低，但至今没有大规模的推广。究其原因，主要是对含硼添加剂改善烧结矿质量的机理缺乏深入系统的研究，因而造成在应用过程中效果不稳定，在烧结矿某些方面质量得到改善的同时常常又产生一些副作用，难以取得明显的经济效益。

硼的添加可以抑制 $\beta - 2CaO \cdot SiO_2$ 晶型转变，且作用最强，用量最少。B_2O_3 可以同许多氧化物形成固溶体并降低熔点，促进烧结过程中液相的形成。半径很小的 B^{3+} 可以扩散进入 $\beta - 2CaO \cdot SiO_2$ 中，冷却过程中不以 $\gamma - 2CaO \cdot SiO_2$ 相析出，因此能有效减少烧结矿体积膨胀而避免形成大量的粉末。硼铁矿中的 MgO 含量在 25% 左右，MgO 在烧结过程中形成钙镁橄榄石和镁黄长石等，它们的生成替代了 $2CaO \cdot SiO_2$；同时，MgO 能固溶于 $2CaO \cdot SiO_2$ 中，抑制 $\beta - 2CaO \cdot SiO_2$ 晶型向 $\gamma - 2CaO \cdot SiO_2$ 的转变，从而减少了烧结矿自然粉化率，提高了烧结矿的强度[17]。

大量的试验研究和工业生产实践（鞍钢、新抚钢、凌钢、北台等钢铁厂）[10~17]证明，含硼铁精矿是烧结、球团生产的良好添加剂。但此结果至今没有大规模的推广，主要是因为缺乏对含硼添加剂改善烧结矿质量机理的系统、深入研究，造成在应用过程中无章可循；另外，虽然烧结矿某些方面质量得以改善，但常常会产生一些副作用，经济效益不明显。此外，采用该利用方法硼铁矿中的硼未能成为硼工业的原料，从硼资源利用的角度来讲是不合理的，违背了国家节约资源、提高资源利用率的发展策略。在硼铁矿进行大规模开发的今天，就不能像硼铁矿开发初期一样，仅将硼铁精矿作为钢铁生产的含硼添加剂利用。促进含硼铁精矿开发进程的权宜之计必须以硼为主体将硼回收利用，使硼铁矿成为硼工业可以利用的原料，这应当是硼铁矿开发利用的一个原则。

　　以上成果为硼铁矿的综合开发利用提供了优越的思路和明确的努力方向，但因环保、经济效益、工艺可实施性等问题，其均未能实现工业化生产。

10.2.6　硼铁矿直接生产硼砂

　　由于硼镁石矿资源枯竭，一些企业被迫采用硼铁矿生产硼砂。由于原生产工艺的限制，只能使用 B_2O_3 含量高于 11.0% 的硼铁矿，迫使矿山采用"采富弃贫"的方式进行掠夺性开采。直接利用硼铁矿生产硼砂，硼的收得率低（仅约 60%），碱耗高，生产成本高，废弃物排放量大，硼铁矿中的铁由于焙烧时氧化而造成回收困难，资源的利用率低。这不仅对资源破坏严重，且导致硼砂生产企业经济效益差、市场竞争力低下。目前，丹东多数硼砂生产企业均只以含 B_2O_3 11%~12% 的硼铁矿为主原料进行生产，造成资源的巨大浪费，对硼铁矿资源造成了严重的破坏。

　　硼铁矿直接生产硼砂是利用矿中含硼矿物及含镁矿物均易在硫酸或盐酸溶液中溶解的特性，将硼铁矿直接用酸/碱处理，获得硼酸或硼砂。碱液首先吸收气相中二氧化碳生成 $NaHCO_3$，$NaHCO_3$ 立即与矿浆中活性组分 $2MgO \cdot B_2O_3$ 反应生成硼砂、酸式碳酸镁、氢氧化镁沉淀，并通过控制 pH 值及加入的氧化剂量控制含铁化合物的溶出。此过程硼化合物的溶解率可达 90%。过滤分离残渣中的铁、镁等有价元素不加以直接利用，只能在硼化物提取后的弃渣中回收。

10.3　硼铁矿高效清洁综合利用新工艺的提出

　　近年来，国内硼原料价格持续上涨，引发了开发利用硼铁矿的热潮。但是由于现有工艺流程（硼铁矿直接生产硼砂、硼铁矿高炉法综合利用、硼铁矿化学法综合利用）还存在缺陷，均存在一些问题，如硼的收得率低、能耗高、酸耗或碱耗高、污染严重、废弃物排放量大等，不仅对资源造成严重破坏，而且经济效益差，至今也没有一个成熟的工艺可以综合利用硼铁矿中的有价组分铁和硼，工艺流程还有待完善和革新。高效清洁综合利用硼铁矿资源成为一个富有挑战性和紧迫性的课题。

　　硼铁矿综合利用的原则和路线在不断的研究、争论中逐步清晰，并达成了共识，主要有：

　　（1）硼铁矿的开发利用必须以硼为主，最大限度地满足硼工业发展对原料的需求，将为硼工业提供高品位、高活性的原料作为主要目的。

　　（2）硼铁矿的开发利用应在技术、经济合理的条件下进行，硼铁矿中的 B_2O_3 应最大限度地富集，为硼工业提供品位高、活性高、品优价廉的 B_2O_3 原料。

（3）硼铁矿的开发利用必须实施综合利用，矿石中的磁铁矿及与磁铁矿紧密共生的部分 B_2O_3 应最大限度地有效回收和利用。

（4）硼铁矿的开发利用必须符合保护环境、节能减排和可持续发展的原则。

10.3.1　硼铁矿煤基/气基直接还原－电炉熔分新工艺

硼、铁火法分离的基本原理是：在适宜的温度条件下，利用矿物化学稳定性差异，使铁优先被还原而 B_2O_3 不被还原，即选择性还原原理。直接还原铁经高温（1400 ~ 1600℃）电热熔化分离，矿石中将有少量的 B、Si 进入铁液中，生成含硼生铁；而矿石中大部分的 B_2O_3、SiO_2 与 MgO、CaO、Al_2O_3 形成炉渣，B_2O_3 在渣中得到富集，形成富硼渣。借助于富硼渣与含硼生铁两相的熔体密度、表面张力差异，实现铁、硼分离。

在综合考虑硼铁矿资源特点和综合利用现状的前提条件下，本书基于硼铁火法分离的基本原理，提出了硼铁矿直接还原－电炉熔分新工艺，工艺路线如图 10-3 所示。在选择直接还原工艺时，依据生产规模可采用不同的工艺装备，本书选择性地研究了三种直接还原工艺流程：

（1）年处理含硼铁精矿 3 ~ 5 万吨/台规模，采用隧道窑工艺；

（2）年处理含硼铁精矿 10 ~ 20 万吨/台规模，采用回转窑工艺；

（3）年处理含硼铁精矿大于 50 万吨/台规模，采用煤制气－气基竖炉工艺。

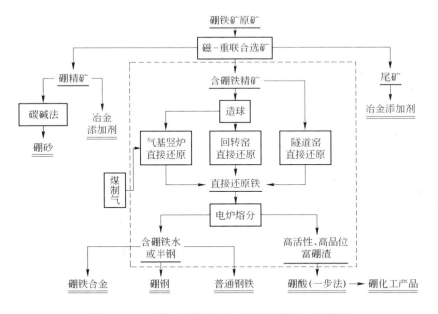

图 10-3　硼铁矿直接还原－电炉熔分新工艺路线

硼铁矿直接还原－电炉熔分新工艺在实现硼铁矿选矿分离铁、硼的基础上，进一步将含硼铁精矿中的硼、铁分离，为硼铁矿资源的清洁高效综合利用提供了新方法。本书通过硼铁矿气基竖炉、回转窑和隧道窑直接还原以及电炉熔分的实验研究和理论分析，考察含硼氧化球团、直接还原铁、熔分产物等的品质，研究硼、铁分离的基本规律，获取相关的工艺参数，为硼铁矿直接还原－电炉熔分新工艺的开发利用提供依据和基础参数。研究内容主要如下：

（1）含硼铁精矿球团工艺的主要内容包括：对含硼铁精矿进行物化分析，用含硼铁精矿造球，检测生球相关性能；在氧化性气氛下进行焙烧，考察焙烧温度和焙烧时间对氧化性球团抗压强度的影响，研究其焙烧机理和脱硫机理。

（2）煤制气－气基竖炉直接还原工艺的主要内容包括：在实验室条件下模拟气基竖炉直接还原，测定不同还原温度和还原气氛下含硼氧化性球团的还原失重曲线，并考察还原膨胀和还原后球团品质；结合实验所得数据，获取硼铁矿气基竖炉直接还原工艺的相关参数。

（3）煤基直接还原工艺的主要内容包括：在实验室条件下模拟静态回转窑和隧道窑直接还原工艺，考察还原时间对直接还原铁的影响，确定适宜的还原时间，并研究其还原规律和脱硫机理。

（4）用电热方式对不同直接还原工艺（气基竖炉、回转窑和隧道窑）生产的直接还原铁进行熔分，考察熔分产物富硼渣和含硼生铁/半钢的品质。

（5）分析硼铁矿直接还原－电炉熔分新工艺的技术可行性、经济效益和环境效益。

10.3.2　硼铁矿金属化还原－高效选分新工艺

金属化还原－高效分选新工艺是处理复杂难选难处理铁矿资源的有效手段。该工艺流程短，资源回收率高，不依赖焦炭，同时环境更为友好。目前，已经将其成功应用于吉林羚羊铁矿石、宁乡式铁矿石、包钢难选氧化矿等复杂难处理资源的综合利用，实现了有价组元与脉石等其他物相的高效分离，资源利用率超过常规选分工艺，技术效果显著。东北大学对吉林羚羊铁矿石进行了金属化还原－高效选分的实验室及扩大试验研究，确定了适宜的还原温度、还原时间、还原剂种类、还原剂用量以及磨矿和磁选分离的相关工艺参数，在原矿品位为34.79%的条件下，获得了最终产品含铁93%上、回收率达85%以上的良好指标。因此，完全可以把金属化还原－高效选分工艺应用于硼铁矿资源高效综合利用。目前，硼铁矿金属化还原－高效选分新技术尚待深入研究。

因此，基于上述原理，综合考虑硼铁矿资源特点及其综合利用现状，提出了硼铁矿金属化还原－高效选分新工艺，工艺路线见图10－4。该工艺以储量丰富的非焦煤为还原剂，对硼铁矿进行选择性还原，将含铁矿物直接还原为金属铁。还原过程中生成的铁晶粒长大并聚集，通过控制还原条件合理控制铁颗粒的长大形态和粒度，再辅以磨矿和磁选等

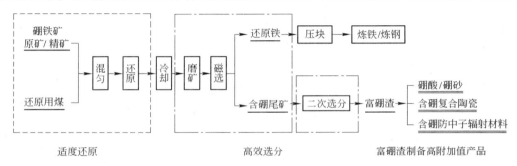

图10－4　硼铁矿金属化还原－高效选分工艺路线

选分处理，可实现还原铁与含硼尾矿的高效分离。获得的高品质还原铁经压块处理，替代严重短缺的废钢，用于现有钢铁流程；含硼尾矿经二次选分处理，降低硅及其他脉石的含量，获得高品位、高活性的富硼渣，应用于制备硼酸/硼砂、含硼复合陶瓷以及防辐射特殊材料，可有效解决硼工业原料短缺的问题，并实现高附加值利用。

本书对硼铁矿金属化还原－高效选分工艺进行了深入的试验研究，主要研究内容包括：

（1）系统研究硼铁矿资源的理化性能以及工艺矿物学特性，包括矿石化学组成、矿物组成、矿物结晶粒度、矿物之间的共生与嵌镶关系等。

（2）在合理确定还原反应装置和还原工艺条件的前提下，进行硼铁矿金属化试验，系统研究还原煤的选择、还原煤用量、还原温度、还原时间等对还原产物中金属铁颗粒的形态、长大及聚合过程的影响。

（3）研究金属化后物料的工艺矿物学特性，探讨金属化过程中矿相的变化规律，揭示铁、硼、镁等有价组元的迁移规律与赋存状态，为实施金属化后物料的高效选分提供技术依据。

（4）研究金属化后物料的可选性，确定适宜的磨矿粒度、磁选机磁场强度及磁场的设置、磁选段数等选分工艺，形成金属化后物料高效选分的工业化生产技术原型。

（5）进行新工艺的机理和技术经济可行性分析。

参 考 文 献

[1] 高姗. 辽宁省硼资源承载力分析与可持续发展评价 [D]. 沈阳：东北大学，2008.
[2] 张显鹏，郎建峰，崔传孟，等. 低品位硼铁矿在高炉冶炼过程中的综合利用 [J]. 钢铁，1995，30（12）：9~11.
[3] 王文忠，杜文贵. 硼铁矿直接生产 Fe－B－Si 非晶态母合金的探索性研究 [R]. 东北工学院钢铁冶金系，1988.
[4] 赵庆杰，王治卿，董文献. 我国直接还原铁生产现状及发展 [J]. 包头钢铁学院学报，1999，18（3）：383~386.
[5] 杨卉凡，李琦，王秋霞. 铁硼矿的综合利用新工艺研究 [J]. 中国资源综合利用，2002，（9）：12~15.
[6] 王文忠. 复合矿综合利用 [M]. 沈阳：东北大学出版社，1994.
[7] 郎建峰，李炳焕，张显鹏，等. 低品位硼铁矿化工冶金性能及开发利用 [J]. 矿产综合利用，1997，（2）：5~9.
[8] 赵庆杰. 硼铁矿磁－重选分离综合利用的方法：中国，ZL 02109097 [P]. 2002－10－16.
[9] 王宾，李慧敏，余为，等. 以巴西赤铁矿为主配加磁铁矿、硼铁矿的球团试验 [J]. 烧结球团，2008，33（2）：19~23.
[10] 张玉柱，郎建峰，李振国. 含硼添加剂改善烧结矿质量机理及硼－镁复合添加剂的研究 [J]. 矿产综合利用，2000，（1）：29~32.
[11] 赵庆杰，何长清，高明辉. 硼铁矿综合利用－硼精矿活化及含硼铁精矿改善烧结球团的机理 [J]. 华东冶金学院学报，1997，（3）：262~266.
[12] 王秉儒. 关于加硼烧结矿性能研究初探 [J]. 辽宁冶金，1989，（2）：25.

［13］郭振宇．烧结矿加硼工业试验［J］．烧结球团，1980，（4）：51.

［14］万佑生．烧结配硼灰泥粉试验研究［J］．烧结球团，1991，（6）：9.

［15］冯本何．配加硼泥烧结矿生产及其冶炼效果的试验研究［J］．河北冶金，1993，（3）：18.

［16］李玉明．加硼泥烧结矿工业试验及高炉冶炼效果［J］．烧结球团，1995，（1）：6.

［17］刘然，薛向欣，姜涛，等．硼铁矿综合利用概况与展望［J］．矿产综合利用，2006，（2）：33～37.

11 硼铁矿直接还原 - 电炉熔分

本章以含硼铁精矿为原料，研究其氧化球团制备工艺（生球制造、生球性能检测、焙烧、球团性能检测等），确定适宜的球团工艺参数，然后通过改变还原温度和还原气氛，考察不同气基还原条件对含硼氧化球团还原率、还原膨胀率以及还原后球团品质的影响，考察气基竖炉直接还原的可行性。另外，在实验室条件下模拟回转窑和隧道窑直接还原工艺，主要考察还原时间对硼铁矿煤基直接还原的影响及其还原规律，以确定适宜的工艺参数。最后，在高温下对气基竖炉、回转窑和隧道窑直接还原产物进行电热熔分，考察熔分产物富硼渣和含硼生铁/半钢的品质，并对硼铁分离新工艺进行可行性分析。

11.1 硼铁矿气基竖炉直接还原

11.1.1 含硼氧化球团制备

11.1.1.1 含硼铁精矿造球工艺

生球制备和焙烧直接影响氧化球团的质量和冶金性能，是整个气基竖炉直接还原新工艺的基础。

A 造球原料

球团所用原料为丹东含硼铁精矿，其化学成分列于表 11-1。考虑到终产物富硼渣的要求（B_2O_3 含量尽量高），本实验在造球时添加黏结剂。

表 11-1 含硼铁精矿的化学成分（w） （%）

组 分	TFe	FeO	B_2O_3	MgO	SiO_2	CaO	Al_2O_3	S	P	烧损
含 量	53.57	24.93	5.61	11.22	5.15	0.20	0.19	1.02	0.019	1.72

硼铁矿原矿中矿物组成复杂，现已查明的各类矿物共计 30 余种，主要有用矿物为磁铁矿和硼镁石（$MgBO_2(OH)$），主要脉石矿物为蛇纹石（$(Mg，Fe，Ni)_3Si_2O_5(OH)_4$）和斜硅镁石（$Mg_9(SiO_4)_4(F，OH)_2$），还含有少量或微量的硼镁铁矿（$(Mg，Fe)_2(BO_3)O_2$）、云母、绿泥石、磁黄铁矿（$Fe_{1-x}S$）、黄铁矿（$FeS_2$）、FeS、放射性元素铀、石英等[1,2]。

经磁-重联合选矿后，含硼铁精矿中的脉石矿物相对减少，如斜硅镁石含量大幅降低，通过 X 射线衍射分析可知，含硼铁精矿中的主要矿物是磁铁矿、硼镁石、蛇纹石。含硼铁精矿的 X 射线衍射图谱如图 11-1 所示。

经磨料后的含硼铁精矿粒度分布见图 11-2。可知，含硼铁精矿中粒度小于 25μm（500 目）的粒级约占 32.2%，粒度小于 74μm（200 目）的粒级约占 61.0%，小于 165μm（100 目）的粒级约占 86.6%。由此可以看出，该矿粒度分布比较复杂，粒度很细（小于 25μm）的部分含量多，而粒度小于 74μm 的部分含量少，总体粒度较粗，与普通矿有较大差别。

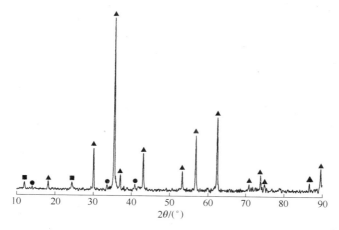

图 11-1 含硼铁精矿的 XRD 图谱

▲—Fe_3O_4；●—$MgBO_2(OH)$；■—$Mg_3Si_2O_5(OH)_4$

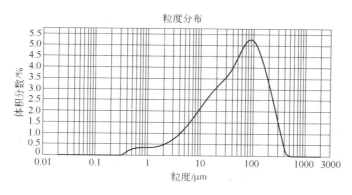

图 11-2 含硼铁精矿粒度分布

B 生球制备与性能检测

生球制备的步骤和所用设备与 3.1.2 节相同，性能检测方法和参考标准与 3.1.2 节相同，故不赘述。

硼铁矿生球性能检测结果见表 11-2。由实验检测结果可知，生球性能的各项指标均满足造球工艺要求，所使用的含硼铁精矿粉是良好的造球原料。

表 11-2 硼铁矿生球性能检测结果

生 球 性 能	检 测 结 果	行 业 标 准
落下强度 (0.5m)/次·个$^{-1}$	3.4	≥3
抗压强度/N·个$^{-1}$	12.9	≥8.82
爆裂温度/℃	675	≥350
水分含量/%	9.0	8～10

11.1.1.2 焙烧条件对球团抗压强度的影响

抗压强度是氧化球团的最重要指标之一，是保证炉内炉料顺行和正常反应的基础。球团焙烧的影响因素较多,除了原料本身的特性外,还受预热温度和时间、焙烧温度和时间、预热和焙烧气氛以及均热和冷却制度等因素影响。其中主要影响因素是焙烧时间和焙烧温度[3],故本书主要研究焙烧温度和焙烧时间对球团抗压强度的影响。

A 球团焙烧方法

生球的预热、焙烧和冷却过程均在马弗炉内进行。在焙烧过程中向马弗炉内吹入空气,以保证炉内气氛为氧化性气氛。先将炉温升至900℃,将预先准备好的干球放入马弗炉中,关上炉门并向炉内鼓入空气,恒温10min。然后炉子以5℃/min升至焙烧温度,焙烧一段时间后,随炉冷却至室温。1200℃下焙烧20min后球团的形貌如图11-3所示。

B 焙烧温度对球团抗压强度的影响

依据 GB/T 14201—1993《铁矿球团抗压强度测定方法》进行检测。选取在焙烧温度分别为1160℃、1170℃、1180℃、1190℃、1200℃和1210℃,焙烧时间均为20min条件下制备的球团试样,检测其抗压强度,考察焙烧温度对含硼氧化球团抗压强度的影响,结果见图11-4。

图11-3 焙烧后球团的形貌

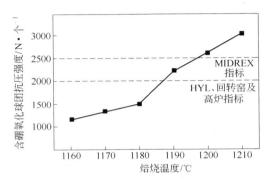

图11-4 焙烧温度对球团抗压强度的影响
（焙烧时间20min）

在焙烧时间一定的情况下,焙烧温度在1160~1210℃之间时,球团的抗压强度随着焙烧温度的升高而升高。在焙烧时间为20min的条件下,1190℃即可满足HYL、回转窑及高炉生产的要求,1200℃可满足MIDREX工艺要求。由于含硼铁精矿中B_2O_3的存在,其与普通氧化球团相比,焙烧温度大幅降低,由1250℃左右降低到1200℃左右;又因B_2O_3自身熔点低,且易与脉石形成低熔点化合物,造成低熔点胶结相数量增多,进而增加了球团强度[4]。由于含硼铁精矿中MgO的存在,其与普通氧化球团相比,在较高温度下可达到很大的抗压强度,完全满足直接还原工艺要求。

在高温氧化性气氛下焙烧时,焙烧温度越高,生球的氧化程度越完全,而且球团矿的强度也是达到一定焙烧温度后才有明显提高。因此,从提高产量和质量的角度出发,应尽可能选择较高的焙烧温度,以保证反应能够充分进行。但是,焙烧温度的提高受软化温度的限制,而且高温焙烧对降低能耗和延长设备寿命也不利。

综合上述结果,本实验选取焙烧温度为1200℃。

C 焙烧时间对球团抗压强度的影响

选取在焙烧温度为1200℃,焙烧时间分别为10min、15min、20min和25min等条件下制备的球团试样，检测其抗压强度，考察焙烧时间对含硼氧化球团抗压强度的影响，结果见图 11－5。

在焙烧温度一定的情况下，焙烧时间在 10～25min 之间时，球团的抗压强度随焙烧时间的增加而增大。要使氧化球团达到一定的抗压强度，在不同焙烧温度下所需的焙烧时间也不同。在本实验条件下，提高焙烧温度和增加焙烧时间均有利于提高球团的抗压强度，焙烧温度越高，所需的焙烧时间越短。从能耗的角度来讲，提到焙烧温度会增

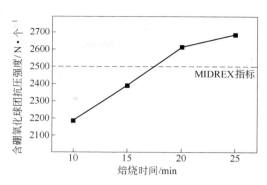

图 11－5　焙烧时间对球团抗压强度的影响
（焙烧温度 1200℃）

加能耗损失，但同时可以缩短焙烧时间，又有利于降低能耗。故在焙烧工艺制度的选择上，在不影响球团品质的前提下，应选择适宜的焙烧温度和焙烧时间，以达到节能降耗的目的。

在焙烧温度为 1200℃ 的条件下，焙烧 10min 即可满足 HYL、回转窑及高炉生产的要求，而焙烧 20min 可满足 MIDREX 工艺要求。

11.1.1.3　含硼氧化球团焙烧机理

A　含硼氧化球团显微结构分析

先选取焙烧时间为 20min，焙烧温度为 1160℃、1180℃ 和 1200℃ 三种焙烧条件下制备的含硼氧化球团进行显微结构分析，以考察焙烧温度对含硼氧化球团微观结构的影响；另选取焙烧温度为 1200℃，焙烧时间为 10min、15min、20min 和 25min 四种焙烧条件下制备的含硼氧化球团进行显微结构分析，考察焙烧时间对含硼氧化球团微观结构的影响。通过显微结构分析，初步研究含硼氧化球团的焙烧机理。不同焙烧条件下生成的含硼氧化球团的显微结构如图 11－6 所示。

由图 11－6 可以看出，图（a）中有大量黑色矿物，表明焙烧过程物化反应不充分，未达到适宜的焙烧温度，磁铁矿氧化不充分，被矿相物质包围；图（b）中出现较多的褐色物质，表明焙烧效果有所改善，磁铁矿氧化较充分；图（e）中出现较多的白色矿物，表明焙烧的物化反应进行彻底，即焙烧产物中的磁铁矿氧化充分，此时由磁铁矿氧化形成的 Fe_2O_3 微晶开始再结晶，使一个个相互隔开的微晶键长大并连成一片赤铁矿晶体，从而使球团矿具有很高的强度。这一现象表明，当焙烧时间一定时，随着焙烧温度的升高，球团的氧化反应越来越充分，铁相物质也越来越均匀地分布在矿相物质中，从而形成稳定的组织结构（Fe_2O_3 再结晶），相应的球团抗压强度也会提高。

从图 11－6 中可以看出，图（c）和图（d）中的白色矿物没有图（e）和图（f）中的白色矿物多，而且也没有后两者分布均匀。由此可知，当焙烧温度一定时，随着焙烧时间的增长，球团的氧化反应越来越充分，铁相物质也越来越均匀地分布在矿相物质中，从而形成稳定的组织结构（Fe_2O_3 再结晶），球团的抗压强度也得到相应的提高。

B　含硼氧化球团 XRD 分析

生球经高温氧化焙烧，发生一系列复杂的物化反应，生成含硼氧化球团。在焙烧温度为 1200℃ 的条件下焙烧 20min 后，含硼氧化球团的化学成分见表 11－3。

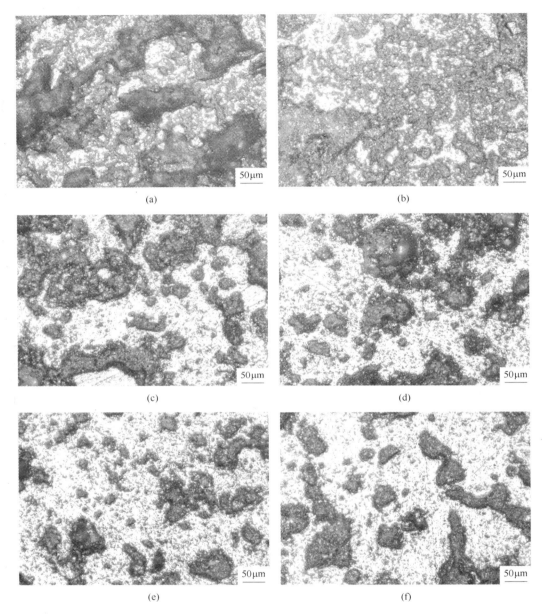

图 11 - 6 不同焙烧条件下生成的含硼氧化球团的显微结构 （×200）

(a) 1160℃，20min；(b) 1180℃，20min；(c) 1200℃，10min；(d) 1200℃，15min；

(e) 1200℃，20min；(f) 1200℃，25min

表 11 - 3 含硼氧化球团的化学成分 （w）   （%）

组　分	Fe$_2$O$_3$	FeO	MgO	B$_2$O$_3$	SiO$_2$	CaO	Al$_2$O$_3$	P	S
含　量	72.41	0.21	14.11	6.95	6.41	0.13	0.32	0.012	0.002

　　经 1200℃ 焙烧 20min 后，含硼氧化球团的 X 射线衍射图谱如图 11 - 7 所示。通过 X 射线衍射分析可知，含硼氧化球团中的主要矿物是 Fe$_2$O$_3$、MgO·Fe$_2$O$_3$、SiO$_2$、2MgO·

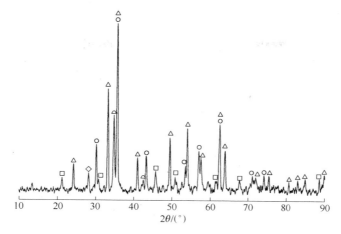

图 11 – 7　含硼氧化球团的 XRD 图谱

△—Fe_2O_3；　○—$MgO \cdot Fe_2O_3$；　□—SiO_2；　▷—$2MgO \cdot B_2O_3$；　◇—$MgO \cdot SiO_2$

B_2O_3 和 $MgO \cdot SiO_2$。

C　氧化焙烧过程机理分析

对比反应前后的矿相，含硼氧化球团焙烧过程中有如下反应发生：在氧化性气氛下，200～300℃时磁铁矿晶粒就开始氧化和微晶长大，反应速度较慢。随着温度的升高，氧化逐渐加速，磁铁矿经氧化焙烧发生氧化反应而变为赤铁矿：

$$4Fe_3O_4 + O_2 \rightleftharpoons 6Fe_2O_3 \tag{11-1}$$

硼镁石分解为遂安石（$2MgO \cdot B_2O_3$），主要反应为[5,6]：

$$2MgO \cdot B_2O_3 \cdot H_2O \rightleftharpoons 2MgO \cdot B_2O_3 + H_2O_{(g)} \tag{11-2}$$

蛇纹石经焙烧后则发生相变，转变成橄榄石：

$$Mg_3Si_2O_5(OH)_4 \xrightarrow{>200℃} Mg_3Si_2O_7 + 2H_2O_{(g)} \tag{11-3}$$

$$2Mg_3Si_2O_7 \xrightarrow{680～800℃} 3Mg_2SiO_4 + SiO_2 \tag{11-4}$$

随着温度的提高，橄榄石进一步反应如下：

$$Mg_2SiO_4 + Fe_2O_3 \rightleftharpoons MgSiO_3 + MgO \cdot Fe_2O_3 \tag{11-5}$$

$$MgSiO_3 + Fe_2O_3 \rightleftharpoons MgO \cdot Fe_2O_3 + SiO_2 \tag{11-6}$$

在焙烧过程中，产物 $2MgO \cdot B_2O_3$ 的软熔温度较低，促进了磁铁矿微晶的长大和氧化反应的发生，使得球团在较低的焙烧温度条件下即可发生充分的物化反应，从而降低焙烧温度。

随着焙烧温度的升高，球团的氧化反应越来越充分，铁相物质和脉石矿物的分布越来越均匀，Fe_2O_3 会发生再结晶，从而形成稳定的组织结构，球团抗压强度得到大幅提高。

由于反应产物中 $MgO \cdot Fe_2O_3$ 的存在，球团的抗压强度可以大幅提高，而且反应越充分，产物分布越均匀，球团的抗压强度越大。MgO 与 Fe_2O_3 的结合阻碍了 Fe_2O_3 与 SiO_2 或 CaO 的结合，即阻碍了铁橄榄石或钙铁橄榄石等物质的形成，从而也可以增大球团强度。

从以上反应可以看出，球团在空气中氧化焙烧时，矿物中的结构水将分解脱除，矿物晶体结构发生变化，质地变为疏松多孔，有利于气体还原反应。

  D 氧化焙烧过程脱硫机理分析

焙烧过程中很容易脱除有害杂质元素硫。当温度高于 900℃ 时，脱硫率达 97% 以上。硫在含硼铁精矿中以 FeS_2、FeS、$Fe_{1-x}S$ 的形式存在，在高温氧化焙烧过程中将发生下列反应：

$$2FeS_2 = 2FeS + S_{2(g)} \tag{11-7}$$

$$S_2 + 2O_2 = 2SO_{2(g)} \tag{11-8}$$

$$4FeS + 7O_2 = 2Fe_2O_3 + 4SO_{2(g)} \tag{11-9}$$

$$2Fe_{1-x}S + \frac{7-3x}{2}O_2 = (1-x)Fe_2O_3 + 2SO_{2(g)} \tag{11-10}$$

铁矿石中的硫有时以硫酸盐（如 $CaSO_4$）的形式存在。硫酸盐的分解压很小，开始分解的温度相当高，在焙烧过程中难以脱除。

11.1.2 硼铁矿气基竖炉直接还原

气基竖炉直接还原过程中，还原温度和还原气氛是影响还原反应进程的主要因素。升高温度有利于改善还原反应的动力学条件，但其上升幅度受原料熔化温度的限制。虽然高温下 H_2 的还原动力学条件优于 CO，但 H_2 还原铁矿石是吸热反应，将引起竖炉内温度降低，派生的温度场效应阻碍了还原反应的进行；而 CO 还原铁矿石为放热反应，将引起竖炉内温度升高，派生的温度场效应促进了还原反应的进行。此外，还原膨胀也与还原温度和还原气氛有密切关系。

11.1.2.1 气基竖炉直接还原原理

硼铁矿原生矿物为硼镁铁矿，在地质作用下绝大部分已分解为磁铁矿（Fe_3O_4）和硼镁石（$2MgO \cdot B_2O_3 \cdot H_2O$），若经过氧化焙烧后，$Fe_3O_4$ 绝大部分会被氧化成为 Fe_2O_3。温度在 570℃ 以上时，铁矿石的还原按 $Fe_2O_3 \rightarrow Fe_3O_4 \rightarrow FeO \rightarrow Fe$ 逐级进行。依据铁氧化物逐级还原的原则，铁的还原过程中 $FeO \rightarrow Fe$ 的还原为限制性环节，故仅需满足 $FeO \rightarrow Fe$ 的还原条件，即可满足整个还原过程的需要，主要反应如下[7]：

$$FeO + CO = Fe + CO_2 \tag{11-11}$$

$$FeO + H_2 = Fe + H_2O \tag{11-12}$$

此外，CO 和 H_2 同时存在时会发生水煤气反应，反应如下：

$$H_2O + CO = H_2 + CO_2 \tag{11-13}$$

FeO 和 B_2O_3 的氧势图如图 11-8 所示。鉴于气基竖炉直接还原工艺适宜的温度范围一般在 850~1000℃ 之间，图 11-8 中标出了 FeO 在 850℃ 时和 B_2O_3 在 1000℃ 时的还原反应[7]。

通过分析 FeO 和 B_2O_3 的氧势图可以得到如下结论：

（1）当温度为 850℃ 时，FeO 的氧势约为 5×10^{-19} kJ/mol（B 点）。若用 CO 或 H_2 还原，在 $\varphi(CO)/\varphi(CO_2)$ 或 $\varphi(H_2)/\varphi(H_2O)$ 的值约大于 1 时（G 点和 F 点）即可开始反应。

（2）当温度为 1000℃ 时，B_2O_3 的氧势约为 5×10^{-25} kJ/mol（A 点）。若用 CO 或 H_2 还原，在 $\varphi(CO)/\varphi(CO_2)$ 或 $\varphi(H_2)/\varphi(H_2O)$ 的值约大于 2×10^6（E 点和 D 点）时才可开始反应。

（3）氧化物氧势越低，越稳定。B_2O_3 在 1000℃时氧势很低，需要很强的还原性气氛才会发生反应；而 FeO 在 850℃时氧势较高，在较弱的还原性气氛下即可发生反应。

（4）从还原气氛来考虑，在 1000℃下 CO 或 H_2 还原 B_2O_3 的条件非常苛刻，基本难以实现；相比而言，850℃下 CO 或 H_2 还原 FeO 的条件则容易满足，在 850℃下即可实现 FeO 的还原。

由以上分析可知，在气基竖炉直接还原工艺条件范围内，用 CO 或 H_2 作为还原剂，FeO 均可实现还原，而 B_2O_3 则很难实现还原，此即为硼铁矿的选择性还原原理。

气基竖炉直接还原过程类似于高炉块状带，是比较理想状态的气－固逆流

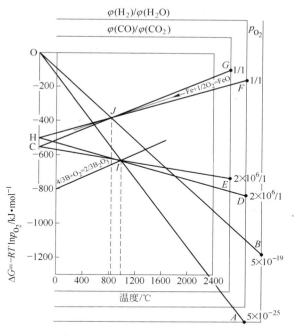

图 11-8　FeO 和 B_2O_3 的氧势图

反应过程，固体炉料在下降过程中受到逆向高温还原煤气的加热和还原，炉料与热还原煤气逆向接触，保证了热交换的充分、顺利进行。所不同的是，在竖炉内只有单一的高品位矿石炉料（块矿、球团或两者的混合物），没有焦炭、造渣物的混入，入炉料粒度比较均匀。炉料被加热到一定温度后，铁氧化物开始还原。温度越高，竖炉内的还原反应进行得越快，生产率越高。但为了避免固体炉料出现软熔黏结现象，入炉热还原煤气的温度应受到限制。

11.1.2.2　气基竖炉还原实验设备

在实验室条件下模拟气基竖炉直接还原工艺，改变还原温度和还原气氛对含硼氧化球团进行气基竖炉直接还原，所采用的还原装置如图 11-9 所示。其主要构造包括计算机综合控制系统、温度控制柜、炉体部分、电子天平测重系统、反应气体供给系统、吊管还原系统。

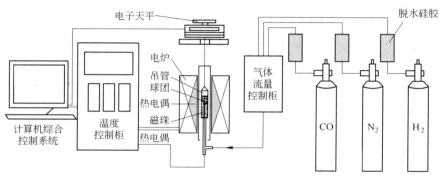

图 11-9　还原实验装置图

（1）控制系统及吊管还原系统。本实验采用自行改装的铁铬铝电阻丝供热的竖式管状炉，炉管是内径 $\phi60mm$、外径 $\phi70mm$、长 600mm 的高铝管，炉温由炉管侧壁插入的热电偶通过 PTW – 04 型温控柜所控制。为了匹配还原炉恒温区的反应，吊管设计成由外径 $\phi38mm$、内径 $\phi32mm$、长 265mm 的粗管和外径 $\phi12mm$、内径 $\phi10mm$、长 400mm 的耐热钢焊接而成。

（2）电子天平测重系统。该系统由量程为 4000g、感量为 0.01g、型号为 JD2000 – 2G 的多功能电子天平组成，并通过 RS – 232 数据通信接口，由计算机每 30 秒实时记录球团还原失重变化。

（3）反应气体供给系统。该系统主要由 H_2、N_2、CO_2 气罐，CO 发生炉和 CO 储气罐组成。CO 发生炉为二硅化钼电阻炉，高铝质炉管的内径为 $\phi78mm$、外径 $\phi90mm$、高 1000mm，最高使用温度为 1600℃，工作温度为 1300℃，温控仪为 TCW – 32A 型。储气罐的额定容积为 0.3m³、工作压力为 0.8MPa。

11.1.2.3　气基竖炉还原条件的选定

在气基竖炉直接还原过程中，还原温度和还原气氛是影响还原进程的主要因素[8]。升高还原温度有利于提高生产效率，但过高的还原温度又会使炉内原料容易黏结、炉衬易于损坏，严重影响了炉内的透气性和工业生产的连续稳定性。不同的还原气氛将直接影响整个竖炉内温度场的变化，H_2 在还原铁氧化物的动力学和导热等方面与 CO 相比具有明显的优势，高温下 H_2 还原速度较快[9~13]。铁氧化物还原过程中，H_2 还原反应是吸热反应，而 CO 还原反应为放热反应。升高还原温度可同时改善 H_2 还原反应的动力学和热力学条件；而对 CO 还原反应的影响却是矛盾的，温度的升高在改善其动力学条件的同时却恶化了热力学条件。还原温度和还原气氛对直接还原进程的影响比较复杂，不同的铁矿还原规律也不相同，需要通过一系列的实验研究才能得出适宜的还原温度和还原气氛范围。

A　还原温度的选择

直接还原反应温度应低于铁矿石的软化温度。还原温度是影响还原反应速度的重要因素，其高低取决于原料黏结性和生产稳定性。依据现有气基竖炉直接还原生产的经验，适宜的还原温度一般在 850 ~ 1000℃ 之间，本章依次选取 850℃、900℃、950℃ 和 1000℃ 四组温度进行相关还原实验。

B　还原气氛的选择

为了考察还原气氛对还原反应过程的影响，为硼铁矿气基竖炉直接还原工艺提供理论依据和工艺参数，本实验依次选取了纯 H_2（$\varphi(H_2) \approx 99.50\%$）、$\varphi(H_2)/\varphi(CO) = 2.5$、$\varphi(H_2)/\varphi(CO) = 1$、$\varphi(H_2)/\varphi(CO) = 0.4$ 和纯 $CO(\varphi(CO) \geqslant 98\%)$ 五种还原气氛。

11.1.2.4　实验方法及步骤

A　炉体恒温区标定

通过温度控制柜使实验炉以 10℃/min 的速度升温至 900℃，恒温 30min 后，将一只铠装热电偶由炉体上方插入炉管内，以 5mm 的步长改变其所处位置，依次测定加热炉不同深度处的温度，测量结果如图 11 – 10 所示。炉体的恒温区是指与最高温度相差 10℃ 以内的温度区间，由图 11 – 10 可确定恒温区为距炉底 250 ~ 330mm 的区间，总长 80mm。确定恒温区是为了保证在实验过程中，使球团矿在准确的温度下进行反应。

B　气基竖炉直接还原实验步骤

（1）试样准备。选取 40 个粒度为 (12.0 ± 0.5) mm 的干燥后的含硼氧化球团为一组，反复称量使其质量为 100.00g，然后用游标卡尺测量每组球团还原前的直径。本实验选用量尺法对每组 40 个球团还原前后的直径分别测量 10 次，依此来计算每球还原前后的平均直径及还原膨胀率。

（2）还原气体准备。H_2 使用瓶装气体，H_2 含量约为 99.50%。CO 还原气体是由煤气发生炉制备而成的，首先在 CO 发生炉炉管内装满粒度为 5～8mm 的焦炭颗粒，并检查

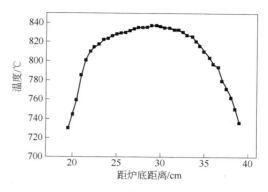

图 11－10　反应管内温度分布曲线

气密性，然后在 N_2 保护气氛下以 10℃/min 的升温速度升至 1300℃；在 1300℃ 的恒温条件下，以 1L/min 的流量通入 CO_2 气体，待系统稳定后，将制备的 CO 气体经饱和 NaOH 溶液洗涤处理，存入储气罐内。使用时，使气体通过装有硅胶的干燥塔进行脱水，然后用转子流量计测量流量。

（3）实验操作方法。本实验在 850～1000℃ 的温度范围内，于恒温条件下连续测量含硼氧化铁球团质量随时间的变化，以考察不同温度及气氛条件下铁氧化物的还原率，具体操作步骤同 9.2.2.2 节，气体流速为 4L/min。

11.1.2.5　温度和气氛对气基竖炉还原的影响

依次改变还原温度和还原气氛，按照上述步骤对实验用含硼氧化球团进行气基直接还原失重实验。实验过程中发现，在由保护气氛改为还原气氛时，炉温随还原气氛中 H_2 含量的变化而相应变化，纯 H_2 气氛下炉温有所下降，纯 CO 气氛下炉温有所上升，变化幅度在 ±20℃ 之间，经过一段时间后又趋于实验所规定的温度。

A　还原率

还原率的计算参见 9.2.3.1 节。根据实验结果，各还原温度和不同气体组分条件下球团试样还原率随时间的变化趋势见图 11－11。当还原温度一定时，含硼氧化球团的还原速率随还原气体中 H_2 含量的增加而变快。当有 H_2 参与反应时，反应速率明显变快，还原率达到 95% 的反应时间范围为 15～60min。还原气体中 H_2 含量越多，越易达到高的还原率，这主要是由于在高温下 H_2 的还原动力学条件优于 CO。

另外，本书对实验数据采用另一种方式的处理，得出各气体组分和不同还原温度条件下球团试样还原率随时间的变化曲线，如图 11－12 所示。

当还原气氛一定时，含硼氧化球团的还原速率随还原温度的升高而变快，还原温度越高，越易达到高的还原率。在 H_2 含量高的气氛下，还原反应极为迅速，升高温度对还原速率的影响较为明显；当用纯 CO 作为还原剂时，反应速率较慢，而且需要较长的还原时间才能达到较高的还原率。由于 CO 还原铁矿石是放热反应，即使升高温度反应速率也不会明显提高；而 H_2 还原铁矿石是吸热反应，升高温度对反应速率的影响较明显。

各还原温度和还原气氛条件下，氧化球团还原率达到 95% 或还原趋于稳定时所需的还原时间如表 11－4 所示。可知，相同还原气氛下所需的还原时间均随温度的升高而减少；相同还原温度下所需的还原时间均随 H_2 含量的增加而减少，但减少的幅度变得越来越小。

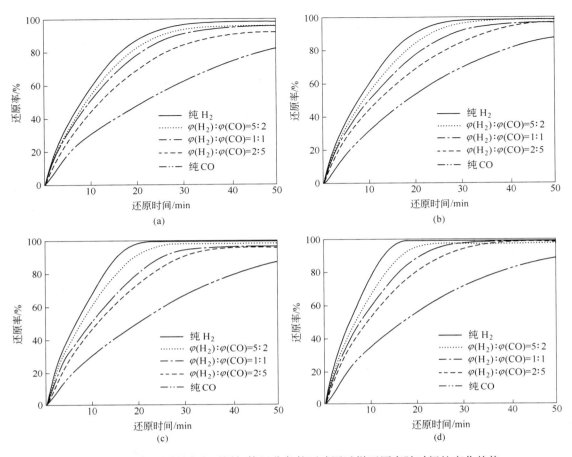

图 11-11 各还原温度和不同气体组分条件下球团试样还原率随时间的变化趋势

(a) 850℃；(b) 900℃；(c) 950℃；(d) 1000℃

表 11-4 各还原温度和还原气氛条件下所需的还原时间 （min）

气 氛	850℃	900℃	950℃	1000℃
纯 H_2	28.0	24.0	17.5	14.5
$\varphi(H_2):\varphi(CO)=5:2$	33.5	28.5	22.5	19.0
$\varphi(H_2):\varphi(CO)=1:1$	42.0	36.5	32.0	24.0
$\varphi(H_2):\varphi(CO)=2:5$	60.0	42.5	37.0	29.5
纯 CO	93.0	78.5	76.5	73.5

注：表中当用纯 CO 作为还原剂时，还原率较难达到 95%，所需的还原时间用反应趋于稳定所需时间表示。

通过对比所需的还原时间，可以初步确立适宜的还原温度和还原气氛。各还原温度和还原气氛条件下所需的还原时间如图 11-13 所示，图中灰色区域为初步确立的条件范围，其主要由 1000℃时 $\varphi(H_2):\varphi(CO)=5:2$、$\varphi(H_2):\varphi(CO)=1:1$ 和 $\varphi(H_2):\varphi(CO)=2:5$ 曲线，950℃时 $\varphi(H_2):\varphi(CO)=5:2$ 和 $\varphi(H_2):\varphi(CO)=1:1$ 曲线以及 900℃时

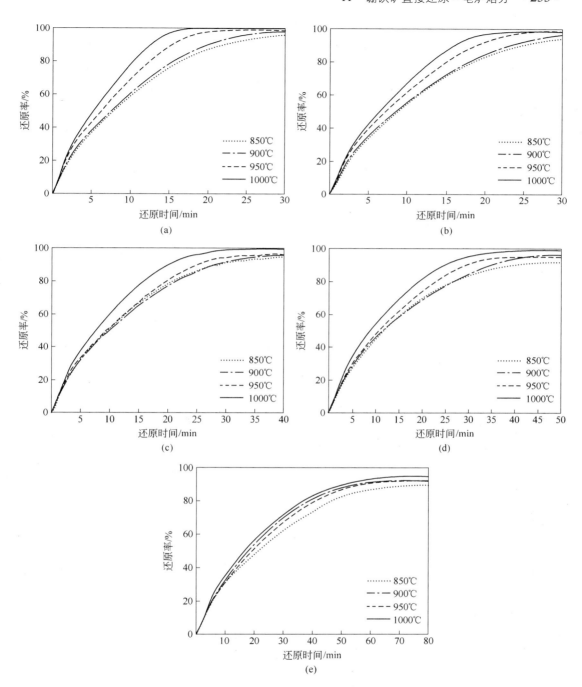

图 11－12　各气体组分和不同还原温度条件下球团试样还原率随时间的变化趋势

（a）纯 H_2；（b）$\varphi(H_2):\varphi(CO)=5:2$；（c）$\varphi(H_2):\varphi(CO)=1:1$；（d）$\varphi(H_2):\varphi(CO)=2:5$；（e）纯 CO

$\varphi(H_2):\varphi(CO)=5:2$ 曲线所形成。

B　还原膨胀率

采用量尺法测定各实验条件下还原前后球团的直径，计算其还原膨胀率。具体方法

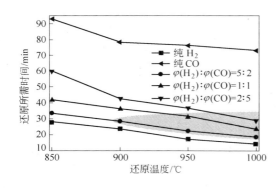

图 11-13 各还原温度和还原气氛条件下
所需的还原时间

是：用量尺法对每组 40 个球团还原前后的直
径分别测量 10 次，通过每个球团的平均直径
计算每个球团的体积，得出该组球团还原前
后的平均体积及还原膨胀率。

表 11-5 所示为各还原温度和还原气氛
条件下球团的还原膨胀率。含硼球团有较好
的还原膨胀性能，在本实验条件下最大膨胀
率为 15.5%，没有发生异常膨胀现象，均满
足气基竖炉的要求（不大于 20%）。还原膨
胀率与温度和气体成分有关，在本实验条件
下，温度越高，CO 含量越多，则球团的还
原膨胀率越大。

表 11-5　各还原温度和还原气氛条件下球团的还原膨胀率　　　　　　（%）

气　氛	850℃	900℃	950℃	1000℃
纯 H_2	3.1	3.5	8.9	12.9
$\varphi(H_2):\varphi(CO)=5:2$	3.6	3.7	8.1	13.2
$\varphi(H_2):\varphi(CO)=1:1$	7.6	7.4	9.1	11.7
$\varphi(H_2):\varphi(CO)=2:5$	10.0	9.6	10.3	12.6
纯 CO	12.3	14.3	15.5	15.0

引起球团膨胀的原因很多，主要有赤铁矿结晶形态、铁晶须的生长、球团矿的化学成
分、铁精矿品位、球团连接键的形式、球团矿质量等。普遍认为，球团矿品位越高，越易
发生膨胀；当球团中脉石矿物较多、其内连接键有较多渣键时，球团膨胀率会降低；球团
膨胀与赤铁矿结晶形态以及还原过程中 FeO→Fe 反应时的晶格变化密切相关；还原膨胀
和球团矿质量有很大的关系，若球团结构疏松，则膨胀率较小[14]。

由于硼铁矿脉石矿物较多、品位较低，氧化球团中有较多的渣键，会大大降低球团膨
胀率。当球团在适宜的温度下氧化焙烧，球团焙烧充分且不出现过多液相或玻璃相时，即
在 B_2O_3、SiO_2 等形成的低熔点物质没有过熔的条件下，球团矿中铁相和脉石矿物分布均
匀时，球团内的连接键会有较多渣键（如 $MgO \cdot Fe_2O_3$ 的形成），同时会抑制赤铁矿中针
状、板状晶体的形成，从而会降低膨胀率。硼铁矿中自身带有的结构水较多，在氧化焙烧
过程中结构水将分解脱除，矿物晶体结构发生变化，质地变为疏松多孔，不仅有利于气体
还原反应，也会降低膨胀率[14]。

当温度太高时，反应速率过高，球团内晶格在短时间内发生剧烈变化，瞬间产生较大
应力，从而会产生异常膨胀。故球团在还原过程中，温度越高，反应过程产生的应力越
大，球团膨胀率也越高。

CO 还原气氛下，还原反应是放热反应，在反应过程中球团反应界面温度会升高，从
而形成温度差；并且随时反应的进行，球团内部温度升高，两者均会产生较大应力，从而
会增大膨胀率。而 H_2 还原反应是吸热反应，而且 H_2 分子小，反应过程产生的应力较小，
从而膨胀率也较小。

球团的高膨胀率是导致竖炉悬料的主要因素之一。球团矿体积膨胀会导致竖炉侧压系数增大，同时导致球团强度下降，当超过一定范围后球团即产生破裂甚至粉化，使竖炉内透气性变差，引起竖炉悬料、崩料，破坏还原过程的顺利进行。所以，还原膨胀率超过20%的球团矿不能用于竖炉。矿石中脉石含量越少，越易发生恶性膨胀，而硼铁矿中脉石矿物相对含量高，从而球团膨胀率低。

C 还原产物品质

通过分析还原温度和还原气氛对球团还原膨胀率的影响结果可知，温度越高，气体成分中 CO 含量越多，则球团膨胀率越大，而且还原后球团质量越差。含硼氧化球团具有较好的还原膨胀性能，在本实验条件下还原后球团的膨胀率均较小。一般过度还原膨胀会导致球团产生裂纹后破裂甚至粉化，在高温下还会出现黏结现象。

高温条件下矿石相互黏结或与炉墙黏结，引起摩擦系数增大，这是竖炉下料不顺的主要因素，同样会导致竖炉悬料。炉料黏结一般发生于温度过高的情况下，炉料黏结的温度取决于矿石性质。

含硼氧化球团还原后仍然保持原有形状，没有发生开裂或黏结现象，还原后仍有较高的抗压强度，还原产品品质良好。球团在纯 H_2、850℃和纯 CO、1000℃条件下还原后的形貌，如图 11 – 14 所示。不同还原温度和还原气氛条件下球团的还原后强度如表 11 – 6 所示。

 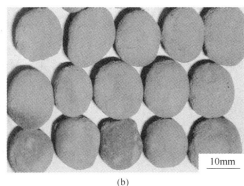

(a)   (b)

图 11 – 14 含硼氧化球团还原后的形貌

(a) 850℃，纯 H_2；(b) 1000℃，纯 CO

表 11 – 6 不同还原温度和还原气氛条件下球团的还原后强度 (N/个)

气 氛	850℃	900℃	950℃	1000℃
纯 H_2	294.4	284.0	269.5	327.8
$\varphi(H_2):\varphi(CO)=5:2$	271.5	269.8	216.2	222.7
$\varphi(H_2):\varphi(CO)=1:1$	301.5	195.2	241.8	209.1
$\varphi(H_2):\varphi(CO)=2:5$	177.0	238.3	240.2	184.6
纯 CO	150.0	196.3	168.5	235.1

球团还原后强度受还原气氛和还原温度双重影响，而且与其还原前的品质密切相关。从理论上来讲，内部结构和还原反应时应力相当的球团在高温下会软化，冷却后会有较高

的强度；然而高温还原反应时会产生较大应力，从而会破坏球团内部结构，降低球团强度。此外，若还原前球团内部有微小裂纹或成分不均匀，则还原时将会产生应力，从而降低其强度。

由含硼氧化球团的还原率、还原膨胀率和还原后球团品质可知，硼铁矿气基竖炉直接还原温度和还原气体成分的适用范围很广。还原膨胀性能和还原后球团品质不是限制性因素，主要影响因素是还原率，还原率决定着气基竖炉的生产率。

提高还原温度会加快反应速率，提高竖炉的生产率；但是太高的温度可能会出现恶性膨胀或黏结现象，恶化炉况，从而降低生产率。故适宜的还原温度应在炉况顺行的前提下适当提高，以提高气基竖炉的生产率。

还原气氛的选择则应综合考虑竖炉生产率、煤制气工艺的匹配度以及煤制气工艺的投资效益、经济效益和环保效益。通常，提高气体成分中的 H_2 含量会提高竖炉生产率，但是同时会降低煤气的利用率，增加成本，故应结合具体生产条件选择适宜的还原气氛。

结合实验结果给出推荐的还原温度和还原气氛，如图 11 - 13 所示。本实验选取 1000℃、$\varphi(H_2)/\varphi(CO) = 1$ 条件下还原后的球团，用于电炉熔分实验研究。

11.2 硼铁矿煤基直接还原

本章在实验室条件下模拟回转窑和隧道窑直接还原工艺，主要考察还原时间对硼铁矿煤基直接还原的影响及其还原规律，以确定适宜的工艺参数。

11.2.1 硼铁矿选择性还原

硼铁矿原生矿物为硼镁铁矿，在地质作用下绝大部分已分解为磁铁矿（Fe_3O_4）和硼镁石（$2MgO \cdot B_2O_3 \cdot H_2O$），若经过氧化焙烧后，$Fe_3O_4$ 绝大部分会被氧化成为 Fe_2O_3。依据铁氧化物逐级还原的原则，对铁氧化物的还原仅需满足 $FeO \rightarrow Fe$ 的要求，即可满足整个还原过程的需要。$FeO \rightarrow Fe$ 的反应为：

$$FeO + C \Longrightarrow Fe + CO_{(g)} \qquad \Delta G_1^{\ominus} = 143300 - 146.45T \quad (J/mol) \qquad (11 - 14)$$

开始反应温度 $T_1 = 978.5K$。

硼铁矿经高温分解为各种元素的氧化物及其复合物。氧化物主要为 B_2O_3、SiO_2、CaO、Al_2O_3 及铁的各级氧化物。由氧势图可知，B_2O_3、SiO_2、CaO、MgO、Al_2O_3 比铁的各级氧化物稳定。B_2O_3 被碳还原需要在较高温度下才能实现，在固相条件下还原反应为：

$$B_2O_3 + 3C \Longrightarrow 2B + 3CO_{(g)} \qquad \Delta G_2^{\ominus} = 909435 - 503.4T \quad (J/mol) \qquad (11 - 15)$$

反应开始温度 $T_2 = 1806.6K$。

可知，当还原温度控制在 1806.6K 以下时，以固体碳为还原剂，铁氧化物可被还原为金属铁，而 B_2O_3 不能被还原。因此，可选用碳热法对硼铁矿进行选择性还原。

11.2.2 硼铁矿回转窑直接还原

11.2.2.1 实验原料

本实验球团矿所用原料为丹东含硼铁精矿，经烘干、磨料、二次烘干后，含硼铁精矿的化学成分见表 11 - 1。选取神府烟煤作还原剂，其工业分析结果见表 11 - 7。

表 11 – 7   实验用烟煤的工业分析（w）   （%）

成　分	固定碳	挥发分	灰　分	S_t
神府烟煤	53.5	37.5	7.5	0.35

11.2.2.2　实验方法及步骤

回转窑直接还原对温度有较高的要求，还原温度太低则还原速度较慢，还原反应需要较长时间才能达到较高的金属化率。煤基直接还原铁氧化物主要是借助气体还原剂的直接还原，该直接还原的限制环节是碳的气化反应。只有当温度达到碳的气化反应温度时，反应才能快速进行，而该温度与还原剂的反应性有关，故只有达到一定的还原温度才能发生快速反应；而且煤基直接还原反应为强吸热反应，温度升高后煤的反应活性也得到提高，从而有利于加快还原速率和提高生产率。

但是还原温度太高则会导致脉石熔化，使矿石黏结在窑壁上，即有"结圈"现象发生。结圈会恶化窑内反应，使反应无法正常进行，严重时则必须停产检修，它是限制回转窑生产的主要因素。故还原温度不能太高，以避免结圈现象的发生。

回转窑直接还原工业生产时，还原温度一般在 930~1000℃ 之间，考虑到含硼氧化球团中的 B_2O_3 能促进还原在较低温度下进行，并且烟煤的气化反应温度也较低，本实验选取的还原温度为 950℃。

本实验选取的还原时间范围为 90~210min。反应罐采用耐热钢坩埚，尺寸为 $\phi83mm \times 4.5mm$，高 135mm。

回转窑直接还原工艺流程如图 11 – 15 所示，具体步骤如下：

（1）烘干含硼铁精矿，将烘干后的含硼铁精矿研磨成粉样，再进行二次烘干。烘干烟煤，然后将烟煤粉碎至粒度小于 3mm。

（2）造球。

（3）装料。将含硼氧化球团和烟煤混合装入反应罐，其中每罐装有约 300g 的含硼氧化球团，并适时、适度地振动，使球团和还原剂密实。在装好料的反应罐上部覆盖 20~40mm 的还原煤，以防止产品在还原后期再氧化。回转窑直接还原装料示意图如图 11 – 16 所示。

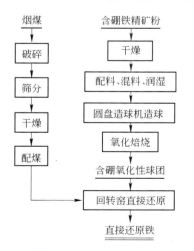

图 11 – 15　回转窑直接还原工艺流程

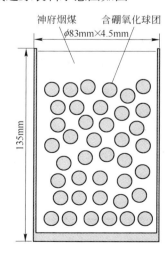

图 11 – 16　回转窑直接还原装料示意图

（4）直接还原。先将马弗炉升温至 600℃，放入 6 个反应罐，再把电流调到最大电流，使马弗炉快速升温，到 950℃ 时恒温加热。恒温 90min 后取出 1 罐，取出的反应罐迅速用煤埋上，以防止被氧化。以后每隔 30min 取出 1 罐，直至取完 6 罐，反应罐温度低于 80℃ 后即可从煤堆中取出。

（5）将还原产物保存在干燥皿中，并取一部分制样后进行化学成分分析。

11.2.2.3 实验结果及讨论

通过上述实验方法，依次得到还原 90min、120min、150min、180min 和 210min 后的直接还原铁，由其中 MFe 和 TFe 的含量可以得到直接还原铁的金属化率（$w(MFe)/w(TFe)$）。金属化率与还原时间的关系如图 11-17 所示，可见，当还原温度为 950℃ 时，在还原 150min 之前，随着还原时间的增加，直接还原铁的金属化率增大，150min 之后金属化率趋于稳定。还原时间达 150min 时，直接还原铁的金属化率（91.59%）即大于 90%，可以满足回转窑工艺要求。

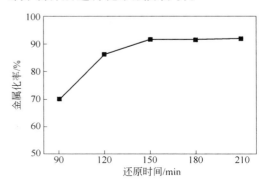

图 11-17 回转窑直接还原铁
金属化率与还原时间的关系
（还原温度 950℃）

回转窑直接还原不同时间后的球团形貌如图 11-18 所示，可以看出，经不同还原时间后球团没有明显的裂纹，也没有出现破裂现象，还原后球团品质良好。

回转窑直接还原静态实验结果表明，含硼氧化球团的还原性能良好，在 950℃ 下还原 150min 时金属化率即大于 90%，还原后球团没有明显裂纹，有较好的强度，可以满足回转窑直接还原的工艺要求。

回转窑直接还原静态实验和动态实验的球团粉化机理有所差别，动态回转窑实验的可行性有待于进一步验证。此外，回转窑直接还原铁中硫含量的主要影响因素是还原剂煤中的硫含量，而其受含硼铁精矿中硫含量的影响较小。若煤中硫含量高，则直接还原铁中的硫含量也相应变高。其主要原因是含硼铁精矿经球团的氧化焙烧后可以脱掉大部分硫，使得氧化球团中的硫含量较低，其反应机理详见 11.1.1.3 节中的球团氧化焙烧脱硫机理。

11.2.3 硼铁矿隧道窑直接还原

11.2.3.1 实验原料

本实验球团矿所用原料为丹东含硼铁精矿，经烘干、磨料、二次烘干后，含硼铁精矿的化学成分见表 11-1。选取本溪无烟煤作还原剂，其工业分析结果见表 11-8。实验用脱硫剂冶金石灰的化学成分及活性度见表 11-9，实验中 CaO 为化学纯试剂，灼烧后 CaO 含量大于 98.0%。

表 11-8 实验用无烟煤的工业分析（w） （%）

成 分	固定碳	挥发分	灰 分	S_t
无烟煤	38.45	6.17	54.37	0.18

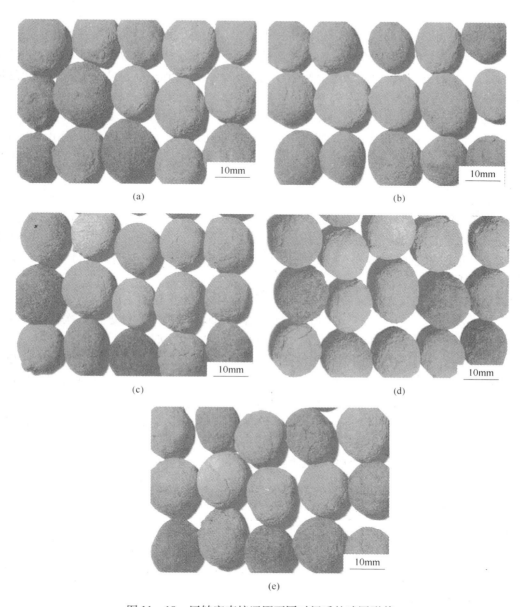

图 11 – 18 回转窑直接还原不同时间后的球团形貌

（a）90min；（b）120min；（c）150min；（d）180min；（e）210min

表 11 – 9 冶金石灰的化学成分（w）及活性度

成 分	CaO/%	MgO/%	SiO$_2$/%	S/%	灼减/%	活性度[①]/mL
冶金石灰	91.1	4.4	1.8	0.024	2.7	338

①活性度是表征生石灰水化反应速度的一个指标。一般采用酸碱滴定法测定石灰的活性度，即在标准大气压下 10min 内，以用于中和50g生石灰在（40±1）℃恒温水中消化时产生的 Ca（OH）$_2$ 所消耗的 4mol/L HCl 水溶液 的毫升数表示。

11.2.3.2　实验方法及步骤

与回转窑直接还原一样，若隧道窑直接还原温度太低，则还原速度较慢，还原反应需要较长时间才能达到较高的金属化率。只有达到碳的气化反应还原温度时才能发生快速反应，而且反应为强吸热反应，温度升高后煤的反应活性也得到提高，从而有利于加快还原速率和提高生产率。

但是如果还原温度太高，则直接还原铁会出现部分熔化现象，这是隧道窑直接还原工艺所不允许的。其主要原因是，在实际生产时柱状直接还原铁的粒度较粗，若出现部分熔化现象则将导致还原过程的动力学条件较差，从而导致中心部分更难被还原，同时会发生粘罐现象，所以应杜绝熔化现象的产生。

由于无烟煤的反应性较弱，气化反应温度较高，在低于该温度条件下所需的还原时间较长，这将导致能耗增高，所以一般隧道窑直接还原温度应高于1000℃。但是还原温度过高，接近直接还原铁的软化温度，对还原反应的进行是不利的。本实验选取的还原温度为1050℃。

本实验选取的还原时间范围为 1~7h。反应罐采用耐热钢坩埚，尺寸为 ϕ83mm × 4.5mm，高135mm。

隧道窑直接还原工艺流程如图 11-19 所示，具体实验步骤如下：

（1）烘干含硼铁精矿，将烘干后的含硼铁精矿研磨成粉样，再进行二次烘干。烘干无烟煤，将烘干后的无烟煤粉碎至粒度小于5mm，再进行二次烘干。

（2）装料。采用单层复印纸制成直径为 ϕ40mm 的圆筒，作为铁矿粉装料筒。在反应罐底部加垫单层复印纸，防止矿粉与反应罐底部黏结。将纸筒插入反应罐底部的还原剂中心处，将烘干后的含硼铁精矿（300g）装入纸筒，在纸筒外部加入无烟煤，并适时、适度地振动，使矿粉和还原剂密实。在装好料的反应罐上部覆盖 20~40mm 的还原煤，以防止产品在还原后期再氧化。隧道窑直接还原装料示意图如图 11-20 所示。此外，在脱硫实验中需将脱硫剂配加到还原煤中，然后装料。

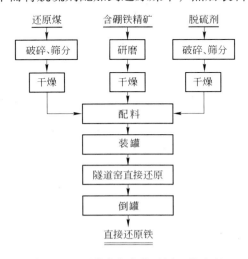

图 11-19　隧道窑直接还原工艺流程

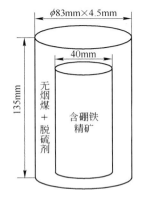

图 11-20　隧道窑直接还原装料示意图

（3）直接还原。将反应罐放入马弗炉，开始升温，当温度达到1050℃时开始计时。恒温 2h 后取出 1 罐，取出的反应罐迅速用煤埋上。此后每隔 1h 取出 1 罐，直至取完反应罐，反应罐温度低于80℃后即可从煤堆中取出。

（4）将还原产物保存在干燥皿中，并取一部分制样后进行化学成分分析。

11.2.3.3　实验结果及讨论

在还原温度1050℃下，还原时间为3～7h时隧道窑直接还原产物中 MFe、TFe、B_2O_3 和 S 的含量见表11–10。隧道窑直接还原铁的金属化率、B_2O_3 含量与还原时间的关系如图11–21所示。当还原温度一定、还原时间为3～7h时，直接还原铁的金属化率随还原时间的增加而增大，还原7h时金属化率（91.22%）大于90%，而 B_2O_3 含量则基本保持不变。也就是说，反应过程中铁被还原，而 B_2O_3 没有被还原，即为选择性还原。在1050℃下还原7h后隧道窑直接还原铁的形貌如图11–22所示。

表 11 – 10　不同还原时间后隧道窑直接还原铁的化学成分（w）　　（%）

还原时间/h	TFe	MFe	B_2O_3	S
3	66.28	41.79	7.24	1.31
4	67.00	49.92	6.75	1.33
5	62.92	53.44	7.37	1.12
6	67.09	59.26	6.59	1.02
7	65.36	59.62	6.73	1.03

隧道窑直接还原所需时间的影响因素很多，主要有还原温度、煤的反应性和配碳量。在适当的还原温度条件下，配碳量越大，还原速度越快，所需的还原时间越短，煤的反应性也越好。

隧道窑直接还原实验结果表明，在1050℃下还原7h时金属化率即大于90%，可以满足回转窑直接还原的工艺要求。

通过上述实验方法，在还原温度为1050℃时，考察影响隧道窑直接还原铁中硫含量的因素。本实验主要考

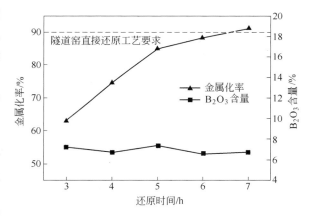

图 11 – 21　隧道窑直接还原铁的金属化率、
B_2O_3 含量与还原时间的关系

察了还原时间、脱硫剂种类、脱硫剂加入量对直接还原铁硫含量的影响。

隧道窑直接还原铁中硫含量与还原时间的关系如图11–23所示，可以看出，随着还原时间的增加，直接还原铁中的硫含量相应降低，但降低幅度不是很大。

脱硫剂种类、脱硫剂加入量对直接还原铁中硫含量的影响见表11–11。当还原时间为6h时，在煤中分别配加4%和8%的纯 CaO 试剂，将其与不加脱硫剂时进行比较可知，随着脱硫剂 CaO 加入量的增多，直接还原铁中硫含量降低。当还原时间为7h时，在煤中分别配加8%的纯 CaO 试剂和冶金石灰，将其与不加脱硫剂时进行比较可知，这两种脱硫剂的脱硫效果相当。

图 11-22 在 1050℃下还原 7h 后隧道窑直接还原铁的形貌

表 11-11 不同脱硫条件下隧道窑直接还原铁的化学成分（w） （%）

实验条件	TFe	MFe	金属化率	B_2O_3	S
6h，基准样	67.09	59.26	88.33	6.59	1.02
6h，4% CaO	65.92	57.22	86.80	7.02	0.80
6h，8% CaO	65.81	59.86	90.96	7.25	0.61
7h，基准样	65.36	59.62	91.22	6.73	1.03
7h，8% CaO	65.44	60.17	91.95	7.28	0.73
7h，8%冶金石灰	65.99	60.35	91.45	7.70	0.66

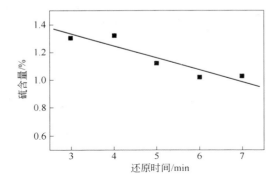

图 11-23 隧道窑直接还原铁中
硫含量与还原时间的关系

综合以上结果和还原性气氛下的固态脱硫机理[15,16]，对比分析直接还原过程的脱硫条件，可以看出：首先，隧道窑直接还原脱硫机理与高炉过程通过炉缸渣铁反应进行脱硫的机理不同，因为直接还原过程基本上是在固态下进行的反应；其次，它与烧结及球团过程的脱硫机理不同，因为烧结过程基本上是氧化性气氛，球团过程也是氧化性气氛，铁矿石中的硫基本上是通过与氧气作用而被脱除的，而直接还原过程则是还原性气氛。

来自含硼铁精矿粉中的硫主要以 FeS_2、FeS、$Fe_{1-x}S$ 的形式存在，来自煤粉中的硫的存在形式比较复杂，一般认为主要有三种存在形态，即硫化物（主要是 FeS_2）、硫酸盐和有机硫。随着温度上升有如下反应发生：

$$FeS_2 = FeS + S \qquad (11-16)$$

$$FeS + CO = Fe + COS \qquad (11-17)$$

$$2FeS + C = 2Fe + CS_2 \qquad (11-18)$$

反应（11-16）生成的单质硫挥发进入气相，单质硫在强还原气氛下易与 CO 反应生成 COS 而离开球团。反应（11-17）和反应（11-18）的进行在热力学上是不利的，因为计算得到的反应平衡常数数值很低，促使这些反应进行的最好方法是降低 p_{COS} 值，通过在还原物料中添加强有力的硫吸收剂，就很容易做到这一点。石灰就是很有效的含硫气体吸收剂，反应如下：

$$CaO + COS \rightleftharpoons CaS + CO_2 \tag{11-19}$$

$$CO_2 + C \rightleftharpoons 2CO \tag{11-20}$$

所以，含碳球团的脱硫总反应可以写成：

$$FeS + CaO + C \rightleftharpoons Fe + CaS + CO \tag{11-21}$$

由反应（11-21）可知，增大配碳比（前提是煤中硫含量较低），同时增加 CaO 的配比，对脱硫有利。

11.3 硼铁矿还原产物电炉熔分及硼铁分离新工艺可行性分析

在高温下对气基竖炉、回转窑和隧道窑直接还原产物进行电热熔分，考察熔分产物富硼渣和含硼生铁/半钢的品质，并对硼铁分离新工艺进行可行性分析。

11.3.1 硼铁矿直接还原产物电炉熔分

11.3.1.1 硼铁分离基本原理

还原产物直接还原铁采用电热法熔化，将金属铁和包括 B_2O_3 在内的渣相进行熔化分离。硼铁矿熔化分离操作的温度范围为 1400～1600℃。当有固体碳存在时，熔池中有以下反应发生[17]：

$$(B_2O_3) + 3C_{(s)} \rightleftharpoons 2[B] + 3CO_{(g)} \qquad \Delta G_1^{\ominus} = 754584 - 498.86T \quad (J/mol)$$
$$\tag{11-22}$$

反应开始温度 $T_1 = 1512K$。

$$(FeO) + C_{(s)} \rightleftharpoons [Fe] + CO_{(g)} \qquad \Delta G_2^{\ominus} = 123679 - 135.23T \quad (J/mol) \tag{11-23}$$

反应开始温度 $T_2 = 914.6K$。

在熔化状态下，FeO、B_2O_3 均可被碳还原，即可能被还原成 B 进入铁相。由于熔渣中含有 FeO，渣铁间存在如下反应：

$$(B_2O_3) + 3[Fe] \rightleftharpoons 2[B] + 3FeO \qquad \Delta G_3^{\ominus} = 383547 - 93.18T \quad (J/mol)$$
$$\tag{11-24}$$

按所研究矿石的组成获得熔渣、熔铁的成分，考虑各组分的活度，可按下式讨论 B_2O_3 还原的影响因素：

$$\Delta G_3 = 383547 - AT + BT\ln x(FeO) \tag{11-25}$$

式中 A，B——分别为与熔渣、熔铁成分相关的常数；

$x(FeO)$——熔渣中 FeO 的摩尔分数。

由此可知，熔化分离过程中 B_2O_3 的还原受渣中 FeO 含量和熔化温度所控制，只要控制适当的熔化分离温度和 FeO 含量，即可控制 B_2O_3 的还原。而熔渣中 FeO 含量取决于硼铁矿的预还原程度（即金属化率）、熔化分离时的 C 含量以及熔渣高温下的停留时间[17]。由式（11-25）可以看出，进入铁相的 B 量随温度的升高和 FeO 含量的降低而增大。此外，熔渣在高温下停留时间越长，B 被 C 还原得越多，进入铁相的 B 量也越多。

11.3.1.2 实验方法及步骤

考虑到采用石墨坩埚时渗碳会影响铁的成分，而采用刚玉坩埚时渣会侵蚀坩埚，产物会受到刚玉坩埚的污染，本实验选取石墨和刚玉两种材质的坩埚。当采用石墨坩埚作为反应容器时，实验步骤为：首先，将直接还原铁破碎后装入石墨坩埚中，其外再套 1 个石墨坩埚，防止坩埚烧透后侵蚀炉腔。其次，通过自动控制使高温电阻箱升温至 1200℃，将坩埚放入高温电阻箱内，以 4℃/min 升温至 1500℃，在 1500℃下恒温 1h 后，以 4℃/min 降温至 900℃，取出坩埚。最后，当石墨坩埚空冷至常温后，敲碎坩埚，取出分离的富硼渣和铁块。

当采用刚玉坩埚作为反应容器时，实验步骤为：首先，将直接还原铁破碎后装入刚玉坩埚中，其外再套 1 个石墨坩埚，在常温下将坩埚放入高温电阻箱内。其次，通过自动控制先使高温电阻箱以 8℃/min 升温至 1200℃，再以 4℃/min 升温至 1500℃，在 1500℃下恒温 1h 后，以 4℃/min 降温至 900℃，取出坩埚。最后，当坩埚空冷至常温后，敲碎坩埚，取出分离的富硼渣和铁块。

本实验在相同的条件下电热熔分三种直接还原工艺（气基竖炉、回转窑和隧道窑）得到的直接还原铁，这三种直接还原工艺的还原条件见表 11-12。

表 11-12 直接还原工艺的还原条件

直接还原工艺	还 原 条 件
气基竖炉	1000℃，$\varphi(H_2):\varphi(CO)=1:1$
回转窑	950℃，150min
隧道窑	1050℃，7h

11.3.1.3 实验结果及分析

通过以上实验方法得到富硼渣和铁块，其形貌分别如图 11-24 和图 11-25 所示。熔分后富硼渣和铁块的化学成分分别见表 11-13 和表 11-14。

图 11-24 熔分后富硼渣的形貌

图 11-25 熔分后铁块的形貌

表 11-13 熔分后富硼渣的化学成分 (w) 及活性 （%）

直接还原工艺	TFe	B_2O_3	活 性
气基竖炉	0.83	21.12	89.48
回转窑	2.78	22.29	86.62
隧道窑	3.32	22.72	84.32

表 11 -14　熔分后铁块的化学成分（w）　　　　（%）

直接还原工艺	B	Si	C	S	P
气基竖炉	0.022	0.050	0.023	0.029	0.015
回转窑	0.011	0.010	0.068	0.084	0.023
隧道窑	0.013	0.017	0.069	0.042	0.021

由图 11 -24 和图 11 -25 可以看出，渣、铁分离效果较好。由表 11 -13 和表 11 -14 可以看出，在高温下电热熔化直接还原铁后，绝大部分硼进入富硼渣中，富硼渣中的 B_2O_3 含量在 22% 左右，活性可达 85% 以上，只有少量硼进入铁中，硼和铁得到高效分离。

由于该富硼渣的密度及表面张力与普通高炉渣接近，渣、铁两相很容易分离。富硼渣中 B_2O_3 的含量在 22% 左右，可以作为"一步法"生产硼酸的优良原料。铁中硼含量与熔分温度、熔分时间和熔池中 FeO 含量有关，熔池温度越高，熔分时间越长，FeO 含量越低，则铁中硼含量越高，从而可以生产含硼生铁或半钢，含硼生铁/半钢具有良好的耐磨性能。

11.3.2　硼铁矿直接还原－电炉熔分新工艺可行性分析

11.3.2.1　新工艺技术可行性分析

由于硼铁矿中硼和铁均属于贫矿，且构造复杂，共生关系密切，综合利用难度大，用常规的方法分离较困难。目前，硼铁矿开发利用的主要方式是硼铁矿直接生产硼砂，但该工艺只能使用 B_2O_3 含量大于 10% 的少量富矿，而且铁资源未得到利用，很大一部分资源被当作废弃物而没有加以利用，造成资源的巨大浪费。此外，该工艺酸耗和碱耗高，硼的收得率低，且生产成本高，经济效益差。硼铁矿资源是有限的，开发新的工艺流程势在必行。

目前，硼铁矿综合利用工艺流程主要有高炉法和化学法，但均存在一定的问题，如硼的收得率低、能耗高、酸耗和碱耗高、生产成本高等，因而未能实现工业化生产。硼铁矿直接还原－电炉熔分新工艺的提出，为硼铁矿资源清洁高效综合利用提供了新方法。

硼铁矿直接还原－电炉熔分新工艺和高炉法均属火法分离，其基本原理相同，但是由于处理方法不同，得到的产品有明显的区别，两种工艺的比较见表 11 -15。

表 11 -15　硼铁矿直接还原－电炉熔分新工艺和高炉法工艺的比较

指　　标	高炉法	硼铁矿直接还原－电炉熔分新工艺		
		气基竖炉	回转窑	隧道窑
富硼渣中 B_2O_3 品位/%	11 ~ 12	约 22		
富硼渣中 B_2O_3 活性/%	未缓冷处理时约 50，缓冷处理后方可达 90	不用缓冷处理即可大于 85，可以达到 90（与熔分条件有关）		
富硼渣中 B_2O_3 收得率/%	大于 95	可达 99		
含硼生铁中 Fe 收得率/%	大于 98	大于 98		
含硼生铁中 B 含量/%	0.8 ~ 1.2	小于 0.1（与熔池氧势有关）		

指　标	高炉法	硼铁矿直接还原－电炉熔分新工艺		
		气基竖炉	回转窑	隧道窑
富硼渣中 TFe 含量/%	约1	0.5~3.5（与熔池氧势有关）		
含硼生铁中 Si 含量/%	2.0~3.0	可小于0.01（与熔池氧势有关）		
含硼生铁中 S 含量/%	0.08~0.15	小于0.03	与直接还原时煤中 S 含量有关	需脱硫工艺
造块工艺	烧结＋球团	球团	球团	不造块
还原剂	焦煤	$CO + H_2$（煤制气）	褐煤或烟煤	无烟煤
直接还原铁金属化率/%	—	大于93	大于90	约90

注：表中高炉法结果参照文献 [18~20]。

火法分离的基本原理是：先经磁－重联合选矿得到含硼铁精矿，再利用选择性还原将铁还原而 B_2O_3 不还原，然后在高温下电热熔化，少量 B、Si 进入铁液生成含硼生铁/半钢，B_2O_3、SiO_2、MgO、CaO、Al_2O_3 形成富硼渣，利用富硼渣与含硼铁水的密度、表面张力差异实现硼、铁分离。

新工艺和高炉法最主要的区别在于产物富硼渣的 B_2O_3 含量和活性，前者由于在整个工艺过程中含硼铁精矿没有受到杂质或添加剂的污染，产物富硼渣的 B_2O_3 含量和活性均很高；而后者由于在烧结和高炉生产过程中均有碳和灰分的进入，大幅降低了富硼渣的 B_2O_3 含量和活性。

由于高炉法生产的富硼渣的 B_2O_3 含量在12%左右，其只能用于硼砂的生产。而且由于未经缓冷处理的富硼渣的活性约为50%，其必须进行缓冷处理后才能用于生产，而缓冷处理工序复杂，使得生产成本大幅上升，难以实现工业化生产。新工艺生产的富硼渣品位大于20%，完全可以用于硼酸的生产，而且硼酸的使用价值远高于硼砂，更符合硼化工的需求。

初步实验研究表明，硼铁矿直接还原－电炉熔分新工艺可以对硼铁矿中的硼和铁进行高效分离。由于整个工艺过程中硼铁矿没有受到杂质或添加剂的污染，产物富硼渣的品位很高，其中 B_2O_3 的含量在22%左右，可以作为一步法生产硼酸的优良原料；产物含硼生铁/半钢具有良好的耐磨性能，可以替代硼铁合金、铬、钼、镍等价格昂贵的金属。新工艺有效地利用了硼和铁资源，可以提高硼铁矿中硼和铁的利用率以及产品的使用价值。

由直接还原发展趋势可以看出，直接还原已成为世界钢铁生产一个不可缺少的组成部分，是我国钢铁产业重点支持的发展方向。综合考虑我国国情和直接还原工艺的特点，由于气基竖炉直接还原具有产品质量稳定、有害杂质含量低、还原率高、粒度均匀，自动化程度高，工序能耗低，单机产能大，污染小等优点，其将成为最具竞争力的直接还原工艺；由于我国煤炭资源，尤其是非焦煤资源储量丰富、价格便宜，回转窑煤基直接还原仍将是我国直接还原铁生产的主要方法之一；在当前形势下，由于隧道窑工艺投资少、技术含量低，可以大量吸收劳动力，在资源条件较好的地区（有可用矿粉、廉价的煤炭）进行小规模的发展是可行的。随着直接还原炼铁技术的不断进步以及工艺的日趋成熟和完善，其势必在未来的钢铁工业中发挥越来越重要的作用。

电炉冶炼直接还原铁已是钢铁工业的常规技术。随着今后对钢铁产品品种和质量要求的不断提高，从调整钢铁产品结构、提高市场竞争力的角度来看，发展电炉炼钢势在必行。由于直接还原铁产品具有纯净、质量稳定、冶金性能优良等优点，其已成为钢铁生产中重要的废钢代用品，是解决我国废钢不足的重要途径，是废钢残留元素的稀释剂，是电炉冶炼高品质纯净钢、优质钢不可缺少的控制残留元素原材料，用直接还原铁补充废钢的不足将是必然结果。可以预计，在我国钢铁产品结构调整的过程中，我国的电炉炼钢技术会有一个大的飞跃，这将刺激对直接还原铁的巨大需求[15]。

综上所述，硼铁矿直接还原－电炉熔分新工艺的整个流程为：磁－重联合选矿→直接还原→电炉熔分→一步法硼酸，其中每个工序在技术上是可行的，可以对硼铁矿资源进行清洁高效综合利用。

11.3.2.2　新工艺经济效益和环境效益分析

分析硼铁矿开发前景可知，我国硼镁石矿预计在不久的将来即会被全部采完，而硼的需求量在快速增长，现阶段开发和利用复杂的硼铁矿资源已迫在眉睫[21]。据有关部门统计预测，我国硼砂和硼酸的产量每年将分别以 6.25% 和 6.50% 的平均速度增长，造成硼镁石矿的供求形势更为严峻，硼镁石矿的产量已经远不能满足硼工业的需要，高品位硼原料的价格不断上涨，因此，开发硼铁矿资源已成为我国硼工业发展的当务之急[22]。

硼铁矿直接还原－电炉熔分新工艺的熔分产物是高品位富硼渣和含硼生铁/半钢，均会产生较好的经济效益。品位为 12% 左右的硼矿的价格约为 100 元/t，品位为 16% 的白硼矿的价格超过 300 元/t，而品位高于 20% 的白硼矿的价格超过 500 元/t。富硼渣的品位大于 20%，其对硼化工来说是一种良好的生产原料。此外，含硼生铁价格通常高出普通生铁价格约 200 元，也会产生较好的经济效益。

新工艺使用电炉熔炼，虽然消耗电能，但是该工艺的产品富硼渣和含硼生铁/半钢质量优良，均可产生较好的经济效益；而且含硼生铁可以直接进行精炼而无需消耗大量能量，富硼渣也无需进行活化处理，大幅降低了后续生产工序的能耗，因而从能耗消耗上来看是合理的。

直接还原工艺采用非焦煤作能源，可以缓解焦煤日渐枯竭的难题，有利于钢铁工业的可持续发展；而且其不需要炼焦、烧结工序，与传统"高炉－转炉"长流程工序相比，CO_2 排放量减少约 40%，硫化物（SO_2、COS）排放量减少 80% ~ 90%，排放的氮氧化物（NO_x）、二噁英等减少 95% ~ 98%。此外，若采用气基竖炉工艺，由于使用 H_2 为还原剂，可以大幅减少 CO_2 的排放量，从而可以实现低碳清洁生产，同时也可以降低固体废弃物的排放量，避免现有工艺对环境的破坏。

为了提高硼铁矿资源的利用率、保护资源、系统探索研究不同矿区含硼铁精矿直接还原－电炉熔分的基本规律，在实验室研究的基础上，有必要对这种新工艺进行更深入的研究，为硼铁矿工业化开发提供基础数据，这不仅能满足化工、冶金行业的需要，还能创造出显著的经济效益和社会效益。

综上所述，硼铁矿直接还原－电炉熔分新工艺在技术和经济方面均是可行的，是一种极具竞争力的硼铁分离工艺。新工艺落实了硼铁矿开发利用以硼为主的原则，不仅对促进我国硼工业可持续发展具有十分重要的意义，而且可缓解钢铁企业铁矿资源日趋紧张的局面。

11.4 小结

本章首先对以含硼铁精矿为原料的球团工艺进行了研究，然后在 850 ~ 1000℃ 的温度范围内，通过改变还原温度和还原气氛，考察不同还原条件对含硼氧化球团还原率、还原膨胀率以及还原后球团品质的影响，得出以下结论：

（1）由含硼铁精矿所造生球的各项指标均满足造球工艺要求，含硼铁精矿是良好的造球原料。在适当的温度范围内，提高焙烧温度和增加焙烧时间均有利于增大球团强度。由于含硼铁精矿中 B_2O_3 的存在，其与普通氧化球团相比，焙烧温度大幅降低；同时，由于焙烧过程中 $MgO \cdot Fe_2O_3$ 的形成，球团的抗压强度可以大幅提高。球团在 1200℃ 下焙烧 20min 后，即可满足直接还原的要求。

（2）在 850 ~ 1000℃ 的温度范围内，在气体（$H_2 + CO$）流量为 4L/min 的条件下，含硼氧化球团的还原速率随着还原温度的升高和 $\varphi(H_2)/\varphi(CO)$ 值的增大而变快。当 $\varphi(H_2)/\varphi(CO) \geq 0.4$ 时，还原率达到 95% 的反应所需时间在 15 ~ 60min 之间。

（3）球团的还原膨胀率与温度和气体成分有关，温度越高，CO 含量越大，则球团的膨胀率越大。在本实验条件下体积膨胀率最大为 15.5%，均可满足气基竖炉的生产要求（不大于 20%）。球团还原后没有发生破裂和黏结现象，还原后球团的抗压强度在 150 ~ 328N/个之间。

（4）球团具有较好的还原性能，硼铁矿气基竖炉直接还原工艺的还原温度和还原气氛的适用范围很广，应依据实际生产条件选择合理的工艺条件。

其次，在实验室条件下模拟回转窑和隧道窑直接还原工艺，考察了还原时间对直接还原铁的影响及其还原规律，并研究了隧道窑直接还原的脱硫机理，得出如下结论：

（1）在实验室条件下模拟静态回转窑直接还原，当还原温度为 950℃ 时，在还原时间为 150min 之前，随着还原时间的增加，直接还原铁的金属化率增大，150min 之后金属化率趋于稳定。回转窑直接还原时，在 950℃ 下还原 150min 后直接还原铁的金属化率大于 90%，还原后球团没有明显的裂纹和破裂现象，可以满足回转窑工艺要求。

（2）在实验室条件下模拟隧道窑直接还原，当还原温度为 1050℃ 时，随着还原时间的增加，直接还原铁的金属化率增大，还原 7h 后金属化率大于 90%，可以满足隧道窑工艺要求。

（3）隧道窑直接还原时，随着还原时间的增加，直接还原铁中的硫含量缓慢降低。此外，在还原煤中配加适量的冶金石灰等脱硫剂，可以脱除部分硫。

最后，在高温下对气基竖炉、回转窑和隧道窑直接还原产物进行了电热熔分，得到高品位、高活性的富硼渣和含硼生铁/半钢，并对新工艺进行了可行性分析，得出如下结论：

（1）在高温下电热熔化三种直接还原工艺生产的直接还原铁后，硼和铁可以高效分离，形成富硼渣和含硼生铁/半钢。富硼渣中 B_2O_3 的含量在 22% 左右，活性可达 85% 以上，只有少量硼进入铁中，分离效果明显。

（2）高品位富硼渣可以作为一步法生产硼酸的优良原料；含硼生铁/半钢具有良好的耐磨性能，可以替代硼铁合金、铬、钼、镍等价格昂贵的金属。

（3）硼铁矿直接还原-电炉熔分新工艺在技术和经济方面均是可行的，而且它是一种低环境负荷的工艺。

参 考 文 献

[1] 郑学家. 硼铁矿加工 [M]. 北京：化学工业出版社，2009：1 ~ 187.

[2] 刘然，薛向欣，姜涛，等. 硼铁矿综合利用概况与展望 [J]. 矿产综合利用，2006，（2）：33 ~ 37.

[3] 张一敏. 球团矿生产技术 [M]. 北京：冶金工业出版社，2005：48 ~ 67.

[4] 王文忠. 复合矿综合利用 [M]. 沈阳：东北大学出版社，1994：122 ~ 126.

[5] 赵庆杰，何长清，高明辉. 硼铁矿综合利用——硼精矿活化及含硼铁精矿改善烧结球团性能的机理 [J]. 华东冶金学院学报，1997，14（3）：262 ~ 266.

[6] 崔传孟，刘素兰，张显鹏. 硼铁矿氧化焙烧试验研究 [J]. 矿冶，1995，4（4）：78 ~ 81.

[7] 黄希祜. 钢铁冶金原理 [M]. 3 版. 北京：冶金工业出版社，2007：239 ~ 246.

[8] 陈津，林万明，赵晶. 非焦煤冶金技术 [M]. 北京：化学工业出版社，2007：1 ~ 192.

[9] 徐辉. COREX 预还原竖炉及碳基填充床的数值模拟 [D]. 沈阳：东北大学，2008.

[10] Hirschfelder O, Curtiss C F, Bird R B. Molecular theory of gases and liquids [M]. New York：Wiley 1954：1110 ~ 1112.

[11] 卢开成，李家新，王平，等. 水煤气反应对浮氏体还原影响的实验研究 [J]. 南方金属，2007，（2）：11 ~ 13.

[12] El – Geassy A A, Nasr M I, Hessien M M. Effect of reducing gas on the volume change during reduction of iron oxide compacts [J]. ISIJ International，1996，36（6）：640 ~ 649.

[13] Usui T, Kawabata H, Ono H, et al. Fundamental experiments on the H_2 gas injection into the lower part of a blast furnace shaft [J]. Current Advances in Materials and Processes，2001，14（4）：846 ~ 849.

[14] 任允芙. 钢铁冶金岩相矿相学 [M]. 北京：冶金工业出版社，1982：212 ~ 250.

[15] 游锦洲. 新煤基直接还原理论与工艺研究 [D]. 沈阳：东北大学，1999.

[16] 游锦洲，刘忻渊. 煤基海绵铁生产工艺实验室研究 [J]. 烧结球团，1998，23（3）：39 ~ 43.

[17] 赵庆杰，孟繁明，马仲彬. 预还原硼铁矿熔化分离铁和硼 [J]. 东北工学院学报，1991，12（5）：464 ~ 469.

[18] 张显鹏. 高炉硼铁分离工艺是综合开发硼铁矿的可行方案 [J]. 辽宁冶金，1990，（1）：18 ~ 20.

[19] 郎建峰，艾志，张显鹏，等. "高炉法"综合开发硼铁矿工艺中铁硼分离基本原理及工艺特点 [J]. 矿产综合利用，1996，（3）：1 ~ 3.

[20] 张显鹏，郎建峰，崔传孟，等. 低品位硼铁矿在高炉冶炼过程中的综合利用 [J]. 钢铁，1995，30，（12）：9 ~ 11.

[21] 赵庆杰，王常任. 硼铁矿的开发利用 [J]. 辽宁化工，2001，30，（7）：297 ~ 299.

[22] 李艳军，韩跃新. 辽宁凤城硼铁矿资源的开发与利用 [J]. 金属矿山，2006，（7）：8 ~ 11.

12 硼铁矿金属化还原－高效选分

本章主要在实验室条件下对硼铁精矿进行金属化还原－选分新工艺的实验研究，主要考察了还原温度、还原时间、配碳比、还原煤粒度以及磁场强度等工艺参数对硼铁精矿金属化还原－选分新工艺选分效果（包括选分产物的品位、金属化率、铁的收得率以及选分产物的 B_2O_3 含量、B_2O_3 的收得率等工艺指标）的影响，并通过 SEM、EDS、XRD 等分析测试技术初步阐明其作用机理。通过本实验研究，确定硼铁精矿金属化还原－选分新工艺合理的工艺参数，为硼铁精矿综合利用工艺的开发应用提供参考和借鉴。

12.1 实验原料与方案

根据前期结果，选定的基准还原工艺参数为：配碳比 1.0，还原温度 1250℃，还原时间 30min，还原煤粒度 － 0.075mm。本实验选用还原煤，其固定碳含量为 62.12%，其工业分析结果列于表 12－1。

表 12－1 还原煤工业分析（ w ） （%）

组 分	灰 分	挥发分	固定碳	硫 分
含 量	4.29	33.64	62.12	0.16

在确定基准工艺参数的基础上，通过改变其中一个参数进行单因素系列对比实验，考察各工艺参数对硼铁精矿金属化还原－高效选分工艺选分效果的影响，还原实验方案列于表 12－2。

表 12－2 还原实验方案

还原煤粒度/mm	－ 0.075	－ 0.5	－ 1.0	－ 1.5	－ 2.0
还原温度/℃	1050	1100	1150	1200	1250
配碳比	0.8	1.0	1.2	1.4	
还原时间/min	10	15	20	25	30

12.2 实验设备与步骤

本实验所用设备与 8.1.4 节所述相同。

本实验将配碳比作为实验配料计算原则。以本实验其中一个配碳比 1.0 为例，计算方法如下：

（1）100g 硼铁精矿中的含氧量为：

$$n_0 = (24.29 \times 16/72 + 53.08 \times 48/160)/16 = 0.33736 + 0.99525 = 1.3326\text{mol}$$

（2）配碳比为 1.0 时，需要的烟煤煤粉质量为：

$$m = n_0 \times 12/0.6212 = 1.3326 \times 12/0.6212 = 25.74\text{g}$$

含硼铁精矿金属化还原－高效选分的实验步骤同8.1.5节，图12－1示出了装料及金属化还原实验示意图。

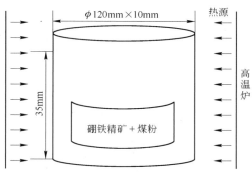

图12－1 装料及金属化还原实验示意图

12.3 新工艺考核指标

在本实验研究结果及分析中，将硼铁精矿与煤粉按一定比例混合并未经还原的物料定义为混合料；经过还原的混合料定义为还原产物；经过分选后得到的含铁粉末定义为选分产物；得到的渣定义为选分尾矿，简称尾矿。将选分产物的铁品位 $w(TFe)$、铁的金属化率 M、铁的收得率 η_{Fe}、选分尾矿的 B_2O_3 品位 $w(B_2O_3)$、B 的收得率 $\eta_{B_2O_3}$ 作为金属化还原－高效选分新工艺的考核指标。铁的金属化率采用式(8－13)计算，铁的收得率采用式(8－14)计算。

B 的收得率采用下式计算：

$$\eta_{B_2O_3} = \frac{m_2 w(B_2O_3)m_2}{m_0 w(B_2O_3)m_0} \times 100\% \qquad (12-1)$$

式中 $\eta_{B_2O_3}$——B 的收得率，%；

　　　m_2——选分尾矿的质量，g；

　　　m_0——选分物料的总质量，g；

$w(B_2O_3)m_2$——选分尾矿的 B_2O_3 含量，%；

$w(B_2O_3)m_0$——选分物料的 B_2O_3 含量，%。

12.4 关键工艺参数对还原和选分指标的影响

12.4.1 磁场强度

DTCXG－ZN50 型磁选管的磁场强度分别设定为 50mT、100mT、150mT、200mT、250mT。选用还原条件（还原温度为 1250℃，配碳比为 1.0，还原时间为 25min，粉煤粒度为 －0.075mm）下的还原产物进行磁选实验，确定后续选分实验的基准磁场强度。还原产物的化学成分列于表 12－3。从表 12－3 可以看出，基准条件下还原产物的金属化率较高，为 94.61%，B_2O_3 含量为 4.32%。

表 12 －3　基准条件还原后产物的化学成分（w）　　　　（%）

组　分	TFe	MFe	B_2O_3
含　量	68.48	64.79	3.46

表 12-4 示出了基准条件还原产物在不同磁场强度下的选分实验结果。磁场强度对选分实验结果的影响如图 12-2 所示。由图 12-2 可以看出，随着磁场强度的增强，选分产物的品位和金属化率呈降低趋势。当磁场强度由 50mT 增强到 250mT 时，选分产物的品位先是从 86.83% 逐渐降低至最低值 85.20%，然后又升高到 86.99%；金属化率从 92.72% 降低到 91.91%，最终降低到 90.47%；但铁的收得率由 92.05% 逐渐提高到 98.65%。而对于选分尾矿，其中 B_2O_3 的品位随着磁场强度的增强呈上升趋势。当磁场强度由 50mT 增强到 250mT 时，尾矿中 B_2O_3 的品位由 9.85% 升高到 10.51%；但随着磁场强度的增强，B_2O_3 的收得率呈下降趋势，由 78.00% 逐渐下降到 67.87%。因此，综合考虑选分产物中铁的金属化率、品位、收得率以及尾矿中硼的品位、收得率等工艺考核指标，在本实验条件下，确定合适的磁场强度为 50mT。本实验后续的高效选分实验选定 50mT 为基准磁选实验参数。

表 12-4 不同磁场强度下的选分实验结果

磁场强度/mT	m_0/g	选 分 产 物					选 分 尾 矿		
		m_1/g	TFe/%	MFe/%	M/%	η_{Fe}/%	m_2/g	B_2O_3/%	$\eta_{B_2O_3}$/%
50	10.00	7.26	86.83	80.51	92.72	92.05	2.74	9.85	78.00
100	10.00	7.47	85.50	78.58	91.91	93.27	2.53	9.77	71.44
150	10.02	7.53	85.30	80.64	94.54	93.61	2.49	10.28	73.83
200	10.02	7.68	85.20	79.90	93.78	95.36	2.34	10.12	68.31
250	9.98	7.75	86.99	78.70	90.47	98.65	2.23	10.51	67.87

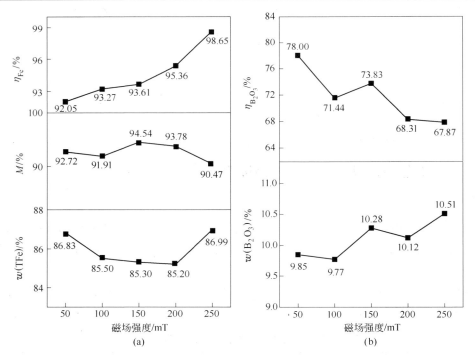

图 12-2 磁场强度对选分实验结果的影响
(a) 选分产物；(b) 选分尾矿

　　图 12 -3 为还原产物的 SEM 照片及 EDS 能谱分析。从铁氧化物中还原出来的铁经过适度还原渗碳后，聚合成铁粒，如图 12 -3（a）所示。经过 EDS 能谱分析可知，亮白色区域 A 为铁颗粒，灰色区域 B 为渣颗粒，其中含有 B、Mg、Al、O、Si 等元素，铁颗粒与硼颗粒实现了较好的分离。

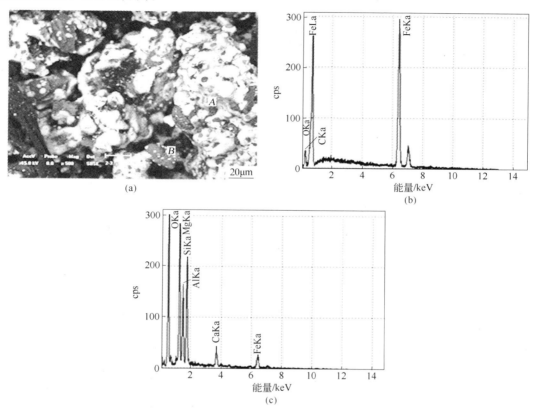

(a)

(b)

(c)

图 12 -3　还原产物的 SEM 照片及 EDS 能谱分析
（a）还原产物的 SEM 照片（×500）；（b）亮白色区域 A 的 EDS 能谱分析；（c）灰色区域 B 的 EDS 能谱分析

　　图 12 -4 为选分产物的 SEM 照片及 EDS 能谱分析。可以看出，选分产物为颗粒大小不一的铁粒。其中，大颗粒铁含量高，表面纯净，呈亮白色，铁粒中含有 C、Si 等。灰色区域 B 含有 O、Al、Mg、Si、B、Fe 等元素。从图 12 -4 中还可以看出，铁颗粒表面存在弱磁性的渣相物质，如果磁场强度增大，则吸附的渣会越来越多，使得铁的收得率提高，但同时降低了选分尾矿中硼的收得率。

12.4.2　配碳比

　　配碳比是碳热还原重要的工艺参数。在实验室条件下，保持还原温度为 1250℃，还原时间为 20min，粒度为 - 0.075mm 的煤粉与硼铁精矿粉均匀混合，选分磁场强度为50mT。通过改变配碳比，研究配碳比分别为 0.8、1.0、1.2 时对新工艺指标的影响。表12 -5 示出了不同配碳比条件下的还原产物成分，表 12 -6 示出了这些产物的选分实验结果。从表 12 -5 可以看出，随着配碳比的增加，金属化率总体呈现降低的趋势，从92.87% 降低到 92.68%。

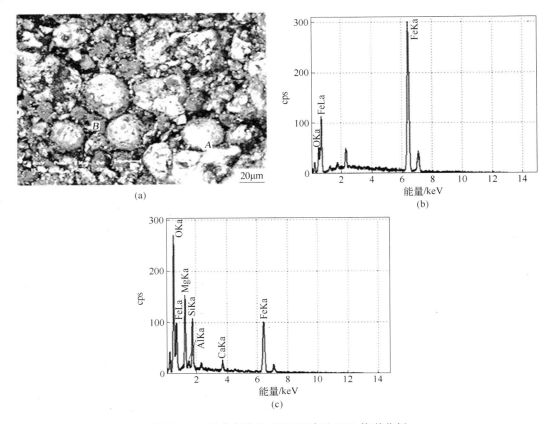

图 12-4　选分产物的 SEM 照片及 EDS 能谱分析

（a）选分产物的 SEM 照片（×500）；（b）亮白色区域 A 的 EDS 能谱分析；（c）灰色区域 B 的 EDS 能谱分析

表 12-5　不同配碳比条件下的还原产物成分

配碳比	TFe/%	MFe/%	M/%	反应后质量/g	B₂O₃/%	B₂O₃ 质量/g
0.8	71.67	66.56	92.87	72.49	4.19	3.04
1.0	69.26	64.17	92.65	80.07	3.65	2.92
1.2	66.57	61.7	92.68	83.29	4.21	3.51

表 12-6　不同配碳比条件下的选分实验结果

配碳比	m_0/g	磁场/mT	选 分 产 物					选 分 尾 矿		
			m_1/g	TFe/%	MFe/%	M/%	η_{Fe}/%	m_2/g	B₂O₃/%	$\eta_{B_2O_3}$/%
0.8	10	50	7.26	85.46	79.35	92.85	86.57	2.74	9.84	64.35
1.0	10	50	6.89	85.74	78.85	91.96	85.29	3.11	8.51	72.51
1.2	10	50	6.18	78.74	69.6	88.39	73.10	3.82	5.69	51.63

　　图 12-5 所示为配碳比对新工艺指标的影响。随着配碳比的增加，选分产物的金属化率 M、品位 w(TFe) 呈先降低后升高的趋势，而铁的收得率 η_{Fe} 总体上呈现先下降后上升

的趋势;选分尾矿中 B_2O_3 的含量呈先降低后升高的趋势,B 的收得率 $\eta_{B_2O_3}$ 也呈先升高后降低的趋势。综合考虑新工艺指标,本研究认为最佳的配碳比范围为 0.8 ~ 1.0 之间。当配碳比为 1.0 时,其新工艺综合指标最优。

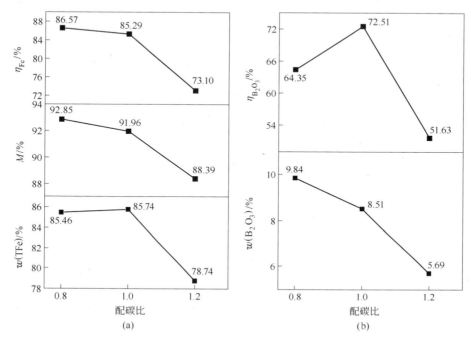

图 12 - 5   配碳比对新工艺指标的影响
(a) 选分产物;(b) 选分尾矿

实验结果机理分析为:当配煤量过多时,剩余的碳会阻碍铁相的聚集。因此,铁相的聚集是渗碳量起促进作用和剩余碳量起阻碍作用这两种作用相互影响的结果。所以,金属化还原工艺的配碳比应有一个适宜范围,在本实验条件下最佳的配碳比在 0.8 ~ 1.0 之间。

12.4.3 还原煤粒度

在保持配碳比为 1.0、还原温度为 1250℃、还原时间为 20min、磁场强度为 50mT 时,通过改变还原煤的粒度,研究了还原煤粒度分别为 - 0.075mm、 - 0.5mm、 - 1.0mm、 - 1.5mm、 - 2.0mm 时对新工艺指标的影响。表 12 - 7 示出了不同还原煤粒度条件下的还原产物成分,表 12 - 8 示出了这些产物的选分实验结果。从表 12 - 7 中可以看出,当还原煤最大粒度不大于 1.5mm 时,还原产物的金属化率较高,均在 92.5% 以上;当最大粒度增加到 2.0mm 时,还原后产物的金属化率显著下降,为 90.03%。同时可以看出,实验中硼存在一定的损失。

表 12 - 7   不同还原煤粒度条件下的还原产物成分

还原煤粒度/mm	TFe/%	MFe/%	M/%	反应后质量/g	B_2O_3/%	B_2O_3 质量/g
- 0.075	69.26	64.17	92.65	80.07	3.65	2.92
- 0.5	70.14	65.03	92.71	74.28	4.19	3.11

续表 12 - 7

还原煤粒度/mm	TFe/%	MFe/%	M/%	反应后质量/g	B_2O_3/%	B_2O_3 质量/g
-1.0	78.2	72.72	92.99	78.28	3.29	2.58
-1.5	69.64	65.49	94.04	80.39	4.19	3.37
-2.0	68.48	61.65	90.03	80.46	4.02	3.23

表 12 - 8　不同还原煤粒度条件下的选分实验结果

还原煤粒度 /mm	m_0/g	磁场 /mT	选分产物					选分尾矿		
			m_1/g	TFe/%	MFe/%	M/%	η_{Fe}/%	m_2/g	B_2O_3/%	$\eta_{B_2O_3}$/%
-0.075	10.00	10	6.89	85.74	78.85	91.96	85.29	3.11	8.51	72.51
-0.5	10.00	50	7.04	82.11	77.17	93.98	82.41	2.96	6.12	43.23
-1.0	9.99	50	7.62	83.34	78.66	94.38	81.29	2.37	6.58	47.45
-1.5	10.00	50	6.91	81.14	73.53	90.62	80.51	3.09	6.82	50.30
-2.0	10.00	50	6.75	81.43	75.59	92.83	80.26	3.25	7.86	63.54

　　还原煤粒度对新工艺指标的影响如图 12 - 6 所示。当还原煤呈细粉状，其金属化还原 - 高效选分工艺指标较为优良，选分产物的金属化率 M、品位 $w(TFe)$、铁的收得率 η_{Fe} 分别为 91.94%、85.74%、85.29%，选分尾矿中的 B_2O_3 含量、B 的收得率 $\eta_{B_2O_3}$ 分别为 8.51%、72.51%。当煤粉最大粒度从 -0.5mm 逐渐增加到 -2.0mm 时，选分产物的金属化率呈先上升后下降的趋势，而尾矿中的 B_2O_3 含量、B 的收得率则均呈现先下降后上升的趋势。从整个工艺指标综合趋势考虑，最适宜的煤粉粒度为 -0.075mm。

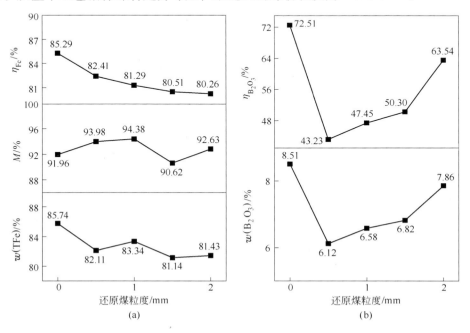

图 12 - 6　还原煤粒度对新工艺指标的影响
(a) 选分产物；(b) 选分尾矿

实验结果的机理分析为：随着还原煤粒度的增加，硼铁精矿与还原煤的接触面积逐渐减少，还原煤粒度越大，还原煤与硼铁精矿的接触越不充分，使煤粒不能完全参与还原反应，从而使物料反应不彻底，导致铁的品位与铁的收得率下降。

12.4.4 还原时间

保持配碳比为 1.0，还原温度为 1250℃，粒度为 -0.075mm 的煤粉与硼铁精矿粉均匀混合，选分磁场强度为 50mT。通过改变还原时间，考察还原时间分别为 10min、15min、20min、25min、30min 时对金属化还原 - 高效选分新工艺指标的影响。表 12 - 9 示出了不同还原时间条件下的还原产物成分，表 12 - 10 示出了这些还原产物的选分实验结果。从表 12 - 9 可以看出，随着还原时间的增加，还原产物的金属化率呈增加的趋势，当还原时间从 10min 逐渐增加到 25min 时，还原产物的金属化率从 85.52% 逐渐提高到 94.61%。反应后的硼质量有一定的损失，总体来看随着时间的延长损失增多。

表 12 - 9　不同还原时间条件下的还原产物成分

时间/min	TFe/%	MFe/%	M/%	反应后质量/g	B_2O_3/%	B_2O_3 质量/g
10	66.85	57.17	85.52	82.68	4.88	4.03
15	69.20	63.56	91.85	80.16	3.63	2.91
20	69.26	64.17	92.65	80.07	3.65	2.92
25	68.48	64.79	94.61	79.98	3.46	2.77

表 12 - 10　不同还原时间条件下的选分实验结果

时间/min	m_0/g	磁场/mT	选分产物					选分尾矿		
			m_1/g	TFe/%	MFe/%	M/%	η_{Fe}/%	m_2/g	B_2O_3/%	$\eta_{B_2O_3}$/%
10	10	50	5.91	80.00	60.75	75.94	70.73	4.09	5.68	47.60
15	10	50	6.78	84.04	73.10	86.98	82.34	3.22	8.51	75.49
20	10	50	6.89	85.74	78.85	91.96	85.29	3.11	8.51	72.51
25	10	50	7.26	86.83	80.51	92.72	92.05	2.74	9.85	78.00

图 12 - 7 所示为还原时间对新工艺指标的影响。可以看出，随着还原时间的增加，选分产物的金属化率 M、品位 $w(TFe)$ 和尾矿中的 B_2O_3 含量均呈升高趋势。同时，还原时间的增加有利于提高铁的收得率 η_{Fe} 和 B 的收得率 $\eta_{B_2O_3}$。当还原时间从 10min 逐渐增加到 25min 时，选分产物的金属化率、品位分别从 75.94%、80.00% 上升到 92.72%、86.83%；选分尾矿中的 B_2O_3 含量从 5.68% 上升到 9.85%，铁和 B 的收得率分别从 70.73%、47.60% 上升到 92.05%、78.00%。因此，在本实验条件下，硼铁精矿的还原时间应不小于 20min。

结合微观检测手段对上述实验结果进行机理分析。图 12 - 8 为不同还原时间下还原产物的 SEM 照片，图 12 - 9 是对应于图 12 - 8（c）中亮白色区域 A 及灰色区域 B 的能谱分析图。可以看出，亮白色区域 A 是铁含量比较高的铁相，而灰色区域 B 是渣相。通过对比图 12 - 8 中不同还原时间下的 SEM 照片可以发现，铁颗粒随着时间的延长在不断地聚集长大。因此在硼铁精矿还原的过程中，适当增加还原时间有利于硼、铁的分离。

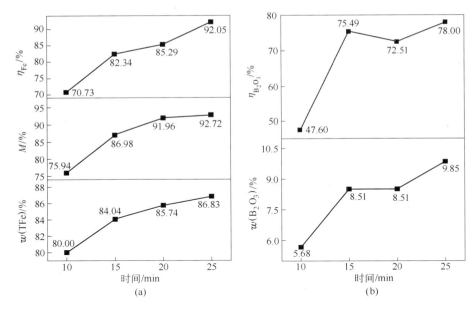

图 12 - 7 还原时间对新工艺指标的影响

（a）选分产物；（b）选分尾矿

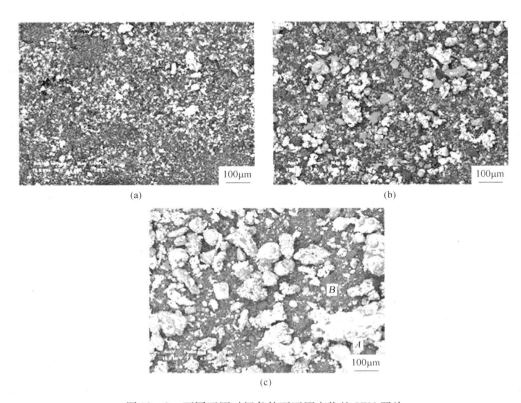

图 12 - 8 不同还原时间条件下还原产物的 SEM 照片

（还原温度 1250℃，配碳比 1.0，还原煤粒度 - 0.075mm）

（a）还原时间 10min；（b）还原时间 15min；（c）还原时间 20min

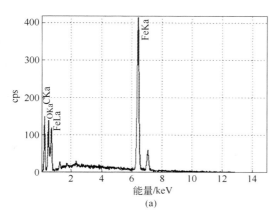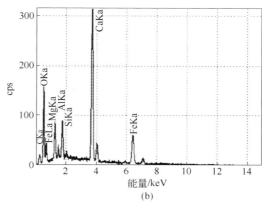

图 12 - 9　EDS 能谱分析图

（a）图 12 - 8（c）中亮白色区域 A 的能谱分析；（b）图 12 - 8（c）中灰色区域 B 的能谱分析

12.4.5　还原温度

在实验室条件下，设定金属化还原实验的配碳比为 1.0，还原时间为 20min，使用粉末状的硼铁精矿与粒度为 - 0.075mm 的煤粉均匀混合，选分磁场强度为 50mT。通过改变还原温度，考察还原温度分别为 1050℃、1100℃、1150℃、1200℃、1250℃、1275℃、1300℃时金属化还原 – 高效选分新工艺指标的变化，并分析还原温度对工艺指标的影响和作用规律。

表 12 - 11 示出了不同还原温度条件下的还原产物成分，表 12 - 12 示出了这些还原产物的选分实验结果。从表 12 - 11 中可以看出，随着还原温度的升高，还原产物的金属化率呈上升趋势。当还原温度为 1050℃时，还原 20min 还原产物的金属化率为 64.05%；当温度提高到 1250℃时，还原后产物的金属化率达到 92.65%，因此提高温度有利于提高还原产物的金属化率。同时发现，反应后硼的质量相对于反应前减少，温度越高，硼的挥发量越大。

表 12 - 11　不同还原温度条件下的还原产物成分

温度/℃	TFe/%	MFe/%	M/%	反应后质量/g	B_2O_3/%	B_2O_3 质量/g
1050	63.47	40.65	64.05	89.72	3.89	3.49
1100	64.47	45.70	70.67	87.31	3.85	3.36
1150	68.87	59.74	86.74	81.94	4.36	3.57
1200	70.64	63.04	89.24	80.67	4.46	3.60
1250	69.26	64.17	92.65	80.07	3.65	2.92
1275	69.56	64.84	93.21	79.59	4.36	3.47
1300	68.96	65.22	94.58	79.32	4.02	3.19

表 12 - 12　不同还原温度条件下的选分实验结果

温度/℃	m_0/g	磁场/mT	选分产物					选分尾矿		
			m_1/g	TFe/%	MFe/%	M/%	η_{Fe}/%	m_2/g	B_2O_3/%	$\eta_{B_2O_3}$/%
1050	6.01	50	2.88	83.01	37.07	44.66	62.67	3.13	5.33	71.36
1100	9.98	50	5.93	81.52	54.52	66.88	74.90	4.05	6.16	64.93
1150	10.00	50	6.59	80.46	62.36	77.50	76.99	3.41	6.39	49.98
1200	9.99	50	7.18	80.86	71.75	88.73	82.27	2.81	8.44	53.23
1250	10.00	50	6.89	85.74	78.85	91.96	85.29	3.11	8.51	72.51
1275	10.00	50	6.38	90.00	83.18	92.42	82.55	3.62	10.35	85.93
1300	10.00	50	6.42	91.74	86.01	93.75	85.41	3.58	10.18	90.66

图 12 - 10 所示为还原温度对新工艺指标的影响。可以看出，随着还原温度的升高，选分产物的金属化率 M、品位 $w(\text{TFe})$ 以及铁的收得率 η_{Fe} 均呈上升的趋势。当还原温度从 1050℃ 逐渐上升到 1300℃ 时，选分产物的金属化率从 44.66% 上升到 93.75%，品位从 83.01% 上升到 91.74%，铁的收得率从 62.67% 增加到 85.41%；选分尾矿中的 B_2O_3 含量从 5.33% 上升到 10.18%，B 的收得率从 71.36% 提高到 90.66%。因此，升高温度可以显著提高金属化还原 - 选分工艺的指标。在本实验条件下，适宜的还原温度为 1275 ~ 1300℃。

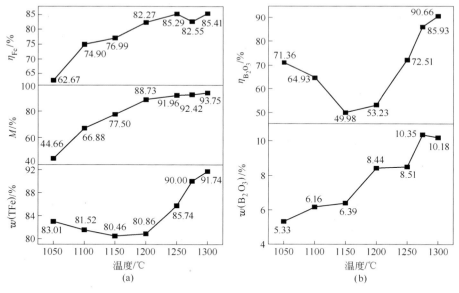

图 12 - 10　还原温度对新工艺指标的影响
(a) 选分产物；(b) 选分尾矿

研究过程中，同样结合微观检测手段对上述实验结果进行机理分析。图 12 - 11 为不同还原温度条件下还原产物的 SEM 照片。可以看出，随着温度的升高，还原产物中亮白色区域 A 的颗粒数量呈总体上升的趋势，通过 EDS 能谱分析（见图 12 - 12）可知亮白色区域 A 中的颗粒为铁相颗粒，灰色区域 B 为渣相聚集区域。同时可以看出，温度越高，铁相颗粒越大，升高温度有利于铁相颗粒的聚集长大。这是由于随着温度的升高，铁的还原和渗碳条件得到改善，渗碳量的提高有助于降低铁相的熔点，进而使铁相的熔融性能更为良好，其与周边铁相颗粒聚集的能力得到加强。如图12－11（e）所示，其铁相颗粒最多，同时颗粒粒度较大。还原产物中铁相颗粒数量的增加和粒度的长大有利于选分实验，有助于提高铁的金属化率及收得率，同时提高了铁、硼的分离程度，间接地提高了硼的收得率，促使尾矿中 B_2O_3 的品位提高。如图12－10所示，1300℃时，选分产物的金属化率 M、品位 $w(TFe)$、铁的收得率 η_{Fe} 以及尾矿中 B_2O_3 的品位、B 的收得率 $\eta_{B_2O_3}$ 普遍较高，分别达到了 93.75%、91.74%、85.41%、10.18% 和 90.66%。

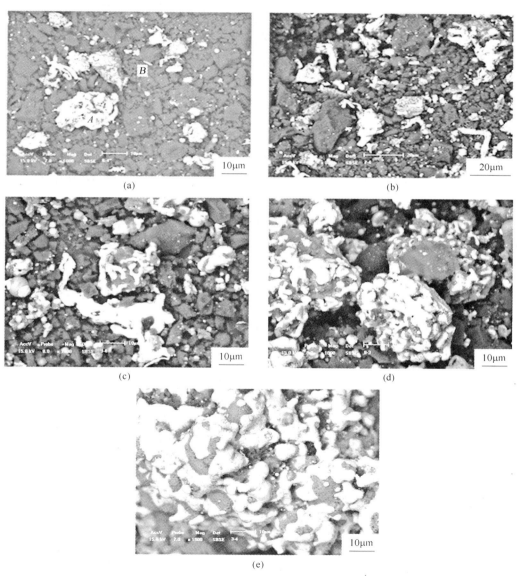

图 12－11　不同还原温度条件下还原产物的 SEM 照片

（×1000，配碳比 1.0，还原时间 20min）

（a）1050℃；（b）1100℃；（c）1150℃；（d）1200℃；（e）1250℃

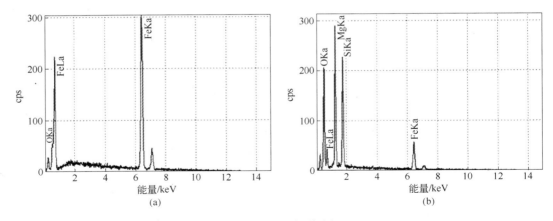

图 12 - 12　EDS 能谱分析图

（a）图 12 - 11（a）中亮白色区域 A 的能谱分析；（b）图 12 - 11（a）中灰色区域 B 的能谱分析

12.5　选分尾矿

还原产物中的硼以 B_2O_3 形式存在。选分后得到的选分尾矿中 B_2O_3 的含量基本均在 10% 左右，如采用浮选工艺除去还原选分后尾矿中过剩的碳，则选分尾矿中 B_2O_3 的含量可达更多，属于高品位的含硼资源。B_2O_3 是制取其他硼化合物（如碳化硼）的原料、制造硼硅酸盐玻璃的原料、有机合成中的酸性催化剂，还可用作搪瓷、陶瓷釉料的助熔剂，玻璃纤维生产过程中的添加剂，制造化合物半导体（如砷化镓、磷化镓、砷化铟）的液封剂等。

12.6　小结

在实验室条件下，通过改变单影响因素进行了硼铁精矿金属化还原 - 高效选分新工艺的实验研究，得到如下结论：

（1）金属化还原 - 高效选分新工艺可以高效地实现硼铁精矿中铁与硼的分离，铁的收得率可以达到 90% 以上，硼的收得率可以达到 85% 左右。

（2）增大磁场强度可提高铁的收得率，但会降低选分产物的品位，同时降低 B 的收得率。适宜的磁场强度为 50mT。

（3）提高温度和时间均可以提高铁、硼分离效果，适宜的还原温度应不低于 1275℃，还原时间应不小于 20min。

（4）较佳的金属化还原 - 高效选分工艺参数为：配碳比 0.8 ~ 1.0，还原温度 1275 ~ 1300℃，还原时间不小于 20min，还原煤应该选用粒度为 - 0.075mm 的煤粉。

（5）当配碳比为 1.0、还原煤粒度为 - 0.075mm、还原温度为 1300℃、还原时间为 20min、磁场强度为 50mT 时，新工艺指标为：选分产物的品位 91.74%，金属化率 93.75%，铁的收得率 85.41%；尾矿中 B_2O_3 的品位 10.18%，B 的收得率 90.66%。

（6）得到的选分产物为高金属化率的金属铁粉，可经进一步处理用于钢铁生产；选分尾矿为高品位的含硼资源，可作为硼工业的优质原料。

第 5 篇

高铁铝土矿非焦冶炼技术

13　高铁铝土矿资源综合利用现状及新工艺的提出

13.1　我国铁矿资源

世界铁矿资源储量非常丰富，根据美国地质调查局的统计[1]，截至 2010 年底，世界铁矿石储量达 1800 亿吨，含铁量 870 亿吨；世界铁矿石资源总量估计超过 8000 亿吨，含铁量超过 2300 亿吨。铁矿资源主要集中在少数几个国家和地区，包括巴西、澳大利亚、中国、俄罗斯、印度、委内瑞拉、哈萨克斯坦、乌克兰、美国、瑞典等，表 13-1 列出了世界各地铁矿石储量的相关数据。按含铁总量计算，我国铁矿资源储量居世界第五位，较为丰富，但储量平均品位较低，仅为 31.3%。如果按照目前世界铁矿石产量以及铁矿石需求量来计算，现有探明储量足以满足未来 100 年内世界对铁矿资源的需求[2]。

表 13-1　世界各地铁矿石储量

国　家	铁矿石原矿量/亿吨	铁含量/亿吨	储量平均品位/%
澳大利亚	240	150	62.5
巴　西	290	160	55.2
加拿大	63	23	36.5
中　国	230	72	31.3
印　度	70	45	64.3
伊　朗	25	14	56.0
哈萨克斯坦	83	33	39.8
毛里塔尼亚	11	7	63.6
墨西哥	7	4	57.1
俄罗斯	250	140	56.0
南　非	10	6.5	65.0
瑞　典	35	22	62.9
乌克兰	300	90	30.0
美　国	69	21	30.4
委内瑞拉	40	24	60.0
其他国家	110	62	56.4
总　计	1833	873.5	48.3

截至 2008 年底，全国共有铁矿区 3381 个，查明铁矿石资源储量 624 亿吨。其中，基础储量 226 亿吨，资源量 397 亿吨。铁矿在我国的分布较广，在全国 31 个省市区均有分布，但相对集中在辽宁等 13 个省市区，这些省市区目前的探明保有资源总量均在 10 亿吨

以上，共拥有铁矿资源储量 550 亿吨，占全国资源储量的 88.1%[3]。

但我国铁矿资源的特点是富矿少、贫矿多、矿石结构复杂，大部分属于难选铁矿石，平均品位仅为 31.3%，比世界平均品位低了约 17%，品位在 50% 以下的铁矿石储量约占总量的 95%。另外，我国伴（共）生铁矿石储量约占全国铁矿石储量的 1/3，典型的复合矿资源有攀枝花钒钛磁铁矿、白云鄂博复合铁矿、广西高铁铝土矿、鲕状赤铁矿、大冶铁矿等[4]。综合开发利用较好的矿产有大冶铁矿、山东金领铁矿、马鞍山南山铁矿、白云鄂博铁矿和攀枝花铁矿等。随着资源消耗的加剧，世界范围内可供开采的高品位铁矿资源不断减少，资源逐渐趋于贫化，导致各主要铁矿生产国的矿石质量下降，需要通过选矿除杂后才能达到工业生产的品位要求。由于富矿资源紧张，各国日趋将目光投向低品质含铁矿石资源的综合利用，对洗矿后的残渣以及高磷、高铝、高硅含铁矿石资源的利用和研究日益受到重视，通过对其进行提铁降杂，可变废为宝。这类矿石资源主要集中在中国、印度、澳大利亚、印度尼西亚等国家。可见，积极探索开发低品位、难处理含铁复合矿资源的处理技术，是今后各国解决铁矿资源供应不足的必由之路[5,6]。

随着钢铁工业的不断发展，铁矿石的需求量迅猛增加，给国内外铁矿石供应带来了巨大的压力。据国际钢铁协会统计[7,8]，2002 年我国铁矿石原矿产量为 2.31 亿吨，2011 年原矿产量增加到 13.25 亿吨[9]，如图 13-1 所示。虽然我国铁矿生产有一定的发展，但是我国铁矿资源禀赋不佳，品位较低，矿山分布不均衡，开采难度大，储量增长滞后，自给严重不足，铁矿生产速度远低于钢铁产量的增速。另外，进口铁矿石品位高，冶炼条件好，综合效益高，因此，从国际市场进口铁矿石成为我国钢铁企业的必然选择。2002 年我国铁矿石进口量为 1.11 亿吨，到 2011 年增加到 6.86 亿吨，进口铁矿石依存度很高，2011 年其依存度达 61.09%，已成为我国钢铁工业经济乃至整个国民经济发展的重大隐患[8,9]。

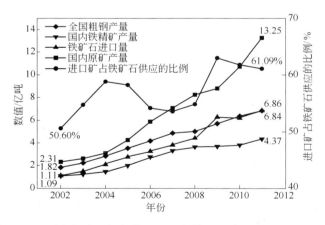

图 13-1　近十年我国粗钢产量、国产铁矿和铁矿石进口量的变化

我国大量进口铁矿石在很大程度上促进了国际市场铁矿石价格的大幅度上涨，在国际市场铁矿石价格谈判中，铁矿石供应方不断提高价格，因为过度依赖国外铁矿石资源，我国在国际市场铁矿石价格谈判中处于一种十分被动的地位。总之，一方面，我国铁矿石产量满足不了快速发展钢铁工业的需求，必须从国外进口铁矿石；另一方面，进口铁矿石价

格不断攀升，质量波动大，导致我国钢铁企业面临巨大的压力[10]。

然而，钢铁工业是国民经济重要产业之一，铁矿石是钢铁工业最基本的原料。当前我国工业化、城镇化加快发展，需要依靠大量的钢铁原料支撑，需要大量铁矿石资源提供保障。预计在今后完成工业化、城镇化之前的较长一段时期内，钢铁及铁矿石资源需求将继续呈现增长态势[11]。因此，对低品位难处理矿的综合利用显得尤为重要。

13.2　我国铝土矿资源

铝是世界上仅次于铁的第二大金属，具有多种优良性能，是国民经济发展的基础原料和战略金属，主要由铝土矿提炼而成。铝土矿在世界上分布广泛，主要分布于几内亚、澳大利亚、巴西、牙买加、中国、印度和印度尼西亚等国家。三水铝石是世界上提取氧化铝的主要矿物原料，占世界铝土矿资源的92%。我国铝土矿资源主要为产于古生界和下中生界古风化壳上的一水硬铝石，主要分布在山西（35.9%）、河南（20.6%）、广西（18.37%）和贵州（15.39%）等省[12,13]。上述四省市合计储量为5.53亿吨，占全国93.2%，资源储量合计24.6亿吨[14]。其中，广西桂西一带的铝土矿资源储量达5.15亿吨，经济基础储量为3.49亿吨，矿床规模属超大型，为国内铝土矿床之最、世界堆积型铝土矿之最[15]。并且，铝土矿中含有一定量的稀有元素，如镓、锗、钒、钪、铌、锂、钛等，具有较高的综合利用价值[16]。

我国是世界上最大的铝生产国和消费国，但三水铝石原料基本依赖进口，对外依存度超过50%，铝土矿资源储量保障程度低，资源供需矛盾突出[17]。2011年我国铝（原铝）产量为1910万吨，占世界铝产量（4560万吨）的41.89%，同年我国铝消费量为1850万吨[18]。此外，我国铝土矿勘查程度较低，勘查深度较浅；基础储量少，后备资源严重不足；大型矿床少，且矿石以一水硬铝石为主，品位、品级不高，电解铝能耗高，经济效益低[19]。

当前，世界铝土资源丰富，按现有生产规模计算，可满足世界铝工业约150年的需求。但我国已探明的铝土矿资源相对短缺。一方面，我国铝土矿虽然储量总量较大，但贫矿、共生与伴生矿多，人均铝土矿资源少，不足世界人均拥有量的1/3，是世界其他国家人均储量的1/11[14,20]；另一方面，铝土矿供应能力低，矿石保障年限短。以2007年我国氧化铝生产计算，年消耗铝土矿约4475万吨，以现有储量计算只能保障13年。

由于氧化铝工业的快速发展，对铝土矿的需求急剧增加，铝土矿品位不高及资源严重短缺导致氧化铝生产的各项技术经济指标变差，产品成本上升，市场竞争力下降，这成为制约我国氧化铝工业发展的瓶颈。而铝土矿资源不足、能源价格高及环境问题面临的极大挑战也阻碍了铝工业的发展[21]。要实现铝土矿资源的持续供应，满足铝工业发展需要，我国就必须在实施铝土矿资源保护性开采战略的同时充分利用国内外两种资源，尤其是开发新技术，提高铝土矿加工与综合利用水平，加大对难处理复杂型铝土矿的利用。

13.3　我国铝资源供应现状

我国是世界第一大铝生产国和消费国，2010年我国铝（原铝）产量为2893.9万吨，占世界铝产量（4042万吨）的41.94%，同年我国铝消费量为1616.7万吨[22]。随着我国铝消费的迅速增长和电解铝工业的迅猛发展，我国氧化铝工业近十年来也获得了快速发展。2001 年我国氧化铝产量为 474.6 万吨，2010 年我国氧化铝产量增加至 2893.9 万吨，是 2001 年的 6.1 倍，占世界氧化铝产量（5635.5 万吨）的 51.4%，如图 13-2 所示。

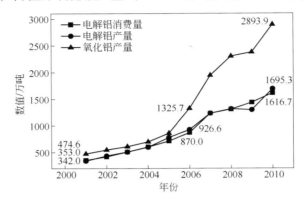

图 13-2　近十年我国氧化铝、电解铝产量和电解铝消费量

我国从 2004 年开始统计铝土矿进口量，当年为 88 万吨。2010 年我国共进口铝土矿 3007 万吨，是 2004 年的 34.2 倍，而同期氧化铝的进口量一直徘徊在 300~700 万吨之间，如图 13-3 所示。当前，铝土矿资源严重短缺已成为制约我国氧化铝工业和电解铝工业发展的瓶颈[23]。

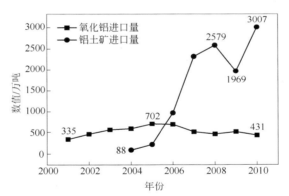

图 13-3　近十年我国氧化铝和铝土矿进口量

我国是世界上主要的铝土矿生产国家之一，铝土矿储量为 5.94 亿吨，基础储量为 7.98 亿吨，资源量达 19.14 亿吨，总资源储量达 27.13 亿吨，占世界总储量的 2.2%。表 13-2 示出了我国主要地区铝土矿的化学成分。

表 13-2　我国主要地区铝土矿的化学成分

地　区	Al_2O_3/%	SiO_2/%	Fe_2O_3/%	A/S
山　西	62.35	11.58	5.78	5.38
贵　州	65.75	9.04	5.48	7.27
河　南	65.32	11.78	3.44	5.54
广　西	54.83	6.43	18.92	8.35

地　区	Al_2O_3/%	SiO_2/%	Fe_2O_3/%	A/S
山　东	55. 53	15. 38	8. 78	3. 61
重　庆	58. 99	12. 51	4. 91	4. 72
云　南	58. 28	9. 55	12. 67	6. 10
平均值	62. 62	10. 10	7. 14	6. 20

我国铝土矿石多为一水硬铝石型低铝硅比（$A/S = w(Al_2O_3)/w(SiO_2)$）的中品位矿石，矿石铝硅比以 4~6 为主，铝硅比大于 8 以上的很少，且在矿床中分布不连续；铝土矿矿石的 Al_2O_3 含量以 50%~60% 为主[14]。

我国六大氧化铝生产企业现有铝矿山保有设计储量和规划矿区可开采储量总计 5.42 亿吨，若按全国氧化铝年产量 660 万吨计算，可服务年限约 40 年；若按全国氧化铝年产量 836 万吨计算，可服务年限约 30 年。若考虑到我国铝土矿开采过程中存在的一些浪费现象，其服务年限会比预测结果降低。从世界范围来看，有经济开采价值的铝土矿储量还可以满足 200 年以上的消耗。因此，我国铝土矿资源相对不足。

在我国，露天开采的铝土矿量约占总储量的 40%，坑采储量约占总储量的 60%。目前，我国 90% 的铝土矿产量来自露天开采。随着铝工业的迅猛发展，露天开采储量在迅速地消耗，特别是 20 世纪 80 年代以来全国兴起了民采铝矿的风潮，乱采滥挖促使地表浅部矿体普遍遭到不同程度的破坏，致使露天开采储量急剧减少。可见不久的将来，我国铝土矿的开采必然由露天逐渐转入地下。而随着开采方式的转变，开采成本必然增加，从而导致氧化铝成本增加。针对我国铝土矿资源相对不足、可露天开采的矿源日趋减少的问题，供求矛盾日趋严重。解决这一矛盾的唯一方法就是开发新的提取工艺，利用新的铝矿石资源，扩大铝矿石的可用资源范围[24~26]。

13.4　国内外铁铝复合矿资源的特点

现阶段世界范围内，从矿物构成形态来讲，含铁铝复合矿资源主要有高铝铁矿石、高铁铝土矿和赤泥三种。

13.4.1　高铝铁矿石

在澳大利亚、印度尼西亚、印度以及我国安徽和广东等国家和地区有储量丰富的高铝铁矿石资源。众所周知，铁矿石中 Al_2O_3 含量过高，在炼铁过程中容易引起炉渣熔点升高、黏度增大、渣铁分离困难、高炉利用系数降低等问题[27~29]。因此，这类储量丰富的含铁铝复合资源尚未得到有效的利用。

印度的高铝铁矿石多数为铁矿洗矿生产中产生的细泥[30]。洗矿产出的三种产品中，粒度大于 10mm 的块矿可以直接用于高炉冶炼；粒度在 0.15~10mm 的粗粒粉矿经选别或不经选别，可以进入烧结厂作为高品位、低脉石含量的铁矿配矿烧结使用；粒度小于 0.15mm 的细泥因其铁品位比较低，只有 45%~50%，且脉石含量较高，在块矿资源丰富的情况下，这类粉矿均被当做尾矿丢弃而未利用。印度铁矿细泥中的铝矿物主要有伊利石、高岭土、蒙脱石、明矾石及少量硬水铝石和三水铝石[30,31]。Al_2O_3 的颗粒大小为

0.03 ~2μm。例如，印度 Kiriburu 铁矿[32]，原矿中 Al_2O_3 的含量为 3.0% ~3.2%，经破碎筛分后，得到的高品位块矿的 SiO_2 含量低于 1%，Al_2O_3 含量约为 2%；粗粒粉矿中 SiO_2 的含量在 2% 左右，Al_2O_3 含量达 4%；而细粒粉矿中 Al_2O_3 的含量为 6% ~9%。据统计，每生产 1t 铁矿石即产出 0.15t 细粒粉矿，多年累积下来，这类含铁铝复合资源的储量早已超过 1.5 亿吨。这些细泥大量堆积，给当地环境及生态带来了恶劣的影响，同时也闲置了大量有价资源[33]。

而在印度尼西亚等地，由于地处赤道附近，形成了大量以赤铁矿、褐铁矿为主的铁矿石资源，矿石中 Al_2O_3 和 SiO_2 等脉石矿物的含量高。这类高铝铁矿石资源矿石粒度细，磁性弱，可浮性差，在磨矿过程中极易泥化，矿石中铁矿物、铝矿物和硅矿物嵌布紧密，内部赋存关系复杂；同时，由于铝与铁的晶体化学性质相近，容易形成类质同象，矿石内部存在大量 Al^{3+} 取代 Fe^{3+} 的类质同象结构，导致单体解离度差，用常规的物理选矿或磁化焙烧方法难以实现铁与铝的有效分离，使得这部分资源在工业上尚未得到大规模的有效开发利用，是一类典型的复杂难选含铁铝复合矿石资源[34,35]。

13.4.2　高铁铝土矿

高铁铝土矿是分布于泥盆系、石炭系碳酸盐岩风化壳中的红土型铝矿床，主要特点是高铁、高铝和低硅。除极少部分矿石中的氧化铁含量低于 5% 以外，大部分矿石中的氧化铁含量在 5% ~37% 之间，最高可达 58.1%，属易磨、易溶的高品位铝土矿[36,37]。世界铝土矿资源中 90% 以上为高铁三水铝石型铝土矿，这类矿石主要分布在澳大利亚、几内亚、巴西、印度、牙买加、越南、中国、圭亚那等国家，列于表 13 –3[36]。

表 13 –3　世界铝土矿的矿石类型及化学成分

国　家	化学成分 (w)/%			主要矿石类型
	Al_2O_3	Fe_2O_3	SiO_2	
澳大利亚	25.0 ~58.0	5.0 ~37.0	0.5 ~38.0	三水铝石、一水软铝石
几内亚	40.0 ~60.2	6.4 ~30.0	0.8 ~6.0	三水铝石、一水软铝石
巴　西	32.0 ~60.0	1.0 ~58.1	1.0 ~25.8	三水铝石
中　国	50.0 ~70.0	1.0 ~13.0	9.0 ~15.0	一水硬铝石
越　南	44.4 ~53.2	17.1 ~22.3	1.6 ~5.1	三水铝石、一水硬铝石
牙买加	45.0 ~50.0	16.0 ~25.0	0.5 ~2.0	三水铝石、一水软铝石
印　度	40.0 ~80.0	0.5 ~25.0	0.3 ~18.0	三水铝石
圭亚那	50.0 ~60.0	9.0 ~31.0	0.5 ~17.0	三水铝石
希　腊	35.0 ~65.0	7.5 ~30.0	0.4 ~3.0	一水硬铝石、一水软铝石
苏里南	37.3 ~61.7	2.8 ~19.7	1.6 ~3.5	三水铝石、一水软铝石
南斯拉夫	48.0 ~60.0	17.0 ~26.0	1.0 ~8.0	一水硬铝石、一水软铝石
委内瑞拉	35.5 ~61.7	7.0 ~40.0	0.9 ~9.3	三水铝石
前苏联	48.0 ~60.0	8.0 ~45.0	1.0 ~32.0	软铝石、硬铝石、三水铝石
匈牙利	56.0 ~60.0	15.0 ~20.0	1.0 ~8.0	一水软铝石、三水铝石
美　国	31.0 ~57.0	2.0 ~35.0	5.0 ~24.0	三水铝石、一水铝石

国 家	化学成分（w）/%			主要矿石类型
	Al_2O_3	Fe_2O_3	SiO_2	
法 国	50.0 ~ 55.0	4.0 ~ 25.0	5.0 ~ 6.0	一水硬铝石、一水软铝石
印度尼西亚	38.1 ~ 59.7	2.8 ~ 20.0	1.5 ~ 13.9	三水铝石
加 纳	41.0 ~ 62.0	15.0 ~ 30.0	0.2 ~ 3.1	三水铝石
塞拉利昂	47.0 ~ 55.0		2.5 ~ 30.0	三水铝石

高铁铝土矿矿石矿物主要为三水铝石、针铁矿、赤铁矿和高岭石，前三者为主要有用矿物[38]，占总量的 85% ~ 90%，此外还有少量锐钛矿、硬水铝石、伊利石等。高铁三水铝石型铝土矿结构复杂，根据矿物鉴定为自形、半自形、他形结构及凝胶结构、晶粒状结构、微晶－隐晶质结构、溶蚀交代结构等。大部分矿物结晶差，部分呈胶态，嵌布极为复杂，采用各种常规选矿方法均无法使铁、铝矿物有效地分离[39~43]。

我国铝土矿的主要化学成分为 Al_2O_3、Fe_2O_3、SiO_2 和 H_2O，四者含量约占组分总量的 95%，并伴生有钒、镓等有价金属。Al_2O_3 含量为 20% ~ 37%；Fe_2O_3 含量多在 20% 左右，最高可达 40% ~ 50%；SiO_2 含量为 4% ~ 12%；A/S 较低，一般在 2.6 ~ 5.4 之间。铝土矿除有害杂质磷含量（0.18%）稍高于炼钢要求外，其他如有机碳、CaO、MgO、As、S、Pb、Zn、Sn 等的含量均低于氧化铝及炼钢用矿石的允许含量[40~43]。

高铁铝土矿的铁矿物与铝矿物嵌布关系复杂，针铁矿内存在着大量 Al^{3+} 与 Fe^{3+} 的类质同象置换现象，使得矿物单体解离性能极差，未达到单一铁矿或铝土矿的冶炼品位要求，技术和经济上不可行，尚属于"呆滞"矿产资源[44,45]。

13.4.3 赤泥

赤泥是氧化铝生产过程中铝土矿经强碱浸出时所产生的残渣，残渣中富含氧化铁而呈现红色，因此称之为赤泥[46]。

目前，国外的氧化铝生产均采用拜耳法；在我国，氧化铝生产有拜耳法、烧结法和联合法三种，其中以烧结法为主。拜耳法生产 2t 氧化铝可产生 1.0 ~ 1.2t 赤泥，烧结法生产 1t 氧化铝可产生 1.0 ~ 1.3t 的赤泥。其中，拜耳法赤泥中 Fe_2O_3、Al_2O_3 含量比烧结法和联合法高，Fe_2O_3 含量最高可以达到 50%；而烧结法或联合法赤泥中 CaO、SiO_2 含量比拜耳法高，国内的赤泥大多数为高硅、高钙、低铁赤泥[36]。据估计，全世界氧化铝工业每年产生的赤泥超过 6000 万吨，我国氧化铝生产过程中每年产生的赤泥量超过 600 万吨。据不完全统计，截至 2008 年，我国赤泥累计堆存量近 2 亿吨，但其利用率仅为 15% 左右[37]。因赤泥除含有铁元素和铝元素之外，尚含有许多有价金属元素，研究从赤泥中综合回收铁及其他有价成分，是一项具有战略意义和现实意义的工作[47]。

13.5 铁铝复合矿资源利用现状

13.5.1 高铝铁矿石利用现状

高铝铁矿石是一类重要的铁矿资源，随着高质量铁矿资源的日趋匮乏，这类高铝铁矿石资源的综合利用已成为国内外学者的研究热点，并且已经取得一定的进展。综合来讲，对高铝铁矿石资源的利用主要有两种途径：

（1）直接用于高炉炼铁生产，或与高品位、低脉石含量的铁矿石进行配矿生产。

（2）对其进行选矿预处理或采用其他方法进行利用。

由于高铝铁矿市场资源比较充裕，成本优势明显。国内外一些钢铁公司对其用于高炉生产进行了深入的研究。例如，日钢在成功解决高铝铁矿烧结问题的基础上，又在冶炼过程中解决了造渣问题，以保证渣相组成合理、炉况顺行，实现了氧化铝负荷 $70 \sim 80kg/t$ 的正常冶炼[48]。其采取的措施有：

（1）提高烧结矿中 FeO 含量。综合入炉铁矿石的 FeO 含量为 8% ~10%，远高于同行业内的水平，尤其是酸性烧结矿的 FeO 含量控制在 12% ~14%。欲使烧结矿内 FeO 含量增高，虽然要提高烧结温度，增加高炉燃料消耗，但能有效控制烧结矿的低温还原粉化率。生产实践表明，RDI 每升高 5%，燃料比上升 1%，产量下降 1.5%。因此，日钢高炉考虑综合指标，取得了非常好的效益。

（2）调节炉渣中 MgO 含量，控制炉渣中 $w(MgO)/w(Al_2O_3) = 0.65 \sim 0.80$，三元碱度为 1.50 ± 0.05，四元碱度为 0.95 ± 0.05，获得合理渣相组成，改善炉渣流动性。同时，改善炉渣的脱硫能力。

（3）提高铁水物理热。随着渣中 Al_2O_3 含量的增加，炉渣的熔化温度明显上升，有利于高炉炉缸的蓄热，操作时要保证铁水物理热为 $(1500 \pm 20)℃$，以改善渣铁流动性。

（4）适当提高冶炼渣量，控制烧结矿的铝硅比。在提高烧结矿内 Al_2O_3 含量的同时考虑适当提高 SiO_2 含量，以增加炉渣的稳定性。根据一般高炉冶炼高铝铁矿的经验，控制 $w(Al_2O_3)/w(SiO_2) = 0.1 \sim 0.35$，以保证烧结矿的质量。随着铝硅比的上升，$Al_2O_3$ 含量增加，烧结矿中玻璃质易于形成，烧结矿强度直线下降。日钢的高炉冶炼中，炉渣铝硅比已经提高到 $0.5 \sim 0.6$，仍可以满足高炉操作，获得了较好的效益。

（5）摸索出不同 Al_2O_3 含量炉渣下适宜的工艺措施。为了实现低成本高炉冶炼，将炉渣中 Al_2O_3 含量控制在 15% ~17%，炉渣二元碱度控制为 $1.05 \sim 1.15$，三元碱度在 1.50 左右，四元碱度在 0.97 左右，$w(MgO)/w(Al_2O_3) = 0.65 \sim 0.70$，铁水中硅含量不大于 0.40%，这样保证了物理热达到 1480℃ 以上，高炉冶炼顺行。

印度塔塔钢铁公司采用含 Al_2O_3 4% ~9% 的 Kiriburu 粉矿[49]。为降低烧结矿中 Al_2O_3 含量及抑制 Al_2O_3 对烧结工艺的负面影响，塔塔钢铁公司使用 75% 的 Kiriburu 粉矿与其他铁矿的粉矿混合，同时采用低脉石含量的石灰石和低灰分的燃料进行烧结，取得了较明显的效果，烧结矿中 Al_2O_3 含量从 4.5% 降低到 2.5% 左右，但由于增加了辅料和燃料的费用，生产成本增加。

总之，采用 Al_2O_3 含量较高的铁矿石直接冶炼，主要通过改善入炉原料质量、强化高炉操作制度及搭配高品位铁矿来抑制 Al_2O_3 含量过高给烧结、炼铁带来的负面影响，但由于其生产成本大幅度增加，在工业应用上存在很大的局限性，并不能从根本上解决高铝铁矿石资源入炉冶炼难顺行的根本性问题。因此，国内外学者对高铝铁矿石利用的研究主要集中在通过对其进行处理，实现铁和铝的分离，以降低 Al_2O_3 含量，提高矿石中铁品位，得到满足炼铁生产要求的合格含铁原料。

13.5.2 高铁铝土矿利用现状

对于高铁铝土矿的研究和利用主要集中在高铁三水铝石型铝土矿。由于高铁三水铝土矿中铁和铝的品位均没有达到单一铁矿资源和铝矿资源的工业应用要求，其开发利用必须以同时回收铁和铝为前提，铝和铁的分离是高铁三水铝土矿综合利用的第一步。针对高铁三水铝土矿铝和铁的分离研究，许多科研单位和机构已进行多年，从其工艺特点来讲，可以总结为先选后冶、先铝后铁和先铁后铝三种比较成熟的工艺路线[50]。

13.5.2.1　先选后冶工艺

先选后冶工艺是采用选矿方法将铁、铝富集并去除部分脉石矿物，然后将获得的铁磁性物和铝磁性物分别用来炼铁和生产氧化铝的过程。国内外曾先后进行过浮选、磁选、电选、重选及联合法等试验研究。针对广西高铁三水铝土矿，东北大学、北京矿冶学院和地质科学院等单位曾合作，对其采用磁选、浮选、中频介电分选等选矿方法进行了大量的实验[51]。中南大学和有关研究所曾采用阶段磨矿、旋流分级、浮选、选择絮凝、强磁选、高梯度磁选、重介质选矿、磁化焙烧–磁选八种方法研究贵港高铁三水铝土矿的分选效果，由于矿石中大部分矿物结晶效果不好、颗粒细，矿物之间相互胶结包裹，结构复杂，解离性能差，因此未能得到较满意的结果[38]。

中国长城铝业公司的李天庚等人发明了一种高铁铝土矿强磁选铝铁分离及阴离子反浮选回收铁的综合利用方法[52]。目前正在建设30万吨/年的高铁铝土矿选矿厂[40]。其主要思路是：采用破碎机将矿石破碎至0～25mm粒度，通过分级机选出粒度为–0.074mm（占60%～85%）的矿粒，以水为输送介质，将矿浆经过强磁磁选机粗选，分离出磁性矿物粗选铁精矿粉和非磁性矿物粗选铝精矿。将粗选铁精矿和粗选铝精矿经过强磁磁选机精选和扫选尾矿，将扫选铝精矿脱泥，得到氧化铝精矿。然后对分离出的磁选铁精矿进行阴离子反浮选回收铁，将磁选精矿经磨矿后（磨矿粒度为小于0.038mm（400目）的粒级占84%～89%），添加调整剂、分散剂、抑制剂、捕收剂进行第一次反浮选，对分离出的铁精矿再进行第二次反浮选，分离出富铁精矿和尾矿。采用这种方法时铝精矿的品位大于60%，铁精矿的品位为50%，铝的回收率为70%，铁的回收率为50%，铝和铁的回收率都不高[41]。

大量研究均表明，对于结构简单的高铁铝土矿矿石，先选后冶工艺可以较好地实现铝、铁分离。但对于铁铝矿物粒度细微、相互胶结、类质同象现象明显、嵌布关系复杂的矿石，则因矿物的单体解离性能差，难以实现铁和铝的有效分离富集，很难获得合格的铁磁性物和铝磁性物。

13.5.2.2　先铝后铁工艺

先铝后铁工艺是将高铁铝土矿中易于浸出的三水铝石浸出，再将浸出后的富铁赤泥经磁化焙烧和磁选造球后进行冶炼。东北大学张敬东和李殷泰等人曾进行过先铝后铁工艺的实验研究，其直接碱浸实验数据列于表13–4。研究结果表明，Al_2O_3的浸出率在25%～43%之间，其浸出率过低主要是由于矿石中Al_2O_3含量低、铝硅比低等特点，而且三水铝石只占含铝矿物的60%左右[41]。因此，对此矿实行先浸后冶的方法，不仅Al_2O_3浸出率低，且碱耗高，同时由于赤泥附碱，给进一步炼铁带来困难。

13.5.2.3　先铁后铝工艺

先铁后铝工艺是先将矿石冶炼得到金属铁，再从炉渣中提取Al_2O_3。比较典型的工艺是东北大学提出的高铁铝土矿烧结–高炉冶炼–炉渣浸出提铝工艺[51]。该工艺通过严格控制造渣条件，可在炼铁高炉中实现铁和铝的有效分离，其具体工艺流程及物料平衡图示

表 13 - 4 高铁三水铝石矿直接碱浸实验数据

浸出温度 /℃	原矿预处理	调整液成分/g·L⁻¹		配料比	浸出时间 /min	Al₂O₃ 浸出率 /%
		Na₂CO₃	Al₂O₃			
107 （常压）	净 矿	120	60	1.645	20	36.70
		120	60	1.645	40	35.80
	+5mm 以上净矿	120	60	1.645	20	42.60
		120	60	1.645	40	42.40
150 （中压）	净 矿	120	60	1.645	20	36.48
		120	60	1.645	40	27.93
		120	60	1.645	60	32.12
245 （高压）	净 矿	120	60	1.645	60	26.98
		120	60	1.645	120	28.46
		240	120	1.645	120	25.62

于图 13 - 4[42,51]。该工艺是将矿石（2 ~ 10mm 的净矿）按比例配入生石灰、石灰石和煤粉，混料后烧结，烧结矿入高炉冶炼。在高炉内完成将铁矿物还原成铁水和使铝矿物生成铝酸钙渣系，最终实现渣铁分离的过程。铁水吹钒后用于炼钢，铝酸钙炉渣用碳酸钠循环母液进行两次浸出、脱硅、分解和煅烧生产氧化铝，浸出渣用于生产水泥，从分解母液中回收镓。

该工艺以高铁三水铝土矿为原料，生产可供高炉冶炼的、碱度在 4.35 左右的超高碱度烧结矿。烧结矿的主要矿物组成为铁酸钙、铝酸钙及钙铝黄长石等，具有优良的冷强度、良好的冶金性能以及较低的低温还原粉化性能[43,52]。但该工艺流程长，经济效益不高；炉渣的碱度远高于一般高炉炉渣，炉渣中大量的氧化铝易导致炉渣的黏度急剧增大，使熔炼温度高、能耗高、物料消耗大等；同时铝酸钙炉渣需要控制其冷却速度，操作困难，并且高炉冶炼中焦炭需要量大。因此，这些局限性限制了该工艺的推广和应用。

根据上述工艺条件和工艺特点，相关研究单位基于当时的原燃料条件和经济、技术条件，对高铁铝土矿采用先铁后铝和先铝后铁工艺进行了技术经济指标的对比研究，列于表 13 - 5[50,51]。

表 13 - 5 先铁后铝和先铝后铁工艺的比较

指 标	先铁后铝方案	先铝后铁方案
矿石利用率	净矿 100% 利用	只能利用 >5mm 的矿石 （约占净矿的 59.2%）
原矿资源利用情况	Al₂O₃ 含量 >25% 的均可利用	要求 Al₂O₃ 含量 ≥28%
处理每吨矿石 Al₂O₃ 的实收率	>85% （包括焦炭灰分 和石灰石中的 Al₂O₃）	59.4% （包括脱钠回收的 3.2%）
铁的总收率	>98%	≈80%
生产每吨 Al₂O₃ 的碱耗	115kg （100% 纯碱）	205kg （100% 烧碱）
浸出每吨 Al₂O₃ 的物流量	4.21t （包括燃料灰分和石灰）	6.5t

指　标	先铁后铝方案	先铝后铁方案
生产每吨 Al_2O_3 的能耗量	6.1×10^{11} J	6.3×10^{11} J
进行工业试验所需费用	约411.5万元	3300万元

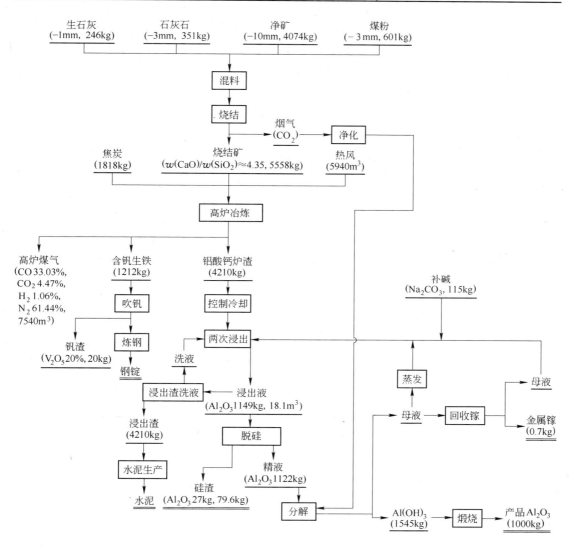

图13-4　烧结-高炉冶炼-炉渣浸出提铝工艺流程及物料平衡图

综上所述，关于高铁三水铝土矿，其研究方案无论是先选后冶、先铝后铁，还是先铁后铝，在目前的经济、技术和原燃料条件下，实施起来均有一定的困难和局限性。因此，必须研究新的方法和工艺来解决高铁三水铝土矿铁和铝有效分离的问题。

13.5.3　赤泥利用现状

国外氧化铝生产企业的赤泥原先主要填海堆存，现阶段随着全球环保意识的增强，已禁止填海堆放，筑坝堆放逐渐成为赤泥的主要排放方式。国内的氧化铝生产企业受地理位置限制，除了少量赤泥应用于水泥生产之外，大多数露天堆存[53]。

由于铝矿石成分和生产氧化铝所用的方法不同，赤泥的化学成分和矿物组成相差比较大，所以赤泥的利用途径也不相同。国外的赤泥均为拜耳法产生的赤泥，国内赤泥除了平果铝厂为拜耳法赤泥外，其他均为烧结法或联合法赤泥。其中，拜耳法赤泥中的 Fe_2O_3、Al_2O_3 含量比烧结法和联合法高一倍多，Fe_2O_3 含量有的高达 50%；烧结法和联合法赤泥中的 CaO、SiO_2 含量比拜耳法高，见表13-6和表13-7[54]。因此，国外赤泥均为高铁赤泥，国内除平果铝厂外，其余赤泥大多数为高硅、高钙、低铁赤泥。赤泥的利用主要分为两个方面[36]：一是提取赤泥中的有用组分，回收有价金属，包括铁、铝、钛和钪等；二是将赤泥作为大宗材料的原料，加以综合利用，如用于建材、肥料、废气废水处理、钢铁冶炼添加剂、制造陶瓷材料等方面。

表13-6 国内氧化铝厂赤泥的化学成分（w） （%）

成分	烧 结 法					联 合 法			拜耳法
	山 东	贵 州	山 西	中 州	平 均	郑 州	山 西	平 均	平 果
SiO_2	22.00	25.90	21.43	21.36	22.6	22.50	20.63	20.56	9.18
TiO_2	3.20	4.40	2.90	2.64	3.26	7.30	2.89	5.09	9.39
Al_2O_3	6.40	8.50	8.22	8.76	7.97	7.00	9.20	8.10	19.10
Fe_2O_3	9.02	5.00	8.12	8.56	7.68	8.10	8.10	8.10	32.20
灼减	11.70	11.10	8.00	16.26	11.77	8.30	8.06	8.18	—
CaO	41.90	38.40	46.80	36.01	40.78	44.10	45.63	44.86	14.02
Na_2O	2.80	3.10	2.60	3.21	2.93	2.40	3.15	2.77	4.38
K_2O	0.30	0.20	0.20	0.77	0.38	0.50	0.20	0.35	0.04
MgO	1.70	1.50	2.03	1.86	1.77	2.00	2.05	2.02	—
合计	99.02	98.10	100.3	99.43	99.24	100.2	99.91	100.0	—

表13-7 国外氧化铝厂赤泥的化学成分（w） （%）

成 分	印 度	土耳其	西班牙	希 腊	匈牙利	加拿大	一般范围
SiO_2	8	15374	6.10	9.2	7.7	1.0	2~20
TiO_2	18	4.98	22.60	5.9	2.9	9.0	3~24
Al_2O_3	15	20.39	20.10	15.6	11.0	19.1	6~43
Fe_2O_3	30	36.94	31.80	42.5	35.8	52.6	11~54
CaO	10	2.23	4.78	19.7	20.8	4.1	1~43
Na_2O	4	10.10	4.70	2.4	3.0	0.4	1~10

13.5.3.1 赤泥中有价金属的提取

赤泥富含铁、铝、钙、硅，还含有少量钛、钪、铌、钽、锆、钍和铀等稀有金属元素，国内外一直在研究赤泥中有价金属元素的提取。实践证明，从赤泥中提取有价金属在技术上是可行的，但如何经济有效地富集提取，同时不产生二次污染，是赤泥提取有价金属的关键问题。

国内外赤泥在成分上存在差异，国外对从赤泥中回收有价金属的研究较多，国内研究目前没有得到比较大的进展。土耳其的 E. Ercag 和 R. Apak 曾进行过土耳其赤泥有价金属（诸如铁、氧化铝、二氧化钛等）的回收利用试验，其工艺为：将赤泥、白云石和焦粉混合造球制粒，在 1100℃ 下焙烧，最后在电弧炉中以 1550℃ 生产生铁和炉渣。TiO_2 经酸浸后从溶液中回收，剩下的为含 Al_2O_3 的浸出渣。这种工艺中铁的金属化率为 94%，钛的回收率达到了 84.75%。但该方法要求赤泥中铁含量高，也就是说，该方法只能处理拜耳法赤泥，对烧结法和联合法赤泥的处理效果不好[44]。

罗道成对平果铝厂拜耳法赤泥提出了煤基直接还原焙烧－渣铁磁选分离－冷固结成型新工艺[45]，该工艺能制备出优质的直接还原铁团块，其金属化率为 92.15%，含铁品位为 92.7%，铁的回收率为 94.2%。但该方法同样只适合于拜耳法赤泥。

赤泥中的钪和稀土含量远高于铝土矿，其含量因铝土矿的成分不同而不同。我国几大铝厂赤泥中的钪和稀土含量列于表 13－8[55]。

表 13－8　我国几大铝厂赤泥中的钪和稀土含量　　　　　（%）

成　分	贵州铝厂	郑州铝厂	山西铝厂	山东铝厂
钪	1.07×10^{-2}	7.05×10^{-3}	4.12×10^{-3}	4.49×10^{-3}
稀土	1.40×10^{-1}	6.60×10^{-3}	3.55×10^{-2}	6.64×10^{-2}

在国内，对赤泥的综合利用研究比较多，但在赤泥中稀有金属提取方面的研究比较少，而根据稀有金属的特殊用途及其矿产资源特点，说明从赤泥中提取稀有金属有一定的价值[56]。目前从赤泥中提取稀土金属的常用工艺为酸浸－提取工艺等。

13.5.3.2　赤泥作为矿物材料整体加以利用

国内外的实践证明，利用赤泥可以生产多种型号的水泥[57]。俄罗斯第聂伯铝厂利用拜耳法赤泥生产水泥，生料中赤泥的配比可以达到 14%。日本三井氧化铝公司与水泥厂合作，以赤泥原料配入水泥生料，可利用赤泥 5~20kg/t。山东铝业关于常压氧化钙脱碱与低碱赤泥生产高标号水泥的研究以及低浓度碱液膜法分离回收碱技术，使以烧结法、联合法赤泥为原料生产水泥的技术向前迈进了一大步，使赤泥配比提高到 45%，并提高了水泥质量，由以生产 425 号普通水泥为主提高到以生产 525 号水泥为主[58]。此外，还可以赤泥为主要原料生产多种砖，其也可用作赤泥路基材料、制备陶瓷材料等[53]。

13.6　铁铝分离技术研究现状

国内外针对铁铝复合矿资源铁与铝的分离技术进行了大量的研究，其中大多数集中于从赤泥中回收铁。赤泥的主要矿物为铁矿物、铝矿物，因此，赤泥回收铁也是一种铝、铁分离的过程。这些方法按工艺基本原理和流程，主要分为物理法、化学法和生物法。

13.6.1　物理法

物理法铝铁分离工艺主要有磁选、浮选、磁选－浮选联合流程。国内外就物理法铁铝分离技术进行了大量的研究，取得了一定的成绩。

赣州有色冶金研究所管建红等人[59]对平果铝业公司铁品位为 19.00% 的赤泥进行了回收铁的试验研究，针对该赤泥组分复杂、粒度细的特点，采用 SLon 型立环脉动高梯度磁选机回收赤泥中的铁,经小型试验和半工业性试验取得了较好的试验结果。其半工业性试验 72h 连续运转的平均指标为:含铁品位为 54.70% 的铁矿物的产率为 12.28%,铁的回收率为 35.36%。强磁选能从一定程度上回收部分铁矿物,但是总体来说铁的回收率不高。

中南大学李光辉和姜涛等人[60]系统研究了某高铝褐铁矿,其 Al_2O_3 含量为 8.16%。通过工艺矿物学研究得出,该矿石中铁矿物以针铁矿和赤铁矿为主;铝矿物除了呈单独微细颗粒集合体被包裹在褐铁矿中外,还以类质同象形式存在于褐铁矿中,构成铝铁同晶替代的嵌布关系,且这部分铝的含量占原矿总铝含量的 40.44%;硅酸盐矿物呈分散状与针铁矿交生,与铁矿物构成复杂的斑杂状嵌连关系。在试验中采用强磁选工艺对其分选,在磁场强度为 1.2T,磨矿细度为 -0.074mm 粒级占 90% 的条件下,铁品位仅从 48.92% 提高到 49.34%,Al_2O_3 含量从 8.16% 降低到 7.36%。这主要是由于矿石中铝主要以微细粒嵌布或类质同象形式赋存于铁矿物中,导致无法有效地实现单体解离,大部分铝在磁选过程中与铁矿物一起进入磁性物,因此精矿 Al_2O_3 含量仍然较高,而铁品位提高幅度不大,分选效果不是很明显。

李卫东[61]和任凤莲等人研究了从拜耳法赤泥中选铁的新技术,分别采用正反浮选、重选以及脉动高梯度强磁选的方法从赤泥中回收铁。研究表明,采用单一浮选、重选方法难以得到工业品级的铁精矿;利用脉动高梯度磁选机,采用粗选工艺流程,一次选别后赤泥的铁品位由 37.63% 提高到 48.70%,采用粗选 - 精选开路流程,在磨矿细度为 -0.425mm 粒级占 100% 的条件下,可获得铁品位为 56% 的铁精矿,铁的回收率为 90.38%。虽然该工艺能获得较高的铁的回收率,但是铝、铁分离效果不好,精矿铁品位不高。

北京矿冶研究总院郑桂兵等人[62]对印度某高铝赤铁矿进行选矿研究。原矿铁品位为 59.16%,Al_2O_3 含量为 6.08%,SiO_2 含量为 6.24%。工艺矿物学表明,矿石中主要铁矿物为赤铁矿和褐铁矿,相对含量约为 86%;脉石矿物为高岭石、一水硬铝石和石英,相对含量约为 14%。化学物相分析表明,大部分铁矿物赋存于赤铁矿和褐铁矿的聚集体中,其中有 21.93% 的铁赋存于褐铁矿聚集体中。聚集体除本身含铁较低以外,在磨矿过程中也易于泥化,这部分铁采用常规的物理选矿方法难以处理,粗磨回收褐铁矿直接影响铁精矿品位,细磨将造成褐铁矿的泥化,难以回收,从而降低铁精矿中铁的回收率。采用阶段磨矿 - 粗细分别磁选工艺流程,可以获得铁品位为 64.23%、铁回收率为 74.89% 的铁精矿,其 Al_2O_3 含量为 2.93%,SiO_2 含量为 2.32%。采用强磁选工艺处理该矿石,脱泥效果明显,而后对强磁选精矿进行阳离子捕收剂反浮选,可以获得铁品位为 64.57%、铁回收率为 72.11% 的反浮选铁精矿,其 Al_2O_3 含量降低到 3.08%,SiO_2 含量降低到 2.78%。采用焙烧 - 磁选流程,在焙烧温度为 900℃、焙烧时间为 15min、还原剂用量为 10%、磁选磨矿细度为 -0.074mm 粒级占 89.00%、磁场强度为 120mT 的条件下,可以获得铁品位为 67.98%、铁回收率为 95.18% 的铁精矿,其 Al_2O_3 含量为 4.35%,SiO_2 含量为 3.70%。从工艺指标来看,精矿铁品位均有一定程度的提高,但是脉石中铝、硅含量仍较高,比较而言,阶段磨矿 - 粗细分别磁选工艺的分选效果相对较好。

马钢南山铁矿东选车间[63]采用两段磨矿 - 磁选工艺处理南山 TFe 含量在 30% 左右的含铝铁矿,得到的铁精矿中铁品位为 61% 左右,Al_2O_3 含量为 2.25% ~2.60%。由于氧化铝含量偏高会影响高炉冶炼的顺行，该车间遂进行降铝工艺技术优化改造。利用增加旋流器对分级机溢流预先脱泥，沉砂和溢流分别磁选的方案，使精矿中 Al_2O_3 含量降至 1.59%，精矿铁品位由 61.50% 提高到 63.54%，回收率提高 1.66%。该方案的优点是：能根据原矿石的特性（原矿石中绿泥石、高岭土、角闪石、长石等密度小的含铝脉石矿物，在磨矿中易泥化进入分级机溢流的窄级别中），在入选前通过旋流器预先脱泥，分出这部分窄级别进入旋流器溢流，从而减少了沉砂中铝的含量，且提高了沉砂铁品位，进而减少了磁选作业过程中铝的夹杂。旋流器沉砂和溢流分别入选，将原宽级别入选改为窄级别入选。宽级别入选夹杂严重，精矿质量低；窄级别入选减少夹杂，既能提高精矿质量，又能保证回收率。降铝改造后的新工艺流程能适应原矿的波动性，并能保证精矿质量稳定，提高精矿品位和回收率。

总之，物理法铁铝分离研究多采用阶段磨矿 – 磁选 – 浮选工艺路线，该工艺能在一定程度上分离铁铝，但对于铁铝赋存关系复杂的复合铁铝矿资源，其铁铝分离效果较差。

13.6.2 化学法

化学法选矿方法主要包括磁化焙烧法、酸浸法、氯化焙烧法、还原烧结法、直接还原法、熔炼法等。

周太华[64]和李光辉等人采用磁化焙烧和钠盐焙烧 – 浸出两种工艺，对铁铝赋存关系复杂的印度尼西亚高铝褐铁矿进行了铁铝分离的实验研究。研究表明，磁化焙烧不能有效地实现高铝褐铁矿铝铁分离，而钠盐焙烧 – 浸出工艺能有效地实现铁铝分离。前者在焙烧温度为 850℃、焙烧时间为 60min、还原气体中 CO 浓度为 8%、磁场强度为 1000Oe（1A/m =（4π/1000）Oe）、磨矿细度为 – 0.074mm 粒级占 90% 的条件下，铁精矿的铁品位（TFe 含量）为 63.28%，Al_2O_3 含量为 10.3%，铝、铁同时富集。主要由于磁化焙烧不能破坏高铝褐铁矿中铝铁相互嵌布的复杂结构，精矿中部分磁铁矿本身含有较高 Al_2O_3，这部分磁铁矿与正常磁铁矿相互交生构成集合体或呈边缘交代，同时铝矿物颗粒也包裹着磁铁矿，磁选很难实现铝铁分离。而钠盐焙烧 – 浸出工艺是在焙烧温度为 1000℃、焙烧时间为 15min、Na_2CO_3 用量（w）为 9%、水浸温度为 60℃、水浸时间为 5min、水浸液固比为 5:1、酸浸温度为 120℃、酸浸时间为 15min、硫酸初始浓度为 4.5% 的条件下，得到了 Al_2O_3 含量为 3.62%、铁品位为 62.72%、Na_2O 含量为 0.27% 的铁精矿。机理研究表明，原矿中铝矿物经钠盐焙烧后转变为铝硅酸钠、铝酸钠、$\alpha – Al_2O_3$，铝酸钠、铝硅酸钠经溶出后被脱除，残留在铁精矿中的铝矿物主要是呈微细粒嵌布在铁矿物中的 $\alpha – Al_2O_3$。但是该工艺还存在一些问题有待进一步解决，如铁精矿的 Al_2O_3 含量仍然偏高、硫酸对浸出设备腐蚀大、浸出液需进一步综合回收有价元素等。

氯化焙烧法是指利用氯气在高温下与铁矿物反应生成气态 $FeCl_3$，从而实现铁铝的分离。其适合处理高铝、低铁矿石，主要用于铝土矿中除铁，得到铝土矿精矿[65]。匈牙利的 I. Szabo[66] 在 600 ~ 850℃下对匈牙利铝土矿进行氯化除铁，Fe_2O_3 含量从 16.18% 下降到 3% ~ 3.5%。采用 DTG、X 射线衍射法、穆斯堡尔谱和 EDAX 等进行氯化除铁机理分析指出，只有铝土矿中的赤铁矿、针铁矿与氯气反应。

P. Luiqi 等人[67]进行了赤泥还原烧结回收铁的研究，主要工艺是：将赤泥、煤、石灰石及碳酸钠混合、磨碎，然后在 800 ~ 1000℃温度下进行还原烧结。研究表明，在 900℃、焙烧 1.5h、$w(Na_2CO_3)/w(Al_2O_3) = 1.5$、$w(CaO)/w(TiO_2) = 1.75$、煤用量稍高于化学计量值的条件下，基于最初的物料组成，可获得约 87% 的铝回收率和 78% 的铁回收率。烧结块经破碎后用水溶出、过滤，滤渣用高强度磁选机分选，磁选部分在 1480℃ 条件下进行熔炼生产生铁。利用此工艺经小型试验、半工业试验后，可制得铁品位为 93% ~ 94%、碳含量为 4.0% ~ 4.5% 的生铁，按磁性部分铁含量计算，铁的回收率为 95%。不过该工艺存在的主要问题是能耗大、成本高。

肖伟[68]和李小斌等人采用还原烧结 – 磁选法，对 Fe_2O_3 含量为 32.52%、Al_2O_3 含量为 18.42% 的广西拜耳法赤泥进行回收铁铝的研究。研究表明，在还原烧结温度为 1050℃、还原时间为 90min、碳的添加量为 20%、磁场强度为 60mT 的条件下，可获得铁品位为 61.78% 的铁精矿，铁的回收率为 60.67%，铝的回收率为 89.71%。该工艺实现了同时回收铝和铁的目的，但是精矿铁的品位及回收率均相对较低。虽然烧结法对铁的回收有一定效果，但从整体来讲，流程较长，能耗大，而且铁的回收率较低。

直接还原法是用气体或固体还原剂在低于铁矿石软化温度下，将赤泥中的铁氧化物还原成金属铁，然后通过磁选实现铁的回收。国外很多学者就赤泥直接还原回收铁进行了大量的研究工作。

B. Mishra[69]等人采用天然气作还原剂，对基洛瓦巴德氧化铝厂含铁 42.04% 的赤泥进行了回收铁的研究。结果表明，可利用天然气代替煤来还原赤泥中的氧化铁，在 800 ~ 850℃ 下制得金属铁。

中南大学梅贤功等人[70]进行了从广西贵港高铁三水型铝土矿拜耳法赤泥中回收铁的研究，提出了由高铁赤泥直接还原焙烧 – 磁选分离 – 直接制备海绵铁的新途径。对铁品位为 38.9%、Al_2O_3 含量为 15.32% 的赤泥配入 A 型催化剂，采用煤作还原剂在 1150℃ 下还原 120min，经磁选、冷固成型后可得到铁品位为 91.79% 的海绵铁，铁的回收率为 91.12%，金属化率为 91.15%，这种产品可代替废钢作电炉炼钢原料。

刘牡丹[71]和姜涛等人开发了高铝铁矿石钠化还原焙烧 – 磨矿磁选的铁铝分离新工艺。在硫酸钠用量为 12%、硼砂用量为 2.5%、焙烧温度为 1050℃、焙烧时间为 60min、磨矿粒度为 – 0.074mm 粒级占 98%、磨矿浓度为 50%、磁场强度为 675mT 的条件下，可以获得铁品位为 91.00%、Al_2O_3 含量为 1.36% 的金属铁粉，铁的回收率为 91.58%，铝的脱除率为 90.47%。直接还原法能有效地实现铁的回收，而且该法由赤泥直接制备可用于电炉炼钢的海绵铁，工艺流程大大缩短，比还原烧结法更为简便经济；但是从目前的研究现状来看，该法存在的主要问题是还原条件苛刻、能耗较大、对原料中铁的品位要求较高，因而限制了其广泛应用。

熔炼法的实质是将含铝复合矿资源、焦炭或者煤、熔剂等加入高炉、电炉等火法设备内，熔炼制备生铁[72]。早在 1900 年 Ch. M. Hall 就提出了刚玉法，并由美国铝业公司付诸实施。其方法是：将铝矿石和焦炭一起在电炉内高温熔融还原，铁、硅、钛等元素还原后与 Al_2O_3 分离，得到不太纯的刚玉型 Al_2O_3。1929 年底至 1936 年期间，意大利威尼斯的马格拉进行了类似的工业性生产，年产 1.0 ~ 1.3 万吨 Al_2O_3。其方法是：在电炉中还原铝矿石时除添加焦炭外，再加入一些黄铁矿（FeS_2）。由于 FeS_2 的存在，渣中生成了百分之几的 Al_2S_3，从而大大降低了 Al_2O_3 的熔化温度，增加了炉渣的流动性，使铁及铁合金组分易于沉降下来。同时，使残留在渣中的 SiO_2、TiO_2 变成易挥发的 SiS_2、TiS_2 迅速挥发掉，从而得到较纯净的刚玉型 Al_2O_3。由于这一方法是 T. R. HagLund 提出来的，其也称为哈格龙法[73]。

B. Mishra 等人在前人研究的基础上，利用焦炭作还原剂对赤泥进行了还原炼铁研究。结果表明，采用碳热还原，铁的金属化率超过94%，进一步熔化可炼得生铁[74]。

前苏联巴夫洛达尔氧化铝厂将赤泥与磁铁精矿按（5.95~15.85）:1 的比例配矿，再添加一定量的石灰石混合成球并烘干，加入一定量焦炭，在达蒙型高温炉的石墨坩埚内进行还原冶炼，所用赤泥的 Fe_2O_3 含量为 22.8% 左右，熔融得到的生铁品位达到 90% ~ 93%。乌拉尔铝厂与前苏联科学院乌拉尔分院合作进行了用高炉或电炉熔炼赤泥的大型实验室试验，试验所用原料为乌拉尔铝厂堆存多年的 TFe 含量为 31% 、Al_2O_3 含量为 14.5% 的赤泥。赤泥经过制粒、脱硫、脱除吸附水和结合水后，再加入 5% ~6% 的焦炭作还原剂，在电炉中熔炼制得炼钢用生铁。同时，阿拉巴耶夫冶金联合企业和斯维尔德洛夫冶金研究所进行了回转窑处理赤泥的半工业化试验，其方法是：采用串联的两台回转窑，第一台回转窑的作用是烘干和还原，还原剂主要是焦煤和无烟煤；第二台回转窑用于熔炼赤泥，生产生铁和自碎渣。该工艺的特点是：赤泥不需要制粒，直接与石灰石和焦粉进行熔炼[75]。熔炼法的优点是：铁的回收率高，矿石中的部分有价金属元素（如钒、锰、镓）也可得到综合回收。然而该法熔炼温度需要保持在高温，能耗高，工艺复杂，对设备要求严格。因此，虽然熔炼法能得到高品位的生铁和高的回收率，但其应用仍有一定的局限性。

总之，化学法对处理铁铝复合矿资源具有比较明显的优势，如铁铝的分离率较高、回收率较高等。但因具体工艺不同，其能耗、工艺控制、设备要求均相差较大，针对不同的铁铝复合资源开发不同的化学处理工艺是其关键所在。

13.6.3 生物法

当前，生物技术是发展速度最快的新兴产业之一，利用微生物处理矿产资源的研究非常活跃，生物技术以其低能耗、无污染等特点逐渐显示出其强大的优势。生物法分离铝铁资源主要通过微生物溶解浸出脱除铁铝复合资源中的铁、铝、钙、硅矿物，国外学者在这方面有一定的研究，国内的相关研究处于起步阶段。

N. Pradhan[76,77]采用生物浸出法对铝矾土矿进行除钙和除铁的研究，其采用的细菌为多粘芽孢杆菌（Bacillus polymyxa），该微生物能将处于含 2% 蔗糖布罗费德介质（Bromfield medium）中的铝土矿的全部钙和45%的铁除去，在微生物能产生最大量外细胞多糖时，钙和铁的去除最完全。对生物选矿的铝土矿表面进行电子显微扫描分析时发现，细菌牢牢地黏附在矿石表面，甚至在有细菌新陈代谢的情况下，也发现有一定的钙和铁被去除。但是，在没有微生物（仅有代谢产物）存在时，钙的去除率仅为有微生物存在时的50%左右。

K. A. Natarajan 和 J. M. Modak[78,79]采用黑曲霉的代谢物浸除铝土矿中的钙、铁。在30℃、4h 的条件下，脱钙率为 89%，脱铁率为 19.1%；在 95℃、8h 的条件下，脱钙率提高到 90%，脱铁率提高到 50%。俄罗斯研究利用微生物分解铝针铁矿，继之用拜耳法处理以提高氧化铝回收率的可能性[80]。试验用的矿石是赤铁矿 - 针铁矿 - 三水铝石型铝土矿。试验中使用了各种类型的霉菌、酵母和细菌，结果表明，各种微生物都能分解铝针铁矿，但最有效的是黑曲霉和出芽短杆霉菌 BKM – F21116。对铝土矿原矿和经微生物处理的铝土矿进行压煮溶出的试验表明，由于铝针铁矿的分解，Al_2O_3 的回收率可提高 3.6%。

G. R. Chaudhury 和 R. P. Das[80] 研究微生物黑曲霉在蔗糖介质中浸除铝土矿时铁的动态过程。浸出温度为 60℃，时间为 3h，浸出液 pH = 0.75，粒度为 107.5μm，矿浆浓度为 5%。浸出率方程为：$R = T^{1.25}H^{0.4}P^{0.27}$。式中，$R$ 为铁的溶解率；T 为浸出温度；P 为矿浆浓度；H 为浸出液初始 pH 值。铁溶解活化能为 9.67kJ/mol。在最佳浸出条件下，铁的脱除率大于 50%。实验结果表明，生物法选矿除铁效果已接近磁选、浮选法脱铁的效果，实验室繁殖的突变菌种比野生菌种的脱铁效果好得多，生物反应温度提高可加快生物脱铁效果。该法无环境污染。生物法脱铁的不足之处是生物反应时间较长，矿浆浓度过低，不利于大批量处理。

印度的 N. Deo 和 K. A. Natarajan[81~83] 等人详细研究了多勃芽孢杆菌对赤铁矿、刚玉、石英、高岭石等矿物表面性质的影响。研究表明，经过生物预处理后石英和高岭石的疏水性增强，而赤铁矿、刚玉等经过生物处理后亲水性更强；在微生物预处理过程中能明显发现，细菌蛋白质对石英和高岭石的吸附作用及多糖对赤铁矿和刚玉的吸附作用均显著增强。因此，通过对以上矿物进行生物预处理后，可通过浮选或选择性浮选实现铝、硅矿物从铁矿物中的分离。

中国铝业郑州研究院的李军亮和周吉奎等人[84] 进行了生物浸出脱除铝土矿选矿尾矿中铁矿物的实验研究，研究了各种浸出条件对脱铁效果的影响。结果表明，利用从矿山筛选得到的微生物发酵液对铝土矿尾矿进行浸出除铁，在 85℃、液固比为 10∶1、反应时间为 6h 的条件下，可除去尾矿中 90% 的铁，除铁后的尾矿可作为耐火材料的优质原材料。

现有的研究结果表明，生物法能在一定程度上选择性地脱除矿石中的铝、硅矿物，但存在脱除效果有限、反应时间较长、矿浆浓度过低、不利于大批量处理等问题；而且在浸出脱铝的过程中，铁矿物也同时溶解，造成精矿铁品位下降，回收率降低。因此，虽然生物法成本低、环境污染小，但是到目前尚未获得大规模工业应用。

13.7　含碳球团在冶金资源综合利用中的应用

13.7.1　含碳球团概述

由铁矿粉配以固体还原剂（低挥发分的煤粉和焦煤）与适当的黏结剂，充分混合后，经造球机或压球机压制而成的一种含碳的铁矿粉球团或团块，统称为含碳球团[85,86]。

由于含碳球团物料成分复杂以及生产工艺要求的多样性，其品种日渐繁多。含碳球团根据配煤量、黏结剂性质及种类、制备工艺、使用方法、生产工艺等，可进行如下分类[87]：

（1）按配煤量分为：非含碳球团，配煤量小于 5%；低含碳球团，配煤量为 5% ~ 10%；中含碳球团，配煤量为 10% ~ 15%；高含碳球团，配煤量大于 15%。

（2）按黏结剂性质及种类分为：无机黏结剂含碳球团，如水玻璃含碳球团、膨润土含碳球团、水泥含碳球团、石灰碳酸盐含碳球团；有机黏结剂含碳球团；复合黏结剂含碳球团。

（3）按使用方法分为：竖炉型含碳球团，回转窑型含碳球团，转底炉型含碳球团。

（4）按生产工艺温度分为：冷固结含碳球团，热压含碳球团。

13.7.2　含碳球团还原过程

13.7.2.1　含碳球团的还原特点

含碳球团自身带有还原剂，铁矿粉与还原剂紧密接触，加热过程中不仅能够快速还原，而且由于其还原过程中产生的气体从球团内部排出，可以抑制氧化性气体的氧化作用。因此，冶金工作者一直努力推行在高炉炼铁中使用含碳球团。

含碳球团在高温下的还原速度快，例如，直径为 10～20mm 的球团在 900℃ 下反应时，10～20min 内基本上能全部还原[88]。这是因为球团内的碳及矿粉粒度极细，碳与铁氧化物密切接触，使还原速度的限制环节由传统的传质过程转变为界面化学反应。温度越高，球团直径越小，原料越细，配碳量越高，则还原速度越快。但因还原反应是强吸热的，向球团传热的速度将控制总反应速度，因此，发挥含碳球团快速还原特点的必要条件是高温和快速供热。

含碳球团在高温氧化性气氛中快速还原时，还原初期，大部分几乎不受气相中氧化性气氛的影响而自行还原；只有到还原后期，还原速度降低到一定值后，才发生氧化现象。氧化速度随球团直径的增大、加热温度的提高和残留碳量的增加而降低。

13.7.2.2　含碳球团还原性能的影响因素

在测定含碳球团的还原性能时，其影响因素多且机理复杂。对含碳铁矿球团来说，秦民生[89]在其著作中分析了还原温度、球团内配碳量、所用煤粉种类、实验所用矿石种类、添加剂、炉气气氛、球团原料混磨时间（物料粒度）等因素，认为各种因素对球团的还原速度都有影响，只是程度不同。同时，周渝生的实验[90]也有类似的论述。R. Haque 等人分析了铁矿粉与碳的直接接触对直接还原的影响[91]。总的来说，含碳铁矿球团还原性能的影响因素大致包括以下几个。

A　还原温度

一般情况下，随温度的升高，球团的金属化率和还原率均升高。但有的铁矿石会例外，即达到一定温度以后，球团金属化率的上升速度变缓甚至会有所下降。出现这种现象的主要原因是：

（1）还原过程中采用的固定碳（还原剂）量超过金属铁被还原出来所需的理论固定碳量，并且直接还原反应是一个强吸热反应，所以随反应温度的升高，反应进行的速度加快。因此，还原温度升高时还原产品的金属化率升高。

（2）还原温度提高后，煤的反应活性大大提高，碳的气化反应速度加快，故升高还原温度可使还原产品的金属化率升高。由此可以看出，还原煤的反应性指标很重要，生产中应尽量选用反应性良好的煤作为还原剂。但有时由于条件的限制而不得不采用反应性指标较低的煤，此时应当在允许的范围内适当提高还原温度以保证产品的金属化率。

（3）还原温度并非越高越好，应该在适当的范围之内。因为矿物原料中不可避免地含有 SiO_2 和 Al_2O_3 脉石成分，在还原过程中会与金属氧化物生成低熔点化合物铁橄榄石（$2FeO \cdot SiO_2$），其熔点仅为 1120℃。所以当温度升高到一定程度以后，$2FeO \cdot SiO_2$ 等低熔点化合物将生成并发生软化和熔化，使矿物原料的孔隙率下降，从而影响球团矿的还原过程，所以产品的金属化率变缓甚至略有降低。

通过上述分析可以认为，虽然还原温度的提高有利于提高还原率，但是受含铁原料及煤灰分软熔点的限制。

B 还原时间

影响氧化物还原时间的主要因素有煤粉的反应性、配碳量和还原温度[89,92]。当这些影响因素固定不变时，随还原时间的延长，产品的金属化率（还原率）逐步升高。在开始阶段，随时间的延长金属化率提高很快；但当金属化率升高到一定程度以后，随时间的延长金属化率的升高是非常有限的。这是因为在还原的初始阶段，矿粉颗粒与煤粉颗粒的接触条件良好，还原反应进行得较为激烈；另外，反应进行到一定时间后，碳被还原消耗掉一部分，碳的气化反应速度减慢，故球团内部及周围的 CO 浓度降低；同时，时间过长会严重影响生产率，因而还原时间不宜太长。

C 煤的种类及配碳量

在直接还原反应过程中，碳主要消耗于两个方面：一是作为还原剂，用以夺取铁氧化物中的氧；二是作为燃料，用于提供还原所需的热量。对含碳球团来说，用作还原剂的煤要求具有较高的反应性，即要求煤中的 C 与 CO_2 反应（$C + CO_2 = 2CO$）速度快。事实上，含碳球团中的煤从反应一开始就扮演着还原剂和燃料的双重角色。从已有的研究结果来看，含碳球团中配加的煤种可以是多种多样的，挥发分含量高的烟煤、固定碳高的焦煤和无烟煤甚至是褐煤，都能用于含碳球团或类似的内配碳还原过程[93]。这说明，在含碳球团的还原过程中，还原剂和燃料的作用是可以部分替代和互相补充的。事实上，含碳球团的还原不仅仅依靠固定碳，煤中的挥发分等物质也对还原有一定的帮助；但由于煤中的固定碳和挥发分在发生燃烧反应和还原反应时所需的温度不同，两者在含碳球团还原过程中的表现也就不同。还原温度越高，燃烧和还原反应越迅速，挥发分对还原的促进作用也就越大。

对含碳球团的还原来说，还原煤对其影响很大。还原煤的反应活性包括以下几个方面：煤的固定碳含量高，应在 50% 以上；煤的反应性良好，在正常的焙烧温度下，CO_2 与固定碳的反应率达到 98% 以上；煤的挥发分含量适中；煤的灰分含量低。

提高含碳球团的配碳量有利于提高含碳球团的还原速度。在其他条件相同时，含碳球团中的配碳量越高，碳在球团中的体积比就越大，所以碳的气化速度就越快，从而提高了球团矿内 CO 的浓度，降低了 CO_2 的浓度，促进了铁氧化物的还原过程。因此，在能够保证含碳球团机械强度的前提下，适当提高其中的配碳量对加快含碳球团的还原过程是有利的。关于配碳量多少对含碳球团直接还原过程的影响，国内曾有过很多研究。

白国华等人[93]研究表明，在一定加热温度下，随配碳量的增加，还原率将大幅度升高。这项研究发现，当焦炭用于还原剂时，气化反应是整个氧化物还原过程的控制反应；配碳量增加将大大提高气化反应速率，特别是在初级阶段，焦炭的气化更能影响反应的进行。配碳量多少就是按照这样的机理作为一个很重要的因素来影响直接还原过程的。

杨学民等人[94]研究表明，随着碳含量的增加，含碳球团的反应速度也在增加。当含碳球团中碳氧比小于 1.0 时，含碳球团处于还原剂缺乏状态，还原速度较小；而当碳氧比大于 1.0 时，含碳球团处于还原剂过剩状态，还原速度较大。

周渝生等人[95]的研究表明，随着碳含量的增加，含碳球团的冶金性能（如球团的强度、软化点等）均在降低。

综上所述，配碳量的多少对含碳球团的直接还原过程有很大影响。但过量的配比也不是解决办法，因为不仅会造成产品中余碳过多，引起资源浪费，而且会带来降低团块强度等不良后果。因此，合适的配碳比关系是非常重要的[93,96]。

值得一提的是，在条件允许的情况下，适当减小含碳球团中铁矿粉和炭粉的颗粒度对促进其还原速度是有利的。由于在减小铁矿粉和炭粉粒度的同时增大了含碳球团中单位体积内铁矿粉和炭粉的比表面积，从而增大了两者之间的接触面积，这必然会加快含碳球团的还原速度。

D　原料的理化性能

矿物原料的粒度、化学组成和结构等对球团的还原程度有显著影响。矿物原料的最佳粒度应当是：粒度上限以还原后颗粒的核心能在一定时间内被还原为原则，粒度下限应保证料层内具有良好的透气性。

E　炉气的气氛

含碳球团内的氧化物还原反应均为气相物质的量增加的反应。因此，还原过程必然伴随气相体积的增大，存在"气圈"现象。王东彦等人[97]实验表明，在一定温度下，随着气量的增大和 CO_2 浓度的增加，含碳球团中氧化铁的还原速度显著减小。其解释为：在气体流量较小时，由于气圈现象的存在，有效地阻碍了气氛中气体向球团内部的传递和对球团中还原气体的稀释，因此对球团中氧化物还原速度的影响不大；但当气相中气体流量增大时，气氛中 N_2 或 CO_2 向球团反向传递的作用增大，因此稀释 CO 的作用比较明显，降低了氧化物的还原速度，使金属化率降低，同时也使气圈现象减弱。在较大的气量下，当温度升高时，还原反应和碳的气化反应加剧，气体膨胀速度增加，对气氛中气体反向扩散的阻力增大，因此对还原气体的稀释得到缓解，氧化物还原速度增加，导致温度较高时的气圈现象比低温时要明显，有利于金属化率的提高。

13.7.3　含碳球团在冶金资源综合利用中的应用现状

鉴于含碳球团具有优良的冶金性能，国内外已将其广泛应用于处理各种冶金资源，以解决目前资源紧缺的现状，缓解进口原料的巨大压力，保障钢铁及其他相应工业的持续稳定发展。

武汉科技大学的周继程[98]、薛正良等人将含碳球团应用于高磷鲕状赤铁矿，进行了煤基直接还原提铁脱磷技术的研究。该研究利用内配碳高温自还原技术将赤铁矿快速还原成金属铁，在高温下，金属铁通过一定程度的聚集长大破坏了原矿的鲕粒结构，改变了铁的赋存状态，然后通过磁选得到超高品位铁精矿。对还原后团块的矿相结构分析表明，高磷鲕状赤铁矿含碳球团经过高温还原后，原矿的鲕状结构被破坏，金属铁经过扩散聚集，实现了铁颗粒的重建和长大，这就为金属铁与富含磷的脉石的分离创造了前提。团块中铁颗粒的大小受内配碳比、还原温度、渣相碱度和还原时间等工艺因素的综合影响。通过内配碳高温自还原技术处理高磷鲕状赤铁矿在理论上是可行的，铁的收得率可达85%以上，脱磷率可达80%以上。

重庆大学刘松利、白晨光和胡途等人[99]将钒钛铁精矿进行压团，研究了其转底炉直接还原－电炉熔分工艺。实验室压片机压球结果表明，使生球落下次数较高的条件分别为：矿煤粒度比 200 目/60 目，球团水分含量 8%，黏结剂浓度 0.3%，压团压力为

10MPa；球团水分含量是影响球团性能或压团工艺参数的主要因素，矿煤粒度比对球团性能有较大影响，压团压力和黏结剂浓度对各项指标的影响最小；生球团要进行干燥处理，干燥温度为105℃，干燥时间控制在2h左右，所得球团的抗压强度为98N/个，高温爆裂性能小于20%，能满足转底炉直接还原工艺的要求。钒钛铁精矿转底炉直接还原-电炉熔分实验室模拟结果表明，当配碳比为1.5、还原温度为1350℃、添加剂浓度大于2%、还原时间为20min时，球团的金属化率可以达到88%以上；当金属化球团电炉熔分工艺参数为碱度1.4、熔分时间120min、熔分温度1450℃及配碳比1.5时，渣相中FeO含量为8.35%，能使铁和钒、钛进行有效分离。

含碳球团应用于处理工业废水也有相关研究。河北理工大学的李娜[100]、蒋武锋等人对球壳采用不同配比的高含碳金属化球团和硅藻土系多孔高含碳金属化球团处理焦化废水进行探索研究。高含碳金属化球团是由铁精粉配以适量煤粉与黏结剂充分混合后，经造球机制成的一种含碳小球，再经高温还原而制成。该研究利用高含碳金属化球团处理焦化废水，通过还原竖炉和马弗炉对三种不同的高含碳金属化球团进行了高温还原实验，并利用电化学工作站对高含碳金属化球团的电化学性质进行了研究。在实验的基础上，结合直接还原的理论，得出了提高高含碳金属化球团强度且不降低其处理焦化废水能力的合适配比和还原温度。高含碳金属化球团经过高温还原后有金属铁被还原出来，且球团内含有过剩的碳，为铁-碳微电解法处理焦化废水打下基础。实验中主要使用了一种价格低廉的添加剂，该添加剂含量提高后，高含碳金属化球团对焦化废水的处理效果没有下降，相反却有所提高。使用这种改进的高含碳金属化球团处理焦化废水已取得良好的效果，它具有使用寿命长、材料来源比较广泛、成本低廉、操作简单、易于实现自动化等诸多优点，为本书的研究提供了现实意义。

此外，研究学者将含碳球团应用于海砂的开发利用。沈维华等人[101]对海砂制备含碳球团并直接还原进行了实验室基础研究。该研究表明，各因素对含碳球团指标的影响程度依次为：黏接剂种类＞海砂粒度组成＞黏接剂的配比＞碳氧摩尔比 n_C/n_O。制备含碳球团的最佳工艺参数为：采用水玻璃＋钠基优质膨润土复合黏接剂，其配加量为4.0%＋1.0%；海砂粒度组成为-0.05mm（-300目）占30%，0.05~0.074mm（300~200目）占40%，+0.074mm（+200目）占30%。在密闭的弱氧化性气氛中，海砂含碳球团直接还原的最佳工艺参数是：温度控制在1300℃，n_C/n_O 控制在1.2，还原时间为30min。在该条件下球团的金属化率达到了94.01%，但是其TFe含量为73.07%，MFe含量为68.69%。根据海砂品位不高、直接还原后脉石含量较高的特点，海砂直接还原可实现铁元素的聚集，其与脉石和钛元素有分离倾向，由此提出了细磨磁选的后续工艺，实现了铁和高钒钛脉石的分离，铁粉压块处理后可以进行电炉炼钢，而高钒钛脉石可以提取高附加值产品，这为大规模开发利用这类铁矿砂提供了依据。

13.7.4 热压含碳球团

由于冷固结球团存在的缺点，在以往研究基础上开发研究出一种新型热压块工艺，其产品是热压含碳球团（Carbon Composite iron ore hot Briquette，简称为CCB）。热压含碳球团是利用煤的黏结性，将煤粉、铁矿粉、熔剂等经预热处理，按一定的比值（国外试验比值为22/78）配料混合，然后热压成块，再进一步进行热处理而制得。此工艺避免了黏结剂的使用，利用煤的黏结性不但改善了含碳球团的物理性能，还使球团中煤、矿颗粒的接触更加充分，改善了含碳球团的高温冶金性能。发展热压含碳球团工艺对解决上述问题具有重要的现实意义。

国外对煤粉、矿粉的预热温度分别为100℃和700℃[102,103]，其以加热的铁矿粉作为热载体快速加热热压用煤，保证煤的胶质体的生成量，从而发挥良好的热塑性和黏结性。国外实验的热压含碳球团生产工艺流程如图13-5所示。此制造工艺不加黏结剂，充分利用煤的热塑性，使其在软化熔融时与含铁原料黏结成块。熔融煤中的碳侵入含铁原料颗粒的空隙中或覆盖在颗粒的表面上，含铁原料与煤粉颗粒充分接触。整个工艺流程中，加热温度最高

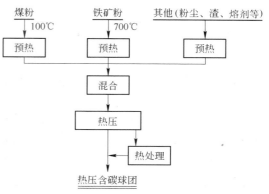

图13-5 热压含碳球团的生产工艺流程

为700℃，远低于烧结、球团及焦化生产工艺温度。由此可推知，热压含碳球团生产工艺将比传统原料处理工艺大幅降低能耗。另外，热压含碳球团可增加普通煤、低品位铁矿及含铁粉尘的使用量，提高了炼铁工艺对原料的适应性。

热压含碳球团与冷固结球团相比，其高温机械强度明显改善。据有关试验证明，由热塑性良好的煤在线压力2.0~2.9t/cm下制成的热压含碳球团，抗压强度可达1200N/个。热压含碳球团的抗压强度与其制造温度、煤的热塑性、热压压力有关。另外，热压含碳球团在高温冶炼过程中的抗压强度明显高于普通烧结矿及球团矿。

热压含碳球团自身带有还原剂且具有良好的微观结构，煤、矿颗粒紧密接触，为还原反应提供了良好的动力学条件，使还原速度限制环节由传统传质过程转变为界面化学反应，这是烧结矿和球团矿无法比拟的。由于热压产物内部细小颗粒的铁氧化物与碳紧密接触，与普通的烧结矿相比，其还原反应可在较低的温度下开始发生（1100℃时还原率达91.22%）。而且含碳球团内存在耦合效应，即碳的气化反应和铁氧化物的还原反应同时进行并相互促进，最终加速含铁炉料的还原。由此可推知，热压含碳球团的还原性将高于其他含铁炉料。热压含碳球团的还原性能要明显优于普通的烧结矿和普通的氧化球团[104,105]。

热压含碳球团与冷固结球团及其他炼铁原料相比，其显著特点是高温强度高、还原性能强，在温度较低的情况下能够快速还原，在炼铁新工艺开发和冶金资源综合利用方面具有良好的应用前景。

13.8 高铁铝土矿高效清洁综合利用新工艺的提出

国内外针对高铁三水铝土矿的综合利用研究已进行多年，到目前为止先后出现了铁铝分选法、先铝后铁法、先铁后铝法。铁铝分选法由于高铁铝土矿中铁与铝嵌布胶合、密切共生，难以用普通物理选矿方法实现铁铝分离。先铝后铁法也称为先浸后冶法，先将矿石中易于浸出的三水铝石浸出，再将富铁赤泥冶炼。但该方法不仅Al_2O_3浸出率低，而且碱耗高，同时碱给高炉炼铁带来困难，不能很好地解决高铁三水铝土矿的开发利用问题。先

铁后铝方法包括金属化预还原 – 电炉熔分 – 浸出、烧结 – 高炉冶炼 – 氧化铝提取等工艺，但前者采用回转窑 – 电炉熔分流程，能耗高，污染大；后者铝土矿烧结困难，高炉冶炼焦炭消耗高，操作复杂。到目前为止，这些高铁三水铝土矿研究利用工艺均未见工业化应用和实施。所以，目前高铁三水铝土矿这种含有铁、铝、钛等有价金属的复合资源未能得到开发利用。

近年来，随着我国铁矿石进口量和铝土矿进口量的急剧跃升，如何有效地开发利用高铁三水铝土矿资源，缓解我国铁矿资源和铝矿资源日益短缺的现状，已成为一个重要的课题。因此，开发一种新的高铁三水铝土矿选分工艺对于我国钢铁工业和铝工业都有重要的战略意义。基于铁矿还原的特点，并充分考虑高铁三水铝土矿的原料特性以及传统高铁三水铝土矿直接还原并未实现其中铁与铝的有效分离，本书提出了高铁三水铝土矿金属化还原 – 高效选分综合利用新工艺，如图 13 – 6 所示。

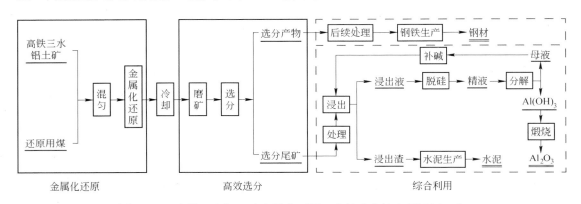

图 13 – 6　高铁三水铝土矿金属化还原 – 高效选分综合利用新工艺

首先进行的是铝土矿与煤散料体还原的试验研究，主要流程是：高铁三水铝土矿原矿经破碎筛分后，将其与烟煤煤粉按一定的比例混合（但未压块），在高温下进行金属化还原，其中烟煤煤粉作为还原剂，将矿石中的铁矿物直接还原为金属铁，通过控制还原条件来合理控制铁颗粒的长大形态和粒度，使之适合于后续的选分作业。然后经磁选分离，得到选分产物和选分尾矿。选分产物经后续处理用于钢铁生产，选分尾矿经过处理进入氧化铝产业链。此新工艺通过控制还原条件，使高铁三水铝土矿中的铁相经过充分还原并聚集成铁颗粒，从而实现铁与铝的高效分离，进而促进高铁三水铝土矿的综合利用。高铁三水铝土矿金属化还原 – 高效选分综合利用新工艺属于粉状散料直接还原，虽然投资省，但反应装置选择面窄，矿石处理量较小，工业应用受到限制。

同时，鉴于热压含碳球团为新型优质炼铁原料，其与冷固结含碳球团及其他炼铁原料相比具有更好的冶金性能，包括高温强度高、还原速度快、还原温度低[106,107]，具有更好的工业化应用前景。因此，本书将上述的金属化还原 – 高效选分与热压含碳球团相结合，在充分考虑高铁三水铝土矿的原料特性基础上，提出了基于热压块的高铁三水铝土矿金属化还原 – 高效选分新工艺（见图 13 – 7）。该工艺的主要流程是：高铁三水铝土矿经脱水后，按一定比例与烟煤混匀，在适宜温度下制得高铁铝土矿热压含碳球团，团块在高温下进行金属化还原，其中烟煤煤粉作为还原剂，将矿石中的铁矿物直接还原为金属铁。随后同样进行磨矿、选分，得到富氧化铝渣和铁粒。热压块还原是对散料体还原工艺的技术改进。热压块工艺可以很好地解决第一个工艺的诸多问题，还原温度可大幅降低，还原速度显著加快，工业化应用时可选择直接还原转底炉以及大型化煤基竖炉，故在工艺能耗、生产效率和应用前景方面具有更大的优势。

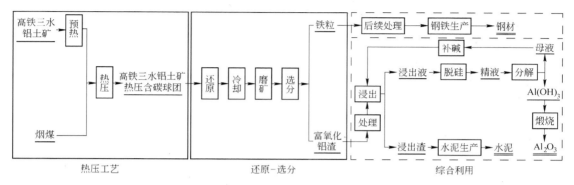

图13-7　基于热压块的高铁三水铝土矿深度还原-高效选分新工艺

这两个新工艺为储量丰富的高铁三水铝土矿资源的综合利用提供了新思路，并为其他难选矿资源的高效利用提供了参考和借鉴，本研究对实现铁铝复合矿资源的综合利用具有重要的现实意义，同时也有利于我国钢铁工业和铝工业的可持续发展。

参 考 文 献

[1] U. S. Geological Survey. Mineral commodity summaries 2011 [R]. 2011：78～84.
[2] 马建明，刘树臣，崔荣国. 国内外铁矿资源供需形势 [J]. 国土资源情报，2008，(3)：33～36.
[3] 中国化肥网. 铁矿石：国家扶持国产矿的政策和走向 [EB/OL]. http：//www. fert. cn/news/2009/9/7/20099713433033250. shtml，2009-09-07.
[4] 储满生. 钢铁冶金原燃料及辅助材料 [M]. 北京：冶金工业出版社，2010：56～59.
[5] 余永富. 我国铁矿山发展动向、选矿技术发展现状及存在的问题 [J]. 矿冶工程，2006，(1)：7～10.
[6] Brennan L J，Field R V，George T J，et al. Chemical beneficiation of zircon concentrates in Western Australia [J]. International Journal of Mineral Processing，1984，13 (4)：251～258.
[7] World Steel Association. Steel statistical yearbook 2009 [R]. 2010：105～113.
[8] World Steel Association. World steel in figures 2012 [R]. 2010：3～14.
[9] 雷平喜. 2011年铁矿石资源供需分析及2012年形势展望 [J]. 中国矿业，2012，21 (2)：1～5.
[10] 杨立明，苏征. 我国进口铁矿石质量状况及对策 [J]. 现代矿业，2009，25 (4)：15～19.
[11] 龙宝林，叶锦华. 我国钢铁及铁矿石需求预测 [J]. 中国矿业，2010，19 (11)：4～6.
[12] 刘长龄. 论高岭石黏土和铝土矿研究的新进展 [J]. 沉积学报，2005，23 (3)：467～474.
[13] 鄢艳. 我国铝矿资源现状 [J]. 有色矿冶，2009，25 (5)：58～60.
[14] 张伦和. 合理开发利用资源实现可持续发展 [J]. 中国有色金属，2009，(5)：25～29.
[15] 中国有色金属网. 盘点中国震惊世界的巨量矿产资源 [EB/OL]. http：//www. zynm. net/html/xin-wenzhongxin/xingyexinwen/20100713/21950. html，2010-07-13.

[16] 刘中凡, 杜雅君. 我国铝土矿资源综合分析 [J]. 轻金属, 2000, (12): 8~12.

[17] 于蕾, 侯恩刚, 高亦文. 中国铝土矿勘查研究进展 [J]. 资源与产业, 2011, 13 (3): 27~33.

[18] 中商情报网. 2011 年全球原铝产量增加 8% [EB/OL]. http: //www. askci. com/news/201203/14/ 15567_44. shtml, 2012 - 03 - 14.

[19] 孙莉, 肖克炎, 王全明, 等. 中国铝土矿资源现状和潜力分析 [J]. 地质通报, 2011, 30 (5): 724~728.

[20] 罗建川. 基于铝土矿资源全球化的我国铝工业发展战略研究 [D]. 长沙: 中南大学, 2006.

[21] 资源再生编辑部. 三大因素制约我国铝业可持续发展 [J]. 资源再生, 2007, (11): 15.

[22] 中国产业研究报告网. 2010 年全球原铝产量情况 [EB/OL]. http: //www. chinairr. org/view/V02/ 201103/25 - 71380. html, 2011 - 03 - 25.

[23] 中铝网. 2010 年第四季度世界氧化铝产量报告 [EB/OL]. http: //market. cnal. com/statistics/2011/ 03 - 02/1299052971216236. shtml, 2011 - 03 - 02.

[24] 张莓. 我国铝土矿资源开发的实况与问题 [J]. 中国金属通报, 2010, (17): 36~38.

[25] 范振林, 马苗卉. 我国铝土矿资源可持续开发的对策建议 [J]. 资源市场, 2009, (11): 53~55.

[26] 王秋霞, 张克仁, 赵军伟, 等. 我国铝土矿资源及开发利用现状、问题及对策 [J]. 矿产保护和利用, 2008, (10): 46~50.

[27] 崔萍萍, 黄肇敏, 周素莲. 我国铝土矿资源综述 [J]. 轻金属, 2008, (2): 6~8.

[28] 施月循, 刘宏娟. 高炉增加高铝铁矿冶炼的可行性探讨 [J]. 上海金属, 2001, 23 (1): 7~10.

[29] 常久柱, 于勇. Al_2O_3 对唐钢高炉炉渣性能的影响 [J]. 炼铁, 2004, 23 (3): 10~13.

[30] 沈峰满. 高 Al_2O_3 含量渣系高炉冶炼工艺探讨 [J]. 鞍钢技术, 2005, (6): 1~4.

[31] 俞成. 采用选择性分散剂和絮凝剂对印度高铝铁矿泥进行选别研究 [J]. 国外选矿快报, 1994, (4): 5~8.

[32] Bhattacharya, Viswakarma U K, Misra P, et al. Meeting the challenges of a growing demand for steel in India [J]. Journal of the Institution of Engineers (India) Part PR: Production Engineering Division, 2009, 90 (17): 24~36.

[33] Privastava S M, Pan S K, Prasad N, et al. Characterization and processing of iron ore fines of Kiriburu deposit of India [J]. International Journal of Mineral Processing, 2001, 61 (2): 93~107.

[34] Pradhan N, Das B, Gahan C S. Beneficiation of iron ore slime using Aspergillus niger and Bacillus circulans [J]. Bioresource Technology, 2006, 97 (15): 1876~1879.

[35] Hanumantha R K, Narasimhan K S. Selective flocculation applied to Barsuan iron ore tailings [J]. International Journal of Mineral Processing, 1985, 14 (1): 67~75.

[36] 李军旗, 张志刚, 徐本军, 等. 赤泥综合回收利用工艺 [J]. 轻金属, 2009, (2): 23~26.

[37] 李亮星, 黄茜琳, 罗俊, 等. 从赤泥中回收铁的试验研究 [J]. 上海有色金属, 2009, 30 (1): 19~21.

[38] 唐向琪, 陈谦德. 贵港式三水铝石矿综合利用方案比较 [J]. 轻金属, 1995, (2): 1~6.

[39] 李天庚, 王宵楠, 吴一峰. 高铁铝土矿铝铁分离综合利用方法: 中国, 200610017376. 9 [P]. 2006 - 07 - 26.

[40] 程辉, 孙建军. 郑州综合所成功研制高铁铝土矿综合利用新技术 [EB/OL]. 中国国土资源报, 2011 - 04 - 18: 05.

[41] 张敬东, 李殷泰, 毕诗文, 等. 广西贵县高铁三水铝石矿综合利用研究 [J]. 轻金属, 1990, (2): 9~12.

[42] 张敬东. 高铁高硅铝土矿综合利用工艺及基础研究 [D]. 沈阳: 东北大学, 1996.

[43] 侯建, 方觉, 范兰涛. 广西高铁铝土矿小型烧结实验 [J]. 河北理工大学学报 (自然科学版), 2009, 31 (2): 18~21.

[44] Ercag E, Apak R. Furnace smelting and extractive metallurgy of red mud [J]. Journal of Chemical and Biotechnology, 1997, 70 (3): 241~246.

[45] 罗道成, 刘俊峰, 易平贵, 等. 氧化铝厂赤泥综合利用的新工艺 [J]. 中国矿业, 2002, 11 (5): 50~53.

[46] 卓九凤, 康静文, 田建民, 等. 赤泥在环境污染治理中的应用及资源化途径 [J]. 科技情报开发与经济, 2010, 20 (4): 136~139.

[47] Kalkan E. Utilization of red mud as a stabilization material for the preparation of clay liners [J]. Engineering Geology, 2006, 87 (3): 220~229.

[48] 中铝网. 高铝铁矿冶炼技术 [EB/OL]. http://news.cnal.com/knowledge/2011/05 – 07/1304736296225109. shtml, 2011 – 05 – 07.

[49] 刘南松. 印度高铝铁矿石的生产使用实践 [C] //冶金技术经济论文集. 武汉: 中国金属学会, 1997: 276~283.

[50] 李殷泰, 毕诗文, 段振瀛, 等. 关于广西贵港三水铝石型铝土矿综合利用工艺方案的探讨 [J]. 轻金属, 1992, (9): 6~14.

[51] 东北工学院, 沈阳铝镁设计研究院. 贵港高铁铝土矿综合利用研究报告 [R]. 1991: 9~26.

[52] 朱忠平, 黄柱成, 姜涛, 等. 高铁三水铝石型铝土矿的烧结特性 [J]. 中国有色金属学报, 2007, 17 (8): 1360~1366.

[53] 朱强, 齐波. 国内赤泥综合利用技术发展及现状 [J]. 轻金属, 2009, (9): 7~10.

[54] 廖春发, 卢惠明, 邱定蕃, 等. 从赤泥中综合回收有价金属工艺的研究进展 [J]. 轻金属, 2003, (10): 18~22.

[55] 肖金凯, 雷剑泉. 贵州铝厂赤泥中的钪和稀土 [J]. 科学通报, 1993, 39 (13): 1248.

[56] 南相莉, 张廷安, 刘燕, 等. 我国赤泥综合利用分析 [J]. 过程工程学报, 2010, 10 (1) 增刊: 264~270.

[57] 任冬梅, 毛亚南. 赤泥的综合利用 [J]. 有色金属工业, 2002, (5): 57~58.

[58] 陈蓓, 陈素英. 赤泥的综合利用和安全堆存 [J]. 化工技术与开发, 2006, 35 (12): 32~35.

[59] 管建红. 采用脉动高梯度磁选机回收赤泥中铁的试验研究 [J]. 江西有色金属, 2000, 14 (4): 15~18.

[60] 李光辉, 刘牡丹, 姜涛. 高铝铁矿石工艺矿物学特征及铝铁分离技术 [J]. 中南大学学报 (自然科学版), 2009, 40 (5): 1165~1171.

[61] 李卫东. 拜耳法赤泥选铁新技术 [D]. 长沙: 中南大学, 2005.

[62] 郑桂兵, 王立君, 田祎兰. 印度某铁矿选矿工艺研究 [J]. 有色金属 (选矿部分), 2009, (2): 26.

[63] 施爱加, 张志华. 马钢南山铁矿东选精矿降铝工艺改造 [J]. 金属矿山, 1999, (5): 30~32.

[64] 周太华. 高铝褐铁矿铝铁分离研究 [D]. 长沙: 中南大学, 2008.

[65] 周国华, 薛玉兰, 何伯泉. 铝土矿选矿除铁研究进展概况 [J]. 矿产保护与利用, 1999, (4): 44~47.

[66] Szabo I, Ujhidy A, Jelinko R. Decrease of iron content of bauxite through high temperature chlorination [J]. Hungarian Journal of Industrial Chemistry, 1989, 17 (4): 465~475.

[67] Luiqi P, Fausto P, Luisa S. Recovering metals from red mud generated during alumina production [J]. Journal of the Minerals Metals and Materials Society, 1993, 45 (11): 54~59.

[68] 肖伟. 广西拜耳法高铁赤泥中铝和铁的回收 [D]. 长沙: 中南大学, 2008.

[69] Mishra B，Staley A，Kirkpatrick D. Recovery and utilization of iron from red – mud ［C］//130th TMS Annual Meeting. Pennsylvania，2001：149～156.

[70] 梅贤功，袁明亮，陈荩. 高铁拜耳法赤泥煤基直接还原工艺的研究 ［J］. 有色金属（冶炼部分），1996，（2）：27～30.

[71] 刘牡丹. 基于还原法的高铝铁矿石铝铁分析基础及新工艺研究 ［D］. 长沙：中南大学，2010.

[72] 富达尔，金诗伯. 氧化铝和铝（上册）［M］. 北京：冶金工业出版社，1960：223～243.

[73] 佟志芳. 广西贵港高铁铝土矿综合利用的研究 ［D］. 沈阳：东北大学，2005.

[74] Mishra B，Staley A，Kirkpatrick D. Recovery of value – added products from red mud ［J］. Minerals and Metallurgical Processing，2002，19（2）：87～94.

[75] 何波. 关于回收赤泥中铁的研究现状 ［J］. 轻金属，1996，（2）：23～26.

[76] Anand P，Modak J M，Natarajan K A. Biobeneficiation of bauxite using Bacillus polymyxa：calcium and iron removal ［J］. International Journal of Mineral Processing，1996，48（1）：51～60.

[77] 黄开飞，张虹. 铝土矿的生物选矿——用多粘杆菌除钙和铁 ［J］. 国外选矿快报，1997，（22）：5～8.

[78] Natarajan K A，Modak J M，Anand P. Some microbiological aspects of bauxite mineralization and beneficiation ［J］. Minerals and Metallurgical Processing，1997，14（2）：47～53.

[79] Каравайко Г И. 利用微生物提高含铝针铁矿的铝土矿中铝的回收率 ［J］. 赵雅如，译. 轻金属，1991，（4）：6～8.

[80] Chaudhury G R，Das R P. Biological removal of iron from China clay ［J］. Erzmetall，1990，43（5）：210～212.

[81] Deo N，Natarajan K A. Studies on interaction of Paenibacillus polymaxa with iron ore minerals in reaction to beneficiation ［J］. International Journal of Mineral Processing，1998，55（1）：41～60.

[82] Natarajan K A，Deo N. Role of bacterial interaction and bioreagents in iron ore flotation ［J］. International Journal of Mineral Processing，2001，62（1）：143～157.

[83] Deo N，Natarajan K A. Role of corundum – adapted strains of Bacillus polymyxa in the separation of hematite and alumina ［J］. Minerals and Metallurgical Processing，1999，16（4）：29～34.

[84] 李军亮，周吉奎，曹慧君，等. 生物浸出法脱除铝土矿选矿尾矿中铁矿物的实验研究 ［J］. 矿业研究与开发，2006，2（26）：55～57.

[85] 杨天钧，黄典冰，孔令坛. 熔融还原 ［M］. 北京：冶金工业出版社，1998：323～339.

[86] 杨天钧，刘述临. 熔融还原技术 ［M］. 北京：冶金工业出版社，1989：297～312.

[87] 陈津. 微波加热还原自熔性含碳球团的应用基础研究 ［D］. 北京：钢铁研究总院，2003.

[88] Yang T J. Iron ore briquetting containing carbon ［J］. Ironmaking and Steelmaking，1998，（3）：22～26.

[89] 秦民生. 含碳球团在直接还原中的应用 ［M］. 北京：冶金工业出版社，1977：56～59.

[90] 周渝生，杨天钧，吴铿. 含碳球团的冶金特性研究 ［C］//第五届冶金过程动力学和反应工程学学术会议论文集. 济南：中国金属学会冶金过程物理化学学会，1991：27～34.

[91] Haque R. Role of ore/carbon contact and direct reduction in the reduction of iron oxide by carbon ［J］. Metallurgic and Materials Transactions B，1995，26（2）：400～401.

[92] Haque R，Ray H S，Mukherjee A. Reduction of iron ore fines by coal char fines development of a mathematical model ［J］. Scandinavian Journal of Metallurgy，1992，21（2）：78～85.

[93] 张清岑，白国华. 影响含铁原料直接还原的若干因素 ［J］. 烧结球团，1996，21（3）：43～46.

[94] 杨学民，郭占成，王大光，等. 含碳球团还原机理研究 ［J］. 化工冶金，1995，16（2）：119～124.

[95] 周渝生，曹传根，齐渊洪，等．含碳球团竖炉直接还原试验研究 [J]．宝钢技术，1999，（5）：32~34，49.

[96] 薛正良，游锦洲，周国凡．内配煤球团直接还原铁生产对原料的选择 [J]．烧结球团，1997，22（6）：15~19.

[97] 王东彦，陈伟庆，周荣章，等．粉尘含碳球团还原方式及气氛对其还原挥发性能的影响 [J]．化工冶金，1996，17（4）：290~294.

[98] 周继程．高磷鲕状赤铁矿煤基直接还原法提铁脱磷技术研究 [D]．武汉：武汉科技大学，2007.

[99] 刘松利，白晨光，胡途．钒钛铁精矿内配碳球团压团工艺研究 [J]．稀有金属，2011，35（1）：83~88.

[100] 李娜．高含碳金属化球团的制备及理化性质研究 [D]．唐山：河北理工大学，2009.

[101] 沈维华．以含铁海砂为原料的含碳球团直接还原研究 [D]．重庆：重庆大学，2010.

[102] Matsui Y, Sawayama M, Kasai A. Reduction behavior of carbon composite iron ore hot briquette in shaft furnace and scope on blast furnace performance reinforcement [J]. ISIJ International, 2003, 43 (12): 1904~1912.

[103] Akito K, Matsui Y. Development of carbon composite iron ore hot briquette and basic investigation on its strength enhancing mechanism and reducibility [C] //Science and Technology of Innovative Ironmaking for Aiming at Energy Half Consumption. Tokyo: MEXT, 2003: 205~208.

[104] 储满生，王兆才，柳政根．物性因素对热压含碳球团还原性能的影响 [C] //2009 年第七届中国钢铁年会论文集．北京：中国金属学会，2009：413~418.

[105] 储满生，柳政根，王兆才，等．反应气氛和温度对热压含碳球团还原反应进程的影响 [J]．中国冶金，2011，21（4）：17~20.

[106] Kasai A, Mataui Y, Miyagawa K. Development of carbon composite iron ore hot briquette and basic investigation on its strength enhancing mechanism and reducibility [C] //Science and Technology of Iron Making for Aiming at Energy Half Consumption. Tokyo: MEXT, 2003: 205~215.

[107] 付磊，吕继平，柳政根，等．铁矿热压含碳球团高温抗压强度的实验研究 [C] //2008 年炼铁生产技术会议暨炼铁年会论文集．宁波：中国金属学会，2008：347~357.

14 高铁铝土矿金属化还原－高效选分

14.1 实验方案

本章在实验室条件下，对高铁三水铝土矿进行金属化还原－高效选分新工艺的实验研究，考察主要工艺条件对高铁三水铝土矿金属化还原－高效选分新工艺指标（包括选分产物的品位、金属化率、铁的收得率以及选分尾矿的 Al_2O_3 含量、Al_2O_3 的收得率等）的影响，并借助 SEM、EDS、XRD 等分析测试技术阐明其机理。同时，借鉴和参考选矿技术以及氧化铝工业的技术发展现状，初步确定选分产物和选分尾矿的后续研究利用方案，从而合理确定高铁三水铝土矿金属化还原－高效选分新技术的工艺参数，为高铁三水铝土矿高效综合利用提供参考和借鉴。

在实验过程中，主要研究还原温度、还原时间、配碳比、配矿粒度、磁场强度等工艺参数对高铁三水铝土矿铁铝分离效果的影响。根据前期结果，本研究选定的基准还原工艺参数为：配碳比 2.0，还原温度 1400℃，还原时间 3h，配矿粒度 －2mm。

在确定基准工艺参数的基础上，通过改变其中一个参数进行单因素系列对比实验，考察各工艺参数对高铁三水铝土矿金属化还原－高效分选效果的影响。还原实验方案列于表 14 － 1。

表 14 －1 还原实验方案

配 碳 比	还原温度/℃	还原时间/min	配矿粒度/mm
1.0	1350	60	细粉
1.5	1375	90	－ 0.50
2.0	1400	120	－ 1.25
2.5	1425	150	－ 2.00
3.0	1450	180	－ 3.20

14.2 实验原料

14.2.1 高铁铝土矿

14.2.1.1 化学成分

将所采用的高铁三水铝土矿经磨矿化验分析，得出其化学成分，列于表 14 － 2。可以看出，原矿铁品位较低，TFe 含量为 34.68%；烧损较高，为 17.50%；有害元素 P、S 含量较低，分别为 0.12% 和 0.03%；Al_2O_3 含量比铁矿石高，比国内一般铝土矿低，为 23.85%；硅含量高，SiO_2 含量为 7.16%；其他化学成分为 TiO_2、MnO_2 以及少量伴生的有益组分镓、钒、稀土，其中镓含量为 0.068% ~ 0.081%，V_2O_5 含量为 0.10% ~ 0.16%，均是有利用价值的资源。

表14-2 高铁三水铝土矿的化学成分（w） （%）

成 分	TFe	FeO	Fe_2O_3	SiO_2	Al_2O_3	CaO	MgO	S	P	烧损	其他
含 量	34.68	0.30	49.21	7.16	23.85	0.01	0.21	0.03	0.12	17.50	1.48

由上述成分可知，该铝土矿的铁含量和铝含量均达不到各自的工业品位要求，同时硅含量较高，属于高铁、高硅型三水铝土矿。因此，这种矿石资源不能单纯采用传统方法用作生产氧化铝的原料或者将其焙烧成烧结矿用作炼铁原料。

14.2.1.2 物相组成

为了确定高铁三水铝土矿的物相组成，采用X射线衍射分析技术对其进行分析，分析结果如图14-1所示。X射线衍射分析表明，高铁三水铝土矿主要由三水铝石、一水铝石、针铁矿、赤铁矿、黄铁矿、石英等组成。铝矿物主要为三水铝石，含有少量的一水铝石；铁矿物以针铁矿居多。为了了解其铁矿物和铝矿物的大致组成比例，使用荷兰帕纳科公司（Panalytical）的X'Pert HighScore Plus分析软件对含铁物相进行半定量分析，分析结果示于表14-3。含铁物相主要为针铁矿，其次为黄铁矿，再次为赤铁矿，其半定量含量占铁相的比例分别为62%、26%、11%。

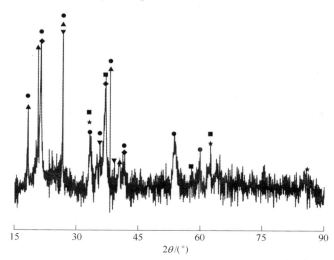

图14-1 高铁三水铝土矿原矿 X 射线衍射分析

▲—$Al(OH)_3$；▼—$AlOOH$；●—$FeO(OH)$；★—Fe_2O_3；■—FeS_2；◆—SiO_2

表14-3 含铁物相的半定量分析

参考卡片号	化学物名称	化学式	分 数	半定量含量/%
01-081-0464	针铁矿	$FeO(OH)$	23	62
01-085-0987	赤铁矿	Fe_2O_3	12	11
01-088-2302	黄铁矿	FeS_2	9	26

由于金属化还原温度较高，本书同时研究了高铁三水铝土矿焙烧后的矿物组成，其结果如图14-2所示。从中可以看出，高铁三水铝土矿经过高温焙烧脱除了结晶水，同时发生了矿相变化，针铁矿转变成赤铁矿，同时有部分赤铁矿与铁氧化物结合成铁铝复合氧化

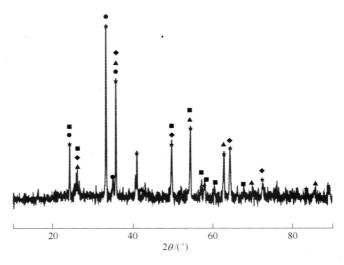

图 14 - 2 焙烧后高铁三水铝土矿矿相组成

★—Fe_2O_3；●—$Al_3Fe_5O_{12}$；▲—Al_2O_3；◆—SiO_2；■—$FeSO_4$

物，黄铁矿转变成硫酸亚铁，三水铝石和一水铝石均经过高温焙烧转变成 Al_2O_3。

14.2.1.3 矿物嵌布特征

为了进一步确定主要矿物的嵌布特征，利用扫描电子显微镜对高铁铝土矿原矿进行了显微观察，其结果如图 14 - 3 所示。图 14 - 3(a)所示的 SEM 照片显示，矿石表面颜色基本一致，表明高铁三水铝土矿在放大倍数为 500 的条件下，其矿物均匀稳定。图 14 - 3(b)为铝土矿颗粒放大 3000 倍的 SEM 照片，图中红色区域 C（$5\mu m \times 5\mu m$）的能谱分析如图 14 - 3（c）所示，从中可以看出，在此范围内的矿物主要为含铁矿物、含铝矿物、含硅矿物，此外还有少量的含钛矿物、含钒矿物。图 14 - 3（b）中的灰白亮点 A 为铁含量较高的矿物，其直径约为 $1\mu m$，除含有铁矿物外，还有部分铝矿物、硅矿物以及少量钛矿物、钒矿物等。同时，铝含量较高的矿物如图 14 - 3（b）中的暗色物质 B 所示，除含有部分硅矿物和铁矿物外，还含有少量的钛矿物和钒矿物。综上所述，高铁三水铝土矿结晶性能差，铁矿物、铝矿物、硅矿物三者相互胶结，同时夹杂有少量的钛矿物和钒矿物，这些嵌布关系极为复杂；并且颗粒微细，远低于一般铁矿选矿的磨矿粒度 - 0.074mm[1]。因此，通过常规物理处理方法无法实现铁矿物、铝矿物和硅矿物的有效分离，应采用化学方法或者物理 - 化学联合方法，使铁矿物、铝矿物、硅矿物中的一种或者两种能产生聚合，从而实现铁矿物、铝矿物、硅矿物之间的有效分离。

14.2.1.4 热重分析

为了解高铁三水铝土矿受热过程中结合水、吸附水的蒸发以及碳酸盐等的分解，利用德国耐驰公司生产的 STA 409 C/CD 型差式扫描量热仪研究其在氩气气氛下的 TG - DSC 曲线。实验设备示于图 14 - 4，实验结果示于图 14 - 5。

从图 14 - 5 可以看出，在 20 ~ 200℃ 之间，吸热峰较弱，说明高铁三水铝土矿中含有少量的吸附水。当温度在 200 ~ 400℃ 之间时，试样急剧失重，同时出现明显的吸热峰，峰值为 287.2℃，在此区间可以解释为三水铝石失去大部分结晶水而转化为一水铝石。在

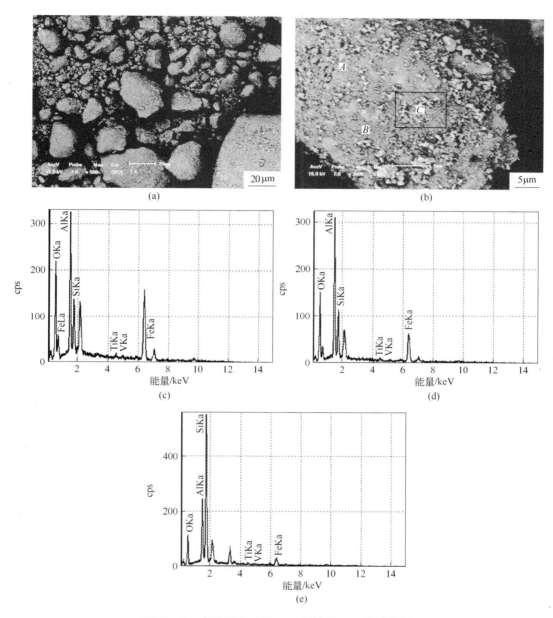

图 14 - 3　高铁铝土矿的 SEM 照片及 EDS 能谱分析

（a）铝土矿原矿颗粒放大 500 倍的 SEM 照片；（b）铝土矿原矿颗粒放大 3000 倍的 SEM 照片；
（c）方形区域 C 的 EDS 能谱分析；（d）灰白亮点 A 的 EDS 能谱分析；（e）暗色物质 B 的 EDS 能谱分析

400 ~ 600℃之间，出现微弱的吸热峰，这是由于一水铝石脱水转化为 Al_2O_3 和针铁矿脱水而造成的[2]。

　　在 600℃之后的失重，则包括高铁铝土矿中碳酸盐等矿物的分解。而吸热状态则是碳酸盐等盐类分解以及 Al_2O_3 晶型转变相互作用的结果，这是由于三水铝石在足够的温度和时间下先生成 $\gamma - Al_2O_3$，900℃时开始出现 $\theta - Al_2O_3$、$\kappa - Al_2O_3$、$\gamma - Al_2O_3$ 三相共存；随

图 14 - 4   STA 409 C/CD 型差式扫描量热仪

着温度的继续升高，1000℃时开始转变为 α - Al_2O_3，形成四相共存；一直到 1100℃ 时，仍然有 3 个过渡相；1200℃时所有过渡相完成相变，成为 α - Al_2O_3 单一相，这些相变过程一直处于吸热状态[3]。

利用颚式破碎机用高铁铝土矿原矿制备了四种粒度的高铁三水铝土矿，分别为 -0.5mm、-1.25mm、-2.00mm、-3.20mm。同时利用制样粉碎机制备了细粉状的高铁三水铝土矿，其中粒度小于 75μm 的颗粒比例为 50.6%，如图 14 - 6 所示。

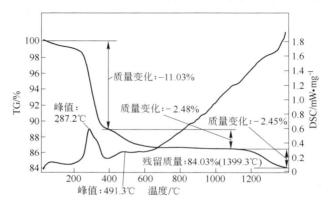

图 14 - 5   高铁三水铝土矿的 TG - DSC 曲线

14.2.2   还原用煤

选用铁法烟煤为还原煤，其固定碳含量为 43.45%，小于 75μm 的粒级占 70.92%，工业分析结果列于表 14 - 4。

表 14 - 4   铁法烟煤的工业分析（w）   （%）

成　分	固定碳 FC	灰分 A_{ad}	挥发分 V_{ad}	全硫 $S_{t,d}$	结合水 M_{ad}
含　量	43.45	14.60	33.86	0.40	8.09

14.3   实验设备及步骤

本实验所用设备同 8.1.4 节。

配料计算类似于 12.2 节所述。以本实验的其中一个配碳比 2.0 为例，计算方法如下：

（1）100g 高铁铝土矿中的含氧量为：

$$n_O = 0.30/72 + 3 \times 49.21/160 = 0.927 \text{mol}$$

（2）配碳比为 2.0 时，需要的铁法烟煤煤粉质量为：

$$m = (2 \times 12n_O)/43.45\% = (2 \times 12 \times 0.927)/43.45\% = 51.196 \text{g}$$

则在配碳比为 2.0 的情况下，混合料的成分见表 14 - 5。

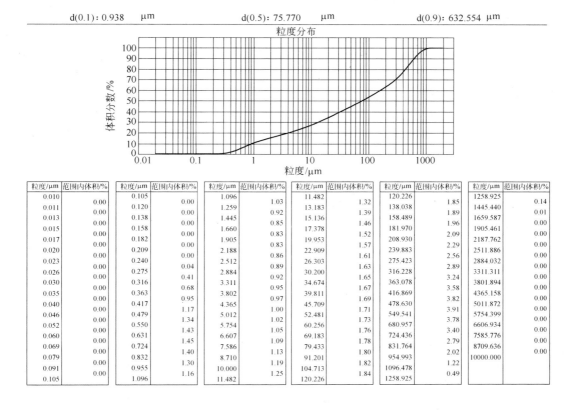

d(0.1): 0.938　μm　　　　d(0.5): 75.770　μm　　　　d(0.9): 632.554 μm

粒度/μm	范围内体积/%	粒度/μm	范围内体积/%	粒度/μm	范围内体积/%	粒度/μm	范围内体积/%	粒度/μm	范围内体积/%	粒度/μm	范围内体积/%
0.010	0.00	0.105	0.00	1.096	1.03	11.482	1.32	120.226	1.85	1258.925	0.14
0.011	0.00	0.120	0.00	1.259	0.92	13.183	1.39	138.038	1.89	1445.440	0.01
0.013	0.00	0.138	0.00	1.445	0.85	15.136	1.46	158.489	1.96	1659.587	0.00
0.015	0.00	0.158	0.00	1.660	0.83	17.378	1.52	181.970	2.09	1905.461	0.00
0.017	0.00	0.182	0.00	1.905	0.83	19.953	1.57	208.930	2.29	2187.762	0.00
0.020	0.00	0.209	0.00	2.188	0.86	22.909	1.61	239.883	2.56	2511.886	0.00
0.023	0.00	0.240	0.04	2.512	0.89	26.303	1.63	275.423	2.89	2884.032	0.00
0.026	0.00	0.275	0.41	2.884	0.92	30.200	1.65	316.228	3.24	3311.311	0.00
0.030	0.00	0.316	0.68	3.311	0.95	34.674	1.67	363.078	3.58	3801.894	0.00
0.035	0.00	0.363	0.95	3.802	0.97	39.811	1.69	416.869	3.82	4365.158	0.00
0.040	0.00	0.417	1.17	4.365	1.00	45.709	1.71	478.630	3.91	5011.872	0.00
0.046	0.00	0.479	1.34	5.012	1.02	52.481	1.73	549.541	3.78	5754.399	0.00
0.052	0.00	0.550	1.43	5.754	1.05	60.256	1.76	680.957	3.40	6606.934	0.00
0.060	0.00	0.631	1.45	6.607	1.09	69.183	1.78	724.436	2.79	7585.776	0.00
0.069	0.00	0.724	1.40	7.586	1.13	79.433	1.80	831.764	2.02	8709.636	0.00
0.079	0.00	0.832	1.30	8.710	1.19	91.201	1.82	954.993	1.22	10000.000	0.00
0.091	0.00	0.955	1.16	10.000	1.25	104.713	1.84	1096.478	0.49		
0.105		1.096		11.482		120.226		1258.925			

图 14-6　细粉状高铁三水铝土矿的粒度分布

表 14-5　配碳比为 2.0 时混合料的成分（w）　　　　（%）

组　分	TFe	FeO	Fe$_2$O$_3$	Al$_2$O$_3$	CaO	SiO$_2$	MgO	FC	V$_{ad}$
含　量	22.94	0.20	32.55	16.61	0.39	7.34	0.31	14.71	11.47

高铁铝土矿金属化还原－高效选分的实验步骤同 8.1.5 节，图 14-7 示出了装料及金属化还原实验示意图。

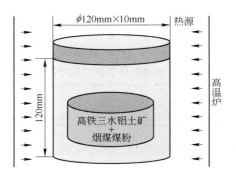

图 14-7　装料及金属化还原实验示意图

14.4　新工艺考核指标

在本实验研究结果及分析中，将高铁三水铝土矿与煤粉按一定比例混合而未经还原的物料定义为混合料；经过还原的混合料定义为还原产物；经过分选后得到的含铁粉末定义为选分产物；得到的渣定义为选分尾矿，简称尾矿。将选分产物的铁品位 $w(TFe)$、铁的金属化率 M、铁的收得率 η_{Fe} 以及选分尾矿的 Al_2O_3 品位 $w(Al_2O_3)$、Al 的收得率 $\eta_{Al_2O_3}$ 作为金属化还原－高效选分新工艺的考核指标。铁的金属化率采用式（8－13）计算，铁的收得率采用式（8－14）计算。

Al 的收得率采用下式计算：

$$\eta_{Al_2O_3} = \frac{m_2 w(Al_2O_3) m_2}{m_0 w(Al_2O_3) m_0} \tag{14-1}$$

式中　　$\eta_{Al_2O_3}$——Al 的收得率，% ；

m_2——选分尾矿的质量，g；

m_0——选分物料的总质量，g；

$w(Al_2O_3) m_2$——选分尾矿的 Al_2O_3 含量，% ；

$w(Al_2O_3) m_0$——选分物料的 Al_2O_3 含量，% 。

14.5　关键工艺参数对还原和选分指标的影响

14.5.1　磁场强度

XCGS－50 型磁选管的激磁电流分别设定为 0.3A、0.5A、1.0A、1.5A、2.5A、3.0A，其相对应的磁场强度分别为 26.7kA/m、40.0kA/m、93.3kA/m、133.3kA/m、173.3kA/m、233.3kA/m，激磁电流与磁选管磁场强度的对应关系如图 14－8 所示。

选用基准还原条件下的还原产物进行磁选实验，确定后续选分实验的基准磁场强度。基准还原条件为：铝土矿粒度小于 2.0mm，配碳比 2.0，还原温度 1400℃，还原时间 180min。还原产物的成分列于表 14－6。基准条件下还原产物的金属化率较高，为 97.27%、Al_2O_3 含量为 31.35% 。

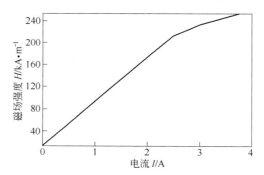

图 14－8　XCGS－50 型磁选管激磁电流与磁场强度的对应关系

表 14－6　基准条件下还原后产物的成分　　　　　　（%）

成　分	TFe	MFe	Al_2O_3	CaO	SiO_2	MgO	M
含　量	43.29	42.11	31.35	0.74	13.86	0.58	97.27

磁场强度对新工艺指标的影响如图 14－9 所示。由图 14－9 可以看出，随着磁场强度的增强，选分产物的铁品位和金属化率呈降低趋势，当磁场强度由 26.7kA/m 增强到 233.3kA/m 时，铁的品位从最高的 81.38% 逐渐降低到最低的 71.63% ，金属化率从 99.25% 降低到 96.65% ；但铁的收得率由 86.45% 逐渐提高到 95.34% 。尾矿中 Al_2O_3 的

品位则随着磁场强度的增强呈上升趋势，当磁场强度由 26.7kA/m 增强到 233.3kA/m 时，尾矿中 Al_2O_3 的品位由 51.86% 升高到 59.15%；但随着磁场强度的增强，Al 的收得率呈下降趋势，由 89.35% 逐渐下降到 79.97%。因此，综合考虑选分产物中铁的金属化率、品位、收得率以及尾矿中铝的品位、收得率等工艺考核指标，在本研究条件下，确定合适的磁选强度范围为 26.7～40.0kA/m 之间。本研究后续高效选分实验选定 40kA/m 为基准磁选实验参数，在此磁场强度条件下的选分产物指标为：铁的品位 $w(TFe)$ 为 78.23%，金属化率 M 为 97.56%、铁的收得率 η_{Fe} 为 89.24%；尾矿中 Al_2O_3 的品位 $w(Al_2O_3)$ 为 53.32%，Al 的收得率 $\eta_{Al_2O_3}$ 为 86.09%。

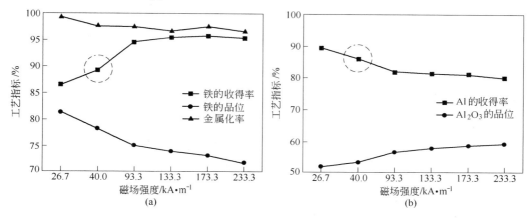

图 14 - 9　磁场强度对新工艺指标的影响
（a）选分产物；（b）选分尾矿

　　图 14 - 10 所示为还原物料的 SEM 照片和 EDS 能谱分析。从铁氧化物中还原出来的铁经过金属化还原渗碳后，聚合成铁粒，如图 14 - 10（a）所示。铁粒的 EDS 分析显示，铁粒表面亮白色表层覆盖有少量的铝矿物和硅矿物等，图 14 - 10（a）中 B 点所示，其相对应的 EDS 能谱分析见图 14 - 10（b），后续图表依此类推；铁粒表面呈灰色的部分是由铝矿物、硅矿物、含碳矿物等黏附于表层所造成的，如图 14 - 10（a）中 C 点所示；表面深色部分是黏附于表层的选分尾矿，铝含量高，如图 14 - 10（a）中 D 点所示。

　　图 14 - 11 所示为选分产物的 SEM 照片和 EDS 能谱分析。选分产物为颗粒大小不一的铁粒。其中，大颗粒铁含量高，表面纯净，呈亮白色，铁粒中含有 C、Si 等，如图 14 - 11（a）中 B 点所示。小颗粒表面包有一层高硅、低铝的矿物，表面呈灰色，如图 14 - 11（c）和图 14 - 11（d）所示。因此，随着磁场强度的增强，选分产物中的小颗粒铁粒将急剧增多，但一起被选分到产物中的还有包裹在小颗粒表面的铝矿物和硅矿物，这些矿物的进入降低了选分产物的品位，同时也降低了尾矿中 Al 的收得率。因此，磁场强度的提高有利于提高铁的收得率，但降低了分选产物的品位，同时也降低了 Al 的收得率。

14.5.2　还原温度

　　在实验室条件下，设定金属化还原实验的配碳比为 2.0，还原时间为 180min，铝土矿粒度为 -2.00mm，选分磁场强度为 40kA/m。通过改变还原温度，考察还原温度分别为

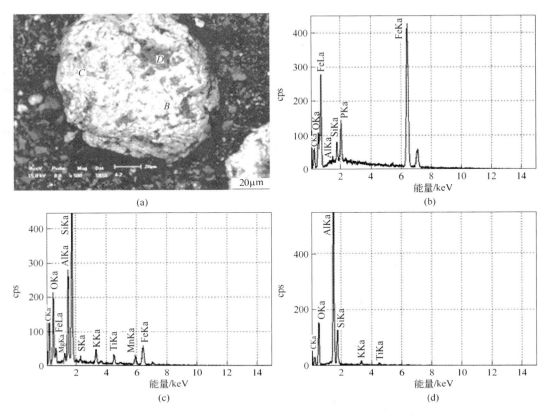

图 14 - 10   还原产物的 SEM 照片和 EDS 能谱分析

（a）还原产物的 SEM 照片；（b）亮白色部分 B 的 EDS 能谱分析；
（c）灰色部分 C 的 EDS 能谱分析；（d）深色部分 D 的 EDS 能谱分析

1350℃、1375℃、1400℃、1425℃、1450℃时金属化还原－高效选分新工艺指标的变化，并分析还原温度对工艺指标的影响和作用规律。

表 14 - 7 示出了不同还原温度条件下的还原产物成分。从表 14 - 7 中可以看出，随着还原温度的升高，还原产物的金属化率呈上升趋势。当还原温度为 1350℃、还原时间为 180min 时，还原产物的金属化率为 88.67%；当温度提高到 1375℃时，还原后产物的金属化率达到 94.30%，因此提高温度有利于提高还原产物的金属化率。

表 14 - 7   不同还原温度条件下的还原产物成分

温度/℃	TFe/%	MFe/%	Al_2O_3/%	CaO/%	SiO_2/%	MgO/%	M/%
1350	41.56	36.85	30.09	0.71	13.30	0.56	88.67
1375	39.80	37.53	28.82	0.68	12.74	0.53	94.30
1400	43.29	42.11	31.35	0.74	13.86	0.58	97.27
1425	43.22	42.64	31.40	0.74	13.84	0.58	98.66
1450	43.55	42.84	31.53	0.74	13.94	0.58	98.37

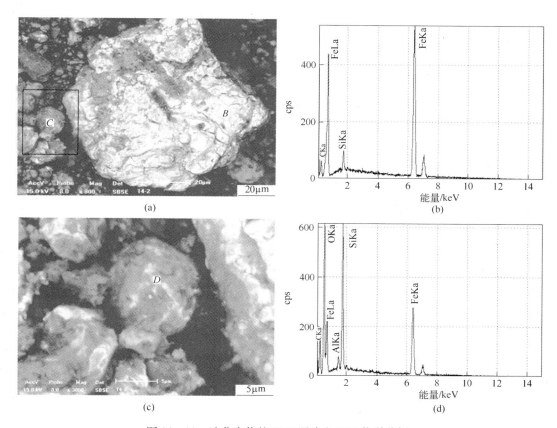

图 14 – 11　选分产物的 SEM 照片和 EDS 能谱分析
（a）选分产物（×800）；（b）图（a）中 B 点的 EDS 能谱分析；
（c）图（a）中区域 C 的放大图；（d）图（c）中 D 点的 EDS 能谱分析

　　图 14 – 12 所示为还原温度对新工艺指标的影响。可见，随着还原温度的升高，选分产物的金属化率 M、铁的品位 $w(\text{TFe})$ 以及铁的收得率 η_{Fe} 均呈上升的趋势。当还原温度从 1350℃ 逐渐上升到 1450℃ 时，选分产物的金属化率从 84.64% 上升到 97.59%、铁的品位从 70.29% 上升到 78.42%，铁的收得率从 60.84% 增加到 91.83%；选分尾矿中 Al_2O_3 的含量从 39.27% 上升到 56.66%，Al 的收得率从 83.56% 提高到 88.06%。因此，升高温度可以显著提高金属化还原 – 高效选分新工艺的指标。在本研究条件下，适宜的金属化还原温度为 1400 ～ 1450℃，同时可认为，高还原温度是金属化还原的重要条件。

　　图 14 – 13 所示为不同还原温度条件下还原产物的 SEM 照片。可以看出，随着温度的升高，还原产物中的亮白色颗粒数量呈总体上升的趋势，经 14.5.1 节 EDS 分析，亮白色颗粒为铁相颗粒。同时，温度越高，铁相颗粒越大，升高温度有利于铁相颗粒的聚集长大。这是由于随着温度的升高，铁的还原和渗碳条件得到改善，渗碳量的提高有助于降低铁相的熔点，进而使铁相的熔融性能更为良好，与周边铁相颗粒聚集的能力得到加强。如图 14 – 13（e）所示，其铁相颗粒最多，同时颗粒直径较大。还原产物中铁相颗粒数量的增加和直径的长大有利于选分实验，有助于提高铁的金属化率及收得率，同时提高了铁与铝的分离程度，间接地提高了铝的收得率，促使尾矿中 Al_2O_3 的品位提高。如图 14 – 12

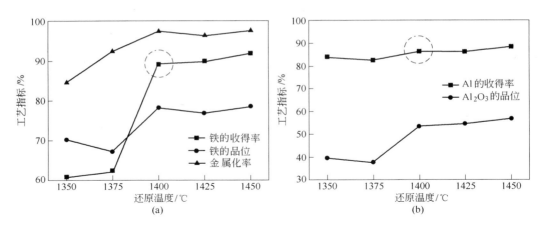

图 14-12 还原温度对新工艺指标的影响

（a）选分产物；（b）选分尾矿

所示，1450℃时，选分产物的金属化率 M、铁的品位 $w(\text{TFe})$、铁的收得率 η_{Fe} 以及尾矿中 Al_2O_3 的品位 $w(Al_2O_3)$、Al 的收得率 $\eta_{Al_2O_3}$ 均为最高，分别达到了 97.59%、78.42%、91.83%、56.66% 和 88.06%。

14.5.3 还原时间

保持配碳比为 2.0，还原时间为 180min，铝土矿粒度为 -2mm，选分磁场强度为 40kA/m，通过改变还原时间，考察还原时间分别为 60min、90min、120min、150min、180min 时对金属化还原-高效选分新工艺指标的影响。表 14-8 示出了不同还原时间条件下的还原产物成分。从表 14-8 可以看出，随着还原时间的增加，还原产物的金属化率呈增加的趋势，当还原时间从 60min 逐渐增加到 180min 时，还原产物的金属化率从 87.30% 逐渐提高到 97.27%。

表 14-8 不同还原时间条件下的还原产物成分

时间/min	TFe/%	MFe/%	Al_2O_3/%	CaO/%	SiO_2/%	MgO/%	M/%
60	41.50	36.23	30.05	0.71	13.28	0.56	87.30
90	40.97	36.78	29.62	0.70	13.12	0.55	89.77
120	43.47	40.91	31.48	0.74	13.92	0.58	94.11
150	40.86	38.54	29.59	0.70	13.08	0.55	94.32
180	43.29	42.11	31.35	0.74	13.86	0.58	97.27

图 14-14 所示为还原时间对金属化还原-高效选分工艺指标的影响。可以看出，随着还原时间的增加，选分产物的金属化率 M、铁的品位 $w(\text{TFe})$ 和尾矿中 Al_2O_3 的含量均呈升高趋势。同时，还原时间的增加有利于提高铁的收得率 η_{Fe} 和 Al 的收得率 $\eta_{Al_2O_3}$。当还原时间从 60min 逐渐增加到 180min 时，选分产物的金属化率、铁的品位分别从 87.96%、71.40% 上升到 97.56%、78.23%；选分尾矿中 Al_2O_3 的含量从 45.61% 上升到 53.32%，铁和 Al 的收得率分别从 84.83%、76.95% 上升到 89.24%、86.09%。因此，

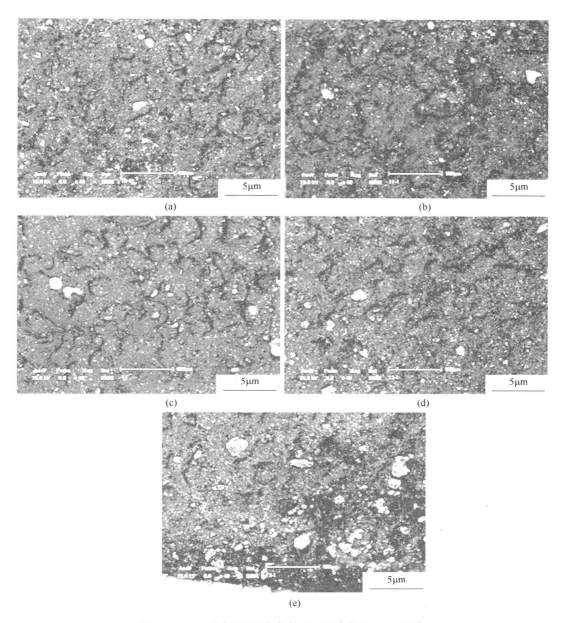

图 14－13 不同还原温度条件下还原产物的 SEM 照片
（×40，配碳比 2.0，粒度 －2mm，还原时间 3h）
（a）1350℃；（b）1375℃；（c）1400℃；（d）1425℃；（e）1450℃

在本实验条件下，高铁三水铝土矿的还原时间应不小于 120min。

图 14－15 所示为不同还原时间条件下还原产物的 XRD 分析。图 14－16 所示为还原 60min 时还原产物中铁粒的 SEM 照片和 EDS 能谱分析。还原初期（120min 之前）出现的铁尖晶石（$FeAl_2O_4$），随着还原时间的增加而逐渐减少，并且在还原时间为 150min 后没有发现 $FeAl_2O_4$ 的存在。因此，高铁三水铝土矿在还原过程中既有 $FeAl_2O_4$ 的生成，也有

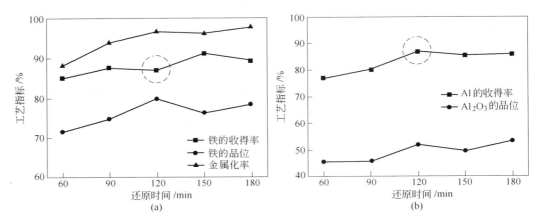

图 14 - 14　还原时间对新工艺指标的影响

（a）选分产物；（b）选分尾矿

$FeAl_2O_4$ 的分解。在反应初期发生还原反应产生了 FeO，FeO 与 Al_2O_3 反应生成 $FeAl_2O_4$，反应后期 $FeAl_2O_4$ 中的 FeO 逐渐被还原为金属铁。因此，单从金属化率方面考虑，要使还原选分后产物中的金属化率高，适宜的金属化还原时间应不小于 120min。同时，铁相经过充分还原渗碳后，更容易聚集成颗粒，综合考虑还原选分后产物的铁品位和铁的收得率，在本实验条件下，适宜的金属化还原时间应不小于 120min。

14.5.4　配碳比

配碳比是碳热还原重要的工艺参数，在实验室条件下，保持还原温度为 1400℃，还原时间为 180min，铝土矿粒度为 -2mm，选分磁场强度为 40kA/m。通过改变配碳比，研究配碳比分别为 1.0、1.5、2.0、2.5、3.0 时对新工艺指标的影响。表 14 - 9 示出了不同配碳比条件下的还原产物成分。从表 14 - 9 可以看出，当配碳比不小于 1.0 时，金属化率呈略微上升的趋势，最小金属化率为 93.33%。

表 14 - 9　不同配碳比条件下的还原产物成分

配碳比	TFe/%	MFe/%	Al_2O_3/%	CaO/%	SiO_2/%	MgO/%	M/%
1.0	42.89	40.03	30.28	0.37	11.29	0.42	93.33
1.5	43.12	43.06	30.83	1.64	19.93	0.97	99.86
2.0	43.29	42.11	31.35	0.74	13.86	0.58	97.27
2.5	42.91	42.52	31.46	0.91	14.96	0.65	99.09
3.0	38.94	38.70	28.90	0.99	14.68	0.66	99.38

图 14 - 17 所示为配碳比对新工艺指标的影响。可以得出，随着配碳比的增加，选分产物的金属化率 M、铁的品位 $w(TFe)$ 呈先升高后降低的趋势，而铁的收得率 η_{Fe} 总体上呈现先下降后上升的趋势；选分尾矿中 Al_2O_3 的含量 $w(Al_2O_3)$、Al 的收得率 $\eta_{Al_2O_3}$ 也呈先升高后降低的趋势。综合考虑新工艺指标，本研究认为最佳的配碳比范围为 1.5 ~ 2.5 之间。当配碳比为 2.0 时，新工艺综合指标最优。

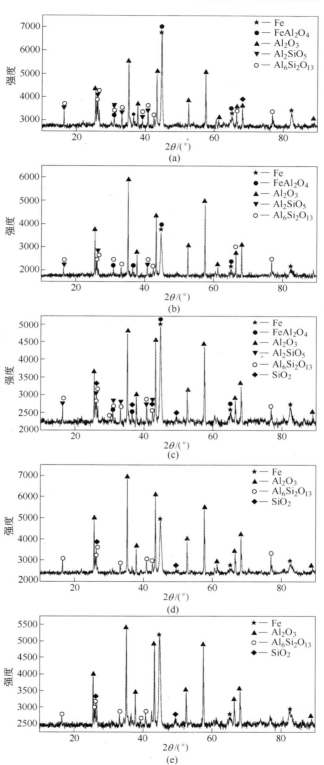

图 14-15　不同还原时间条件下还原产物的 XRD 分析

(a) 60min；(b) 90min；(c) 120min；(d) 150min；(e) 180min

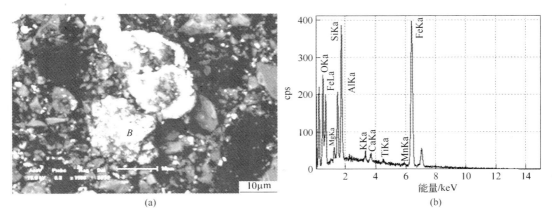

图 14-16　还原 60min 时还原产物中铁粒的 SEM 照片和 EDS 能谱分析

（a）还原产物中铁粒的 SEM 照片；（b）B 点的 EDS 能谱分析

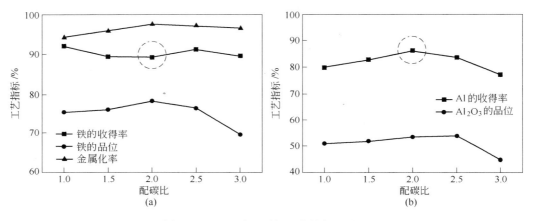

图 14-17　配碳比对新工艺指标的影响

（a）选分产物；（b）选分尾矿

通过化验获得了不同配碳比条件下选分产物的渗碳量，列于表 14-10。可以看出，随着配碳比的增加，选分产物的碳含量逐渐增加，其碳含量基本为选分产物中铁相的渗碳量。根据图 14-18 所示的 Fe-C 相图可以看出，铁相的开始熔化温度随着渗碳量的增加而逐渐降低。铁的收得率与铁的聚集程度有密切的关系，而铁相在金属化还原过程中的聚集主要取决于铁相渗碳量的多少，渗碳量越多，铁相形成的熔融状态中液相成分就越多，因此就越容易聚集；但当配煤量过多时，剩余的碳会阻碍铁相的聚集。因此，铁相的聚集是渗碳量起促进作用和剩余碳量起阻碍作用这两种作用相互影响的结果。所以，金属化还原工艺的配碳比应有一个适合的范围，在本实验条件下，最佳的配碳比为 1.5~2.5 之间。

表 14-10　不同配碳比条件下的铁相渗碳量及其对应的开始熔化温度

配碳比/%	1.0	1.5	2.0	2.5	3.0
渗碳量/%	1.00	1.45	1.49	1.58	1.74
铁相开始熔化温度/℃	约 1365	约 1280	约 1265	约 1250	约 1230

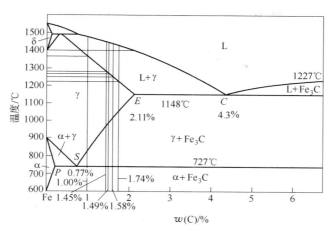

图 14 - 18　Fe - C 相图

14.5.5　高铁铝土矿粒度

在保持配碳比为 2.0、还原温度为 1400℃、还原时间为 180min、磁场强度为 40kA/m 时，通过改变铝土矿粒度，研究了铝土矿粒度分别为 - 0.075mm（50%）、- 0.50mm、- 1.25mm、- 2.00mm、- 3.20mm 时对新工艺指标的影响。表 14 - 11 示出了不同铝土矿粒度条件下的还原产物成分。可见，当最大粒度不大于 2.00mm 时，还原产物的金属化率较高，均在 90% 以上；当最大粒度增加到 3.20mm 时，还原后产物的金属化率显著下降，为 79.90%。

表 14 - 11　不同铝土矿粒度条件下的还原产物成分

粒度/mm	TFe/%	MFe/%	Al_2O_3/%	CaO/%	SiO_2/%	MgO/%	M/%
- 0.075（50%）	44.22	42.23	32.02	0.75	14.16	0.59	95.50
- 0.50	36.52	34.23	26.44	0.62	11.69	0.49	93.73
- 1.25	35.77	35.20	25.90	0.61	11.45	0.48	98.41
- 2.00	43.29	42.11	31.35	0.74	13.86	0.58	97.27
- 3.20	44.37	35.45	32.13	0.76	14.20	0.59	79.90

注：- 0.075mm（50%）表示细粉中小于 0.075mm 的颗粒质量占颗粒总质量的 50%。

铝土矿粒度对新工艺指标的影响如图 14 - 19 所示。可以看出，当铝土矿呈细粉状时，其金属化还原－高效选分工艺指标较为优良，选分产物的金属化率 M、铁的品位 w(TFe)、铁的收得率 η_{Fe} 分别为 93.92%、74.73%、83.45%，选分尾矿中的 Al_2O_3 含量 w(Al_2O_3)、Al 的收得率 $\eta_{Al_2O_3}$ 分别为 54.03%、82.43%。当铝土矿最大粒度从 - 0.50mm 逐渐增加到 - 3.20mm 时，选分产物的金属化率、铁的收得率、尾矿中 Al_2O_3 的含量、Al 的收得率均呈先上升后下降的趋势，而选分产物的铁品位则呈上升趋势。从整个工艺指标综合趋势来考虑，用于金属化还原的最佳高铁三水铝土矿粒度范围为：其破碎后最大颗粒粒度在

－（2.00～3.20）mm 之间，最佳的粒度应为 －2.00mm 左右。当铝土矿粒度为 －2.00mm 时，还原选分后产物的金属化率、铁的品位、铁的回收率、尾矿中的 Al_2O_3 含量、Al 的回收率分别为 97.56%、78.23%、89.24%、53.32% 和 86.09%。

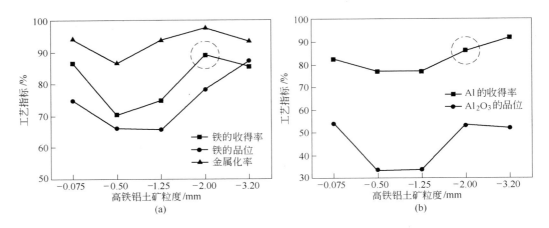

图 14-19　铝土矿粒度对新工艺指标的影响
（a）选分产物；（b）选分尾矿

图 14-20 所示为不同铝土矿粒度条件下还原产物的 SEM 照片。图 14-20（a）为细粉状铝土矿还原产物的 SEM 照片，从除此之外的其他四个图中可以看出，最大的铁相颗粒随着铝土矿粒度的增大而增大，因此铝土矿达到一定的粒度有利于铁相的聚集，因为单个大铝土矿颗粒上的铁相比几个相邻铝土矿颗粒上的铁相更容易聚集；但当铝土矿颗粒超过一定粒度后，由于颗粒内部铁相的还原变得更为困难，在相同的时间内颗粒未能充分还原渗碳，影响了铁相的聚集。而对于细粉状高铁三水铝土矿而言，由于粒度更细，在同等配碳比的条件下，其还原渗碳条件更为优越，因而形成的铁相中液相更多，从而使铁相的流动能力更强，更容易聚集。所以当高铁三水铝土矿呈细粉状时，工艺指标较为优良。但呈细粉状时的工艺指标仍然略低于粒度为 －2.00mm 时的工艺指标，因此，高铁三水铝土矿适宜的金属化还原粒度为 －2.00mm 左右。

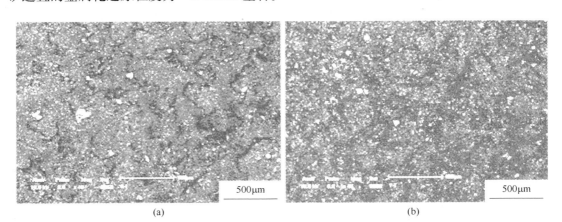

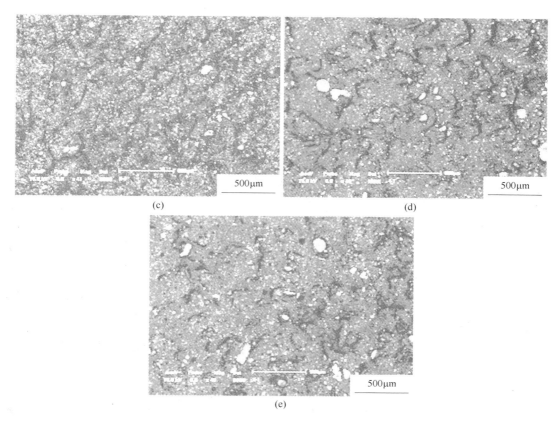

图 14 – 20   不同铝土矿粒度条件下还原产物的 SEM 照片

（×40，配碳比 2.0，还原温度 1400℃，还原时间 3h）

（a）细粉状；（b） – 0.50mm；（c） – 1.25mm；（d） – 2.00mm；（e） – 3.20mm

14.6   还原产物元素分布规律研究

为了研究还原后主体元素的分布规律，选择了较为典型的还原产物对其进行面扫描分析，扫描元素包括 Fe、Al、Si、S、C 等，如图 14 – 21 所示。从图 14 – 21 中可以看出元素的分布规律为：铁元素基本聚集在铁相颗粒当中，尾矿中含有少量的铁相；铝矿物基本

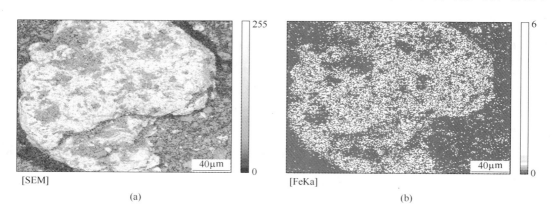

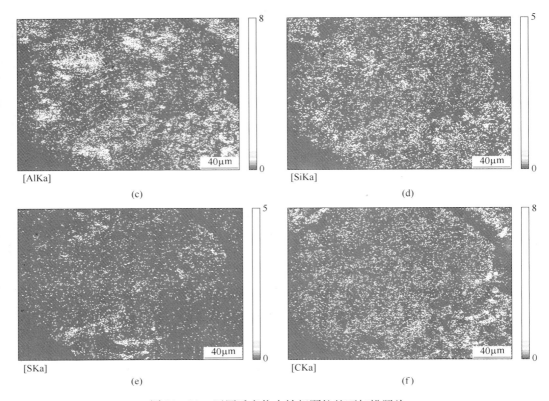

图 14 - 21　还原后产物中铁相颗粒的面扫描照片

存在于尾矿中，纯净的铁相表面基本没有铝矿物的存在；硅矿物的分布比铝矿物更为广泛，大部分硅矿物仍然存在于选分尾矿中，部分硅矿物覆盖在铁相颗粒的表面，同时根据 EDS 分析，铁相中存在少量被还原的单质硅；大量的硫存在于选分尾矿中，由于高温、还原性气氛有利于脱硫，因而尾矿中硫含量高，选分产物中硫含量较低；同时由于金属化还原配有过量的碳，因而还原熟料中有较多的剩余碳，除了还原和铁相中的渗碳，其余的碳几乎都存在于选分尾矿中，并且大部分是以颗粒或者块状形态而存在。

14.7　选分产品后续研究方案

14.7.1　选分产物

图 14 - 22 所示为典型选分产物的 SEM 照片和 EDS 能谱分析。获得的选分产物中铁相颗粒大小不一，大颗粒铁相表面纯净，品位高；小颗粒铁相表面附有一层高硅、低铝的脉石矿物，如图 14 - 22（a）中 C 点所示，大量含脉石的细小铁相颗粒降低了选分产物的品位。同时，选分产物中有少量的非磁性夹杂物，如图 14 - 22（b）中 H 点所示，即细颗粒磁性物质 D、E、F、G 等包围了非磁性夹杂物 H 点[4,5]。

针对这种状况，下一步研究将通过改进磨矿和选矿方法，例如可采用多阶段磨矿与多阶段选矿相结合的工艺或者多阶段磨矿与先进选矿工艺[6,7]相结合的工艺，以进一步提高选分产物的质量。图 14 - 23 所示为多阶段磨矿 - 多阶段磁选工艺流程[6,7]，图 14 - 24 所

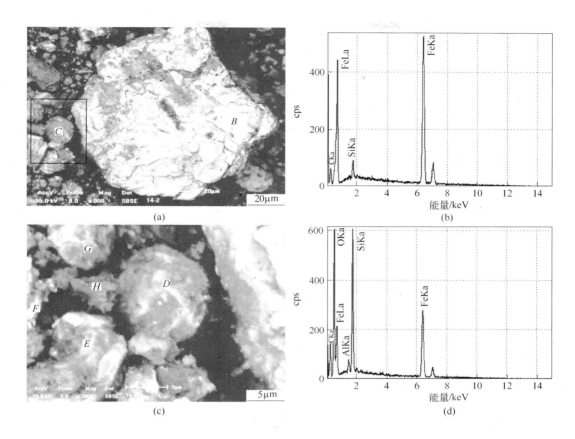

图 14-22　典型选分产物的 SEM 照片和 EDS 能谱分析

（a）选分产物（×800）；（b）图（a）中 B 点的 EDS 能谱分析；
（c）图（a）中区域 C 的放大图；（d）图（c）中 D 点的 EDS 能谱分析

示为采用多阶段磨矿－多阶段磁选工艺得到的铁粉产品与未采用该工艺流程的产品对比[6,7]。

　　新的工艺流程有助于提高选分产物的品位和收得率，得到品位高、金属化率高的铁粉产品，同时可得到更为纯净的选分尾矿。

14.7.2　选分尾矿

　　从还原后产物的 XRD 图（见图 14-15）可知，产物中的铝矿物主要为 α-Al_2O_3 和莫来石。分选后得到的选分尾矿中 Al_2O_3 的含量基本均在 50% 左右，如采用浮选工艺除去还原选

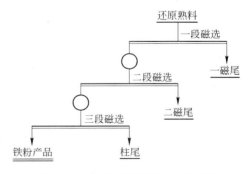

图 14-23　多阶段磨矿－多阶段
磁选工艺流程

分后尾矿中过剩的碳，则选分尾矿中 Al_2O_3 的含量可达到 60% 多，属于高品位的含铝资源。针对 α-Al_2O_3 和莫来石的开发利用，国内外对电厂的高铝煤灰进行了多年的研究[8,9]。高铝煤灰中铝的存在状态与还原选分后尾矿中铝的存在状态类似，因此可借鉴高

图 14 - 24 某多阶段磨矿 - 多阶段磁选工艺得到的铁粉产品

铝煤灰的处理工艺，对分选后的选分尾矿进行有效的开发利用。高铝煤灰有多种利用方法，综合考虑高铝煤灰的研究利用工艺，选择采用硫酸浸出法对还原选分后尾矿进行研究利用[8,9]。其具体流程为：以高铝尾矿和硫酸为原料，经细磨焙烧活化，用硫酸浸出硫酸铝，结晶制备出 $Al(SO_4)_3 \cdot 18H_2O$。硫酸铝结晶经煅烧、碱溶、晶种分解、氢氧化铝焙烧等工序，制备冶金级氧化铝。

14.8 小结

本章以某高铁三水铝土矿为研究对象，分别利用化验分析、XRD、SEM 等分析测试技术，研究了其化学成分、物相特征、嵌布关系等物化特性及工艺矿物学特征，为高铁三水铝土矿金属化还原 - 高效选分新工艺实验研究方案的制订提供参考。通过研究得出如下结果：

（1）高铁三水铝土矿中全铁品位为 34.68%，Al_2O_3 含量为 23.85%，SiO_2 含量为 7.16%，属于高铁、高硅型铝土矿。应将其作为铁、铝复合资源矿产使用。

（2）高铁三水铝土矿主要由三水铝石、一水铝石、针铁矿、赤铁矿、黄铁矿、石英等矿物组成，其中铁相主要为针铁矿。

（3）高铁三水铝土矿矿物嵌布复杂，铁矿物、铝矿物、硅矿物三相相互胶结，颗粒微细，难以用常规选矿方法实现其铁、铝的有效分离。

（4）热重分析表明，高铁三水铝土矿在 600℃ 左右即已除去结晶水，1100℃ 时 Al_2O_3 完成了晶型转变，转变为 $\alpha - Al_2O_3$。

在实验室条件下，通过改变单影响因素，进行了高铁三水铝土矿金属化还原 - 高效选分新工艺的实验研究，得到如下结论：

（1）金属化还原 - 高效选分新工艺可以高效实现高铁三水铝土矿中铁与铝的分离，铁、铝的收得率均可达到 85% 以上。

（2）增大磁场强度可提高铁的收得率，但会降低选分产物的品位，同时降低 Al_2O_3 的收得率，适宜的磁场强度为 26.7~40kA/m。

（3）提高温度和时间均可以提高铁、铝分离效果，适宜的金属化还原温度应不低于 1400℃，还原时间应不小于 120min。

（4）较佳的金属化还原－高效选分工艺参数为：配碳比 1.5～2.5，还原温度 1400～1450℃，还原时间不小于 120min，铝土矿的最大颗粒粒径处于 2.00～3.20mm 之间。

（5）当配碳比为 2.0、铝土矿粒度为 －2.00mm，还原温度为 1400℃、还原时间为 180min，磁场强度为 40kA/m 时，新工艺指标为：选分产物品位 78.23%，金属化率 97.56%，铁的收得率 89.24%；尾矿中 Al_2O_3 的品位 53.32%，Al 的收得率 86.09%。

（6）得到的选分产物为高金属化率的金属铁粉，可经进一步处理用于钢铁生产；选分尾矿为高品位的含铝资源，可作为铝工业的优质原料。

参 考 文 献

[1] 邱俊，吕宪俊，陈平，等. 铁矿选矿技术 [M]. 北京：化学工业出版社，2009：35～38.
[2] 刘学飞，王庆飞，张起钻，等. 广西靖县新圩铝土矿Ⅶ号矿体矿石热分析 [J]. 矿物岩石，2008，28（4）：53～58.
[3] 高振昕，贺中央，郑小平，等. 拜耳法三水铝石受热相变的形貌特征 [J]. 硅酸盐学报，2008，36（3）：117～123.
[4] 袁志涛，徐新阳，郑龙熙. 磁团聚与弱磁选设备 [J]. 有色矿业，2001，17（1）：17～19.
[5] 刘秉裕，朱巨建. 磁选柱在矿物分离中的应用 [J]. 有色金属（选矿部分），1997，（3）：32～35.
[6] 张红英，张军，黄雄林. LMC 脉动振动磁选机在难选微细粒磁铁矿精选试验中的应用 [J]. 材料研究与应用，2009，3（2）：142～145.
[7] 蒋家超，赵由才. 粉煤灰提铝技术的研究现状 [J]. 有色冶金设计与研究，2008，29（2）：40～43.
[8] 饶拴民. 对高铝粉煤灰生产氧化铝技术及工业化生产技术路线的思考 [J]. 轻金属，2010，（1）：15～19.
[9] 李来时，翟玉春，吴艳，等. 硫酸浸取法提取粉煤灰中氧化铝 [J]. 轻金属，2006，（12）：9～12.

15 高铁铝土矿热压块－还原选分

在实验室条件下，首先进行了高铁三水铝土矿热压含碳球团制备的实验研究。作为未使用黏结剂的含碳球团，抗压强度是其冶金性能的一个重要指标。因此，本章通过测定高铁三水铝土矿热压含碳球团的冷态抗压强度，考察了配碳比、矿粉粒度和煤粉粒度对其冷态抗压强度的影响，从而制定合理的热压工艺参数，确定适当的高铁三水铝土矿热压含碳球团制备工艺。其次，进行了基于热压块法的高铁三水铝土矿还原选分实验研究，主要考察了还原时间、配碳比、还原温度以及磁场强度等工艺参数对基于热压块法的高铁三水铝土矿还原选分效果（选分产物的品位、金属化率、铁的收得率以及选分尾矿的 Al_2O_3 含量、Al_2O_3 的收得率等工艺指标）的影响，并通过 SEM、EDS、XRD 等分析测试技术初步阐明其作用机理。同时也考察了还原时间、配碳比和还原温度对高铁三水铝土矿热压含碳球团还原后形貌及冷却后强度的影响，并采用光学显微镜分析了不同还原条件下球团内部的微观结构。通过本实验，确定基于热压块的高铁三水铝土矿还原选分工艺的合理工艺参数，为高铁三水铝土矿高效清洁综合利用新工艺的开发奠定基础。

15.1 高铁铝土矿热压块

15.1.1 实验方案

根据热压含碳球团的相关研究，热压含碳球团的冷态抗压强度主要由原料的特性决定，其适宜的煤种为烟煤，热压温度为450℃，热压压力不小于35MPa[1]。因此，本实验在确定热压配煤为烟煤、热压温度为450℃、热压压力不小于35MPa的条件下，研究了配碳比、矿粉粒度和煤粉粒度等工艺参数对高铁三水铝土矿热压含碳球团冷态抗压强度的影响。其中，以制样时间为3min的高铁三水铝土矿矿粉和烟煤煤粉为基准。

在确定基准工艺参数的基础上，通过改变其中一个参数进行单因素系列对比实验，考察各工艺参数对高铁三水铝土矿热压含碳球团抗压强度的影响，实验方案列于表15－1。

表 15－1　热压实验方案

热压工艺参数	实验选用值				
配碳比	0.75	1.00	1.25	1.50	1.75
矿粉粒度/目	-50		-100		-150		-200
煤粉粒度/目	-50		-100		-150		-200

注：50目=0.3mm，100目=0.15mm，150目=0.1mm，200目=0.074mm。

15.1.2 实验原料

15.1.2.1 高铁三水铝土矿

高铁三水铝土矿经焙烧脱水后的化学成分列于表15－2。焙烧脱水后，利用制样粉碎机将其制备成细粉状，制样时间为 3min。其粒度累积分布如图 15-1 所示，其中粒度小于 74μm 的比例为 90.66%。

表 15-2 脱水后高铁三水铝土矿的化学成分（w） （%）

成 分	TFe	FeO	Fe₂O₃	SiO₂	Al₂O₃	CaO	MgO	S	P₂O₅	其他	总计
含 量	38.19	0.00	54.56	13.42	26.22	0.05	0.56	0.01	0.33	4.84	100.00

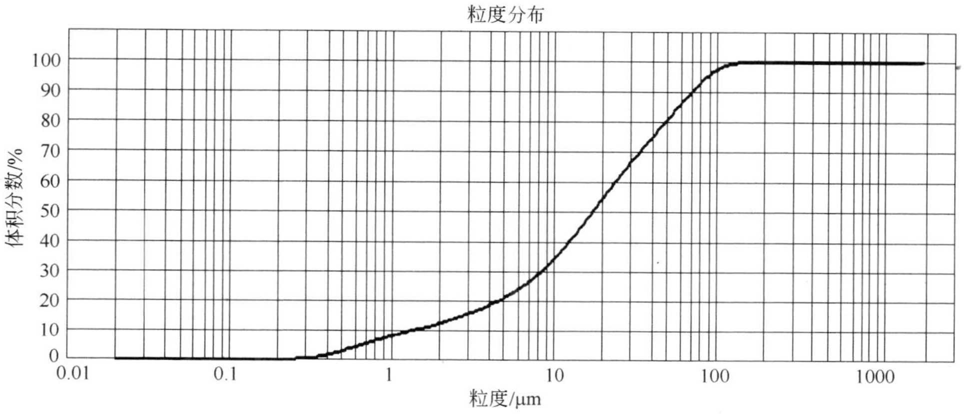

粒度/μm	体积不足/%
0.100	0.00
0.200	0.00
0.300	0.17
0.400	1.25
0.500	2.66

粒度/μm	体积不足/%
1.000	7.85
2.000	12.11
3.000	15.34
4.000	18.17
5.000	20.78

粒度/μm	体积不足/%
6.000	23.32
7.000	25.84
8.000	28.37
9.000	30.87
10.000	33.35

粒度/μm	体积不足/%
20.000	53.73
30.000	66.05
40.000	74.12
50.000	80.23
60.000	85.20

粒度/μm	体积不足/%
74.000	90.66
100.000	96.80
200.000	100.00
300.000	100.00
400.000	100.00

粒度/μm	体积不足/%
500.000	100.00
600.000	100.00
700.000	100.00
800.000	100.00
900.000	100.00

图 15-1 制样时间为 3min 时高铁三水铝土矿矿粉的累积粒度分布

15.1.2.2 烟煤

本实验选用烟煤为热压用煤，在实验室条件下将此烟煤用制样机磨成细粉状，制样时间为 3min 时。实验用烟煤的固定碳含量为 50.94%，其工业分析结果列于表 15-3。其粒度累积分布如图 15-2 所示，其中小于 74μm 的粒度占 73.33%。

表 15-3 实验用烟煤的工业分析（w） （%）

成 分	灰分 A_{ad}	挥发分 V_{daf}	分析水 M_{ad}	全硫 S_{t,ad}	固定碳 FC
含 量	14.00	33.70	1.36	0.02	50.94

15.1.3 热压实验

15.1.3.1 热压工艺流程

实验室条件下，高铁三水铝土矿热压含碳球团的制备工艺流程如图 15-3 所示。高铁三水铝土矿经脱水磨矿后与烟煤均混装模，在一定温度下加热，在加热过程中煤粉将软化熔融。然后在一定压力下热压，煤中的碳侵入高铁三水铝土矿的空隙中或覆盖在颗粒的表

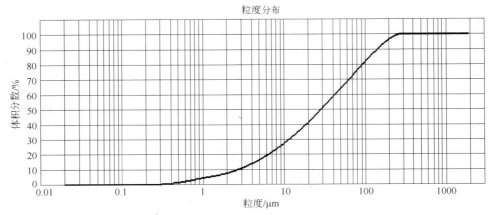

图 15-2 制样时间为 3min 时细粉状烟煤的累积粒度分布

面上，从而保证煤粉与高铁三水铝土矿充分接触，保证热压得到的高铁三水铝土矿球团具有良好的微观结构和强度。

15.1.3.2 配料计算

以实验的其中一个配碳比 1.50 为例，计算方法如下：

（1）100g 高铁铝土矿中的含氧量为：

$$n_O = 54.56/160 \times 3 = 1.023 \text{mol}$$

（2）配碳比为 1.50 时，需要的烟煤煤粉质量为：

$$m = (1.50 \times 12 n_O)/50.94\%$$
$$= (1.50 \times 12 \times 1.023)/50.94\% = 36.15 \text{g}$$

不同配碳比条件下高铁三水铝土矿热压含碳球团的配料成分如表 15-4 所示。

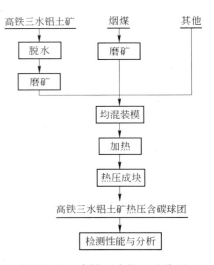

图 15-3 高铁三水铝土矿热压含碳球团的制备工艺流程

表 15-4 高铁三水铝土矿热压含碳球团的配料成分

配碳比	TFe/%	Fe_2O_3/%	Al_2O_3/%	CaO/%	SiO_2/%	MgO/%	FC/%	V_{ad}/%
0.75	32.34	46.21	22.24	0.50	11.44	0.48	7.80	5.16
1.00	30.77	43.96	21.17	0.04	10.91	0.45	9.89	6.54
1.25	29.35	41.93	20.20	0.04	10.43	0.43	11.79	7.80
1.50	28.50	40.07	19.32	0.04	9.99	0.41	13.52	8.95
1.75	26.86	38.37	18.51	0.04	9.59	0.40	15.11	10.00

15.1.3.3　实验主要设备

A　热压模具

热压含碳球团设计为椭球形，与圆球形相比有利于热压后脱模，另外，可避免圆球形物料应用于高炉时由于堆角过大而产生布料缺陷。根据一般炼铁工艺对物料粒度的要求以及考虑减小热压含碳球团中心与表面在热压过程中形成的密度差，粒径不宜过大。高铁三水铝土矿热压含碳球团成品为 21mm × 19mm × 13mm 的椭球形球团，如图 15 - 4 所示。设计的热压模具如图 15 - 5 所示，热压过程中模具封闭，可防止空气对物料的氧化。

图 15 - 4　高铁三水铝土矿热压含碳球团

B　加热及热压系统

实验室采用马弗炉加热，在液压装置上手动热压成块。液压装置如图 15 - 6 所示，其可提供的最大压力为 60MPa。

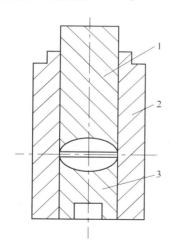

图 15 - 5　热压模具示意图
1—上压芯轴；2—模具套筒；3—下压芯轴

图 15 - 6　液压装置

15.1.4　关键工艺参数对热压块抗压强度的影响

15.1.4.1　配碳比

在实验室条件下，设定高铁三水铝土矿和烟煤的制样时间均为 3min，通过改变配碳比，考察了配碳比分别为 0.75、1.00、1.25、1.50、1.75 时高铁三水铝土矿热压含碳球团抗压强度的变化，并分析了配碳比对其热压工艺指标的影响和作用规律。

图 15 - 7 示出了不同配碳比条件下，高铁三水铝土矿热压含碳球团抗压强度的检测结果。高铁三水铝土矿和煤的制样时间一定（3min），随着配碳比的增大，高铁三水铝土矿热压含碳球团的抗压强度逐渐增强。当配碳比由 1.00 增大至 1.25 时，球团的抗压强度由 989.15N/个显著增大到 1572.95N/个。而后继续增大配碳比，高铁三水铝土矿热压含碳球团的抗压强度增大幅度不明显。可见，提高配碳比有利于提高高铁三水铝土矿热压含碳球

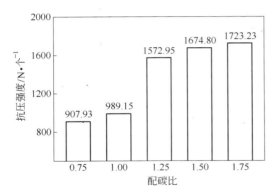

图 15-7 配碳比对高铁三水铝土矿热压
含碳球团抗压强度的影响
（$n_{FC}/n_O = 1.25$，矿粉粒度 $-74\mu m(90.66\%)$，
煤粉粒度 $-74\mu m(73.33\%)$）

团的抗压强度。综合考虑各因素，在本研究中可选定配碳比为 1.25 的高铁三水铝土矿热压含碳球团进行后续的抗压强度实验研究。

以光学显微镜为检测手段，对不同配碳比条件下高铁三水铝土矿热压含碳球团的内部结构进行了检测，如图 15-8 所示。图 15-8（f）为配碳比为 1.00 时高铁三水铝土矿热压含碳球团的 SBSE 图，图中 M、N 两点的 EDS 能谱分析分别见图 15-8（g）和图 15-8（h）。从图 15-8（f）~（h）可知，M、N 两点均为高铁三水铝土矿颗粒，黑色物质则为热压用烟煤。通过图 15-8 可

知，随着配碳比的增加，高铁铝土矿颗粒周围的烟煤分布更多，同时球团内部的结构趋于均一，而热压含碳球团的抗压强度是由煤的热塑性和黏结性使煤矿颗粒充分接触和黏结，以矿粉为骨架，以煤粉为黏结剂而产生的。所以在一定的范围内，随着配碳量的增加，高铁三水铝土矿热压含碳球团的抗压强度呈上升的趋势。

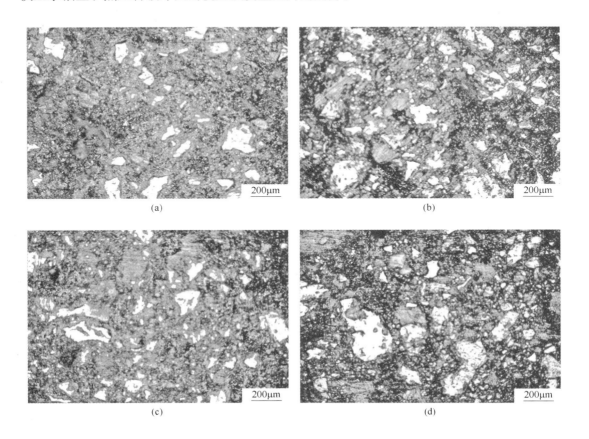

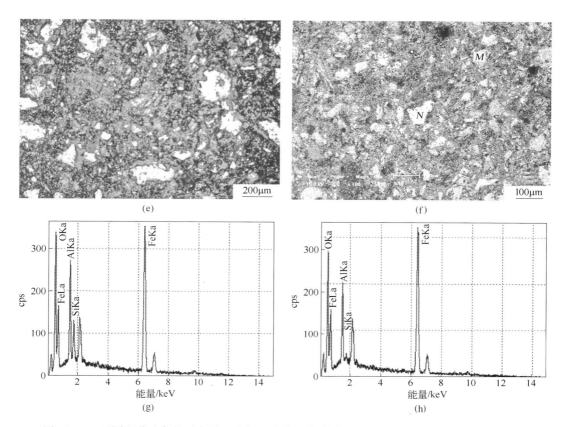

图 15 – 8 不同配碳比条件下高铁三水铝土矿热压含碳球团的光学显微照片及 EDS 能谱分析

(a) 0.75；(b) 1.00；(c) 1.25；(d) 1.50；(e) 1.75；(f) 1.00（SBSE 图）；

(g) M 点的 EDS 能谱分析；(h) N 点的 EDS 能谱分析

15.1.4.2 矿粉粒度

为了探究高铁三水铝土矿的粒度对其热压含碳球团抗压强度的影响，本实验通过保持配碳比（$n_{FC}/n_O = 1.25$）和烟煤粒度不变（制样时间 3min），改变矿粉粒度（–50目、–100目、–150目、–200目），制备高铁三水铝土矿热压含碳球团并检测其抗压强度，考察并分析了矿粉粒度对高铁三水铝土矿热压含碳球团抗压强度的影响规律和作用机理。

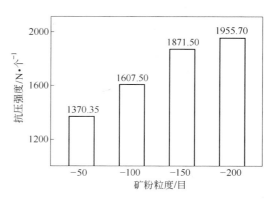

图 15 – 9 矿粉粒度对高铁三水铝土矿热压含碳球团抗压强度的影响

（$n_{FC}/n_O = 1.25$，煤粉粒度 –74μm（73.33%））

矿粉粒度对高铁三水铝土矿热压含碳球团抗压强度的影响如图 15 – 9 所示。随着高铁三水铝土矿粒度变细，其热压含碳球团的抗压强度呈增大趋势。当矿粉粒度为 –50 目时，抗压强度为 1370.35N/个；当矿粒度为 –100 目时，抗压强度为 1607.50N/个，强度大幅提高。因此，适当改善高铁三水铝土矿粒度条件，有助于改善其热压含碳球团的抗压强度，对高铁三水铝土矿的利用起到积极作用。

采用光学显微镜对不同高铁三水铝土矿粒度条件下热压含碳球团的内部结构进行检测，检测结果如图 15－10 所示。随着高铁三水铝土矿粒度变细，热压含碳球团中高铁三水铝土矿颗粒逐渐变细小，与煤颗粒的结合分布也变得更为均匀。这是由于矿粉粒度变小，即高铁三水铝土矿颗粒变细小，则接触面积变大，与烟煤结合更紧密，有利于提高高铁三水铝土矿热压含碳球团的抗压强度。

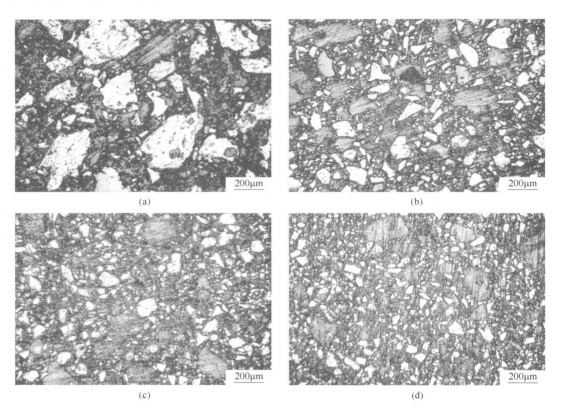

图 15－10　不同矿粉粒度条件下高铁三水铝土矿热压含碳球团的光学显微照片

（a）－50 目；（b）－100 目；（c）－150 目；（d）－200 目

15.1.4.3　煤粉粒度

在保持配碳比（$n_{FC}/n_O = 1.25$）和矿粉粒度不变（制样时间 3min）的情况下，依次改变烟煤粒度，考察了煤粉粒度分别为 －50 目、－100 目、－150 目、－200 目时高铁三水铝土矿热压含碳球团抗压强度的变化，借此研究了煤粉粒度对其抗压强度的影响规律和作用机理。

对不同煤粉粒度下高铁三水铝土矿热压含碳球团的抗压强度进行检测，检测结果如图 15－11 所示。可以看出，当烟煤粒度逐渐变细时，高铁三水铝土矿热压含碳球团的抗压强度相应增大，但相邻两粒度条件下的抗压强度差均不超过 50N/个，增大幅度并不大。

由此可知，煤粉粒度对高铁三水铝土矿热压含碳球团抗压强度的影响不明显。在实际生产中，不用刻意改善煤粉粒度条件。

烟煤粒度对热压含碳球团内部结构的影响如图 15 – 12 所示。可见，烟煤粒度变细，球团内部结构变化不大，煤粉与矿粉颗粒接触均匀，这也导致了在实验选用的煤粉粒度范围内，热压含碳球团的抗压强度变化不明显。可见，烟煤粒度对高铁三水铝土矿热压含碳球团抗压强度的影响较小。

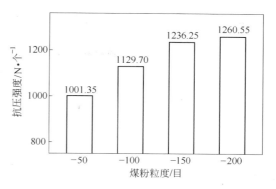

图 15 – 11　煤粉粒度对高铁三水铝土矿热压含碳球团抗压强度的影响

（n_{FC}/n_O = 1.25，矿粉粒度 – 74μm（90.66%））

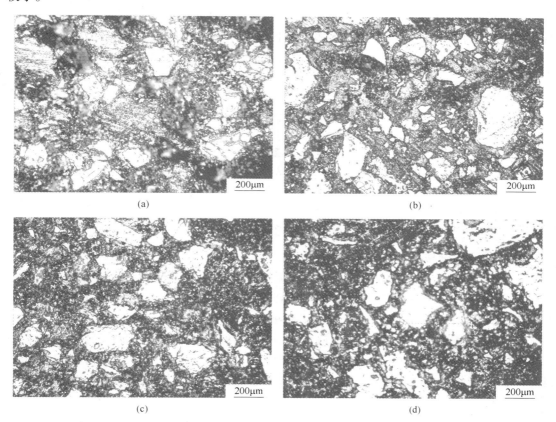

(a)

(b)

(c)

(d)

图 15 – 12　不同煤粉粒度条件下高铁三水铝土矿热压含碳球团的光学显微照片

（a）– 50 目；（b）– 100 目；（c）– 150 目；（d）– 200 目

15.2　高铁铝土矿热压块还原选分

15.2.1　实验方案及设备

根据金属化还原 – 高效选分实验研究和铁矿热压含碳球团还原的前期研究结果，本实验初步选定的基准还原工艺参数为：配碳比 1.00，还原温度 1300℃，还原时间 40min。另外，选取制样时间均为 3min 的高铁三水铝土矿和烟煤热压制得高铁三水铝土矿热压含碳球团，用于本实验研究。

在确定基准工艺参数的基础上，通过改变其中一个参数进行单因素系列对比实验，考察各工艺参数对基于热压块法的高铁三水铝土矿还原选分工艺选分效果的影响，还原实验方案列于表 15 - 5。

表 15 - 5　还原实验方案

工艺参数	实验选用值				
还原时间/min	30	35	40	45	50
配碳比	0.75	1.00	1.25	1.50	1.75
还原温度/℃	1250	1275	1300	1325	1350

实验设备同 8.1.4 节。将制备好的高铁三水铝土矿热压含碳球团平铺装入实验用石墨质坩埚中，图 15 - 13 为装料及还原实验示意图。具体还原选分步骤同 8.1.5 节所述。

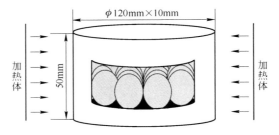

图 15 - 13　装料及还原实验示意图

15.2.2　关键工艺参数对还原和选分指标的影响

15.2.2.1　磁场强度

根据前期研究结果和磁选设备磁场强度无极线性可调的特点，为了更为精确地研究磁场强度对工艺指标的影响，选用 40mT、45mT、50mT、60mT、70mT、80mT、100mT、150mT、200mT 和 250mT 10 个磁场强度进行磁选实验。

选用其中一次的还原产物进行磁选实验，确定后续选分实验的基准磁场强度。本磁场强度实验选用还原产物的工艺参数为：配碳比 1.00，还原温度 1325℃，还原时间 40min。还原产物的成分列于表 15 - 6。该工艺条件下还原产物的金属化率较高，为 91.09%，Al_2O_3 含量为 30.80%。

表 15 - 6　磁场强度实验选用的还原产物的成分（w）　　　　　（%）

成　分	TFe	MFe	Al_2O_3	CaO	SiO_2	MgO	M
含　量	43.66	39.77	30.80	0.07	15.58	0.62	91.09

表 15 - 7 示出了不同磁场强度下选分产物和选分尾矿的化学成分以及相关工艺指标。磁场强度对新工艺指标的影响如图 15 - 14 所示。随着磁场强度的增强，选分产物的铁品位和金属化率呈降低趋势。当磁场强度由 40mT 增强到 250mT 时，铁的品位从最高的

73.26%逐渐降低到最低的59.66%，金属化率从89.37%降低到73.01%；但铁的收得率由48.49%逐渐提高到93.24%。尾矿中Al_2O_3的品位则随着磁场强度的增强呈逐渐上升趋势，当磁场强度由40mT增强到250mT时，尾矿中Al_2O_3的品位由37.81%升高到52.54%；但随着磁场强度的增强，铝的收得率呈下降趋势，由87.28%逐渐下降到54.18%。

表 15-7　不同磁场强度下的选分实验结果

磁场强度/mT	m_0/g	选分产物						选分尾矿			
		m_1/g	TFe/%	MFe/%	Al_2O_3/%	M/%	η_{Fe}/%	m_2/g	Al_2O_3/%	TFe/%	$\eta_{Al_2O_3}$/%
40	10.00	2.89	73.26	64.57	13.56	89.37	48.49	7.11	37.81	31.63	87.28
45	10.05	5.43	66.73	54.32	16.96	81.40	82.58	4.61	47.10	16.50	70.30
50	10.05	5.68	63.22	50.25	18.36	79.48	81.84	4.37	46.98	18.22	66.33
60	10.01	5.97	58.07	42.39	19.23	73.00	79.32	4.31	47.19	17.89	61.84
70	10.01	6.32	59.65	44.82	20.11	75.17	86.26	3.69	49.09	16.31	58.75
80	10.01	6.51	58.07	42.69	19.34	73.51	86.50	3.50	52.09	16.88	59.13
100	9.99	6.70	59.22	41.66	20.26	70.35	90.97	3.29	52.27	11.96	55.89
150	9.96	6.92	59.27	42.18	20.50	71.17	94.32	3.04	54.23	8.15	53.74
200	9.99	6.31	60.51	43.63	20.00	72.10	87.54	3.68	49.31	14.78	58.97
250	9.98	6.81	59.66	43.56	20.66	73.01	93.24	3.17	52.54	9.35	54.18

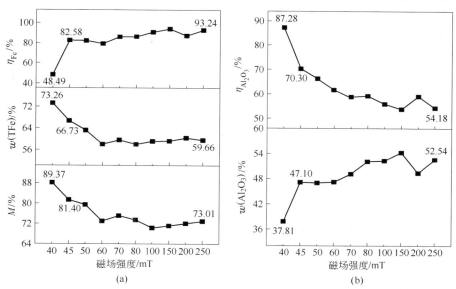

图 15-14　磁场强度对新工艺指标的影响
(a) 选分产物；(b) 选分尾矿

因此，综合考虑选分产物中铁的金属化率、品位、收得率以及尾矿中铝的品位、收得率等工艺考核指标，在本研究条件下，确定合适的磁选强度范围为45~50mT之间。本研究后续选分实验选定45mT为磁选实验基准工艺参数，在此磁场强度条件下的选分产物指标为：铁的品位 $w(TFe)$ 为 66.73%，金属化率 M 为 81.40%，铁的收得率 η_{Fe} 为 82.65%；尾矿中 Al_2O_3 的品位 $w(Al_2O_3)$ 为 47.10%，Al 的收得率 $\eta_{Al_2O_3}$ 为 70.22%。

图 15-15 所示为还原产物的 SEM 照片和 EDS 能谱分析。从铁氧化物中还原出来的铁相经过还原渗碳后，聚合成铁粒，如图 15-15（a）所示。亮白色部分 B 为铁粒，其 EDS 能谱分析如图 15-15（b）所示。暗色部分 C 的 EDS 能谱分析如图 15-15（c）所示，由图可知，其主要为硅酸铝矿物。灰色部分 D 为硅酸铝矿物，并含有少量的铁相，其 EDS 能谱分析见图 15-15（d）。同时由图 15-15（a）可以看出，部分灰色物质表面黏附有极小的白色铁粒。

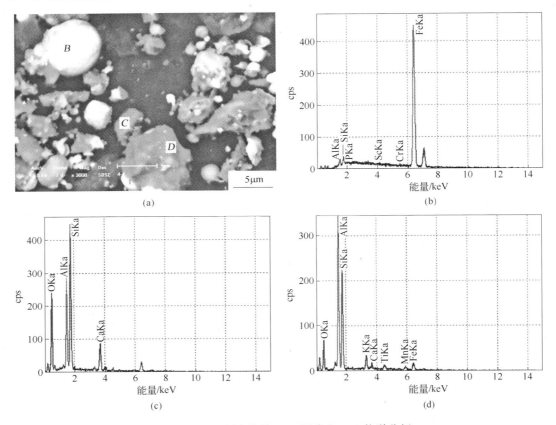

图 15-15 还原产物的 SEM 照片和 EDS 能谱分析

（a）还原产物的 SEM 照片；（b）亮白色部分 B 的 EDS 能谱分析；

（c）暗色部分 C 的 EDS 能谱分析；（d）灰色部分 D 的 EDS 能谱分析

图 15-16 所示为选分产物的 SEM 照片和 EDS 能谱分析。可以看出，选分产物为颗粒大小不一的铁粒。其中，较大颗粒铁含量高，表面较为纯净，呈亮白色，铁粒中含有少量的 C、Si 等，如图 15-16（a）中 B 点所示。小颗粒表面包有一层高硅、低铝的矿物，表面呈灰色，其 EDS 能谱分析如图 15-16（c）和 15-16（d）所示。因此，随着磁场强度的增强，选分产物中的小颗粒铁粒将急剧增多，但一起被选分到产物中的还有包裹在小颗粒表面的铝矿物和硅矿物，如图 15-16（a）中 D 点所示。这些矿物的进入降低了选分产物中铁的品位，同时也降低了尾矿中铝的收得率。因此，磁场强度的提高有利于提高铁的

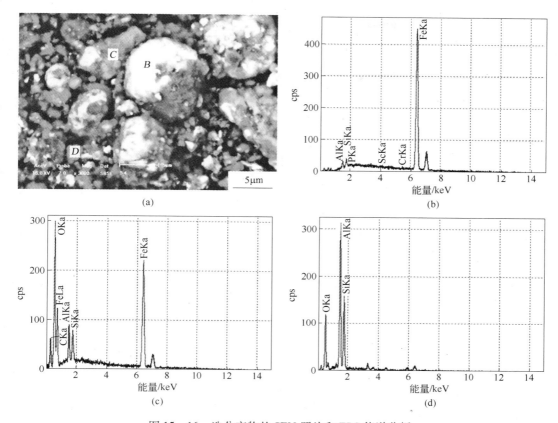

图 15－16 选分产物的 SEM 照片和 EDS 能谱分析

（a）选分产物的 SEM 照片；（b）B 点的 EDS 能谱分析；（c）C 点的 EDS 能谱分析；（d）D 点的 EDS 能谱分析

收得率，但降低了选分产物的品位，同时也降低了铝的收得率。

15.2.2.2 还原时间

选用配碳比为 1.00 的高铁三水铝土矿热压含碳球团，在还原温度为 1300℃的条件下，研究了还原时间对还原选分效果的影响，考察了还原时间（还原时间分别设定为 30min、35min、40min、45min、50min 和 60min）对高铁三水铝土矿热压含碳球团还原后外部形貌、还原冷却后强度、还原后球团内部结构和还原选分工艺指标的影响。

A 还原后球团外部形貌

还原温度为 1300℃时，不同还原时间下高铁三水铝土矿热压含碳球团的还原后外部形貌如图 15－17 所示。

随着还原时间的延长，还原后的高铁三水铝土矿热压含碳球团表面裂纹有所改善，但并没有消失。还原时间对球团还原后形貌影响不大，在实验选用的还原时间范围内，还原后高铁三水铝土矿热压含碳球团的表面形貌良好，没有出现大量裂纹，同时球团之间没有出现粘黏现象。

B 球团还原冷却后强度

对不同还原时间下的高铁三水铝土矿热压含碳球团进行了还原冷却后强度检测，检测结果如图 15－18 所示。随着还原时间逐渐延长，高铁三水铝土矿热压含碳球团的还原冷

图 15 – 17　还原时间对高铁三水铝土矿热压含碳球团还原后外部形貌的影响

（矿粉、煤粉制样时间 3min，$n_{FC}/n_O = 1.00$，还原温度 1300℃）

（a）30min；（b）35min；（c）40min；（d）45min；（e）50min

却后强度呈增加的趋势。当还原时间为
30min 时，强度为 267.00N/个；当还原时间
为 35min 时，强度大幅增至 403.88N/个。
但继续提高还原时间，强度变化却较为平
缓，总体上增大幅度不大，当还原时间为
50min 时，球团的还原冷却后强度为
484.25N/个。另外，图 15 – 17 也表明还原
时间增加对还原后球团的表面形貌影响不
大，这也说明随着还原时间的延长，还原后
高铁三水铝土矿热压含碳球团的抗压强度变
化不明显。

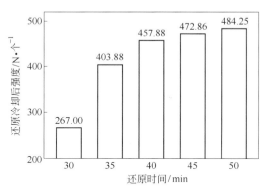

图 15 – 18　还原时间对高铁三水铝土矿热压
含碳球团还原冷却后强度的影响

（$n_{FC}/n_O = 1.00$，还原温度 1300℃）

　　C　还原后球团内部结构

　　图 15 – 19 为不同还原时间条件下高铁三水铝土矿热压含碳球团的光学显微照片。图
中大部分颗粒呈亮白色，亮白色部分为金属铁颗粒；少量颗粒呈灰白色，为铁颗粒中有少
量铁氧化物未充分还原；灰色部分为渣相；深色疏松部分为过剩的煤粉物相。随着还原时
间的延长，白色部分明显向渣相边缘聚集，同时渣相也更为疏松。

　　如图 15 – 19（a）所示，铁相颗粒基本被渣相包围，渣相黏结成板块形状，不利于铁
相颗粒的单体解离。而在图 15 – 19（b）~（d）中渣相开始开裂，呈疏松状，板状和条状
渣相逐渐减少，有利于铁相颗粒与渣相的破碎解离，同时，从图 15 – 19（b）开始出现已

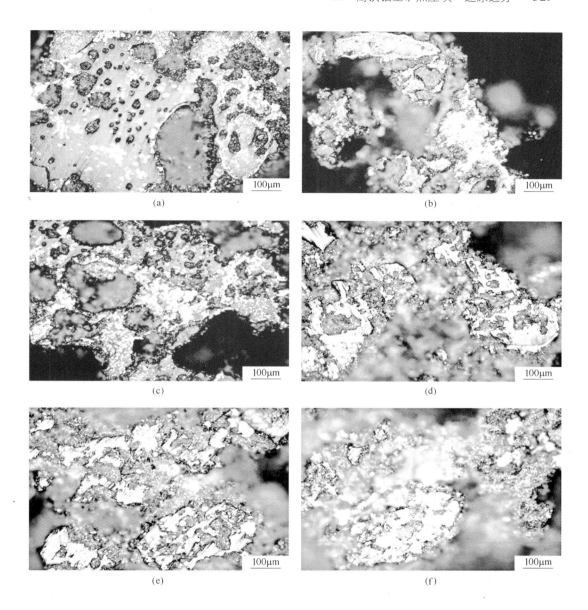

图 15 - 19　不同还原时间条件下高铁三水铝土矿热压含碳球团的光学显微照片
（a）30min；（b）35min；（c）40min；（d）45min；（e）50min；（f）60min

单体解离的铁相颗粒，大部分铁相颗粒处于渣相边缘，更为聚集，颗粒大小随时间的增加而增大。

D　还原选分工艺指标

表 15 - 8 示出了不同还原时间条件下的还原产物成分，表 15 - 9 示出了这些还原产物的选分实验结果。从表 15 - 8 可以看出，随着还原时间的增加，还原产物中 TFe 的含量呈略微增加的趋势，铁的金属化率无明显增加，还原时间为 30min 时金属化率为 85.25%，还原时间为 60min 时金属化率为 86.22%，金属化率略微增加，增幅不大。

表 15 - 8　不同还原时间条件下的还原产物成分（w）

时间/min	TFe/%	MFe/%	Al$_2$O$_3$/%	CaO/%	SiO$_2$/%	MgO/%	M/%
30	42.70	36.40	29.95	0.07	15.24	0.63	85.25
35	41.32	34.87	29.11	0.06	14.75	0.61	84.39
40	42.13	36.07	29.05	0.06	15.03	0.62	85.62
45	41.77	36.10	28.95	0.06	14.91	0.62	86.43
50	42.75	37.41	29.30	0.07	15.26	0.63	87.51
60	44.78	38.61	30.12	0.07	15.98	0.66	86.22

表 15 - 9　不同还原时间条件下的选分实验结果

时间/min	m_0/g	选分产物						选分尾矿			
		m_1/g	TFe/%	MFe/%	Al$_2$O$_3$/%	M/%	η_{Fe}/%	m_2/g	Al$_2$O$_3$/%	TFe/%	$\eta_{Al_2O_3}$/%
30	9.98	4.14	63.94	47.89	20.26	74.90	61.87	5.84	36.82	27.63	71.92
35	10.01	4.17	63.21	45.05	19.86	71.27	63.83	5.84	35.71	25.70	71.58
40	10.07	4.80	64.13	47.68	18.32	74.35	73.68	5.27	38.83	22.07	69.92
45	9.97	4.70	64.86	49.98	17.77	77.06	72.74	5.27	38.91	21.21	71.09
50	10.00	4.87	64.92	49.25	15.68	75.83	73.92	5.13	42.21	21.74	73.96
60	10.01	5.17	66.36	52.93	15.64	79.76	76.63	4.84	45.56	21.77	73.20

图 15 - 20 所示为还原时间对新工艺指标的影响。可以看出，随着还原时间的增加，选分产物的金属化率 M、铁的品位 $w(\text{TFe})$ 和尾矿中 Al$_2$O$_3$ 的含量均呈升高趋势。同时，还原时间的增加有利于提高铁的收得率 η_{Fe} 和铝的收得率 $\eta_{Al_2O_3}$。当还原时间从 30min 逐渐增加到 60min 时，选分产物的金属化率、铁的品位分别从 74.90%、63.94% 上升到

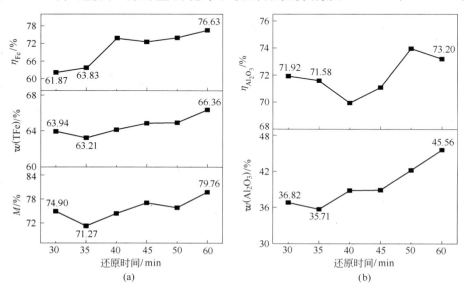

图 15 - 20　还原时间对新工艺指标的影响

（a）选分产物；（b）选分尾矿

79.76%、66.36%，选分尾矿 Al_2O_3 的含量从 36.82% 上升到 45.56%，铁和铝的收得率分别从 61.87%、71.92% 上升到 76.63%、73.20%。还原时间的增加有助于提高选分产物中铁的金属化率和收得率，但对于铝的收得率仅略微提高。因此，需考虑采用其他措施加速提高还原产物的金属化率和铝的收得率等还原选分指标。

E　实验结果机理分析

图 15 – 21 为不同还原时间条件下高铁铝土矿热压含碳球团还原后产物的 SEM 照片。

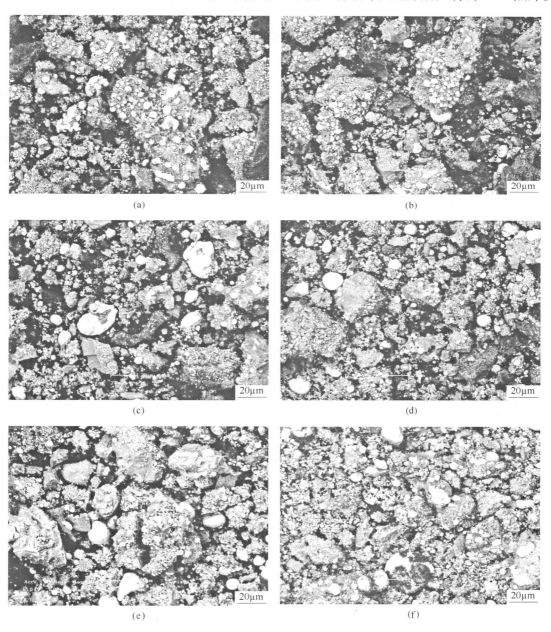

(a)　(b)

(c)　(d)

(e)　(f)

图 15 – 21　不同还原时间条件下还原产物的 SEM 照片
(a) 30min；(b) 35min；(c) 40min；(d) 45min；(e) 50min；(f) 60min

随着还原时间的增加，铁颗粒逐渐长大，细小颗粒逐渐聚集长大。这是由于随着还原时间的延长，铁的还原得到充分进行，同时有更长的时间进行渗碳，有助于降低铁相的熔点，进而使铁相的熔融性能更为良好，其与周边铁相颗粒聚集的能力得到加强。

15.2.2.3 配碳比

配碳比是影响含碳球团冶金性能的一个重要因素，适当的配碳比有助于含碳球团的还原及其还原冷却后强度的提高。在还原温度为1300℃、还原时间为40min的条件下，研究了配碳比对还原选分效果的影响，考察了配碳比（配碳比分别设定为0.75、1.00、1.25、1.50和1.75）对高铁三水铝土矿热压含碳球团还原后外部形貌、还原冷却后强度、还原后球团内部结构和还原选分工艺指标的影响。

A 还原后球团外部形貌

还原温度为1300℃、还原时间为40min时，不同配碳比下高铁三水铝土矿热压含碳球团的还原后外部形貌如图15-22所示。随着配碳比的增大，高铁三水铝土矿热压含碳球团的表面形貌趋于恶化。当配碳比为0.75时，球团表面完好，没有裂纹出现；当配碳比由1.00增大至1.25时，球团表面出现疏松的细小粉状物，同时出现少数裂纹，并伴随局部粘黏；当配碳比为1.50时，球团表面疏松的粉状物较多，表面出现的裂纹增多，粘黏面积也随之扩大；当配碳比为1.75时，用于还原的高铁三水铝土矿热压含碳球团全部粘黏在一起，球团表层粉化现象严重。因此，配碳比对高铁三水铝土矿热压含碳球团的还原后形貌有着重要影响，实际应用中，应权衡考虑选择适宜的配碳比，以实现对高铁三水铝土矿的合理有效利用。

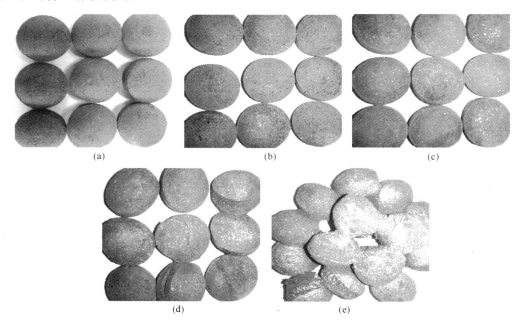

图15-22 配碳比对高铁三水铝土矿还原后外部形貌的影响

（矿粉、煤粉制样时间3min，还原温度1300℃，还原时间40min）

（a）配碳比0.75；（b）配碳比1.00；（c）配碳比1.25；（d）配碳比1.50；（e）配碳比1.75

B　球团还原冷却后强度

还原冷却后强度是含碳球团的一个重要指标。图15－23示出了配碳比对高铁三水铝土矿热压含碳球团还原冷却后强度的影响。随着配碳比的增加，还原冷却后强度呈现逐渐降低的趋势。当配碳比为0.75时，球团还原冷却后强度高达2673.63N/个；而当配碳比增大至1.00时，强度急剧降低至267.00N/个，降低幅度极大。这是由于当配碳比增大时，热压含碳球团开始出现粉化现象，表面出现裂纹，如图15－22（b）和（d）所示。配碳比在1.00～1.50变化范围内时，还原冷却后强度变化

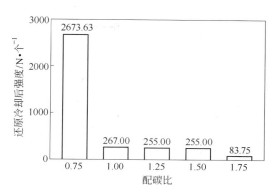

图15－23　配碳比对高铁三水铝土矿热压
含碳球团还原冷却后强度的影响
（还原温度1300℃，还原时间40min）

不明显。当配碳比由1.50增大到1.75时，还原冷却后强度有一个较大的降幅，由255.00N/个变为83.75N/个，这是由球团大量粉化、粘黏严重所导致的，如图15－22（e）所示。总之，配碳比对高铁三水铝土矿热压含碳球团的还原冷却后强度有一定影响，在一定范围内，增大配碳比会使高铁三水铝土矿热压含碳球团的还原冷却后强度有所降低。

C　还原后球团内部结构

图15－24为不同配碳比条件下高铁三水铝土矿热压含碳球团的光学显微照片。图中白色部分为铁颗粒，灰色部分为渣相，深色部分为过剩的煤粉物相。图15－24（a）、（c）～（e）中均出现了板状或块状渣相包围着铁相，这种渣相较为致密，同时图15－24（a）、（c）、（d）中铁相较为分散。还可以看出，图15－24（a）、（c）、（d）、（f）中的白色铁颗粒相对较小，图（b）中的铁颗粒相对聚集集中，颗粒较大。图15－24（a）中铁颗粒相对较小是由于其对应的配碳比较低，还原速度相对较低。但随着配碳比的增加，过量的碳阻碍了铁颗粒的聚集长大。

D　还原选分工艺指标

表15－10示出了不同配碳比条件下的还原产物成分，表15－11示出了这些产物的选分实验结果。当配碳比升高时，金属化率呈略微上升的趋势，当配碳比大于1.00时，上升幅度非常不明显。

表 15－10　不同配碳比条件下的还原产物成分（w）

配碳比	TFe/%	MFe/%	Al$_2$O$_3$/%	CaO/%	SiO$_2$/%	MgO/%	M/%
0.75	41.25	51.66	31.00	0.06	14.72	0.61	81.48
1.00	42.13	64.13	29.05	0.06	15.03	0.62	85.62
1.25	40.60	59.06	28.04	0.06	14.49	0.60	84.63
1.50	40.70	56.08	28.22	0.06	14.52	0.60	84.20
1.75	39.96	54.34	26.51	0.06	14.26	0.59	85.66

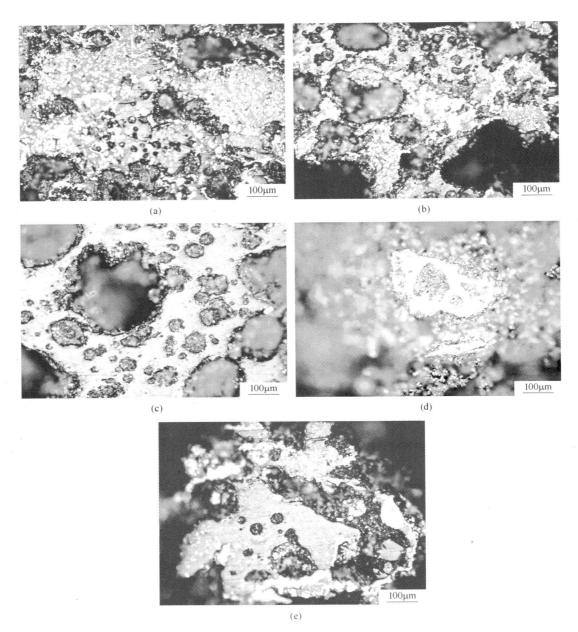

图 15－24　不同配碳比条件下高铁三水铝土矿热压含碳球团的光学显微照片
（a）配碳比0.75；（b）配碳比1.00；（c）配碳比1.25；（d）配碳比1.50；（e）配碳比1.75

表 15－11　不同配碳比条件下的选分实验结果

配碳比	m_0/g	选分产物						选分尾矿			
		m_1/g	TFe/%	MFe/%	Al_2O_3/%	M/%	η_{Fe}/%	m_2/g	Al_2O_3/%	TFe/%	$\eta_{Al_2O_3}$/%
0.75	10.00	5.58	51.66	33.72	26.78	65.27	69.88	4.42	36.34	28.07	51.82
1.00	10.07	4.80	64.13	46.12	20.36	71.92	73.18	5.27	36.97	22.07	66.83

续表 15 – 11

配碳比	m_0/g	选分产物						选分尾矿			
		m_1/g	TFe/%	MFe/%	Al_2O_3/%	M/%	η_{Fe}/%	m_2/g	Al_2O_3/%	TFe/%	$\eta_{Al_2O_3}$/%
1.25	10.00	4.63	60.34	44.61	19.23	73.93	68.81	5.37	35.64	23.58	68.25
1.50	10.00	4.47	56.08	43.26	23.46	77.14	61.59	5.53	32.07	28.28	62.84
1.75	10.00	2.55	54.34	43.57	26.73	80.18	34.68	7.45	26.43	35.03	74.28

图 15 – 25 所示为配碳比对新工艺指标的影响。可以得出，随着配碳比的增加，选分产物的金属化率 M、铁的品位 $w(TFe)$ 呈先升高后降低的趋势，而铁的收得率 η_{Fe} 呈先略微升高后下降的趋势；选分尾矿中 Al_2O_3 的含量 $w(Al_2O_3)$ 呈现降低的趋势，铝的收得率 $\eta_{Al_2O_3}$ 则呈现升高的趋势。综合考虑工艺指标，本研究认为最佳的配碳比为 1.00 左右。当配碳比为 1.00 时，其工艺综合指标最优。

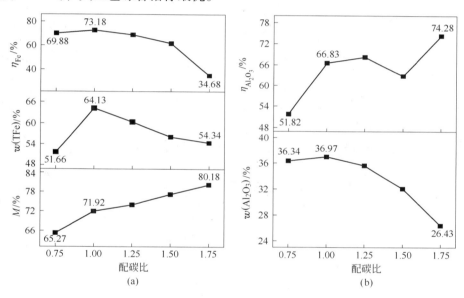

图 15 – 25　配碳比对新工艺指标的影响
（a）选分产物；（b）选分尾矿

E　实验结果机理分析

通过图 15 – 26 所示的不同配碳比条件下还原产物的 SEM 照片可以看出，图 15 – 26（a）、（b）中的白色铁颗粒相对较大，但图 15 – 26（a）中有部分铁颗粒略呈灰色，说明此部分铁颗粒还原不充分，尚有部分铁氧化物由于配碳比较低而未还原。根据 Fe – C 相图可知，铁相的开始熔化温度随着渗碳量的升高而逐渐降低。铁的收得率与铁的聚集程度有密切关系，而铁相在还原过程中的聚集程度主要取决于铁相渗碳量的多少，渗碳量越多，铁相形成的熔融状态中液相成分就越多，因此就越容易聚集；但当配煤量过多时，剩余的碳会阻碍铁相的聚集。因此，铁相的聚集是还原渗碳量起促进作用和剩余碳量起阻碍作用这两种作用相互影响的结果。所以，配碳比应有一个适合的范围，在本实验条件下，最佳的配碳比为 1.00。

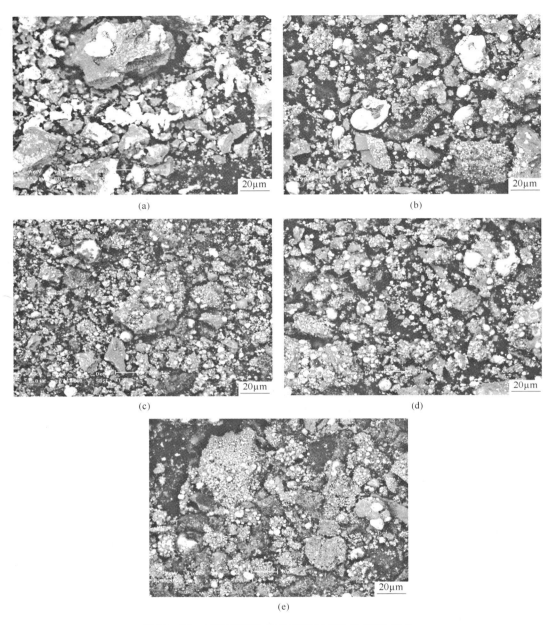

图 15 – 26   不同配碳比条件下还原产物的 SEM 照片

（a）配碳比 0.75；（b）配碳比 1.00；（c）配碳比 1.25；（d）配碳比 1.50；（e）配碳比 1.75

15.2.2.4   还原温度

在实验室条件下，设定还原实验的配碳比为 1.00，还原时间为 40min，选分磁场强度为 45mT。通过改变还原温度，考察了还原温度分别为 1250℃、1275℃、1300℃、1325℃、1350℃时还原选分工艺指标的变化，并分析了还原温度对工艺指标的影响和作用规律。

A   还原后球团外部形貌

图 15 – 27 示出了不同还原温度下高铁三水铝土矿热压含碳球团还原后的外部形貌变

化。由图可知，随着还原温度的升高，其表面裂纹和粉化现象有好转的趋势。当还原温度升高到1350℃时，热压含碳球团表面裂纹基本消失，表面变光滑，外部形貌良好。因此，适当提高还原温度有利于改善高铁三水铝土矿热压含碳球团的还原后形貌。

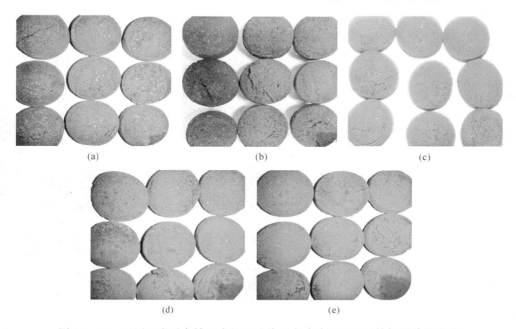

图15-27　还原温度对高铁三水铝土矿热压含碳球团还原后外部形貌的影响

（矿粉、煤粉制样时间3min；$n_{FC}/n_O = 1.00$，还原时间40min）

（a）1250℃；（b）1275℃；（c）1300℃；（d）1325℃；（e）1350℃

B　球团还原冷却后强度

高铁三水铝土矿热压含碳球团还原冷却后强度随还原温度的变化，如图15-28所示。随着还原温度的升高，高铁三水铝土矿热压含碳球团的还原冷却后强度逐渐增大。当还原温度由1250℃依次升高到1275℃、1300℃时，球团的还原冷却后强度也相应由292.25N/个增大至350.25N/个、457.88N/个，增幅较大；而继续升高还原温度，球团的还原冷却后强度提高不大，改善效果不明显。因此，在实验过程中应综合考虑各因素，选择适宜、合理的还原

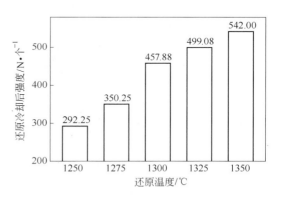

图15-28　还原温度对高铁三水铝土矿热压含碳球团还原冷却后强度的影响

（$n_{FC}/n_O = 1.00$，还原时间40min）

温度，在节能的前提下保证高铁三水铝土矿热压含碳球团的还原冷却后强度，使高铁三水铝土矿的利用更为合理。

C　还原后球团内部结构

图15-29为不同还原温度条件下高铁三水铝土矿热压含碳球团的光学显微照片。图

中白色部分为铁颗粒，灰色部分为渣相，深色部分为过剩的煤粉物相。随着还原温度的升高，球团中板状渣相逐渐减少，渣相逐渐开裂，形成疏松多孔状物相，同时铁相逐渐向渣相周围聚集，铁相颗粒逐渐增大。提高温度有助于渣相和铁相的分离，有助于铁颗粒的形核、聚集和长大。

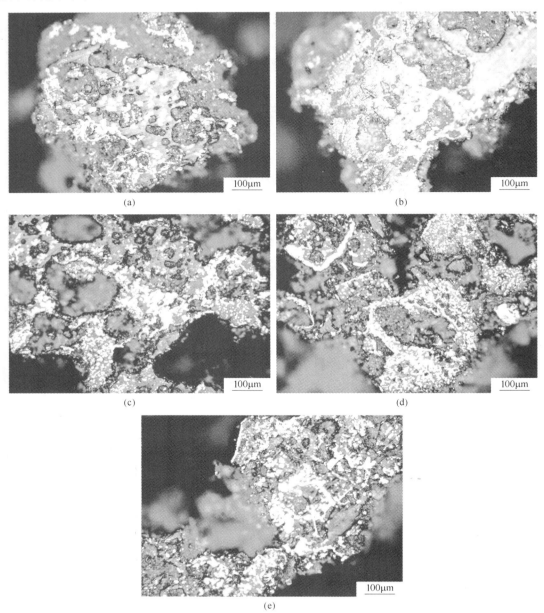

图 15 - 29 不同还原温度条件下高铁三水铝土矿热压含碳球团的光学显微照片

(a) 1250℃；(b) 1275℃；(c) 1300℃；(d) 1325℃；(e) 1350℃

D 还原选分工艺指标

表 15 - 12 示出了不同还原温度条件下的还原产物成分，表 15 - 13 示出了这些还原产

表 15 – 12 不同还原温度条件下的还原产物成分

温度/℃	TFe/%	MFe/%	Al₂O₃/%	CaO/%	SiO₂/%	MgO/%	M/%
1250	40.61	34.00	29.90	0.06	14.49	0.60	83.72
1275	41.83	36.56	29.60	0.06	14.93	0.62	87.40
1300	42.13	36.07	29.05	0.06	15.03	0.62	85.62
1325	43.66	39.77	30.80	0.07	15.58	0.64	91.09
1350	44.18	40.78	31.00	0.07	15.77	0.65	92.30

表 15 – 13 不同还原温度条件下的选分实验结果

温度/℃	m_0/g	选 分 产 物						选 分 尾 矿			
		m_1/g	TFe/%	MFe/%	Al₂O₃/%	M/%	η_{Fe}/%	m_2/g	Al₂O₃/%	TFe/%	$\eta_{Al_2O_3}$/%
1250	10.00	4.19	62.86	44.83	22.36	71.32	64.86	5.81	35.34	29.42	68.67
1275	10.00	4.83	64.38	46.72	21.68	72.57	74.34	5.17	37.01	24.26	64.64
1300	10.07	4.80	65.78	46.12	20.36	70.11	73.34	5.27	36.97	20.57	66.03
1325	10.05	5.43	66.73	54.32	16.96	81.40	82.58	4.62	47.10	16.50	70.30
1350	9.99	5.51	68.00	57.68	15.97	84.82	84.89	4.48	49.43	14.97	71.51

物的选分实验结果。随着还原温度的升高，还原产物的金属化率呈上升趋势。当还原温度
为 1250℃、还原时间为 40min 时，还原产物的金属化率为 83.72%；当温度提高到 1350℃
时，还原产物的金属化率达到 92.30%。因此，提高温度有利于提高还原产物的金属
化率。

图 15 – 30 所示为还原温度对新工艺指标的影响。随着还原温度的升高，选分产物的

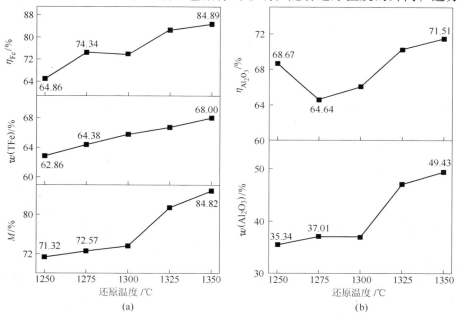

图 15 – 30 还原温度对新工艺指标的影响
(a) 选分产物；(b) 选分尾矿

金属化率 M、铁的品位 $w(\text{TFe})$ 以及铁的收得率 η_{Fe} 均呈上升的趋势。当还原温度从 1250℃ 逐渐上升到 1350℃ 时，选分产物的金属化率从 71.32% 上升到 84.82%，铁的品位从 62.86% 上升到 68.00%，铁的收得率从 64.86% 增加到 84.89%；选分尾矿中 Al_2O_3 的含量从 35.34% 上升到 49.43%，铝的收得率从 68.67% 提高到 71.51%。因此，升高温度可以显著提高还原选分工艺的指标。在本研究条件下，适宜的还原温度应不低于 1350℃，同时可认为，高还原温度是还原选分的重要条件。

E　实验结果机理分析

图 15-31 为不同还原温度条件下还原产物的 SEM 照片。从图中可以看出，随着温度的升高，还原产物中的亮白色颗粒数量呈总体上升的趋势；同时，温度越高，铁相颗粒越大。因此，升高温度有利于铁相颗粒的聚集长大。这是由于随着温度的升高，铁的还原和渗碳条件得到改善，渗碳量的提高有助于降低铁相的熔点，进而使铁相的熔融性能更为良好，其与周边铁相颗粒聚集的能力得到加强。如图 15-31 (e) 所示，其铁相颗粒最多，同时颗粒直径较大。还原产物中铁相颗粒数量的增加和直径的长大有利于选分实验，有助于提高铁的金属化率及收得率，同时提高了铁与铝的分离程度，间接地提高了铝的收得率，促使尾矿中 Al_2O_3 品位提高。

15.2.3　还原温度为 1350℃ 时还原时间对还原选分效果的影响

通过上述还原时间、配碳比和还原温度对还原效果影响的研究，可以得出如下结论：

（1）1300℃ 下，在还原产物的金属化率达到 85% 左右时，还原时间的延长对金属化

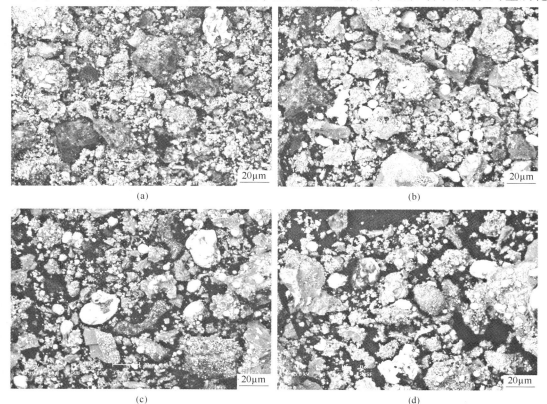

(a)	(b)
(c)	(d)

(e)

图 15 - 31 不同还原温度条件下还原产物的 SEM 照片

(a) 1250℃；(b) 1275℃；(c) 1300℃；(d) 1325℃；(d) 1350℃

率的提高效果不明显，但延长时间有助于铁颗粒的聚集长大，有利于渣铁的分离。

（2）高铁三水铝土矿热压含碳球团中的碳具有促进还原和抑制铁颗粒聚集长大的双重作用，适宜的配碳比为 1.00。

（3）提高温度有利于促进铁氧化物的还原以及铁颗粒的聚集与长大。

因此，根据上述研究得到的结果和规律，改进了高铁三水铝土矿热压含碳球团还原选分实验方案，进行了配碳比为 1.00、还原温度为 1350℃时还原时间（还原时间设定为 40min、50min、60min 和 70min）对还原选分效果的影响实验。

15.2.3.1　还原后球团外部形貌

图 15 - 32 示出了配碳比为 1.00 时，不同还原时间下高铁三水铝土矿热压含碳球团还

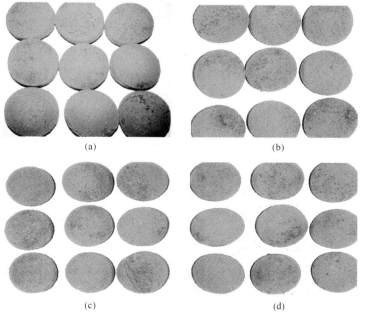

(a)　　　　　　　　　　(b)

(c)　　　　　　　　　　(d)

图 15 - 32　还原时间对高铁三水铝土矿热压含碳球团还原后外部形貌的影响

(a) 40min；(b) 50min；(c) 60min；(d) 70min

原后的外部形貌变化。随着还原温度的升高，其表面裂纹现象有好转的趋势。随着还原时间的延长，热压含碳球团表面裂纹基本消失，表面变光滑，形貌良好。因此，适当延长还原时间有利于改善高铁三水铝土矿热压含碳球团的还原后形貌。

15.2.3.2   球团还原冷却后抗压强度

还原温度为 1350℃时，高铁三水铝土矿热压含碳球团还原冷却后强度随还原时间的变化如图 15 - 33 所示。随着还原时间的延长，高铁三水铝土矿热压含碳球团的还原冷却后强度呈先降低后增加的趋势。当还原时间为 40min 时，球团的还原冷却后强度为 542.00N/个；当还原时间为 50min 时，强度降低至 412.50N/个；此后随着还原时间的延长，球团的还原冷却后强度逐渐增加，当还原时间为 40min 时，强度增加至 713.13N/个。当还原温度为 1350℃时，高铁三水铝土矿热压含碳球团在还原时间为 40 ~ 70min 之间时的还原冷却后强度均大于 400N/个。

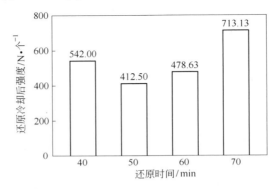

图 15 - 33   还原时间对高铁三水铝土矿热压含碳球团还原冷却后强度的影响

($n_{FC}/n_O = 1.00$，还原温度 1350℃)

15.2.3.3   还原后球团内部结构

图 15 - 34 为还原温度为 1350℃时，不同还原时间条件下高铁三水铝土矿热压含碳球团的光学显微照片。图中白色部分为铁颗粒，灰色部分为渣相，深色部分为过剩的煤粉物相。随着还原时间的增加，板状渣相逐渐减少，渣相逐渐开裂，形成疏松多孔状物相。同时，铁相之间的间隔明显加大，铁相颗粒逐渐增大，说明在还原温度为 1350℃时，还原时间的增加有助于相邻铁颗粒的相互形核、聚集和长大。

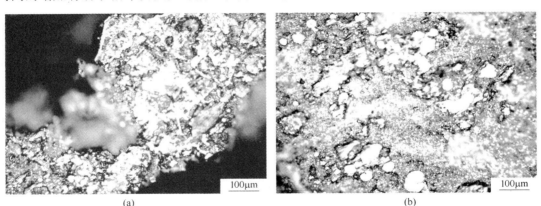

(a)   (b)

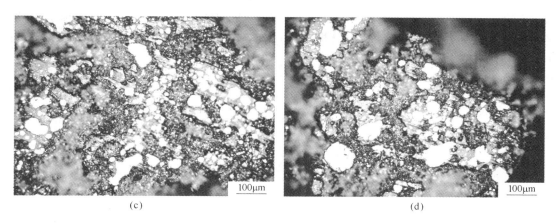

(c)　　　　　　　　　　　　　　　　　(d)

图 15 – 34　1350℃时不同还原时间条件下高铁三水铝土矿热压含碳球团的光学显微照片
(a) 40min；(b) 50min；(c) 60min；(d) 70min

15.2.3.4　还原选分效果

表 15 – 14 示出了 1350℃时不同还原时间条件下的还原产物成分，表 15 – 15 示出了选分实验结果。随着还原时间的延长，还原产物的金属化率基本不变。当还原时间为 40min 时，还原产物的金属化率为 92.30%；当还原时间延长到 70min 时，还原产物的金属化率为 92.22%。

表 15 – 14　1350℃时不同还原时间条件下的还原产物成分（w）

时间/min	TFe/%	MFe/%	Al$_2$O$_3$/%	CaO/%	SiO$_2$/%	MgO/%	M/%
40	44.18	40.78	31.00	0.07	15.77	0.65	92.30
50	45.02	41.12	30.95	0.07	16.07	0.66	91.34
60	45.63	41.75	31.37	0.07	16.28	0.67	91.50
70	45.74	42.18	34.45	0.07	16.32	0.67	92.22

表 15 – 15　1350℃时不同还原时间条件下的选分实验结果

时间/min	m_0/g	选分产物						选分尾矿			
		m_1/g	TFe/%	MFe/%	Al$_2$O$_3$/%	M/%	η_{Fe}/%	m_2/g	Al$_2$O$_3$/%	TFe/%	$\eta_{Al_2O_3}$/%
40	9.99	5.51	68.00	57.68	15.97	84.82	84.89	4.48	49.43	14.97	71.51
50	10.02	5.12	72.68	60.28	9.15	82.94	82.49	4.90	53.75	16.09	84.93
60	10.03	5.21	74.89	66.28	8.18	88.50	85.18	4.82	56.40	14.05	86.48
70	10.02	5.13	78.46	71.63	8.55	91.29	87.03	4.94	55.03	12.05	86.20

图 15 – 35 所示为 1350℃时还原时间对还原选分工艺指标的影响。随着还原时间的延长，选分产物的金属化率 M、铁的品位 w(TFe) 以及铁的收得率 η_{Fe} 均呈上升的趋势。当还原时间从 40min 逐渐延长到 70min 时，选分产物的金属化率从 84.82% 上升到 91.29%，铁的品位从 68.00% 上升到 78.46%，铁的收得率从 84.89% 增加到 87.03%；选分尾矿中

Al_2O_3 的含量从 49.43% 上升到 55.03%，铝的收得率从 71.51% 提高到 86.20%。因此，在较高温度下延长还原时间可以显著提高还原选分工艺的指标。在本研究条件下，适宜的还原温度应不低于 1350℃，还原时间应不短于 70min。

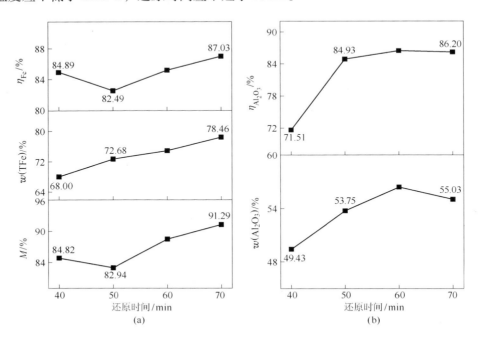

图 15-35　1350℃时还原时间对还原选分工艺指标的影响

(a) 选分产物；(b) 选分尾矿

15.2.3.5　实验结果机理分析

图 15-36 为 1350℃时，不同还原时间条件下高铁铝土矿热压含碳球团还原后产物的 SEM 照片。随着还原时间的增加，铁颗粒逐渐长大，细小颗粒逐渐聚集长大。这是由于随着还原时间的延长，铁的还原得到充分进行，同时有更长的时间进行渗碳，有助于降低铁相的熔点，进而使铁相的熔融性能更为良好，其与周边铁相颗粒聚集的能力得到加强。

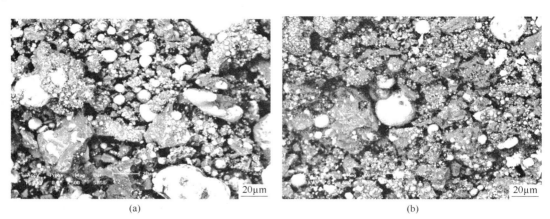

(a)　　　　　　　　　　　　　　　　　　　(b)

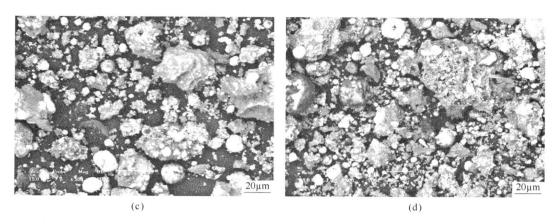

(c)

(d)

图 15 – 36　不同还原时间条件下还原产物的 SEM 照片

（a）40min；（b）50min；（c）60min；（d）70min

15. 2. 4　选分产物和选分尾矿的特性

15. 2. 4. 1　选分产物

图 15 – 37 所示为选分产物的 SEM 照片和 EDS 能谱分析。可以看出，选分产物为颗粒

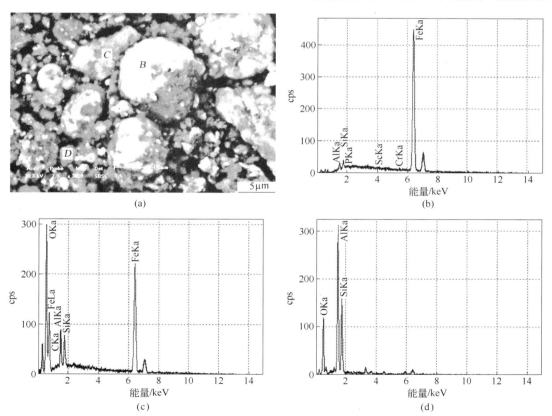

(a)

(b)

(c)

(d)

图 15 – 37　选分产物的 SEM 照片和 EDS 能谱分析

（a）选分产物的 SEM 照片；（b）B 点的 EDS 能谱分析；（c）C 点的 EDS 能谱分析；（d）D 点的 EDS 能谱分析

大小不一的铁粒。其中，较大颗粒铁含量高，表面较为纯净，呈亮白色，铁粒中含有少量的 C、Si 等，如图 15 - 37（a）中 B 点所示。未充分还原的铁颗粒表层含有一层铁、铝、硅的矿物质，表面呈灰色，如图 15 - 37（c）中 C 点所示。同时，选分产物中小颗粒铁粒之间有细小的高铝、低硅物质，如图 15 - 37（a）中 D 点所示。这些矿物的进入降低了选分产物中铁的品位，同时也降低了尾矿中 Al 的收得率。因此，为进一步提高选分产物中的铁相品位，可以改进选矿工艺和添加催化剂，促进铁颗粒的进一步还原聚集长大。

15.2.4.2　选分尾矿

图 15 - 38 所示为选分尾矿的 SEM 照片和 EDS 能谱分析。从图中可以看出，选分尾矿的颗粒较为细小，呈暗灰色。图 15 - 38（b）为图 15 - 38（a）中区域 B 的放大图。由图 15 - 38（b）可以看出，部分选分尾矿表面有极细小的铁粒附在上面。图 15 - 38（c）所示为细小铁粒（C 点）的 EDS 能谱分析，从中可以看出，细小铁粒很薄，因为 EDS 图显示其中有高铝、低硅矿物。这是由于细小铁粒很薄，EDS 打点时射线穿透亮白色部分所致。图 15 - 38（d）所示为 D 点的 EDS 能谱分析，从中可以看出，D 点为高铝、低硅矿物，并含有极少量的铁相。选分出的尾矿较为纯净。

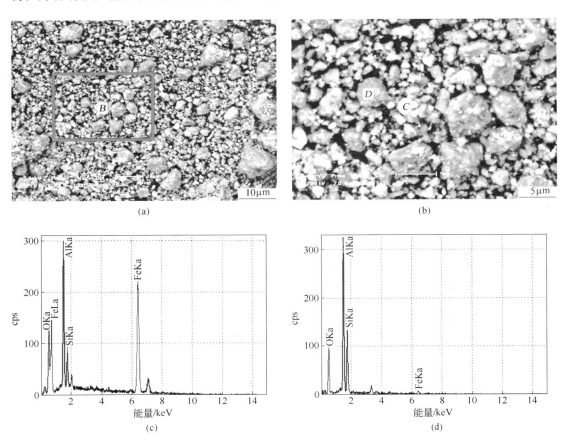

图 15 - 38　选分尾矿的 SEM 照片和 EDS 能谱分析

（a）选分尾矿的 SEM 照片；（b）方形区域 B 的放大图；（c）C 点的 EDS 能谱分析；（d）D 点的 EDS 能谱分析

15.3 小结

通过对高铁三水铝土矿热压含碳球团的制备实验研究，得出如下结论：

（1）配碳比对高铁三水铝土矿热压含碳球团的抗压强度有显著影响。提高配碳比可显著提高抗压强度，当配碳比为 1.00 时，球团抗压强度为 907.93N/个。

（2）矿粉粒度的细化可大幅度促进高铁三水铝土矿热压含碳球团抗压强度的提高。当矿粉粒度为 −50 目时，球团的抗压强度为 1370.35N/个；而当矿粉粒度为 −200 目时，球团的抗压强度可达 1955.70N/个。

通过改变单影响因素，进行了高铁三水铝土矿热压含碳球团还原选分新工艺的实验研究，得到如下结论：

（1）高铁三水铝土矿热压含碳球团还原选分工艺可以实现高铁三水铝土矿中铁与铝的分离，铁、铝的收得率均可高于 85%。

（2）增大磁场强度可提高铁的收得率，但会降低选分产物的品位，同时降低铝的收得率。适宜的磁场强度为 40 ~ 45mT。

（3）适宜的高铁三水铝土矿热压含碳球团还原选分工艺参数为：配碳比 1.00，还原温度不低于 1350℃，还原时间不小于 70min。

（4）当配碳比为 1.00、还原温度为 1350℃、还原时间为 70min、磁场强度为 45mT 时，还原选分工艺指标为：选分产物品位 78.46%，金属化率 91.29%，铁的收得率 87.03%；尾矿中 Al_2O_3 的品位 55.03%、铝的收得率 86.20%。

（5）得到的选分产物为高金属化率的金属铁粉，可经进一步处理用于钢铁生产；选分尾矿为高品位的含铝资源，可作为铝工业的优质原料。

参 考 文 献

[1] 储满生，王兆才，艾名星，等. 热压含碳球团冷态强度的实验研究 [J]，东北大学学报（自然科学版），2009，30（5）：696 ~ 700.

16　高铁三水铝土矿碳热还原相变历程及热力学分析

高铁三水铝土矿中，铁矿物与铝矿物嵌布关系复杂，针铁矿内存在着大量 Al^{3+} 与 Fe^{3+} 的类质同象置换现象，使得矿物单体解离性能极差，还原过程中对铁的还原聚合起到阻碍作用，使铁与铝分离困难。本章根据已有的热力学数据，对以固体碳为还原剂的铁、铝、硅氧化物体系的碳热还原过程热力学进行分析，并通过实验研究了高铁三水铝土矿的碳热还原相变历程，为基于碳热还原的高铁三水铝土矿铁铝分离新工艺的开发提供理论依据。

16.1　研究方法

通过计算反应的标准吉布斯自由能，可判断反应的自发进行程度。当 $\Delta G_T^{\ominus} = 0$ 时，反应达到平衡；当 $\Delta G_T^{\ominus} < 0$ 时，反应可以自发正向进行；当 $\Delta G_T^{\ominus} > 0$ 时，反应逆向进行。反应的标准吉布斯自由能计算采用物质吉布斯自由能函数法，应用标准反应热和标准反应熵差的经典算法求得。根据基尔霍夫（Kirchhoff）方程：

$$\mathrm{d}\Delta H_T^{\ominus} = \Delta c_p \mathrm{d}T \tag{16-1}$$

对式（16-1）进行不定积分，可得：

$$\Delta H_T^{\ominus} = \Delta H_0 + \int \Delta c_p \mathrm{d}T \tag{16-2}$$

式中　ΔH_0——积分常数；

　　　Δc_p——生成物摩尔定压热容之和与反应物摩尔定压热容之和的差值，即反应热容差，简称热容差。

热容差计算如下：

$$\Delta c_p = \sum (n_i c_{p,i})_{生成物} - \sum (n_i c_{p,i})_{反应物} \tag{16-3}$$

式中　n_i——参与反应各物质中 i 的物质的量（系数）。

物质摩尔定压热容 $c_{p,m}$ 随温度变化的规律服从如下经验式：

$$c_{p,m} = a + bT + cT^{-2} \tag{16-4}$$

则

$$\Delta c_{p,m} = \Delta a + \Delta bT + \Delta cT^{-2} \tag{16-5}$$

式中　Δa，Δb，Δc——分别为生成物与反应物相应的经验常数差值。

将式（16-5）代入式（16-2）积分得：

$$\Delta H_T^{\ominus} = \Delta H_0 + \Delta aT + \frac{1}{2}\Delta bT^2 - \Delta cT^{-1} \tag{16-6}$$

同理，对

$$\mathrm{d}\Delta S_T^{\ominus} = \frac{\Delta c_p}{T}\mathrm{d}T \tag{16-7}$$

进行不定积分得：

$$\Delta S_T^{\ominus} = \Delta S_0 + \int \frac{\Delta c_p}{T} \mathrm{d}T \tag{16-8}$$

式中 ΔS_0——积分常数。

将式（16-5）代入式（16-8）积分得：

$$\Delta S_T^{\ominus} = \Delta S_0 + \Delta a \ln T + \Delta b T - \frac{1}{2} \Delta c T^{-2} \tag{16-9}$$

若已知 $\Delta H_{298}^{\ominus}$、$\Delta S_{298}^{\ominus}$，用 $T = 298\mathrm{K}$ 分别代入式（16-6）和式（16-9），得：

$$\Delta H_0 = \Delta H_{298}^{\ominus} - \Delta a T - \frac{1}{2} \Delta b T^2 + \frac{\Delta c}{T} \tag{16-10}$$

$$\Delta S_0 = \Delta S_{298}^{\ominus} - \Delta a \ln T - \Delta b T + \frac{1}{2} \Delta c T^{-2} \tag{16-11}$$

这样，ΔH_0 和 ΔS_0 已确定，则式（16-6）和式（16-9）可分别用来计算任一温度下的 $\Delta H_T^{\ominus}$ 和 $\Delta S_T^{\ominus}$。又因为：

$$\Delta G_T^{\ominus} = \Delta H_T^{\ominus} - T \Delta S_T^{\ominus} \tag{16-12}$$

所以 $\Delta G_T^{\ominus}$ 也可以求得，然后采用回归分析法得出反应的 $\Delta G_T^{\ominus} - T$ 方程。

利用反应的标准吉布斯自由能变化 $\Delta G_T^{\ominus}$，可得出反应的平衡常数 $\Delta K^{\ominus}$。根据方程 $\Delta G_T = \Delta G_T^{\ominus} + RT \ln K^{\ominus}$，当反应处于平衡状态时，其 $\Delta G_T = 0$，则由上式可得：

$$\Delta G_T^{\ominus} = -RT \ln K^{\ominus} \quad \text{或} \quad \Delta K^{\ominus} = \exp\left(-\frac{\Delta G_T^{\ominus}}{RT}\right) \tag{16-13}$$

$\Delta K^{\ominus}$ 即为反应的平衡常数，它是反应达到平衡时温度、压力与活度之间的数学关系式，由此可以计算出一定条件下反应在平衡态时产物的浓度或反应的最大转化率。对于一定的化学反应，$\Delta G_T^{\ominus}$ 仅是温度的函数，所以 $\Delta K^{\ominus}$ 也仅与温度有关。

16.2 相变历程实验研究

通过高铁铝土矿碳热还原相变历程的实验，考察随还原时间的增加高铁三水铝土矿的矿相变化规律。

16.2.1 相变历程实验

根据还原选分实验确定的工艺参数，选取铝土矿和煤粉均制样 3min、配碳比为 1.00 的高铁三水铝土矿热压含碳球团，在 1350℃条件下进行碳热还原实验，选择的还原时间分别为 0min、5min、10min、20min、30min、40min、50min、60min 和 70min。

碳热还原的具体步骤为：

（1）装料。将制备好的高铁三水铝土矿热压含碳球团平铺装入实验用石墨质坩埚中，图 16-1 为装料及碳热还原实验示意图。

（2）还原。首先将高温加热炉升温，当温度上升到设定的温度后，打开炉门，迅速将反应坩埚置于高温加热炉中央。然后调整加热炉升温速度，以最大电流升温，

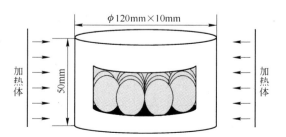

图 16-1　装料及碳热还原实验示意图

当炉温上升到预定的温度后，开始恒温，同时开始计时。恒温到实验设定的时间后，迅速将坩埚取出并用煤埋上，当坩埚温度降至低于50℃时，可从煤堆中取出。凉至室温时，取出石墨坩埚内的高铁三水铝土矿热压含碳球团，并对其进行磨矿和 XRD 分析。

16.2.2 相变历程分析

为了解碳热还原过程中铁矿物、硅矿物和铝矿物的矿相变化和大致组成比例，对还原后试样进行了 XRD 分析，分析结果如图 16 - 2 所示。同时，使用荷兰帕纳科公司的 X′Pert HighScore Plus 分析软件对还原后产物进行了物相分析，分析结果列于表 16 - 1。

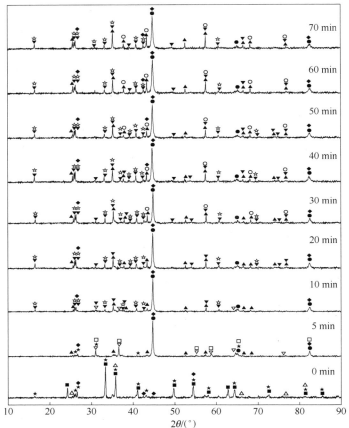

图 16 - 2 高铁三水铝土矿碳热还原产物的 XRD 分析

●—Fe；○—Fe_3C；▲—Al_2O_3；▼—$Al_{2.272}O_{4.864}Si_{0.728}$（莫来石）；▽—$FeAl_2O_4$；△—$SiO_2$；
■—Fe_2O_3；□—$MgAl_2O_4$；★—Al_2SiO_5；☆—$Al_{1.98}Fe_{0.02}O_5Si$（硅线石）；◆—C

表 16 - 1 不同还原时间条件下球团的物相组成

还原时间/min	物 相 组 成
0	Al_2SiO_5，Fe_2O_3，SiO_2，C
5	Al_2O_3，Al_2SiO_5，$FeAl_2O_4$，$MgAl_2O_4$，Fe，C
10	Al_2O_3，$FeAl_2O_4$，Fe，$Al_{1.98}Fe_{0.02}O_5Si$，$Al_{2.272}O_{4.864}Si_{0.728}$，C
20	Al_2O_3，Fe，$Al_{1.98}Fe_{0.02}O_5Si$，$Al_{2.272}O_{4.864}Si_{0.728}$，$Fe_3C$，C

还原时间/min	物 相 组 成
30	Al_2O_3，Fe，$Al_{1.98}Fe_{0.02}O_5Si$，$Al_{2.272}O_{4.864}Si_{0.728}$，$Fe_3C$，C
40	Al_2O_3，Fe，$Al_{1.98}Fe_{0.02}O_5Si$，$Al_{2.272}O_{4.864}Si_{0.728}$，$Fe_3C$，C
50	Al_2O_3，Fe，$Al_{1.98}Fe_{0.02}O_5Si$，$Al_{2.272}O_{4.864}Si_{0.728}$，$Fe_3C$，C
60	Al_2O_3，Fe，$Al_{1.98}Fe_{0.02}O_5Si$，$Al_{2.272}O_{4.864}Si_{0.728}$，$Fe_3C$，C
70	Al_2O_3，Fe，$Al_{1.98}Fe_{0.02}O_5Si$，$Al_{2.272}O_{4.864}Si_{0.728}$，$Fe_3C$，C

从表 16 - 1 中可以看出，当高铁三水铝土矿热压含碳球团的还原时间为 0min、5min、10min、20min 时有不同的物相，但当还原时间超过 20min 后，还原产物的物相种类基本不变，只是含量有所变化。在还原开始时，含铁物相为 Fe_2O_3；随着还原的进行产生了 FeO，FeO 与 Al_2O_3 结合生成 $FeAl_2O_4$；随着还原的持续进行，$FeAl_2O_4$ 又分解产生 FeO 与 Al_2O_3，FeO 还原生成 Fe。Al_2O_3 与其他矿物逐渐生成 $Al_{1.98}Fe_{0.02}O_5Si$ 和 $Al_{2.272}O_{4.864}Si_{0.728}$。

根据图 16 - 2 和表 16 - 1 可以得出含铁物相和含铝物相在高铁三水铝土矿碳热还原过程中的相变历程，分别示于图 16 - 3 和图 16 - 4。

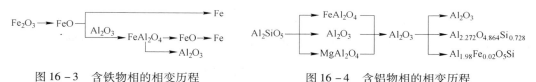

图 16 - 3　含铁物相的相变历程　　　　　图 16 - 4　含铝物相的相变历程

16.3　固体碳还原铁氧化物热力学

长期以来对铁氧化物还原的热力学研究已得出系统的理论，这里主要针对本篇所涉及的还原过程温度范围内的铁氧化物还原进行热力学分析和讨论。

在固体碳还原过程中，碳的气化反应与铁氧化物的还原反应同时进行。碳的气化反应为：

$$C_{(s)} + CO_{2(g)} = 2CO_{(g)} \quad (16-14)$$

根据热力学计算可得：$\Delta G_T^{\ominus} = 170700 - 174.5T$。假定气相中只有 CO 和 CO_2，则可得到：

$$\ln K^{\ominus} = -\frac{20531.6}{T} + 20.99 \quad (16-15)$$

由式（16 - 15）可以得到固体碳气化反应的 $\varphi(CO) - T$ 平衡曲线，如图 16 - 5 所示。由图 16 - 5 可见，平衡曲线将坐标平面分为两个区域，上部为 CO 分解区（即碳的稳定区），下部为碳的气化区（即 CO 稳定区）。在 C - O 体系中，当温度低于 700K 时，碳的气化反应几乎不能进行，CO 浓度几乎为 0；当温度达到

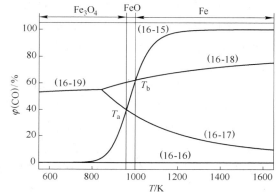

图 16 - 5　Fe - C - O 体系平衡气相组成

1250K 时，C – O 体系中的 CO 浓度超过 95%；当温度高于 1300K 时，则 CO 浓度几乎达到 100%，表明气化反应进行得很完全。因此，在高温下（1250K 以上），以固体碳为还原剂时，C – O 体系主要是 CO，几乎不存在 CO_2。

在有固体碳存在的条件下，铁氧化物的还原反应相当于其被 CO 气体还原的反应与碳的气化反应之和。根据铁氧化物的还原特性，其被 CO 还原的反应是逐级进行的。

当 $t > 570℃$ 时，有以下反应发生：

$$3Fe_2O_{3(s)} + CO \Longrightarrow 2Fe_3O_{4(s)} + CO_2 \qquad \Delta G_T^\ominus = -52131 - 41.0T(J/mol)$$

则有：
$$\ln K^\ominus = \ln \frac{p_{CO_2}}{p_{CO}} = \frac{6270.3}{T} + 4.93 \qquad (16-16)$$

$$Fe_3O_{4(s)} + CO \Longrightarrow 3FeO_{(s)} + CO_2 \qquad \Delta G_T^\ominus = 35380 - 40.16T(J/mol)$$

则有：
$$\ln K^\ominus = \ln \frac{p_{CO_2}}{p_{CO}} = -\frac{4255.5}{T} + 4.83 \qquad (16-17)$$

$$FeO_{(s)} + CO \Longrightarrow Fe_{(s)} + CO_2 \qquad \Delta G_T^\ominus = -22800 + 23.26T(J/mol)$$

则有：
$$\ln K^\ominus = \ln \frac{p_{CO_2}}{p_{CO}} = \frac{2742.4}{T} - 2.92 \qquad (16-18)$$

当 $t < 570℃$ 时，有如下反应：

$$3Fe_2O_{3(s)} + CO \Longrightarrow 2Fe_3O_{4(s)} + CO_2 \qquad \Delta G_T^\ominus = -52131 - 41.0T(J/mol)$$

则有：
$$\ln K^\ominus = \ln \frac{p_{CO_2}}{p_{CO}} = \frac{6270.3}{T} + 4.93$$

$$\frac{1}{4}Fe_3O_{4(s)} + CO \Longrightarrow \frac{3}{4}Fe_{(s)} + CO_2 \qquad \Delta G_T^\ominus = -9832 + 8.58T(J/mol)$$

则有：
$$\ln K^\ominus = \ln \frac{p_{CO_2}}{p_{CO}} = \frac{1182.6}{T} - 1.03 \qquad (16-19)$$

根据式（16 – 15）~式（16 – 19）进行热力学计算，可得到各反应的平衡气相组成与温度的关系，绘入图 16 – 5，其与碳的气化反应平衡曲线相交于 T_a、T_b 两点。

图 16 – 5 中，（16 – 16）线表示 CO 与 Fe_2O_3 的反应曲线；（16 – 19）线表示 CO 与 Fe_3O_4 的反应曲线（$t < 570℃$），（16 – 17）线表示 CO 与 Fe_3O_4 的反应曲线（$t > 570℃$）；（16 – 18）线表示 CO 与 FeO 的反应曲线；（16 – 15）线表示碳的气化反应平衡线。（16 – 18）线分别与 FeO 和 Fe_3O_4 的还原平衡曲线相交于 T_a、T_b 点，$T_a = 958K$，对应平衡气相中的 CO 浓度约为 39.85%；$T_b = 983K$，对应平衡气相中的 CO 浓度约为 62.08%。

根据反应热力学原理，当气相组成（$\varphi(CO)$）高于一定温度下某曲线的 $\varphi(CO)$ 时，该曲线所代表的还原反应能够正向进行。而一定组成的气相在同一温度下对某氧化物显还原性，则对曲线下的氧化物显氧化性。换言之，曲线以上区域为该还原反应的产物稳定区，而其下则为其反应物的稳定区。因此，利用平衡气相图可以直观地确定一定温度及气相成分下，任一氧化铁转变的方向及最终的相态。

由图 16 – 5 可知，在 T_b 点温度以上，体系中 CO 浓度高于各级氧化铁间接还原的 CO 平衡浓度，铁氧化物最终还原为金属铁；温度在 T_a、T_b 点之间时，由于体系中 CO 浓度仅高于 Fe_3O_4 还原反应的 CO 平衡浓度，而低于 FeO 还原反应的 CO 平衡浓度，故铁氧化物向 FeO 转化；在 T_a 点以下，体系 CO 浓度低于 Fe_3O_4 和 FeO 还原反应的 CO 平衡浓度，

铁氧化物均向 Fe_3O_4 转化。因此，T_a 和 T_b 将图 16-5 划为三个区域，$T > T_b$ 的区域为金属铁稳定区；$T < T_a$ 的区域为 Fe_3O_4 稳定区；$T_b > T > T_a$ 的区域为 FeO 稳定区。由此可见，当 $T > 983K$ 时，CO 浓度大于 62.08%，铁氧化物可转化为金属铁。

16.4 $Fe_2O_3 - Al_2O_3 - SiO_2$ 体系还原热力学

$Fe_2O_3 - Al_2O_3 - SiO_2$ 体系还原热力学主要包括两个部分：一是 Fe_2O_3、Al_2O_3 和 SiO_2 三种矿物之间的固相反应热力学；二是固相反应产物的还原热力学。

16.4.1 固相反应热力学

含有铁、铝、硅氧化物的体系在高温还原焙烧时受热发生脱水反应，可以看成是由 Fe_2O_3、Al_2O_3 和 SiO_2 等单体氧化物组成的体系。在还原过程中，不仅包括高价铁氧化物向低价铁氧化物的还原，而且存在低价铁氧化物与 Al_2O_3 和 SiO_2 之间的固相反应。由于铁氧化物的还原相变，固相反应其实是 $Fe_2O_3 - Al_2O_3 - SiO_2$ 体系三者之间的反应。体系内可能发生的固相反应主要有：

$$FeO + Al_2O_3 == FeO \cdot Al_2O_3 \tag{16-20}$$

$$2FeO + SiO_2 == 2FeO \cdot SiO_2 \tag{16-21}$$

$$FeO + SiO_2 == FeO \cdot SiO_2 \tag{16-22}$$

$$\frac{1}{2}Al_2O_3 + SiO_2 == \frac{1}{2}Al_2O_3 \cdot 2SiO_2 \tag{16-23}$$

$$Al_2O_3 + SiO_2 == Al_2O_3 \cdot SiO_{2(红柱石)} \tag{16-24}$$

$$Al_2O_3 + SiO_2 == Al_2O_3 \cdot SiO_{2(蓝晶石)} \tag{16-25}$$

$$Al_2O_3 + SiO_2 == Al_2O_3 \cdot SiO_{2(硅线石)} \tag{16-26}$$

$$\frac{3}{2}Al_2O_3 + SiO_2 == \frac{1}{2}(3Al_2O_3 \cdot 2SiO_{2(莫来石)}) \tag{16-27}$$

根据 $\Delta G_T^\ominus = \Delta H_T^\ominus - T\Delta S_T^\ominus$ 对以上各反应式进行热力学计算，可得到铁、铝、硅氧化物体系还原过程中固相反应的 $\Delta G_T^\ominus - T$ 关系，如图 16-6 所示。

根据图 16-6 可获得以上各反应的 $\Delta G_T^\ominus - T$ 关系式和反应温度范围，结果如表 16-2 所示。

表 16-2 固相反应的 $\Delta G_T^\ominus - T$ 方程式

反 应 式	$\Delta G_T^\ominus - T$ 方程式/J·mol^{-1}	反应温度范围/K
16-20	$\Delta G_T^\ominus = -30412.96 + 9.61T$	<3164.7
16-21	$\Delta G_T^\ominus = -76415.42 + 33.79T$	<2261.0
16-22	$\Delta G_T^\ominus = -36054.85 + 22.04T$	<1635.9
16-23	$\Delta G_T^\ominus = 146059.66 - 10.55T$	>13844.5
16-24	$\Delta G_T^\ominus = -6786.6 + 0.56T$	<12118.9
16-25	$\Delta G_T^\ominus = -8469.89 + 9.01T$	<940.1
16-26	$\Delta G_T^\ominus = -4.46409 - 0.92T$	自发进行
16-27	$\Delta G_T^\ominus = 12765.99 - 16.72T$	>763.5

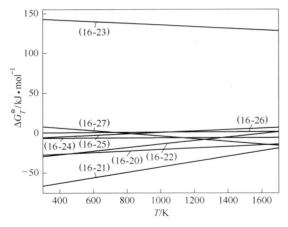

图 16 - 6　$Fe_2O_3 - Al_2O_3 - SiO_2$ 体系还原过程
固相反应的 $\Delta G_T^{\ominus} - T$ 关系

由图 16 - 6 及表 16 - 2 可知，在 298 ~ 1600K 温度范围内，还原过程中 FeO、Al_2O_3、SiO_2 三者之间的固相反应，除了 $Al_2O_3 \cdot 2SiO_2$ 的生成反应（见式 (16 - 23)）需在 13844.5K 以上才能自发进行外，其余反应均能自发进行。其中，$FeO \cdot Al_2O_3$ 的生成反应在 3164.7K 以下可自发进行，$2FeO \cdot SiO_2$、$FeO \cdot SiO_2$、红柱石、蓝晶石分别在 2261.0K、1635.9K、12118.9K、940.1K 以下能自发进行，硅线石的生成反应为自发反应，莫来石生成反应的最低进行温度为 763.5K。可见，在铁、铝、硅氧化物的还原焙烧过程中，除了得到金属铁，体系还可能生成 $2FeO \cdot SiO_2$、$FeO \cdot SiO_2$、$FeO \cdot Al_2O_3$ 等化合物，阻碍 FeO 的进一步还原。

16.4.2　固相反应产物的还原热力学

铁、铝、硅氧化物体系还原焙烧过程中，FeO、Al_2O_3、SiO_2 之间可能发生固相反应而生成一系列化合物，固相反应产物在还原过程中可能发生的反应如下：

$$FeO \cdot Al_2O_3 + CO =\!=\!= Fe + Al_2O_3 + CO_2 \qquad (16 - 28)$$

$$\frac{1}{2}(2FeO \cdot SiO_2) + CO =\!=\!= Fe + \frac{1}{2}SiO_2 + CO_2 \qquad (16 - 29)$$

$$FeO \cdot SiO_2 + CO =\!=\!= Fe + SiO_2 + CO_2 \qquad (16 - 30)$$

$$2(FeO \cdot SiO_2) + Al_2O_3 + CO =\!=\!= Fe + FeO \cdot Al_2O_3 + 2SiO_2 + CO_2 \qquad (16 - 31)$$

$$2FeO \cdot SiO_2 + Al_2O_3 + CO =\!=\!= Fe + FeO \cdot Al_2O_3 + SiO_2 + CO_2 \qquad (16 - 32)$$

$$2(FeO \cdot Al_2O_3) + SiO_2 + SiO_2 + CO =\!=\!= Fe + FeO \cdot SiO_2 + 2Al_2O_3 + CO_2 \qquad (16 - 33)$$

根据热力学计算，可得到固相反应产物各还原反应的 $\Delta G_T^{\ominus} - T$ 关系，如表 16 - 3 所示。

表 16 - 3　固相反应产物各还原反应的 $\Delta G_T^{\ominus}$ 值

T/K	$\Delta G_T^{\ominus}/J \cdot mol^{-1}$					
	反应 (16 - 28)	反应 (16 - 29)	反应 (16 - 30)	反应 (16 - 31)	反应 (16 - 32)	反应 (16 - 33)
298	20932	27323	23725	- 97460	- 28275	80128
400	22368	27743	23607	- 98044	- 28325	82573
500	24040	28387	23704	- 98491	- 28190	85305
600	258356	29175	23924	- 98885	- 27924	88196
700	27674	30052	24223	- 99273	- 27580	91147
800	29494	30972	24575	- 99692	- 27205	94088
900	31252	31900	24954	- 100239	- 26877	96998

T/K	$\Delta G_T^{\ominus}/J \cdot mol^{-1}$					
	反应（16-28）	反应（16-29）	反应（16-30）	反应（16-31）	反应（16-32）	反应（16-33）
1000	32894	32778	25317	-100801	-26581	99741
1100	34298	33480	25547	-101374	-26391	102134
1200	35546	34079	25727	-101858	-26233	104248
1300	36714	34647	25936	-102165	-26038	106153
1400	37892	35268	26316	-102178	-25723	107936
1500	39082	35889			-25329	

根据 $\Delta G_T^{\ominus} = -RT\ln K^{\ominus}$ 可得到上述各反应的平衡气相浓度 $\varphi(CO)$ 与温度 T 的平衡图，如图 16 - 5 所示。为便于直观分析，同时将碳的气化反应平衡曲线绘入图 16 - 7，与上述各反应平衡曲线相交于 a、b、c、d 四点。

由图 16 - 7 可知，反应（16 - 31）、反应（16 - 32）的气相平衡曲线接近坐标横轴，说明在微量的 CO 浓度条件下这些反应即可发生，可见 Al_2O_3 置换 $2FeO \cdot SiO_2$ 和 $FeO \cdot SiO_2$ 中 SiO_2 生成 $FeO \cdot Al_2O_3$ 的反应在极弱的还原气氛下即可自发进行。反应（16 - 28）、反应

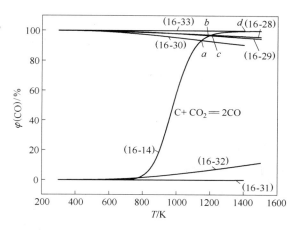

图 16 - 7 固相反应产物各还原反应的气相平衡图

（16 - 29）与碳的气化反应曲线大约在 1200K 和 1210K 时分别相交于 b 点和 c 点，由于 b 点和 c 点的纵坐标相近，此时气相成分 $\varphi(CO) \approx 97\%$，由此表明 $FeO \cdot Al_2O_3$ 及 $2FeO \cdot SiO_2$ 被还原为 Fe 的反应趋势较小。从图中也可看出，这两个反应的气相平衡曲线斜率为负，因此当 $T = 1210K$ 时，还原反应可自发进行。同时从图中还可以看出，反应（16 - 29）的平衡曲线在反应（16 - 28）的下方，说明 $FeO \cdot Al_2O_3$ 的还原趋势比 $2FeO \cdot SiO_2$ 更小。反应（16 - 30）的平衡气相曲线与碳的气化反应平衡曲线在 $T = 1145K$ 时相交于 a 点，此时气相成分 $\varphi(CO) \approx 93\%$，可见 $FeO \cdot SiO_2$ 的还原反应趋势比 $FeO \cdot Al_2O_3$ 及 $2FeO \cdot SiO_2$ 稍大，当 $T > 1145K$ 时还原反应即可发生。反应（16 - 33）的气相平衡曲线与碳的气化反应平衡曲线在 1365K 时相交于 d 点，CO 浓度接近 100%，可见 SiO_2 置换 $FeO \cdot Al_2O_3$ 中 Al_2O_3 的反应趋势很小，需在高温（$T > 1365K$）及高 CO 浓度（约 100%）的条件下才能自发进行。

综上所述，理论上固相反应产物 $2FeO \cdot SiO_2$、$FeO \cdot SiO_2$、$FeO \cdot Al_2O_3$ 的还原均需在较高的温度及 CO 浓度条件下才能自发进行，特别是 $FeO \cdot Al_2O_3$ 的还原需要在 $T > 1210K$、$\varphi(CO) > 97\%$ 的条件下才能发生。另外，SiO_2 很难将 $FeO \cdot Al_2O_3$ 中的 Al_2O_3 置换出来，而 Al_2O_3 在较低的温度及 CO 浓度下即可将 $2FeO \cdot SiO_2$ 和 $FeO \cdot SiO_2$ 中的 SiO_2 置换出来，形成更难还原的 $FeO \cdot Al_2O_3$，加大了还原反应难度。

16.5 小结

（1）高铁三水铝土矿碳热还原相变历程实验表明，还原温度为 1350℃、配碳比为 1.00 时，在还原时间超过 20min 后，还原产物的物相种类基本不变，只是含量有所变化。

（2）当还原终了时，含铁物相主要以单质铁的形式存在，有少量铁以 Fe_3C 的形式存在，还有极少量的铁存在于 $Al_{1.98}Fe_{0.02}O_5Si$ 中；含铝物相主要以 Al_2O_3、$Al_{2.272}O_{4.864}Si_{0.728}$、$Al_{1.98}Fe_{0.02}O_5Si$ 的形式存在。含铁物相和含铝物相的相变历程分别如下：

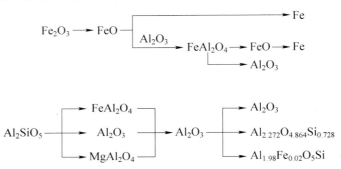

（3）热力学分析表明，高铁三水铝土矿的碳热还原需要在较高的温度及 CO 浓度条件下才能自发进行。当还原温度为 1210K 时，CO 浓度不低于 97%；随着还原温度的升高，需要的 CO 浓度相应降低，但降低幅度不大。